W. von Beetz, J. Henrici

Leitfaden der Physik

W. von Beetz, J. Henrici

Leitfaden der Physik

ISBN/EAN: 9783955622879

Auflage: 1

Erscheinungsjahr: 2013

Erscheinungsort: Bremen, Deutschland

@ Bremen-university-press in Access Verlag GmbH, Fahrenheitstr. 1, 28359 Bremen. Alle Rechte beim Verlag und bei den jeweiligen Lizenzgebern.

LEITFADEN DER PHYSIK

VON

Dr. W. von BEETZ,

WEIL. ORDENTL. PROFESSOR DER PHYSIK AN DER TECHNISCHEN HOCH-
SCHULE ZU MÜNCHEN, ORD. MITGLIED DER K. B. AKADEMIE DER
WISSENSCHAFTEN.

MIT 339 IN DEN TEXT GEDRUCKTEN HOLZSCHNITTEN.

NEUNTE AUFLAGE.

NACH DEM TODE DES VERFASSERS BEARBEITET UND HERAUSGEGEBEN

VON

J. HENRICI,
PROFESSOR AM GYMNASIUM ZU HEIDELBERG.

Vorwort.

Im Jahre 1846 erschien W. Beetz' „Leitfaden für die physikalischen Vorträge, zunächst für die obere Klasse des K. preuss. Cadetten-Corps". Das 7—8 Bogen starke Büchlein sollte der ersten Lehrthätigkeit des 24jährigen Verfassers dienen, die sich jedoch nicht blofs auf das Cadettencorps erstreckte; aufser seinen akademischen Vorlesungen lag er noch dem physikalischen Lehramt ob an der vereinigten Artillerie- und Ingenieurschule und der in Berlin damals neu gegründeten Seecadettenanstalt. Vor dem Erscheinen der 2. Auflage (1857) war der Verfasser einem Rufe an die Universität Bern gefolgt; aber schon nach 2 jährigem Aufenthalt daselbst wurde er nach Erlangen berufen, wo er während 10 Jahren wirkte, bis er im Jahre 1868 an die technische Hochschule zu München übersiedelte, welchem Wirkungskreise er 17 Jahre lang bis zum Ende seines der Wissenschaft gewidmeten Lebens, 22. Januar 1886, treu blieb. Die 3. Auflage des Buches war 1865 während seines Erlanger Aufenthaltes erschienen, die 4.—8. Auflage erschienen in immer rascherer Folge. Mit der gröfsten Bündigkeit des Ausdrucks — auch seine Vorlesungen waren ein Muster abgerundeter und treffender Sprechweise — fafste er in diesem kleinen Leitfaden eine Fülle physikalischer Thatsachen in gedrängtester Form zusammen. Mit sicherem Blick das physikalische Arbeitsfeld umfassend, hat er stets alles Neue, was dem Zweck des Buches entsprach, demselben einverleibt, so dafs es im Laufe der 40 Jahre seit dem ersten Erscheinen das dreifache des ursprünglichen Umfangs erreichte und in seinem Wachstum ein Bild der Fortschritte der

Physik in dieser Zeit darbietet. In den letzten beiden Auflagen machte die Umwandlung, welche sich im physikalischen Mafssystem aus Veranlassung der Einführung absoluter elektrischer Mafse vollzog, sowie die Anwendung des Potentials zur Erklärung elektrischer Erscheinungen eine Reihe von Zusätzen notwendig, welche nunmehr in der neuen Auflage mit dem übrigen Stoff inniger verknüpft worden sind, wobei auch der Inhalt reichlicher gegliedert wurde, um das Auffinden und die Auswahl bei dem Gebrauch zu erleichtern. Natürlich war zu diesem Zweck manche Umstellung und eine neue Paragraphierung erforderlich. Die dem Herausgeber vom Herrn Verleger gestellte Frist war hierbei eine äufserst kurze, der Auftrag datiert vom Oktober 1887.

Heidelberg, im März 1888.

J. Henrici.

Inhaltsübersicht.

Seite

Vorwort III
Einleitung: Körper und Kräfte im allgemeinen.
a) Messung von Raum, Zeit und Kraft 1—17 1
b) Grundbegriffe der Bewegung 18—23 8
c) Beziehungen zwischen Kraft und Bewegung 24—27 10
I. Abschnitt: Von den Kräften, welche auf die ganzen Körper wirken.
A. Zusammensetzung und Zerlegung der Kräfte (Statik).
a) Kräfte an einem Punkt 28—30 13
b) Kräfte an mehreren Punkten eines Körpers 31—37 15
c) Einfache Maschinen 38—50 17
B. Bewegung der Körper durch Kräfte (Dynamik).
a) Bewegung durch die Schwerkraft und Messung der Kräfte durch die Bewegung 51—57 25
b) Bewegung durch Stofs- und Schwerkraft und bei Bewegungshindernissen 58—62 28
c) Energie der Bewegung und der Lage 63—64 31
d) Centralbewegung und allgemeine Gravitation 65—71 32
e) Schwingung und Rotation eines Körpers um eine Achse 72—81 37
f) Mafsvergleichung der dynamischen Gröfsen 82—83 46
II. Abschnitt: Von den Kräften, welche auf die Molekel wirken.
A. Gleichgewicht der Molekularkräfte in festen Körpern.
a) Widerstand bei der Trennung 84—86 47
b) Elasticität bei Zug und Drehung 87—91 48
c) Stofs elastischer Körper 92—93 50

B. Gleichgewicht der Molekularkräfte in tropfbarflüssigen Körpern (Hydrostatik).
 a) Ausbreitung des Druckes, insbesondere der Schwerkraft 94—102 . . 52
 b) Feste Körper in flüssigen (Specifisches Gewicht) 103—108 . . 56
C. Gleichgewicht der Molekularkräfte in luftförmigen Körpern (Aërostatik).
 a) Messung des Luftdrucks 109—117 60
 b) Verdünnung und Verdichtung der Luft 118—123 66
 c) Feste Körper innerhalb der Luft 124—125 69
D. Molekularwirkungen an den Grenzen einander berührender Körper 126—133 70
E. Bewegung der Flüssigkeiten und Gase. (Hydrodynamik und Aërodynamik.)
 a) Bewegung der Flüssigkeit durch die Schwere 134—141 75
 b) Einwirkung des Luftdrucks 142—148 79
 c) Bewegung der Gase 149—153 84

III. Abschnitt: Von der Wärme (Thermotik).

A. Wärme und Volumen.
 a) Temperaturmessung 154—159 87
 b) Ausdehnung fester Körper 160—163 91
 c) Ausdehnung flüssiger Körper 164—167 93
 d) Ausdehnung gasförmiger Körper 168—170 96
 e) Bestimmung der Dichte gasförmiger Stoffe 171—175 98
B. Wärme und Masse.
 a) Messung der Wärmemenge (Kalorimetrie) 176—177 101
 b) Specifische Wärme fester und flüssiger Stoffe 178—181 . . . 102
 c) Specifische Wärme gasförmiger Stoffe 182—184 105
C. Wärme und Arbeit.
 a) Entstehung der Wärme durch Arbeit (Wärmequellen) 185—192 107
 b) Wärme als Energie 193—196 111
D. Molekulare Arbeitsleistung der Wärme. (Veränderung des Aggregatzustandes.)
 a) Schmelzen und Auflösen 197—202 114
 b) Sieden 203—204 117
 c) Spannkraft der Dämpfe 205—212 118
 d) Verdunsten 213—215 124
E. Mechanische Arbeitsleistung der Wärme (Kraftmaschinen) 216—223 125
F. Ausbreitung der Wärme 224—226 130
G. Wärmeerscheinungen in der Atmosphäre 227—233 132

Inhaltsübersicht.

IV. Abschnitt: Von dem Magnetismus und der Elektricität.

A. Magnetismus.

a) Magnetische Anziehung und Abstofsung 234—239 138
b) Richtung des Magnetes durch den Erdmagnetismus 240—244 . 141
c) Messung der magnetischen Kraft 245—255 143

B. Statische Elektricität. (Reibungs-Elektricität.)

a) Elektricität als bewegende Kraft 256—260 149
b) Messung der elektrischen Kraft 261—265 153
c) Wirkungen der Elektricitäten aufeinander (Influenz) 266—276 . 157
d) Ansammlung und Entladung der Elektricität 277—289 . . . 163
e) Atmosphärische Elektricität 290—291 172

C. Dynamische Elektricität. (Der galvanische Strom.)

a) Berührungselektricität (Galvanismus) 292—302 174
b) Beziehungen zwischen der elektromotorischen Kraft und der Stromstärke 303—311 182
c) Messung des Widerstandes 312—316 187
d) Messung der elektromotorischen Kraft 317—319 191
e) Messung der Stromstärke 320—327 193

D. Wirkungen innerhalb des galvanischen Stromes.

a) Chemische Vorgänge im Stromkreis 328—340 198
b) Beziehungen zwischen dem elektrischen Strom und der Wärme 341—350 206
c) Physiologisch-elektrische Erscheinungen 351 213

E. Wirkungen aufserhalb des galvanischen Stromes.

a) Mechanische Wirkung der Ströme aufeinander und auf einen Magnet (Elektrodynamik, Elektromagnetismus) 352—359 214
b) Elektrische Fernwirkungen des Stromes (Induktion) 360—370 . 219
c) Praktische Einheiten für die elektrodynamischen Gröfsen 371 . 226

F. Maschinen zur Erzeugung und Verwendung des galvanischen Stromes.

a) Strom und Arbeit 372—380 228
b) Telegraphie 381—392 236

V. Abschnitt: Wellenlehre 393—405 244

VI. Abschnitt: Vom Schalle. (Akustik.)

a) Tonverhältnisse 406—412 252
b) Entstehung von Klängen durch elastische Schwingungen 413—429 256
c) Ausbreitung des Schalles 430—437 266
d) Stimme und Gehör 438—439 270

VII. Abschnitt: Vom Lichte. (Optik.)

a) Ausbreitung des Lichtes 440—444 273
b) Reflexion des Lichtes (Katoptrik) 445—459. 277
c) Refraktion des Lichtes (Dioptrik) 460—476. 283
d) Dispersion des Lichtes (Chromatik) 477—489 294
e) Absorption und Emission von Licht- und Wärmestrahlen 490—496 304
f) Verwandlungen der Energie der Licht- und Wärmestrahlen 497—503 308
g) Das Auge und die optischen Instrumente 504—524 312
h) Interferenz 525—532. 324
i) Polarisation 533—555 330
Sachregister 347

Einleitung.

Körper und Kräfte im allgemeinen.

a) Messung von Raum, Zeit und Kraft.

1. Die Physik beschäftigt sich mit denjenigen Veränderungen und Wirkungen der Körper, durch welche dieselben nicht wesentlich umgewandelt werden, die vielmehr den Körpern in mehr oder minder hohem Grade gemeinsam sind. Der physische Körper hat mit dem mathematischen das gemein, daſs auch er einen gewissen Raum (Volumen) einnimmt, welcher nach Länge, Breite und Dicke (Höhe) ausgemessen wird, unterscheidet sich aber von ihm dadurch, daſs dieser Raum mit Stoff (Materie) gefüllt, d. h. mit besonderen Eigenschaften und Kräften begabt ist, durch welche er auf unsere Sinne und auf andere Körper wirkt. Der Stoff ist undurchdringlich, d. h. er setzt dem Eindringen in den Raum einen Widerstand entgegen.

2. Die wichtigsten Längenmaſse sind folgende: Ein Meter (m) ist der 10 000 000te Teil des Meridianquadranten von Paris. 0,1 m = 1 Decimeter (dm), 0,01 m = 1 Centimeter (cm), 0,001 m = 1 Millimeter (mm), 1000 m = 1 Kilometer (km).

Das metrische Maſssystem wurde zuerst in Frankreich (provisorisch 1795, definitiv 1799) eingeführt.

Eine Toise ist = 1,95 Meter = 6 par. Fuſs.

1 metrischer	Fuſs	= 0,300 m.
1 englischer	—	= 0,305 —
1 rheinländischer	—	= 0,314 —
1 pariser	—	= 0,325 —

3. Kleinere Teile, als auf dem Maſsstabe verzeichnet sind, werden mittels des Nonius (Nuñez 1550, Vernier 1631) abgelesen.

Der Nonius besteht aus einem Maſsstabe, welcher an dem Hauptmaſsstabe hin und her geschoben werden kann und auf welchem die Länge von n Teilen entweder gleich der von $n + 1$ oder der

von $n - 1$ Teilen des Hauptmaſsstabes ist. Im ersteren Falle heiſst der Nonius rückläufig, im letzteren vorläufig. Die Differenz zwischen einem Maſsstabteil und einem Noniusteil ist im ersten Fall $(n+1)/n - n/n = 1/n$, im zweiten $n/n - (n-1)/n = 1/n$. Durch beide Nonien wird also ein Maſsstabteil in $n$tel eingeteilt. Um mit einem vorläufigen Nonius, von dem 10 Teile gleich 9 Teilen des Maſsstabes sind, die Länge $a\,b$ abzumessen, bringt man a auf den Nullpunkt des Maſsstabes, legt den Nullpunkt des Nonius an b an und beobachtet, der wievielte Teilstrich des Nonius mit einem

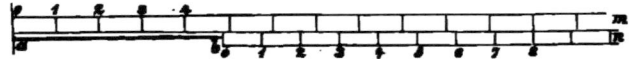

Teilstrich des Maſsstabes zusammenfällt. Um mit einem rückläufigen Nonius, von dem 10 Teile gleich 11 Teilen des Maſsstabes sind, die Länge $a\,b$ abzumessen, bringt man b auf den Nullpunkt des Maſsstabes, legt den Nonius an a in der dem Fortschreiten der Zahlen am Hauptmaſsstabe entgegengesetzten Richtung an und

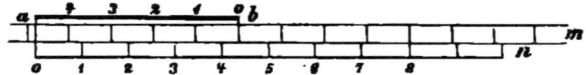

beobachtet wieder, der wievielte Teilstrich des Nonius mit einem Teilstrich des Maſsstabes zusammenfällt. In beiden hier gezeichneten Fällen wird $a\,b = 4{,}8$ gefunden.

4. Zur Winkelmessung dienen Instrumente, bei welchen die Richtungsunterschiede an einer Kreisteilung abgelesen werden.

Zur Feststellung der Richtung wird ein Fernrohr mit Fadenkreuz (521) benutzt, dessen Drehachse im Mittelpunkt des Kreises senkrecht steht. Die Einteilung in 360° (Grade), 1° in 60' (Minuten), 1' in 60" (Sekunden) ist uralt (babylonischen Ursprungs). Auch hier werden die Teile, in welche die Peripherie des Kreises geteilt ist, durch einen an derselben verschiebbaren Nonius in kleinere Teile geteilt. Ist z. B. der Kreis in halbe Grade geteilt und gehen 30 Teile des Nonius auf 29 Teile des Kreises, so teilt der Nonius die Kreisteile in Dreifsigstel d. h. in Minuten. Wo Winkelgröfsen unter Längen in Rechnung kommen, wird der Winkel durch den Bogen am Radius 1 bestimmt; die Winkeleinheit ist der Bogen 1, der einem Winkel von 57,296° entspricht. Für kleine Winkel kann dann $a = \sin a = \operatorname{tg} a$ gesetzt werden.

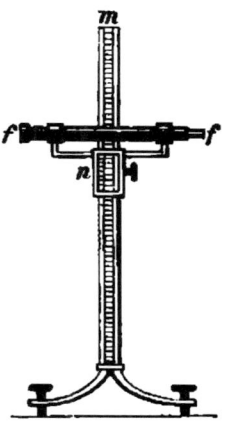

5. Das Kathetometer (Dulong und Petit 1818) mifst den Abstand zweier paralleler, gewöhnlich horizontaler, Ebenen voneinander.

An einem vertikalen Mafsstabe m kann ein horizontales Fernrohr ff, mit welchem der Nonius n fest verbunden ist, auf- und abgeschoben werden. Man richtet die Achse des Fernrohres erst auf einen in der einen, dann auf einen in der andern Ebene gelegenen Punkt und mifst am Mafsstabe die vertikale Verschiebung des Fernrohres mittels des Nonius.

6. Die Teilmaschine ist eine Schraube, welche einen Griffel entweder mittels einer Schraubenmutter oder mittels eines Rades um bestimmte Strecken verschiebt, um mit demselben Längen- oder Kreisteilungen herzustellen.

In der Längenteilmaschine liegt die Schraube in zwei Achsenlagern a und b. Auf ihr verschiebt sich die Mutter m, welche

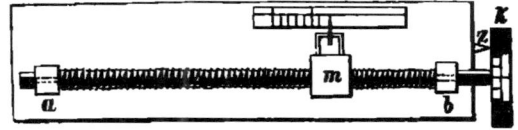

in einem Rahmen einen Griffel trägt. Dreht man den Kopf der Schraube A um ganze Umdrehungen, so stehen die gemachten Teilstriche um die Höhe eines Schraubenganges voneinander ab. Dreht man den Kopf K nur um $1/n$ einer Drehung, was an einem Zeiger Z oder einem Nonius beobachtet werden kann, so ist auch der Abstand zweier Teilstriche voneinander nur $1/n$ von der Höhe eines Schraubenganges.

Man kann auch mit der Teilmaschine eine gegebene Teilung kopieren, wenn man den Originalmafsstab parallel mit dem zu teilenden auf den Tisch der Teilmaschine legt, mittels der Schraube die Mutter m immer von einem Teilstriche des Originals zum nächsten schiebt, und jedesmal mit dem Griffel einen Strich macht.

Die Kreisteilmaschine ist ähnlich eingerichtet, nur wird der Griffel nicht durch die Verschiebung einer Mutter, sondern durch die einer Schraube ohne Ende (41) fortbewegt.

Die Schrauben, welche in dieser Weise zur Messung kleiner Teile einer Länge oder eines Kreisbogens, oder zur Verschiebung eines Apparates um kleine Strecken dienen, heifsen Mikrometerschrauben. Nach demselben Prinzipe wird die Dicke dünner Drähte oder Platten durch das Pachymeter gemessen.

Stellschrauben dienen zum Heben und Senken bestimmter Punkte, z. B. zur Feststellung dreier Punkte, durch welche eine Horizontalebene gelegt werden soll.

7. Der Inhalt einer Fläche wird nach Quadratmetern (qm), Quadratdecimetern (qdm) u. s. w. gemessen, 1 qm = 100 qdm.

Für geometrisch einfach gestaltete Flächen wird der Inhalt durch Berechnung gefunden. Beliebig gestaltete Flächen zerlegt man in kleine Rechtecke, deren Grundlinien und Höhen gemessen werden; das Planimeter führt eine solche Zerlegung mechanisch aus. Mit grofser Annäherung kann man den Inhalt einer Fläche dadurch finden, dafs man die auf eine dünne Platte von überall gleicher Dicke (Stanniol) aufgezeichnete Figur ausschneidet und wägt und das gefundene Gewicht mit dem der Flächeneinheit derselben Platte vergleicht.

8. Der Inhalt eines körperlichen Raumes oder Volumen wird nach Kubikmetern (kbm), Kubikdecimetern (kbdm) u. s. w. bestimmt. 1 kbdm = 1000 kbcm heifst ein Liter.

Die Messung wird an Flüssigkeiten in geteilten Glasgefäfsen (Mensuren, Büretten, Pipetten), an luftförmigen Körpern ebenfalls in geteilten Glasröhren ausgeführt, indem man die Mafsröhre mit einer Flüssigkeit anfüllt, mit der offenen Mündung in ein mit derselben Flüssigkeit gefülltes Gefäfs stürzt und dann den luftförmigen Körper in das Rohr eintreten und die Flüssigkeit verdrängen läfst.

Für feste Körper und auch für Flüssigkeiten tritt an die Stelle der Messung die Wägung, wozu das Gewicht der Volumeneinheit des zu messenden Körpers bekannt sein mufs.

Alle Mafsröhren müssen vor dem Gebrauche kalibriert werden, d. h. man mufs durch fortgesetztes Eingiefsen gleicher Flüssigkeitsmengen (Quecksilber) die Richtigkeit der Teilung prüfen oder den Betrag der Unrichtigkeit bestimmen. Es ist deshalb nicht nötig, Mafsröhren in kbcm u. dgl. zu teilen; man kann ihnen eine Längenteilung (arbiträre Teilung, z. B. in mm) geben und den Raum zwischen je zwei Teilstrichen durch Eingiefsen von abgemessenen Quecksilbermengen bestimmen.

9. Ein Körper kann seinen Raum wechseln durch Bewegung des ganzen Körpers oder durch die Bewegung seiner Teile gegeneinander; der Stoff ist beweglich und teilbar. Die kleinsten Teile, aus denen man ihn zusammengesetzt denkt, heifsen Molekel (materielle Punkte). Die kleinen zwischen den Teilen eines Körpers freibleibenden (d. h. entweder leeren, oder durch Molekel von anderem Stoff gefüllten) Räume heifsen Poren. Die Ausdehnung und Zusammendrückung, deren alle Körper fähig sind, erklärt man durch die Entfernung oder Annäherung der Molekel.

Wird eine metallische Hohlkugel mit Wasser gefüllt, verschlossen und zusammengepreſst, so tritt das Wasser durch die Poren aus (Florentiner Akademie 1661).

10. Die Messung der Zeit geschieht durch die gleichmäfsig wiederkehrende Bewegung eines Pendels (73,76). Als natürliches Mafs der Zeit dient die unveränderliche Umdrehungszeit der Erde um ihre Achse (Sterntag). Der mittlere Sonnentag (bürgerliche Tag) ist = 1,002738 Sterntag. In der Physik ist die Sekunde (sek) mittlerer Zeit als Zeitmafs in Gebrauch; 1 mittlerer Sonnentag = 24·60·60 sek.

Die Gleichheit aller Sterntage folgt aus der Unveränderlichkeit der Werte für die periodischen Bewegungen der Himmelskörper, die seit Jahrtausenden in diesem Zeitmafs bestimmt werden. — Während eines Umlaufs der Erde um die Sonne macht sie 366,256 Umdrehungen (vgl. 81); infolge dieses Umlaufs bleibt die Sonne täglich in ihrer scheinbaren Rotation etwas gegen die Fixsterne zurück, deren scheinbarer Umlauf in einem Sterntag erfolgt; dies

6   Körper und Kräfte im allgemeinen.

Zurückbleiben macht während eines Umlaufs der Erde um die Sonne einen ganzen Umlauf aus; daher sind 366,256 Sterntage = 365,256 Sonnentage, 1 Sterntag = 0,99727 mittlerer Sonnentag.

11. Eine in allen Körpern wirksame Kraft ist die **Schwere**, die Kraft, mit welcher sich der Körper nach der Erde zu bewegen strebt und welche sich bei einem unterstützten Körper als **Druck**, bei einem hängenden als **Zug** bemerkbar macht. Die Verhältnisse der Schwerkräfte verschiedener Körper werden bestimmt, indem man sie nacheinander an einerlei Stelle (an der Wage, 43) ziehen oder drücken läfst; diese Verhältnisse werden durch die **Gewichte** gemessen.

12. Als Gewichtseinheit gilt das **Gramm**. Ein Gramm (gr) ist das Gewicht eines Kubikcentimeters destillierten Wassers von gröfster Dichtigkeit (vergl. 166); 0,1 gr = 1 Decigramm (dgr), 0,01 gr = 1 Centigramm (cgr), 0,001 gr = 1 Milligramm (mgr); 1000 gr = 1 Kilogramm (kgr).

Das Gewicht eines Liters Wasser ist demnach = 1 kgr. Ein halbes Kilogramm heifst 1 Pfund, 50 Kilogramm 1 Centner. Das Gewicht eines Kubikmeters Wasser = 1000 kgr = 20 Ctr heifst eine Tonne.

13. Das **spezifische Gewicht** eines Körpers oder seine **Dichte** (s) ist die Zahl, welche anzeigt, wievielmal schwerer der Körper (p) ist, als ein gleiches Volumen Wasser (w) von gröfster Dichtigkeit (vgl. 167), $s = p/w$. Es gibt das Gewicht der Volumeinheit an, d. h. wieviele Gramm 1 kbcm, wieviele Kilogramm 1 kbdm des Stoffes wiegt (vgl. 55).

Man kann demnach die Dichte eines Körpers, z. B. einer Flüssigkeit, bestimmen, wenn man ein Gefäfs (Tarierfläschchen, Pyknometer) mit ihm und nachher mit Wasser anfüllt und mit dem Gewichte des Wassers in das des Körpers dividiert.

Folgende sind die Dichten einiger Körper:

Platin	22	Wismut	9,8
Gold	19,3	Kupfer	8,8
Quecksilber	13,6	Messing	8,4
Blei	11,3	Schmiedeisen	7,8
Silber	10,4	Stahl	7,8

Gufseisen	7,5	Quarz	2,6
Zinn	7,3	Porzellan	2,4
Zink	7,1	Schwefel	2,1
Antimon	6,7	Phosphor	1,8
Aluminium	2,7	Bernstein	1,1
Natrium	0,99	Wachs	0,96
Kalium	0,86	Eis	0,92
Schwerspat	4,4	Ebenholz	1,3
Diamant	3,5	Buchenholz	0,8
Glas	2,5—3,5	Lindenholz	0,6
Marmor	2,8	Kork	0,2

Schwefelsäure	1,8	Meerwasser	1,02
Salpetersäure	1,5	Olivenöl	0,91
Schwefelkohlenstoff	1,27	Benzol	0,88
Salzsäure	1,2	Alkohol	0,79
Milch	1,02—1,03	Äther	0,74

(vergl. 104 bis 108).

Ist der Körper luftartig, so wird statt des Wassers die atmosphärische Luft als Einheit angenommen.

Die atmosphärische Luft ist 773 mal leichter als Wasser; ein Kubikcentimeter Luft wiegt also $\lambda = 0{,}00129$ gr (vergl. 171). Auf die Dichte der Luft $= 1$ bezogen ist die Dichte von

Sauerstoff	1,106	Kohlendioxyd	1,529
Wasserstoff	0,069	Chlor	2,44
Stickstoff	0,972	(vergl. 173).	

14. Die Kräftewirkung zwischen zwei Körpern ist stets wechselseitig: Wenn eine Kraft von A aus auf B wirkt, so wirkt auch die gleiche, aber entgegengesetzt gerichtete Kraft von B aus auf A (Newtons Grundsatz der Gleichheit der Wirkung und Gegenwirkung).

Beispiele sind Druck und Gegendruck an einer Unterlage, Zug und Gegenzug an einem Seil.

15. An einer Kraft unterscheidet man Angriffspunkt, Richtung und Gröfse, welche durch Ausgangspunkt, Richtung und Gröfse eines Pfeiles dargestellt werden. Die Gröfse einer Kraft wird bestimmt durch die Schwerkraft der Gewichtseinheiten, welche die Bewegungswirkung jener Kraft aufheben, wenn sie in entgegengesetzter Richtung wirken. Als technische Krafteinheit gilt die Schwerkraft eines Kilogramm.

Um die Gewichte in beliebiger Richtung wirken zu lassen, werden sie an Schnüren befestigt, die über Rollen laufen (46); statt durch Gewichte kann die Kraft durch die Wirkung an elastischen Bändern gemessen werden (Kraftmesser) (89). — Die Schwerkraft eines Kilogramm ist veränderlich mit der Entfernung des Gewichtsstückes vom Erdmittelpunkt (53, 71), daher für feinere Kraftmessungen in der Physik nicht brauchbar; dennoch können die Gewichte aller Kraftmessung zu Grunde gelegt werden, wenn noch die Bewegung durch die Schwerkraft berücksichtigt wird (55).

16. Die Molekel der Körper ziehen einander durch Kräfte an, welche nur in unendlich kleinen Entfernungen wirksam sind. Diese Kräfte heißen Molekularkräfte. Die Anziehung zwischen den Molekeln eines und desselben Körpers wird Kohäsion (84, 94), die zwischen den Molekeln verschiedener Körper Adhäsion (126) genannt.

17. Nach dem Grade der Kohäsion bestimmt sich der Aggregatzustand eines Körpers. Derselbe ist fest oder starr, wenn die Schwerkraft der Molekel nicht im stande ist, deren Kohäsion zu überwinden; ein fester Körper ist deshalb hinreichend gesperrt, wenn er durch eine Unterstützung von unten gehalten wird. Der Körper heißt tropfbar flüssig, wenn die Kohäsion der Molekel durch deren Schwere überwunden wird; er muß von unten und von den Seiten gesperrt werden, um nicht auseinander zu fallen. Luftförmig, expansibel oder ausdehnbar flüssig oder gasförmig heißt der Körper, wenn statt der Kohäsion eine Kraft vorhanden ist, welche die Molekel voneinander treibt: die Expansivkraft; er muß von allen Seiten gesperrt werden (vergl. 195). Die Schwerkraft wirkt der Expansivkraft der Luft entgegen, so daß sie als Atmosphäre die Oberfläche der Erde umgibt.

b) Grundbegriffe der Bewegung.

18. Bahn heißt die Linie, welche ein Punkt während seiner ganzen Bewegung durchläuft, Richtung die gerade Linie,

Grundbegriffe der Bewegung. 9

in welcher er sich in irgend einem Momente bewegt. Bei krummlinigen Bewegungen bildet die Richtung eine Tangente an der Bahn. Weg heifst die Länge der Bahn, welche während einer bestimmten Zeit durchlaufen wird.

19. Gleichförmig heifst die Bewegung eines Punktes, wenn er in gleichen Zeiten gleiche Wege zurücklegt. Der in der Zeiteinheit zurückgelegte Weg c heifst die Geschwindigkeit des Punktes. Als Zeiteinheit gilt gewöhnlich die Sekunde. Der in der Zeit t zurückgelegte Weg ist $s = c.t$. Die Geschwindigkeit ist das Verhältnis des Weges zur Zeit, $c = s/t$.

20. Ungleichförmig heifst die Bewegung eines Punktes, wenn er in gleichen Zeiten ungleiche Wege zurücklegt und zwar beschleunigt, wenn in späteren Zeiten gröfsere, verzögert, wenn in späteren Zeiten kleinere Wege zurückgelegt werden. Man versteht hierbei unter Geschwindigkeit in einem bestimmten Zeitpunkt das Verhältnis des Weges zur Zeit für die Dauer eines unbeschränkt kleinen Zeitteilchens.

21. Gleichförmig beschleunigt wird die Bewegung genannt, wenn die Geschwindigkeit in gleichen Zeiten um gleichviel zunimmt; die Zunahme der Geschwindigkeit in der Zeiteinheit heifst Beschleunigung γ. Ist die anfängliche Geschwindigkeit unmefsbar klein ($= 0$) und nimmt sie in jeder Sekunde um γ zu, so ist die Endgeschwindigkeit nach t Sekunden $v = t\gamma$.

22. Der Weg s, den ein Punkt bei gleichförmig beschleunigter (oder verzögerter) Bewegung zurücklegt, ist gleich dem Produkt der Zeit t mit dem arithmetischen Mittel der Anfangs- (c) und Endgeschwindigkeit (v), $s = t(c+v)/2$. Ist die Anfangsgeschwindigkeit $= 0$, so ist der Weg $s = t^2\gamma/2$; der Weg in der ersten Sekunde ist $s_1 = \gamma/2$.

Man kann die Zeit t aus sehr vielen (n) sehr kleinen Zeitteilchen τ zusammengesetzt denken, so dafs innerhalb eines solchen die Bewegung nahezu gleichförmig ist; alsdann bilden die Geschwindigkeiten und die Wege in diesen Zeitteilchen eine arithmetische Reihe; die Summe der Wege ist daher $s = n(c\tau + v\tau)/2 = n\tau(c+v)/2 = t(c+v)/2$. Für $c = 0$ und $v = t\gamma$ folgt $s = t^2\gamma/2$.

Den Weg während einer einzelnen (der t^{ten}) Sekunde $= w_t$ findet man, wenn man den Gesamtweg während ($t - 1$) Sekunden von dem während t Sekunden abzieht. Dann ist $w_t = (2t - 1)\gamma/2$, d. h. die Wege während der einzelnen Sekunden verhalten sich wie die ungeraden Zahlen.

23. Aus den beiden Gleichungen in 21 und 22 $v = t\gamma$ und $s = t^2\gamma/2$ findet man die Endgeschwindigkeit, welche ein Punkt erreicht, wenn er den Weg s durchlaufen hat: $v = \sqrt{2\gamma s}$ und den Weg, welchen ein Punkt durchlaufen mufs, um die Endgeschwindigkeit v zu erreichen: $s = v^2/2\gamma$.

c) Beziehungen zwischen Kraft und Bewegung.

24. Der Bewegungszustand in einem Zeitpunkt ist bestimmt durch die Richtung und die Geschwindigkeit in diesem Zeitpunkt. Jede Veränderung des Bewegungszustandes ist bedingt durch eine Kraft. Hat ein Körper aus irgend welchen Gründen irgend einen Bewegungszustand angenommen, so hat er das Bestreben, in diesem Zustande zu bleiben, bis eine Kraft ihn in einen anderen Zustand versetzt. Diese Eigenschaft heifst **Beharrungsvermögen** oder **Trägheit** (Galilei). Ein ruhender Körper verharrt in Ruhe, ein bewegter verharrt in geradliniger, gleichförmiger Bewegung, solange keine Kraft auf ihn wirkt.

Obgleich die Einwirkung von Kräften, welche die Bewegung verzögern (Luftwiderstand, Reibung) nie vollständig beseitigt werden kann, so ergibt sich das Gesetz erfahrungsgemäfs daraus, dafs bei Verminderung dieser Einwirkungen auch die Änderung der Geschwindigkeit verringert wird. (Galilei nahm das Gesetz zunächst nur für horizontale Bewegung an.) Ein auf horizontaler Bahn laufender Eisenbahnwagen läuft weiter, bis er plötzlich durch Bremsen oder allmählich durch die Reibung der Räder zum Stehen gebracht wird.

25. Die Richtung der Kraft ist diejenige der Bewegung, welche sie an und für sich in einem ruhenden Körper bewirkt. Eine geradlinige, gleichförmige Bewegung wird durch eine sehr kurz wirkende Kraft hervorgerufen, infolge deren sich der Körper durch sein Beharrungsvermögen fortbewegt; eine solche Kraft wird Stofs (Momentankraft) genannt. Eine konstante Kraft (z. B. die Schwerkraft, 51) erteilt in gleichen Zeiten gleiche Änderungen der Geschwindigkeit in einerlei Richtung; sie bewirkt eine geradlinige, gleichförmig beschleunigte Bewegung mit unmefsbar kleiner Anfangsgeschwindigkeit. Hört nach einer bestimmten Zeit die Kraft zu wirken auf, so geht der Körper durch sein Beharrungsvermögen mit der Geschwindigkeit des letzten Zeitpunktes in gleichförmiger Bewegung weiter.

Die durch eine konstante Kraft hervorgerufene Bewegungsart wurde zuerst am Fall auf schiefer Bahn beobachtet (Galilei). Wird die konstante Kraft in eine Reihe gleicher Stofskräfte aufgelöst gedacht, so folgt diese Bewegungsart aus dem Gesetz von dem Zusammenwirken der Kräfte bei der Bewegung (26).

26. Wirkt eine Kraft auf einen schon bewegten Punkt oder wirken gleichzeitig zwei Kräfte an einem Punkt, so ist die Bewegung eine solche, als ob der Punkt von den beiden Bewegungen, die ihm einzeln erteilt würden, die eine in der ihr entsprechenden Bahn ausführen würde, während gleichzeitig jeder Punkt dieser Bahn die andere Bewegung verfolgt. Der Ort des Punktes ist nach Verlauf einer beliebigen Zeit derselbe, als ob der Punkt nacheinander und mit Beibehaltung der ursprünglichen beiden Richtungen die einzelnen Bewegungen ausgeführt hätte, welche dieser Zeit entsprechen (Grundsatz vom Zusammenwirken der Kräfte bei der Bewegung). Nach demselben Grundsatz ergibt sich die gleichzeitige Bewegungswirkung mehrerer Kräfte (vgl. 29).

Dieser Grundsatz wurde zuerst von Galilei auf den Wurf in horizontaler Richtung (Fall vom Maste eines bewegten Schiffes) angewandt; er bildet die Grundlage der theoretischen Mechanik.

Bei gleich- oder gegengerichteten Kräften ist der resultierende Weg gleich der algebraischen Summe der einzelnen Wege, die resultierende Geschwindigkeit (Beschleunigung) gleich der algebraischen Summe der Geschwindigkeiten (Beschleunigungen) durch die einzelnen Kräfte (wobei die Gröfsen der einen Richtung positiv, die der entgegengesetzten negativ genommen werden).

12 Körper und Kräfte im allgemeinen.

Bei zwei in verschiedenen Richtungen wirkenden Kräften ist der Ort des Punktes in jedem Zeitpunkt die vierte Ecke des Parallelogramms, von welchem 3 Ecken durch den Ausgangspunkt und die beiden Punkte bestimmt sind, zu welchen beide Bewegungen einzeln bis zu diesem Zeitpunkt geführt hätten; Richtung und Gröfse der resultierenden Geschwindigkeit (Beschleunigung) wird durch die Diagonale AD des Parallelogramms dargestellt, dessen Seiten AB und AC die Geschwindigkeiten (Beschleunigungen) durch die einzelnen Kräfte darstellen.

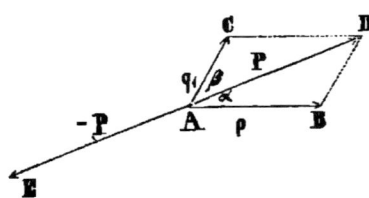

27. Gleiche Kräfte bewirken an einerlei Körper in gleichen Zeiten gleiche Geschwindigkeiten (Beschleunigungen), ungleiche Kräfte verhalten sich wie die in gleichen Zeiten bewirkten Geschwindigkeiten (Beschleunigungen).

Bewirkt die Kraft 1 in der Zeit 1 die Geschwindigkeit (Beschleunigung) a, so bewirkt die Kraft p, d. h. p nach einerlei Richtung wirkende Krafteinheiten die Geschwindigkeit $\gamma = pa$ (26), die Kraft p_1 ruft die Geschwindigkeit $\gamma_1 = p_1 a$ hervor, so dafs $p : p_1 = pa : p_1 a = \gamma : \gamma_1$. Erfahrungsgemäfs ergab sich dieses Verhältnis zuerst aus der Vergleichung der Kräfte und Bewegungen längs der schiefen Bahn und bei freiem Fall und aus den Beobachtungen des Stofses der Körper (Huygens, Wren 1669). Das Gesetz vom Beharrungsvermögen (24), das Gesetz der Proportionalität von Kraft und Bewegungsänderung (27) und der Gleichheit der Richtung beider (26), sowie das Gesetz der Gleichheit der Wechselwirkung (14) legte Newton (1686) seiner Bewegungslehre zu Grunde.

Erster Abschnitt.

Von den Kräften, welche auf die ganzen Körper wirken.

A. Zusammensetzung und Zerlegung der Kräfte (Statik).

a. Kräfte an einem Punkt.

28. Wirken mehrere Kräfte an einem Punkt, so läfst sich stets eine Kraft bestimmen, welche für sich allein wirkend die resultierende Bewegung hervorruft; diese Kraft heifst die Resultante der Kräfte, die ersteren heifsen die Komponenten der letzteren. Die der Resultante gleiche und entgegengerichtete Kraft hält den Kräften das Gleichgewicht, d. h. sie hebt ihre Bewegungswirkung auf.

Experimentell werden die Gesetze für das Zusammenwirken der Kräfte erforscht mittels Gewichten, die an Schnüren (über Rollen) hängend, sich an einem Punkt das Gleichgewicht halten. Theoretisch ergeben sich diese Gesetze aus der Proportionalität von Kraft und Beschleunigung (27) und aus der Zusammensetzung der Bewegungen (26).

29. Die Resultante mehrerer gleichgerichteten oder entgegengerichteten Kräfte ist gleich der algebraischen Summe dieser Kräfte (wobei die nach der einen Seite hin wirkenden Kräfte als positiv, die nach der anderen hin wirkenden als negativ genommen werden). Ist diese algebraische Summe = 0, so halten die Kräfte einander das Gleichgewicht.

Die Resultante zweier Kräfte p und p_1 (Fig. zu 26), die nach verschiedenen Richtungen auf einen Punkt wirken, wird durch die Diagonale eines Parallelogramms dargestellt, dessen Seiten die beiden Kräfte darstellen (Lehrsatz vom Parallelogramm der Kräfte, Stevin 1605).

Wirken mehr als zwei Komponenten auf einen Punkt, so findet man die Resultante, wenn man zuerst die Resultante zweier

14 Von den Kräften, welche auf die ganzen Körper wirken.

Komponenten, dann die Resultante aus dieser Resultante und einer dritten Komponente u. s. f. bestimmt.

Ist die Resultante aus sämtlichen Komponenten $= 0$, so halten einander die Kräfte das Gleichgewicht.

Wirken drei Kräfte, welche nicht in ein und derselben Ebene liegen, auf einen Punkt, so bewegt sich derselbe wie wenn eine Kraft auf ihn gewirkt hätte, welche durch die Diagonale des Parallelepipeds dargestellt wird, dessen Seiten jene Kräfte bedeuten.

30. Die beiden Komponenten p und p_1 (Fig. zu 26) und ihre Resultante P nebst den Winkeln α und β bestimmen die Seiten und Winkel eines Dreiecks, so daſs aus 3 dieser Gröſsen die anderen durch Konstruktion oder Rechnung gefunden werden können. Es lassen sich hiernach z. B. die Komponenten bestimmen, in welche eine Kraft zerlegt werden kann, wenn deren Richtungen gegeben sind. Auch kann man für eine Kraft durch Zerlegung eine beliebige Anzahl von Komponenten erhalten, deren Resultante jene Kraft ist.

Eine jede Kraft $o\,a_1 = p_1$ kann in zwei Komponenten $o\,b$ und $o\,c$ zerlegt werden, welche in zwei beliebigen, aufeinander senkrechten Richtungen X und Y wirken. Ist Winkel $a_1\,o\,b = \alpha_1$, so sind diese Komponenten $p_1 \cos \alpha_1$ und $p_1 \sin \alpha_1$.

Wirken auf o in der Ebene XY mehrere Kräfte p_1, p_2, p_3, welche mit X die Winkel $\alpha_1, \alpha_2, \alpha_3$ bilden, so besteht ihre Gesamtwirkung aus einer in X liegenden Komponente, welche gleich der algebraischen Summe $p_1 \cos \alpha_1 + p_2 \cos \alpha_2 + p_3 \cos \alpha_3 = \Sigma p \cos \alpha$, und einer in Y liegenden, welche gleich der algebraischen Summe $\Sigma p \sin \alpha$ ist. Ist eine jede dieser Summen $= 0$, so bleibt der Punkt o im Gleichgewicht.

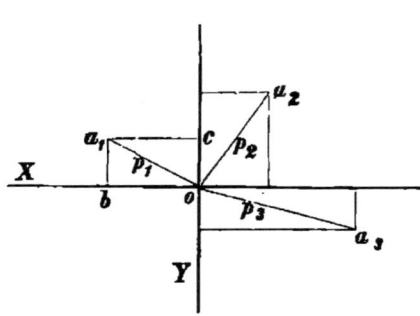

b. Kräfte an mehreren Punkten eines Körpers.

31. An einem starren Körper wirkt eine Kraft auf alle Punkte in ihrer Richtung in gleicher Weise und kann daher von einem dieser Punkte an einen andern übertragen werden. Wird ein Punkt dieser Richtung festgehalten, so bewirkt die Kraft keine Bewegung. — Zwei Kräfte, welche auf eine um eine feste Achse drehbare Scheibe wirken, halten einander das Gleichgewicht, wenn das Produkt aus der Kraft p und deren Abstand r von der Achse für beide das gleiche ist, $pr = p_1 r_1$, der Drehungssinn aber entgegengesetzt. Dieses Produkt heifst das statische Moment oder das Drehungsmoment der Kraft p. Kräfte mit gleichem Drehungsmoment und Drehungssinn können einander ersetzen. Das Drehungsmoment pr einer Kraft ist gleich derjenigen Kraft, welche sie in der Entfernung 1 von der Achse ersetzen kann.

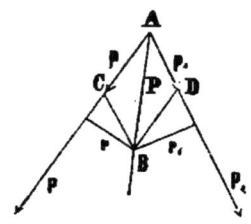

Die beiden Kräfte p und p_1 lassen sich an den Schnittpunkt A ihrer Richtungen verlegen und hier durch ihre Resultante AB ersetzen. Die Scheibe wird nicht gedreht, wenn die Richtung von AB durch die Achse geht. Da $\triangle ABC \backsimeq ABD$, so ist $pr = p_1 r_1$ oder $p : p_1 = r_1 : r$ und dieses Verhältnis bleibt für alle Punkte der Richtung AB unverändert.

32. Zwei parallele Kräfte halten einander ebenfalls das Gleichgewicht bei der Drehung um eine Achse, wenn ihre Drehungsmomente einander gleich und entgegengesetzt sind. Ihre Resultante ist gleich der Summe der Kräfte.

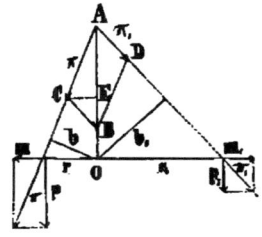

Man kann zu den parallelen Kräften p und p_1 die gleichen und entgegengesetzten Kräfte m und m_1 hinzufügen, ohne am Bewegungszustande etwas zu ändern, dann die Resultanten π und π_1 an ihren Schnittpunkt A verlegen, wobei für einen Punkt O der Richtung der Resultanten $\pi b = \pi_1 b_1$ ist (31), ferner $p : \pi = b : r$, $\pi b = pr$, somit $pr = p_1 r_1$. Die Resultante ist $AB = AE + EB = p + p_1$.

33. Das Drehungsmoment mehrerer Kräfte in Bezug auf eine Achse ist gleich der algebraischen Summe der einzelnen Drehungsmomente (Σpr), wobei die in einem Sinn drehenden positiv, die andern negativ zu nehmen sind. Der Körper bleibt im Gleichgewicht, wenn die algebraische Summe $\Sigma pr = 0$ ist.

Es können im Abstand 1 die Kräfte $pr + p_1 r_1 + \ldots$ angenommen werden, so dafs schliefslich nur eine Kraft wirkt.

34. Unter einem Kräftepaar versteht man zwei gleiche parallele aber entgegengesetzte Kräfte (p und p). Der senkrechte Abstand ihrer Richtungen voneinander, a, heifst der Arm, das Produkt ap das Moment des Kräftepaares. Das Moment einer Anzahl von Kräftepaaren ist gleich der algebraischen Summe ihrer Momente. Jede auf der Ebene, in denen ein Kräftepaar liegt, senkrechte Linie heifst eine Achse desselben. Ein Kräftepaar kann nie durch eine einzelne Kraft, sondern nur durch ein anderes Kräftepaar von entgegengesetzter Drehrichtung im Gleichgewicht gehalten werden.

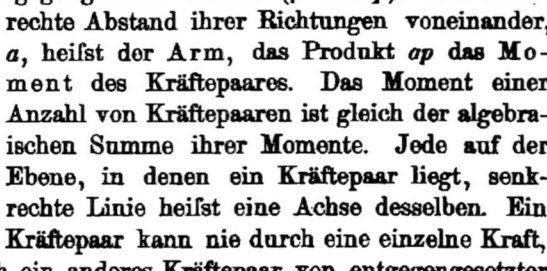

35. Wirken auf eine Gerade zwei (oder mehrere) Kräfte p_1 und p_2 parallel und in gleicher Richtung, so läfst sich ein Punkt A finden, für welchen die algebraische Summe der Produkte $a_1 p_1 + a_2 p_2 = \Sigma ap = 0$ ist. Eine durch A gelegte Kraft P, welche jenen Kräften parallel und entgegengesetzt und ihrer Summe gleich ist, hält dieselbe im Gleichgewicht (29). Ebenso läfst sich für jeden Körper, auf den parallele Kräfte in gleicher Richtung wirken ($p_1, p_2; p_3, p_4$), ein Punkt A finden, von dem aus nach allen Richtungen hin die algebraische Summe der statischen Momente der wirkenden Kräfte $= 0$ ist. Eine durch A gelegte Kraft P, welche jenen Kräften parallel und entgegengesetzt und ihrer Summe gleich ist, hält dann alle jene Kräfte im Gleichgewicht.

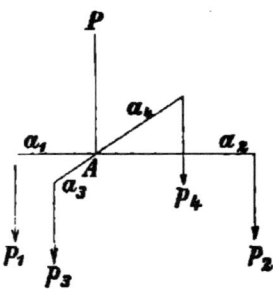

36. Sind die parallelen Kräfte die Schwerkräfte, welche auf sämtliche Molekel eines Körpers wirken, so heißt der Punkt A der **Schwerpunkt** des Körpers. Die Resultante aller dieser Schwerkräfte, welche durch den Schwerpunkt geht, wird nach technischem Maße (15) durch das **Gewicht (Kgr)** des Körpers gemessen. Man kann deshalb das Gewicht eines Körpers in dessen Schwerpunkt vereinigt denken.

An Körpern von überall gleicher Dichte d ist $\Sigma\,p\,r = d\,\Sigma\,v\,r$, wenn v die Volumenteile bezeichnet und der Schwerpunktsabstand x ergibt sich aus $x\,\Sigma\,p = \Sigma pr$ oder $x = \Sigma\,v\,r/\Sigma\,v$. Bei Körpern von einfacher Gestalt läßt sich der Schwerpunkt durch Rechnung finden. Bei weniger einfachen oder nicht homogenen Massen muß man ihn durch Versuche ermitteln. Man hängt den Körper an drei verschiedenen Punkten auf und legt durch jeden Aufhängepunkt eine vertikale Ebene. Im Durchschnitt der drei Ebenen liegt der Schwerpunkt.

Der Schwerpunkt einer geraden Linie liegt in ihrem Mittelpunkt, der eines Dreiecks im Durchschnitt der Verbindungslinien der Spitzen mit den Mitten der Gegenseiten, der eines Parallelogrammes im Durchschnitt der Diagonalen, der eines Kreises oder einer Kugel im Mittelpunkt, der eines Prismas oder Cylinders in der Mitte der Achse, der eines Kegels oder einer Pyramide in der Verbindungslinie der Spitze mit dem Schwerpunkt der Grundfläche, indem er jene Linie zwischen den genannten Punkten im Verhältnis 3 : 1 teilt.

37. Wird ein Punkt der Lotlinie des Schwerpunkts festgehalten, so ist der ganze Körper im Gleichgewicht. Geht die Drehachse durch den Schwerpunkt, so ist der Körper im **indifferenten** Gleichgewicht; liegt sie darüber, im **stabilen**, liegt sie darunter, im **labilen**.

Das Gleichgewicht ist stabil, sobald bei einem kleinen Stoß der Schwerpunkt erst steigt und dann wieder zurückfällt, labil, wenn er fällt und weiter fällt, indifferent, wenn er weder steigt noch fällt (Kugelsegment, Ei auf der Spitze, Kugel auf horizontaler Unterlage).

c. Einfache Maschinen.

38. Die Gesetze vom Gleichgewicht der Kräfte kommen bei den einfachen Maschinen in Anwendung. Diese sind: die schiefe Ebene, der Hebel und die auf beiden beruhenden.

Diejenigen Kräfte, welche durch eine Maschine überwunden werden sollen, heifsen Lasten; die, welche die Lasten überwinden sollen, behalten den Namen Kräfte. Die Kraft leistet eine Arbeit, an der Last wird eine Arbeit geleistet.

39. Die Gröfse der Arbeit ist das Produkt der Kraft (p), in die Weglänge (s), durch welche sie gewirkt hat. ($L = p \cdot s$.) Wird demnach ein Körper vom Gewicht eines Kilogrammes einen Meter hoch gehoben, so ist die aufgewandte Arbeit 1 Meterkilogramm. Eine Pferdekraft ist = 75 Meterkilogramm in der Sekunde. Findet die Bewegung nicht in der Richtung statt, in welcher die Kraft wirkt, so kommt als Kraft immer nur die in der Richtung des Weges liegende Komponente in Betracht. Bei der die Arbeit leistenden Kraft sind Kraft und Weg gleichgerichtet, bei der die Arbeit erleidenden Last entgegengerichtet. Stets ist die Arbeit der Kraft gleich der Arbeit der Last. Es verhält sich deshalb die von der Kraft zurückgelegte Weglänge zu der von der Last zurückgelegten wie die Last zur Kraft. (Descartes.)

Die Arbeit an einem schweren Körper hängt nur von der Schwerkraft und der Hubhöhe des Schwerpunkts ab (vgl. 40). Um einen Körper umzuwerfen, dessen Schwerkraft p ist und dessen Schwerpunkt um h von der wagrechten Grundfläche und dessen lotrechte Schwerpunktslinie um a von der wagrechten Umsturzkante entfernt ist, ist die Arbeit $L = p\ (\sqrt{a^2 + h^2} - h) = p\ a /\ [\sqrt{1 + (h/a)^2} + (h/a)]$ zu leisten und dieser Arbeit entspricht die Standfestigkeit des Körpers; sie wächst mit p und a und mit abnehmendem h.

40. Soll eine auf einer schiefen Ebene liegende Last durch eine parallel zur Ebene wirkende Kraft im Gleichgewicht gehalten werden, so mufs sich die Kraft zur Last wie die Höhe der Ebene zu deren Länge verhalten. Soll eine Last auf einer schiefen Ebene durch eine Kraft, welche parallel mit der Basis auf sie wirkt, im Gleichgewicht gehalten werden, so mufs sich die Kraft zur Last wie die Höhe der Ebene zu deren Basis verhalten.

Die lotrechte Schwerkraft (Last) q kann zerlegt werden in eine Komponente d senkrecht zur schiefen Bahn, welche durch den

Widerstand der Ebene aufgehoben wird, und eine Komponente k, welche parallel der schiefen Bahn oder der Basis ist; letzterer Komponente muß die Kraft gleichkommen. $k/q =$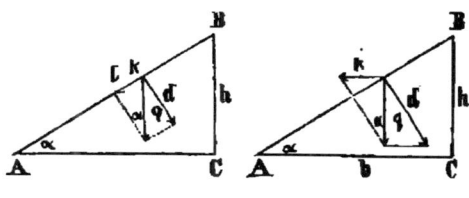
$h/l = \sin \alpha$, oder $k_1/q = h/b = tg\ \alpha$.

Die Arbeit, welche geleistet wird, wenn ein Körper eine schiefe Ebene hinaufgeschoben wird, ist gleich derjenigen, welche beim lotrechten Heben um die Höhe der schiefen Ebene geleistet wird, $k\ l = q\ h$.

Ein gleichschenkliger Keil ist dann im Gleichgewicht, wenn sich die senkrecht auf seinen Rücken wirkende Kraft zu einer jeden der beiden gleichen senkrecht auf seine Seitenflächen wirkenden Lasten verhält wie die Breite des Rückens zur Länge der Seitenflächen.

41. Die Schraube ist eine um einen Cylinder gewundene schiefe Bahn. Aus dem Gesetze der letzteren (40) folgt, daß sich die an der Peripherie der Schraube wirkende Kraft zu der die Schraubenwindungen hinauf gehobenen Last verhält, wie die Höhe eines Schraubenganges zur Peripherie der Schraube.

Wird das die schiefe Ebene bestimmende Dreieck so um den Cylinder von der Höhe h gewunden, daß die Basis b sich n mal um den Cylinderumfang u wickelt, so ist dieser Umfang $u = b/n$, die Höhe eines Schraubenganges $h_1 = h/n$, die Länge eines Schraubenganges l/n. Die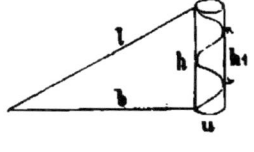
Kraft muß sich zur Last verhalten wie $(h/n) : (b/n) = h_1 : u$.

Die Schraubengänge können in einer Schraubenmutter laufen. Je nachdem diese oder die Schraube beweglich ist, erhält man verschiedene Formen der Schraubenpressen. Sie können auch in die Zähne eines Rades eingreifen, das um seine Achse drehbar ist; dann heißt der Apparat eine Schraube ohne Ende. (Archimedes.) Bei jeder ganzen Umdrehung der Schraube verschiebt sich die Schraubenmutter um die Höhe eines Schraubenganges, das Rad um eine Zahnbreite.

20 Zusammensetzung und Zerlegung der Kräfte.

42. Der **Hebel** ist eine starre Linie, welche sich um einen festen Punkt dreht und auf welche an irgend welchen Punkten Kräfte wirken. Der Hebel ist im Gleichgewicht, wenn die algebraische Summe der statischen Momente aller auf ihn wirkenden Kräfte $= 0$ ist. (Archimedes, † 212 v. Chr.)

Eine jede durch den Drehpunkt B der drehbaren Scheibe (s. Fig. zu 31) gelegte, in der Ebene derselben liegende Linie ist ein Hebel. Derselbe ist daher unter denselben Bedingungen im Gleichgewicht, wie die Scheibe selbst. Der Hebel kann geradlinig, gebrochen oder krummlinig sein. Er heifst einarmig, wenn alle Kräfte auf einer, zweiarmig, wenn sie auf verschiedenen Seiten der Achse wirken. Die nach entgegengesetzten Richtungen hin wirkenden Kräfte und die nach entgegengesetzten Seiten von der Achse hin

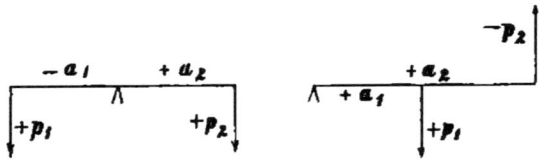

liegenden Arme dieser Kräfte (Hebelarme) werden mit entgegengesetzten Vorzeichen bezeichnet $(+ p_1, - p_2, + a_2, - a_1)$.

Beispiele für den Hebel bieten die Werkzeuge zum Heben, Tragen, Schneiden und dergl. Der Hebel dient auch als **Fühlhebel**, indem ein kleiner, vom Ende eines kurzen Hebelarmes zurückgelegter Weg am Ende eines langen Armes im Verhältnis der beiden Hebelarme vergröfsert erscheint.

43. Die **Wage** ist ein zweiarmiger, gleicharmiger Hebel, welcher sich im stabilen Gleichgewicht befindet, während der Wagebalken horizontal (wagrecht) steht. Wirken an seinen beiden Endpunkten gleiche Kräfte, so bleibt die Gleichgewichtslage ungeändert. Wirken zu beiden Seiten ungleiche Kräfte, so wird er um einen Winkel von der horizontalen Stellung abgelenkt, dessen Gröfse die Empfindlichkeit der Wage bestimmt.

Ist der Wagebalken AB, der sich um C dreht und in F seinen Schwerpunkt hat, um den Winkel α dadurch abgelenkt, dafs in A die Kraft p, in B die Kraft $p + a$ wirkt, und ist die Schwere des Wagebalkens $= w$, seine Länge $= 2b$, und $CF = e$, so sind die auf ihn wirkenden statischen Momente $EC(p+a) = DC.p + GC.w$. (nach 33), also $EC.a = GC.w$. Da aber $GC = e \sin \alpha$ und $EC = b \cos \alpha$, so ist $\tang \alpha = ab/we$. Man muſs also, um eine empfindliche Wage zu erhalten, die Länge des Wagebalkens möglichst groſs, sein Gewicht möglichst klein machen und den Schwerpunkt dem Drehpunkte recht nahe bringen. Der halbe Wagebalken b erhält eine Einteilung in Zehntel, so daſs ein 1 cgr schweres Laufgewicht (Reiter), auf verschiedenen Stellen des Balkens gelegt, das 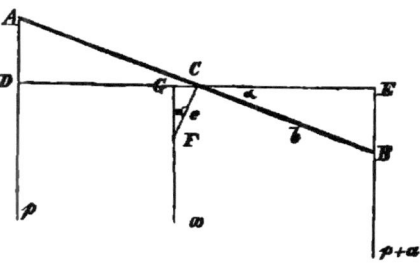 Wägen nach Milligrammen möglich macht, indem es nach der Reihe die statischen Momente 0,1 cgr bis 1 cgr annimmt.

Ob beide Hälften des Wagebalkens gleich lang sind, erkennt man durch Vertauschung der beiden in A und B aufgehängten Schalen, wodurch die Einstellung der Zunge nicht geändert werden darf; ob die Aufhängepunkte A und B mit dem Drehpunkt C in einer Geraden liegen, daran, daſs ein bestimmtes Übergewicht a immer denselben Ausschlag geben muſs ohne Rücksicht auf die Gröſse der Gleichgewichte p. Die Aufhängung und die Drehung geschieht auf Schneiden, welche unter einander parallel sein müssen.

Bei den **Tafelwagen** befinden sich die Schalen oberhalb des Balkens; es müssen deshalb Führungen angebracht werden (nach dem Prinzip von Roberval, 1670), welche dafür sorgen, daſs die Lasten immer lotrecht in gleichem Abstand vom Drehpunkt wirken, ohne Rücksicht auf die Stelle der Schale, auf welcher sie liegen.

44. Die **Schnellwage** ist ein zweiarmiger, ungleicharmiger Hebel, der sich im stabilen Gleichgewicht befindet, an dessen kürzerem Arm die Last aufgehängt ist, während ein Laufgewicht auf dem längeren Arm verschoben werden kann. Das einer bestimmten Stelle des Laufgewichts entsprechende Gewicht der Last kann durch Versuche bestimmt werden.

Bei der **Zeigerwage** trägt der eine Arm die zu wägende Last, der andere ein festes Gewicht und einen Zeiger; je nach der Gröſse der Last wird durch die Drehung der Hebelarm der Last verkürzt, der des Zeigergewichtes verlängert, wobei der

Zeiger verschiedene Stellungen an einer Kreisteilung annimmt, an welche dann das jedesmalige Gewicht der Last angeschrieben wird.

45. Die Decimalwage (Brückenwage, Quintenz 1823) gestattet die Last auf einem niedrig liegenden Brett aufzusetzen und durch $^1/_{10}$ des Gewichts im Gleichgewicht zu halten.

Die Last Q, welche auf einem Brette liegt, kann in die beiden Lasten q und q_1 zerlegt werden; q_1 wirkt von H aus am oberen Wagebalken AD im Punkte B (Achse in C); q drückt auf den

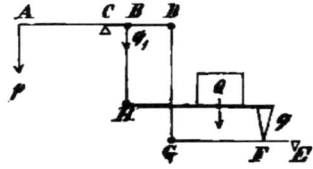

unteren Wagebalken EG (Drehpunkt in E) im Punkte F. Ist $EG = n \cdot EF$, so kann man statt der in F wirkenden Kraft q in G die Kraft q/n wirkend denken, welche dann am Balken AD in D angreift. Ist $CD = n \cdot CB$, so kann man statt dieser Kraft q/n die Kraft q in B substituieren, also wirken in B die Kräfte $q_1 + q = Q$ ohne Rücksicht auf die Stelle des Brettes, an welcher Q liegt. Ist endlich $AC = 10 \cdot CB$, so wird die in B wirkende Last Q durch die in A wirkende Kraft $Q/10$ im Gleichgewicht gehalten.

46. Die Rolle ist eine Kreisscheibe, welche sich um ihren Mittelpunkt dreht und um deren Peripherie ein Seil läuft. Man nennt eine Rolle fest, wenn ihr Mittelpunkt fest liegt, lose, wenn ihr Mittelpunkt beweglich ist. Bei der festen Rolle hängt das Seil in der Rolle und die Last am Seil, bei der beweglichen Rolle hängt die Rolle im Seil und die Last wirkt an der Achse der Rolle.

Eine feste Rolle ist im Gleichgewicht, wenn Kraft und Last an beiden Seilenden einander gleich sind.

Da die Abstände vom Drehpunkte Radien eines Kreises sind, so sind dann auch die statischen Momente einander gleich. Die feste Rolle gestattet beim Heben einer Last keine Verringerung der Kraft, sondern verändert nur deren Richtung.

47. An einer losen Rolle müssen immer drei Kräfte wirken, von denen eine, die Last, an dem Mittelpunkt der Rolle, die anderen an dem Seile tangential angebracht sind. Wenn die

Einfache Maschinen.

beiden tangentialen Kräfte parallel sind, so ist die Rolle im Gleichgewicht, sobald die Kraft halb so grofs als die Last ist.

Sind EA und $EB = p$ die beiden gleichen tangentialen Kräfte, so ist die Resultante $= EF$, folglich mufs für den Fall des Gleichgewichts die Last $q = EF$ sein. Wegen der Ähnlichkeit der Dreiecke EAF und ACB verhält sich dann, wenn man $AC = r$, $AB = s$ setzt, $p : q = r : s$, d. h. die Kraft verhält sich zur Last, wie der Radius zur Sehne des vom Seil umschlungenen Bogens. Sind die Kräfte parallel, so ist $s = 2r$, $p = q/2$.

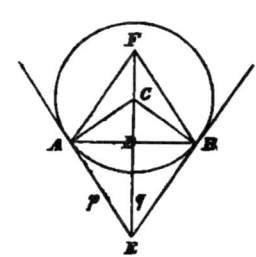

48. Der Rollenzug (Flaschenzug) ist ein System loser und fester Rollen, welche zur Verringerung der zum Heben einer Last nötigen Kraft durch Seile miteinander verbunden sind. (Archimedes.)

Beim gewöhnlichen Flaschenzug geht ein Seil abwechselnd über n feste und n lose Rollen, welche von je zwei Kloben (Flaschen) getragen werden. Die an der untersten losen Rolle hängende Last q wird von $2n$ Seilenden gehalten, also $p = q/2n$.

Beim Potenzflaschenzug hängt die Last q an der Achse einer losen Rolle, deren eines Seilende an einem Träger, das andere an der Achse der nächsten Rolle befestigt ist. Jede Rolle trägt halb so viel als die vorhergehende, also ist, wenn n lose Rollen vorhanden sind, $p = q/2^n$.

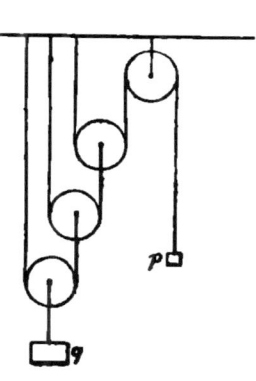
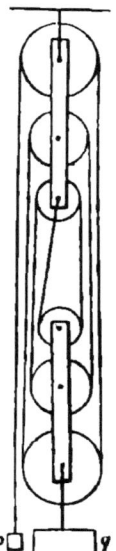

24 Zusammensetzung und Zerlegung der Kräfte.

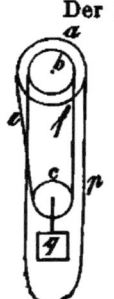

Der **Differentialflaschenzug** besteht aus zwei festen auf derselben Achse sitzenden Rollen, deren Umfänge a und b etwas verschieden voneinander sind. Eine endlose Kette ist um diese beiden und um die lose Rolle c, welche die Last q trägt, geschlungen. Wirkt die Kraft p nach unten, so verlängert sich während einer Umdrehung von a und b die Kette bei p um a Kettenglieder, während sich das Stück f der Kette um b Glieder verlängert, und e sich um a Glieder verkürzt. Die Last q wird also um $(a-b)/2$ gehoben, während p um a sinkt, also ist $p = q\,(a-b)/2a$ nach 39.

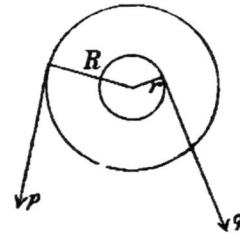

49. Das **Rad an der Welle** besteht aus zwei Rollen mit gemeinsamer Achse, aber verschiedenen Radien. Die mit dem größeren Radius R, heißt das Rad, die mit dem kleineren r, die Welle. Im Falle des Gleichgewichtes verhält sich die Kraft p am Rade zur Last q an der Welle wie der Radius r der Welle zum Radius R des Rades.

Beispiele sind Winde, Haspel, Göpel, Tretrad.

50. Räderwerke bestehen aus mehreren Wellrädern, von welchen die Zähne je eines Rades in Zähne an der folgenden Welle, dem Triebe, eingreifen. Die Kraft am Umfang des ersten Rades verhält sich zur Last am Umfang der letzten Welle, wie das Produkt der Radien der Triebe zum Produkt der Radien der Räder.

Die Übertragung der Bewegung von einer Achse auf eine andere kann auch durch Transmissionen hergestellt werden, d. h. durch eine Schnur oder einen Riemen ohne Ende, welche die Peripherie zweier auf den beiden Achsen festsitzender Rollen (Riemenscheiben) umschlingt. Die Umdrehungsgeschwindigkeiten der beiden Achsen verhalten sich dann zu einander umgekehrt wie die Radien der Riemenscheiben, bei der Übertragung durch Räderwerke umgekehrt wie die Zahnzahlen der ineinander greifenden Räder.

Obiges Verhältnis von Kraft und Last ergiebt sich aus dem Hebelgesetz (32), indem man an den Eingriffsstellen der Zähne sich je einander aufhebende Kräfte hinzugesetzt denkt.

B. Bewegung der Körper durch Kräfte (Dynamik).

a) Bewegung durch die Schwerkraft und Messung der Kräfte durch die Bewegung.

51. Die **Schwerkraft** eines Körpers erteilt demselben eine lotrechte, gleichförmig beschleunigte Bewegung mit unmefsbar kleiner Anfangsgeschwindigkeit (**freier Fall**) (Galilei). An einerlei Ort und im luftleeren Raum ist die **Fallbeschleunigung** für alle Körper die gleiche $g = 9{,}81$ m, der Fallweg in der ersten Sekunde $g/2 = 4{,}903$ m. Die erlangten Geschwindigkeiten verhalten sich wie die Fallzeiten, $v = tg$ (21), die durchfallenen Wege wie die Quadrate der Zeiten $s = t^2 g/2$ (22) und wie die Quadrate der erlangten Geschwindigkeiten $s = v^2/2g$ (23).

Galilei fand (1602) die Übereinstimmung der von ihm abgeleiteten Formeln in 21, 22, 23 mit den Beobachtungen des Falles auf schiefer Bahn (52). Die Bestimmung von g geschieht durch das Pendel (73, 76).

52. Die **Fallbeschleunigung** γ **auf schiefer Bahn** verhält sich zur Beschleunigung des freien Falles wie die Höhe der schiefen Bahn zur Länge derselben $\gamma = gh/l = g \sin \alpha$ (40). Die Geschwindigkeit ist im schiefen Fall gleich derjenigen des freien Falles bei gleichem Höhenunterschied, $v = \sqrt{2gh}$.

Die Zerlegung der Beschleunigung ist die gleiche, wie die der Kraft in 40. Nach 23 ist $v = \sqrt{2\gamma l} = \sqrt{2gh}$.

53. Sowohl die **Schwerkraft** p, als die **Fallbeschleunigung** g eines Körpers, der in verschiedene Entfernungen r und r_1 vom Erdmittelpunkt gebracht wird, stehen im umgekehrten Verhältnis des Quadrats dieser Entfernung (Newton 1686), $p : p_1 = r_1^2 : r^2 = g : g_1$; der Quotient von Schwerkraft und Fallbeschleunigung bleibt für einen Körper unverändert, $p/g = p_1/g_1$.

Die Veränderungen der Fallbeschleunigung werden durch das Pendel ermittelt (74), die der Schwerkraft durch eine Wage mit 2 Paaren von Wagschalen in bedeutendem lotrechten Abstand; beim Verbringen des einen Gewichts aus der tieferen Wagschale in die darüber befindliche wird das Gleichgewicht gestört (Jolly). Newton schloſs auf diese Veränderungen aus dem Gesetz der allgemeinen Gravitation (70).

54. Eine konstante Kraft k verhält sich zur Beschleunigung γ, welche sie einem Körper erteilt, wie die Schwerkraft p des Körpers zur zugehörigen Fallbeschleunigung g, $k/\gamma = p/g$. Körper, bei welchen dieses Verhältnis übereinstimmt, erlangen durch gleiche Kräfte gleiche Beschleunigungen; man sagt von solchen Körpern, sie haben gleiche **Masse** m. Die **Gröſse der Masse** wird durch den Quotient der Kraft (Schwerkraft) und zugehörigen Beschleunigung (Fallbeschleunigung) gemessen, $m = p/g$. Die **Massen-Einheit** hat derjenige Körper, welcher von der Kraft 1 die Beschleunigung 1 erhält. Die **Gröſse einer konstanten Kraft** k ist gleich dem Produkt der Masse m und der erzeugten Beschleunigung γ, $k = m\gamma = mv/t$ (21.)

Die Masse m bestimmt die Gröſse der Schwerkraft p eines Körpers $p = mg$, so weit dieselbe von der Lage desselben unabhängig ist; ihr entspricht der Grad des Beharrungsvermögens und die Gröſse der Kraft, welche zur Bewegung dieses Kräftesystems notwendig ist. Da die Schwerkraft eines Körpers und somit auch dessen Masse in dem Schwerpunkt vereinigt gedacht werden kann, so gelten alle Gesetze, welche für die Bewegung eines Punktes gefunden sind, auch für die Bewegung eines starren Körpers, sobald die Kräfte im Schwerpunkt des Körpers angreifen.

55. Wird die Masse eines kbcm Wassers, d. i. die **Masse eines Gramm** als Masseneinheit gewählt, so giebt das Gewicht G, in Gramm ausgedrückt, die Masse des Körpers an, $m = G$, und die Schwerkraft des Körpers ist $p = mg = Gg$, wobei der Veränderung von g mit dem Orte auch die der Schwerkraft entspricht, während die Massen der vergleichenden Gewichtsstücke überall unverändert bleiben. Als Krafteinheit gilt die Schwerkraft von $1/g$ Gramm, wo g die Fallbeschleunigung (in Centimetern gemessen = 981 cm) an dem betreffenden Ort bezeichnet. Dieses Maſs heiſst **absolutes**, da es von dem Ort unabhängig ist (Gauſs 1833). Die Krafteinheit, 1 **Dyn**, erteilt einem Gramm die Geschwindigkeit 1 cm in 1 Sekunde. 10^6 Dyn = 1 Megadyn, $1/10^6$ = 1 Mikrodyn.

Bewegung durch d. Schwerkraft u. Messg. d. Kräfte durch d. Bewegg. 27

Das specifische Gewicht (13) ist die **Masse der Volumeinheit**, $s = G/v = m/v$.

Ist g_p die Fallbeschleunigung in Paris, g_o an einem andern Ort O, so ist die Schwerkraft eines Grammstückes in Paris = g_p, in $O = g_o$; die Krafteinheit ist in Paris die Schwerkraft von $1/g_p$ gr, in O die von $1/g_o$ gr; beide Kräfte sind einander gleich, da die Schwerkräfte gleicher Körper oder Massen sich an beiden Orten wie $g_p : g_o$ verhalten.

Wird dagegen nach technischem Maſse (15) die **Schwerkraft eines Kilogramm als Krafteinheit** gewählt, so gibt die Gewichtszahl G, in Kilogramm ausgedrückt, dessen Schwerkraft an, $p = G$, und die Masse ist $m = p/g = G/g$ ($g = 9,81$ m). Die Masseneinheit ist die Masse von 9,81 Kgr. Das specifische Gewicht ist alsdann die Schwerkraft der Volumeinheit $s = G/v = p/v$. Da die Schwerkraft eines Gewichtsstückes mit dem Orte wechselt, so ist diese Krafteinheit selbst veränderlich, daher für allgemein vergleichende Messungen nicht zulässig.

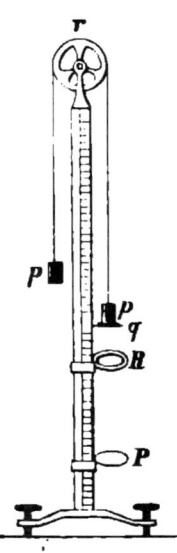

Abgesehen von den Veränderungen der Schwerkraft an der Erdoberfläche, welche $1/2\,^0/_0$ betragen können, sind die technischen Einheiten für Masse und Kraft 981 000 mal so groſs als die absoluten, die Krafteinheit, d. i. die Schwerkraft eines Kilogramm = 0,981 Megadyn (vgl. 83).

56. An der Fallmaschine von Atwood (1784) wird die Fallgeschwindigkeit dadurch verlangsamt, daſs der fallende Körper auſser seiner eigenen Masse noch eine andere in Bewegung setzen muſs.

Die Fallmaschine besteht aus einer um eine horizontale Achse leicht drehbaren Rolle r, über welche ein Faden läuft, der an seinen Enden die beiden gleichen Gewichte p trägt. Wird auf das eine dieser Gewichte ein Übergewicht q gelegt, so setzt sich die Masse $2p + q$ in Bewegung; die bewegende Kraft ist aber nur die Schwerkraft von q, also $= q\,g$. Die während einer Sekunde erzeugte Beschleunigung sei γ; alsdann ist $q\,g = (2p + q)\,\gamma$, $\gamma = q\,g/(2p + q)$.

Durch die Wahl der Gewichte an der Fallmaschine ändert sich daher nur die absolute Gröfse der Beschleunigung, während die Gesetze des Falles an der Fallmaschine dieselben bleiben, wie die des freien Falles.

Durch Auffallen der Gewichte $p + q$ auf die Platte P wird das Ende einer Fallzeit hörbar gemacht, deren Dauer an einem hörbaren Sekundenschläger beobachtet wird. Der Ring R dient zum Abheben des Übergewichtes q, wonach dann die Massen p durch das Beharrungsvermögen weiter laufen. So ergeben sich experimentell die Gesetze für Weg, Geschwindigkeit, Beschleunigung, Kraft und Masse.

57. Die Zug- oder Druckkraft einer schweren Masse an einem Träger wird nach dem Gesetz der Wechselwirkung (14) bei beschleunigter Abwärtsbewegung verringert, bei aufwärts gehender Bewegung vermehrt.

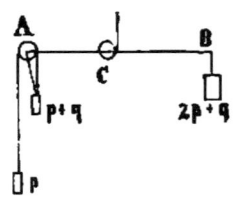

An der Fallmaschine von Poggendorff (1854) läuft über eine Rolle A am Ende eines Wagebalkens ein Faden, der mit den schweren Massen p und $(p + q)$ belastet ist, wobei das letztere Gewicht noch an der Achse der Rolle durch einen dünnen Faden festgehalten wird; brennt man diesen ab, so wird das zuvor herrschende Gleichgewicht der Wage gestört, indem bei A statt der Kraft qg nur noch $q(g - \gamma)$ wirkt, wobei $\gamma = qg/(2p + q)$ ist. Wird über die Rollen C und A ein Faden gespannt, der unterhalb C festgehalten wird und unterhalb A ein Gewicht trägt, so sinkt beim Anziehen des Fadens unter C der Wagebalken AC, er steigt dagegen beim Nachlassen des Fadens.

b) Bewegung durch Stofs- und Schwerkraft und bei Bewegungshindernissen.

58. Haben gleiche Kräfte k während der Zeit t auf irgend welche Massen m, m' gewirkt, welche dadurch die Geschwindigkeiten $v, v' \ldots$ angenommen haben, so sind die sämtlichen Produkte $mv, m'v' \ldots$ einander gleich. Ein solches Produkt heifst die Bewegungsgröfse oder das mechanische Moment der Kraft k. Das Produkt pt wird die Zeitwirkung der

Bewegg. durch Stofs- u. Schwerkraft u. bei Bewegungshindernissen. 29

Kraft genannt; es ist gleich der erzeugten Bewegungsgröfse, $kt = mv$. (Descartes 1644.)

Nach 54 ist $k = m\gamma$, nach 21 ist $v = t\gamma$, also $kt = mv$. Ebenso ist $kt = m'v'$ u. s. w. Durch dieselbe Zeitwirkung einer Kraft werden also stets gleiche Bewegungsgröfsen erzeugt.

59. Die Gröfse einer Stofskraft k wird durch die erzielte Bewegungsgröfse gemessen, $k = mv$. Stöfst eine starre Masse m mit der Geschwindigkeit v gegen eine Masse m', welche die Geschwindigkeit $\pm v'$ hat, so bewegt sich die gesamte Masse $(m + m')$ entsprechend der resultierenden Stofskraft (29) mit der Geschwindigkeit C weiter, so dafs $(m + m')\,C = mv \pm m'v'$ ist, $C = (mv \pm m'v')/(m + m')$. (Wallis 1618.) Vgl. 92.

60. Beginnt ein Punkt seine Fallbewegung nicht mit der Geschwindigkeit Null, sondern mit einer ihm durch einen lotrechten Stofs erteilten Geschwindigkeit, so addiert sich diese in jedem Momente algebraisch zu der Geschwindigkeit, welche er durch die Fallbewegung erlangt.

Hat der Punkt durch einen Stofs von oben nach unten die Geschwindigkeit $+ c$, oder durch einen Stofs von unten nach oben die Geschwindigkeit $- c$ erhalten, so ist seine durch Stofs und Fall nach der Zeit t erlangte Geschwindigkeit $v = tg \pm c$ und der in der Zeit t zurückgelegte Weg $s = t^2g/2 \pm tc$ (wie aus 22 und 26 folgt). Ein lotrecht in die Höhe geworfener Körper steigt daher mit gleichmäfsig verzögerter Bewegung auf, kommt zur Ruhe, wenn $c = tg$, $s_1 = c^2/2g$ ist und fällt dann wieder, so dafs er an jeder Horizontalen beim Auf- und Absteigen die gleiche Geschwindigkeit hat.

61. Ein horizontal oder schiefgeworfener Punkt beschreibt eine Parabel. (Galilei 1602.)

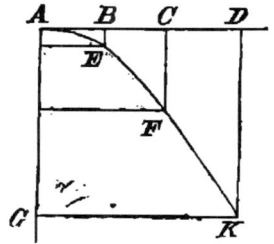

Durch einen horizontalen Stofs legt der Punkt A vermöge seiner Trägheit in gleichen Zeiten die gleichen Räume AB, BC, CD zurück, durch seine Schwere die Fallräume BE, CF, DK. Für irgend einen Punkt K der Bahn (26) ist, wenn $AB = c$ gesetzt wird, $AD = y = ct$; $AG = x = t^2g/2$, also $y^2 = 2c^2x/g$.

Durch einen unter dem Erhebungswinkel α über die Wagrechte erhobenen schiefen Stoſs legt der Punkt in gleichen Zeiten die gleichen Wege AB, BC, $CD = c$, durch die Schwere die Fallräume Bb, Cc, $Dd = t^2g/2$ zurück. Für irgend einen Punkt g der Bahn ist $A\gamma = y = ct \cos α$; $g\gamma = y = ct \sin α - t^2g/2$, also $x = y \tan g α - .gy^2/2c^2 \cos^2 α$. Für den Punkt k ist $x = 0$, also $ct \sin α = t^2g/2$ und $t = 2c \sin α/g$. Die Entfernung, in der der Punkt die Horizontale wieder erreicht, ist daher $Ak = c^2 \sin 2α/g$. Dieser Wert ist für α und $(R - α)$ der gleiche (Flach- oder Bogenschuſs) und wird für $α = 45°$ ein Maximum.

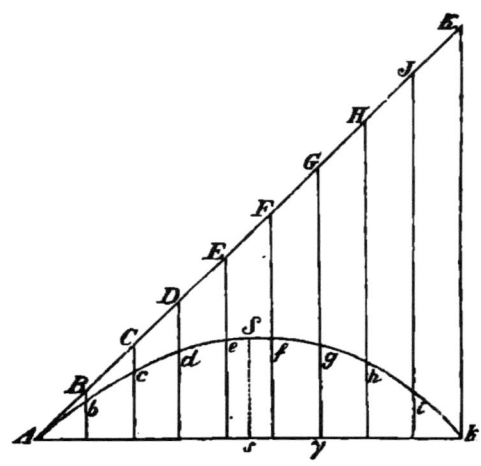

62. Bewegungshindernisse sind vorhanden, wenn sich ein Körper in einem Widerstand leistenden Mittel oder auf einer reibenden Unterlage bewegt. Die Reibung heiſst gleitend, wenn ein Körper auf einer Unterlage geschoben wird; wälzend, wenn er über dieselbe hinwegrollt. Die letztere ist viel geringer als die erstere, weil beim Wälzen die Unebenheiten des Körpers über die der Unterlage fortgehoben werden, beim Gleiten nicht. Reibungskoëfficient heiſst derjenige Bruchteil der Last, welcher als bewegende Kraft wirken müſste, um die durch die Reibung verloren gegangene Bewegung zu ersetzen. Die Reibung ist dem Drucke auf die Unterlage proportional, von der Gröſse der reibenden Flächen nur wenig abhängig, zwischen gleichartigen Körpern gröſser, als zwischen ungleichartigen.

Der Reibungskoëfficient ist z. B. für Bronce auf Bronce $= 0{,}20$, für Guſseisen auf Guſseisen $= 0{,}16$, für Guſseisen auf Bronce $= 0{,}15$.

Energie der Bewegung und der Lage. 31

Infolge des Luftwiderstandes bewegen sich geworfene Körper nicht nur langsamer, als nach den in 61 gegebenen Gesetzen zu erwarten ist, sondern sie weichen auch von ihrer Bahn ab.

Infolge der Reibung kann ein Körper auf einer schwach geneigten schiefen Ebene ruhig liegen bleiben. Bewegt er sich, so ist die dem cos des Neigungswinkels proportionale Reibung von der dem sin desselben proportionalen Komponente, welche den Körper auf der schiefen Ebene hinabtreibt, abzuziehen (40).

Die gleitende Reibung, welche die Achse eines Rades im Achsenlager erleidet, kann vermindert werden, wenn man dieselbe zum Teil in wälzende Reibung verwandelt, indem man die Achse auf Friktionsrollen legt. Ist p das Gewicht des Rades, φ der Reibungskoëfficient, u der Umfang der Achse, so wird bei jeder Umdrehung des Rades die Arbeit $p \cdot \varphi \cdot u$ geleistet. Hat jede Friktionsrolle den Umfang u_1, jede ihrer Achsen den Umfang u_2, so ist die Arbeit an den letztgenannten Achsen $= p \cdot \varphi \cdot u_2 \cdot u/u_1$, weil diese Achsen u/u_1 mal langsamer gehen, als die erste. Die Arbeit ist also im Verhältnis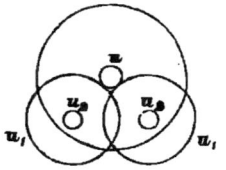
$p \cdot \varphi \cdot u_2 \cdot u/u_1 : p \cdot \varphi \cdot u$, d. h. im Verhältnis $u_2 : u_1$ vermindert worden.

c) Energie der Bewegung und der Lage.

63. Die Arbeit (39), welche eine Kraft leistet, indem sie einem Körper eine Geschwindigkeit mitteilt, erregt in dem bewegten Körper selbst eine Arbeitsfähigkeit, lebendige Kraft (Leibnitz 1686), Energie der Bewegung (kinetische Energie) (Thomson und Tait), durch welche er dieselbe Arbeit zu leisten vermag; sie ist gleich dem halben Produkt seiner Masse m in das Quadrat seiner Geschwindigkeit v, $L = mv^2/2$.

Nach 54 ist $k = m\gamma$, nach 23 $s = v^2/2\gamma$, somit die von der Kraft auf dem Weg s geleistete Arbeit (39) $L = k \cdot s = m v^2/2$. Wirkt dem Körper, welcher diese Geschwindigkeit v erlangt hat, eine Kraft $k_1 = m \gamma_1$ entgegen, so wird noch der Weg zurückgelegt (60) $s_1 = v^2/2\gamma_1$, somit ist die Arbeit, welche der Körper vermöge seiner Geschwindigkeit zu leisten vermag, $L_1 = k_1 s_1 = mv^2/2 = L$.

64. Wenn ein Körper in einer Lage festgehalten wird entgegen einer an ihm wirkenden Kraft, so heißt die Arbeit, welche beim Auslösen des Körpers geleistet werden kann, seine Spannkraft (Helmholtz) oder seine Energie der Lage (potentielle Energie) (Rankine). Wird auf den Körper eine Arbeit verwendet, um ihn der Kraftrichtung entgegen zu bewegen, so wird seine Energie der Lage um die Gröfse der verbrauchten Arbeit vermehrt. Bewegt sich der Körper in Richtung der Kraft selbst, so nimmt die Energie der Lage um soviel ab, als Energie der Bewegung erzeugt wird. Die Summe der Energie der Lage und der Bewegung bleibt also konstant (Grundsatz von der Erhaltung der Energie, R. Mayer 1842, Helmholtz 1847).

Ein Körper, dessen Schwerkraft p ist, gewinnt, indem er auf die Höhe s gehoben wird, einen Arbeitsvorrat ps; sobald er losgelassen wird, fällt er wieder um s und gewinnt die lebendige Kraft $ps = mv^2/2$, seine Energie der Lage ist aber wieder um ebensoviel verringert worden.

Die verschiedenen Formen der Energie können nach Arbeitsmafs gemessen und zu einander addiert werden. Die Gesamtenergie eines Systems kann nie durch die zwischen einzelnen Teilen des Systems wirkenden Kräfte verändert werden, sondern nur durch Kräfte, welche von aufsen her auf das System wirken.

d) Centralbewegung und allgemeine Gravitation.

65. Wenn auf einen Punkt D eine Kraft wirkt, durch welche er eine Beschleunigung nach einem festen Punkte M hin erhält (Centripetalkraft), während er infolge seiner Trägheit eine Geschwindigkeit hat, deren Richtung nicht durch M geht, so bewegt er sich in einer Centralbewegung um M. Damit sich ein Punkt gleichförmig mit der Geschwindigkeit c auf einem Kreis, dessen Radius r ist, bewege, ist eine nach dem Mittelpunkt gerichtete Centripetalkraft erforderlich, welche in jedem Zeitteilchen eine Beschleuni-

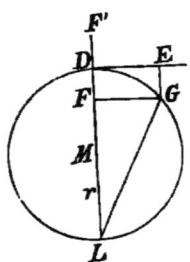

gung γ hervorruft, $\gamma = c^2/r$ oder $= 4\pi^2 r/t^2$, wenn t die Umlaufszeit bezeichnet (Huygens 1658). Hört die Centripetalkraft an irgend einem Punkt der Bahn zu wirken auf, so geht der

Centralbewegung und allgemeine Gravitation.

Punkt in tangentialer Richtung durch das Beharrungsvermögen weiter (Schleuder).

Die Bewegung in dem Bahnelement DG ist annähernd als Wurfbewegung (61) aufzufassen; ist $DF = x$, $FG = y$, so giebt die Mechanik $y^2 = 2c^2x/\gamma$, die Geometrie $y^2 = 2r\,x — x^2$, woraus für ein verschwindend kleines x folgt : $\gamma = c^2/r$; da $2\pi r = c\,t$, so ist auch $\gamma = 4\pi^2 r/t^2$. Die Centripetalkraft der bewegten Masse m ist $k = 4\pi^2 rm/t^2$.

Dreht sich der Radius MD mit dem Punkt, so ist seine **Winkelgeschwindigkeit**, d. h. die Geschwindigkeit des Punktes in der Entfernung 1 von M (4), $w = c/r$, daher $\gamma = rw^2$.

66. Wird die Centripetalkraft durch einen Träger des Körpers (Faden, rundes Gefäfs) ausgeübt, der nur eine kreisförmige Bewegung zuläfst, so übt der bewegte Körper nach dem Gesetz der Wechselwirkung (14) auf den Träger eine der Centripetalkraft gleiche, nach aufsen gerichtete **Centrifugalkraft** aus.

Die Centrifugalkraft äufsert sich durch Spannung eines Fadens, an dem ein schwerer Körper geschwungen wird; sie drückt eine Flüssigkeit gegen den Boden eines im Kreise geschwungenen Gefäfses, auch wenn dessen Öffnung nach unten gerichtet ist; bildet aus einer in einem kugelförmigen Gefäfse, das um eine vertikale Achse rotiert, befindlichen Flüssigkeit eine äquatoriale Zone. Ein

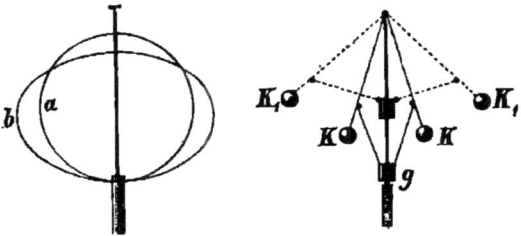

elastischer Reif a (oder eine aus solchen Reifen gebildete Kugel) wird durch Rotation um eine vertikale Achse zu einer Ellipse b (Sphäroïd) abgeplattet. Zwei an einer Rotationsachse pendelartig aufgehängte Kugeln K entfernen sich durch die Centrifugalkraft von der Achse, nehmen die Stellungen K_1 ein und heben dadurch ein Gewicht g. (Watt's Centrifugalpendel als Regulator für den

Eintritt des Dampfes in die Dampfmaschine, 1763). Centrifugalpumpe siehe 148, Centrifugalgebläse 152.

67. Eine Komponente der Schwerkraft wirkt auf die Körper an der Erdoberfläche als Centripetalkraft, um sie bei der Umdrehung der Erde auf derselben zu erhalten; die andere Komponente ist allein in Fall, Zug oder Druck beobachtbar (Huygens, Newton).

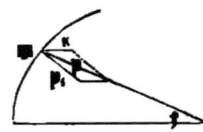

Ist der Erdradius r die Umdrehungszeit der Erde t, so muſs eine in der geographischen Breite φ auf der Erdoberfläche liegende Masse m durch die Centripetalkraft $k = 4\pi^2 m r \cos \varphi / t^2$ auf der Erdoberfläche zurückgehalten werden. Indem die Schwerkraft p diese Wirkung ausübt, bleibt nur die andere Komponente p_1 übrig für die Wirkungen in Bezug auf die Erdoberfläche selbst. Hiernach ändert sich auch die Richtung des Lotes und des Wasserspiegels (Erd-Sphäroid).

68. Die Centripetalbeschleunigung des Mondes ist gleich der Beschleunigung, mit welcher ein schwerer Körper in der Entfernung des Mondes zur Erde fallen würde (Newton).

Die Mondbahn ist annähernd ein Kreis, dessen Radius 60 mal so groſs, als der Erdradius, so daſs der Umfang der Bahn $60 \cdot 40\,000\,000$ m, während seine Umlaufszeit 27,32 Tage, $t = 27{,}32 \cdot 24 \cdot 60^2$ Sekunden, woraus sich eine Centralbeschleunigung γ nahezu $= g/60^2$ ergiebt, wie es dem Gesetz der Abnahme der Beschleunigung mit der Entfernung entspricht (53).

69. Für die Bewegung der Planeten fand Keppler folgende Gesetze:

1) Die Planeten beschreiben Ellipsen um die Sonne, welche in einem Brennpunkte derselben steht. (1609.)

2) Der Fahrstrahl von der Sonne nach dem Planet bestreicht in gleichen Zeiten gleiche Sektoren, oder die Geschwindigkeiten v verhalten sich jeweils umgekehrt wie die Abstände p der Sonne von den Richtungen der Geschwindigkeit (Tangenten der Bahn), $v : v_1 = p : p_1$, $vp = v_1 p_1 = k$. (1609.)

Centralbewegung und allgemeine Gravitation. 35

3) Die Quadrate der Umlaufszeiten zweier Planeten verhalten sich wie die Kuben ihrer mittleren Entfernung von der Sonne $t^2 : t_1^2 = r^3 : r_1^3$. (1618.)

Aus dem dritten Gesetz ergiebt sich, wenn statt der Ellipsen, welche nahezu kreisförmig sind, Kreise gedacht werden, dafs die Centripetalbeschleunigungen γ und γ_1 den Quadraten der mittleren Entfernungen r und r_1 umgekehrt proportional sind; denn es verhält sich (65) $\gamma : \gamma_1 = 4\pi^2 r/t^2 : 4\pi^2 r_1/t_1^2$, wenn t und t_1 die Umlaufszeiten, und da nun $t^2 : t_1^2 = r^3 : r_1^3$, so folgt $\gamma : \gamma_1 = 1/r^2 : 1/r_1^2$ (Wren, Hook, Halley). Den Nachweis, dafs dasselbe Gesetz der elliptischen Bewegung zu Grunde liegt, hat Newton erbracht.

Das zweite Gesetz führt zu der Annahme, dafs jederzeit die Bewegungsänderungen gegen die Sonne M gerichtet sind. Stellen AD, DG, GH Wegelemente von gleichen Zeitteilen dar, so ist $\triangle ADM = DGM$; der Weg DG ist zusammengesetzt aus dem durch das Beharrungsvermögen fortgesetzten Weg $DE = AD$ und einer Wegkomponente, welche parallel und gleich EG ist. Da aber $\triangle ADM = DEM$, so folgt $\triangle DME = DMG$, $EG \parallel MD$, d. h. die hinzukommende Bewegung DF findet in der Richtung DM statt. — Fällt man die Senkrechten p, p_1 von M auf AD, DG, so ist : $p \cdot AD = p_1 \cdot DG$.

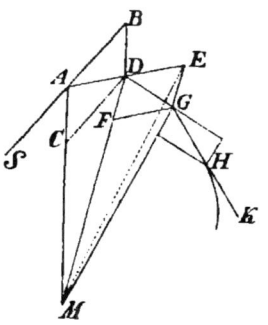

Ist v die Geschwindigkeit in P, $SY = p$ der Abstand des Brennpunkts S von der Tangente in P, so ist nach dem zweiten Gesetz $v \cdot p = k$, und da in der Ellipse der Abstand $FX = p_1$ des zweiten Brennpunkts F von der Tangente mit p zusammenhängt durch die Gleichung $p \cdot p_1 = b^2$ (die kleine Halbachse $b = \sqrt{r r_1 \cos \varphi}$), so ist $FZ = 2 FX = v \cdot 2 b^2/k$ proportional v. Ebenso ist FU der Geschwindigkeit v_1 in Q proportional und da $\measuredangle UFZ$ gleich dem Winkel der Tangenten in P und Q und somit gleich dem Winkel der Geschwindigkeiten v und v_1 ist, so mufs UZ (30) proportional der Geschwindigkeit sein, welche, zu v hinzukommend, v_1 als resultierende ergiebt, d. h. UZ ist proportional der nach S gerichteten Beschleunigung. Es ist nun $SZ = SU = 2a$ der grofsen Achse der Ellipse, $UZ = 2a \cdot \alpha$, α aber proportional der

3*

Winkelgeschwindigkeit ω des Fahrstrahls, und da die Komponente der Geschwindigkeit v in Richtung des zum Fahrstrahl r senkrechten Bogenelementes $r\omega = v \cos \varphi = v \cdot p/r = k/r$ ist, so folgt $\omega = k/r^2$, d. h. ω, α, UZ und die Centralbeschleunigung sind dem Quadrat des Fahrstrahls umgekehrt proportional.

70. Von jedem Körper ist nach jedem andern eine beschleunigende Kraft gerichtet; diese Kraft wird **allgemeine Gravitation** genannt. Ihre Größe (k) steht im geraden Verhältnis zu den beiden einander anziehenden Massen (m und m_1) und im umgekehrten Verhältnis zum Quadrate ihrer Entfernung (r) voneinander. Dieses Gesetz heißt das Gesetz der Massenanziehung, oder das **allgemeine Gravitationsgesetz**: $k = fmm_1/r^2$. (Newton 1686.)

Es sei in der Entfernung 1 die gegen die Masse m gerichtete Beschleunigung γ, die gegen m_1 gerichtete γ_1, so wird die Masse m in der Entfernung r mit der Kraft $m\gamma_1/r^2$ gegen die Masse m_1, die Masse m_1 mit der Kraft $m_1\gamma/r^2$ gegen die Masse m bewegt. Newton setzt nach dem Gesetz der Wechselwirkung beide Kräfte einander gleich, also $m\gamma_1 = m_1\gamma$, $m : m_1 = \gamma : \gamma_1$, d. h. die nach einer Masse gerichtete Beschleunigung ist bei gleicher Entfernung proportional der Masse. Ist f die Beschleunigung gegen die Masse 1 in der Entfernung 1, so ist sie gegen m_1 in der Entfernung r fm_1/r^2 und die Kraft, welche der Masse m diese Beschleunigung gegen m_1 erteilt, ist $m \cdot fm_1/r^2$; dieselbe Kraft wirkt in m_1 gegen m; dagegen sind die Beschleunigungen beider Massen verschieden; sie verhalten sich in m und m_1 wie $m_1 : m$.

Eine Wirkung der Gravitation gegen den Mond ist die **Flut**, welche dadurch entsteht, daß die Beschleunigung der Wassermassen des großen Oceans gegen den Mond größer ist, als die der Erde, wenn er dem Monde zunächst ist, kleiner, wenn er gegenüber steht; beidemal bewirkt dies eine Erhebung der Wassermasse, die durch Wellenbewegung sich ausbreitet.

Am Gravitationsgesetz wird nichts geändert, wenn man die Anziehung zwischen zwei Massen durch dazwischenliegende Materie vermittelt denkt. Ähnliche Gesetze gelten für alle Fernewirkungen (Elektricität, Magnetismus, Schall, Licht). Auch bei anderen Naturkräften läßt sich von der mit der Ferne sich ändernden Kraft ein Faktor (Masse) absondern, welcher bei der Verlegung des Kräftesystems unverändert bleibt.

Schwingung und Rotation eines Körpers um eine Achse. 37

71. Die Schwerkraft ist die Gravitation zwischen der Erde und den zu ihr gehörigen Körpern (vgl. 68). Das Gesetz der allgemeinen Gravitation ist ebenso für die Anziehung gültig, welche zwei auf der Erde befindliche Körper aufeinander ausüben.

Die Ablenkung des Lotes durch Gebirgsmassen wurde von Maskelyne (1772) beobachtet, die Anziehung kleinerer Massen mittels der Drehwage (91) von Cavendish (1798) und Reich (1838).

Ein in seiner Mitte an einem Faden horizontal aufgehängter leichter Stab trägt an jedem Ende eine kleine Kugel m. Zwei grofse Kugeln M sind auf einem um die Vertikalachse a drehbaren Gestell so aufgestellt, dafs man sie den Kugeln m beliebig nähern kann. Beträgt der Bogen b 90°, so hat M keine Einwirkung auf m. Ist b kleiner, so nähern sich die kleinen Kugeln den grofsen. Man kennt den Abstand des Mittelpunktes von m von dem von M und den Abstand des Mittelpunktes von m von dem der Erde 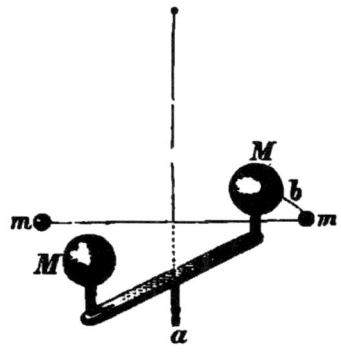 (Erdradius), ferner durch Gewichtsbestimmung die Massen m und M und die Anziehung, welche die Erde auf m ausübt. Aus der Vergleichung der Masse und Kraft, welche die Ablenkung hervorruft, mit der Wirkung der Erde ergiebt sich die Gröfse der Erdmasse; ihre mittlere Dichte ist ungefähr $= 5,6$ (Cornu und Baille 1878). — Die Anziehung der Erdmasse m auf ein Gramm ist $fm/r^2 = 981$ Dyn (55), wobei die Erdmasse $m = 5,6 \cdot 4\pi r^3/3$ und r in Centimetern auszudrücken ist; es folgt als Gravitationskraft zwischen einem Gramm und einem Gramm im Abstand 1 cm $f = 0,065$ Mikrodyn.

e) **Schwingung und Rotation eines Körpers um eine Achse.**

72. Die Projektion einer gleichförmigen Bewegung im Kreise stellt eine geradlinige Schwingungsbewegung dar, bei welcher in jedem Zeitpunkt die Beschleunigung γ proportional der Entfernung x vom Centrum ist, $\gamma = \gamma_1 x$. Bei unveränderter Beschleunigung γ_1 in der Entfernung 1 (Intensität der Beschleunigung) ist stets die gröfste Entfernung vom Centrum

(Schwingungsweite, Amplitude) proportional der Geschwindigkeit im Centrum, während die Dauer einer Schwingung (Schwingungszeit) von der Schwingungsweite und Geschwindigkeit unabhängig ist: $t = \pi/\sqrt{\gamma_1}$.

Wenn die Geschwindigkeit in gleichen Zeiten nicht um gleichviel zunimmt, so versteht man unter Beschleunigung in einem Zeitteilchen das Verhältnis der Geschwindigkeitszunahme zur Dauer des Zeitteilchens. Werden von einem bewegten Punkt stets Senkrechte zu einer Geraden gedacht, so ist der Weg, die Geschwindigkeit und die Beschleunigung des Fußpunktes auf der Geraden gleich den Projektionen der betr. Größen an ersterem Punkte. In der Entfernung $P_1 M = x$ ist die Geschwindigkeit $v = c \sin \varphi = c \sqrt{r^2 - x^2}/r$, die Beschleunigung $\gamma = a \cos \varphi = a x/r$, wenn a die Centripetalbeschleunigung ist; für $x = 1$ folgt, $\gamma_1 = a/r = c^2/r^2$ (65). Die Geschwindigkeit im Centrum ist $c = r\sqrt{\gamma_1}$; die Schwingungszeit t von A bis B ist dieselbe, wie für die Bewegung auf dem Halbkreis, $ct = \pi r$, $t = \pi r/c = \pi/\sqrt{\gamma_1}$.

73. Das einfache oder mathematische Pendel ist eine starre gerade Linie, welche sich um einen festen Punkt drehen kann und die einen schweren Punkt trägt. Ist l die Länge des Pendels, g die Fallbeschleunigung, so ist die Schwingungsdauer $t = \pi\sqrt{l/g}$, sobald der Ausschlag (SCA) nicht sehr groß ist; sie ist also von der Masse des Pendels und der Größe des Ausschlags unabhängig (Isochronismus); die Schwingungszeiten zweier Pendel verhalten sich wie die Quadratwurzeln aus deren Längen (Galilei 1583).

Die Fallbeschleunigung g hat in der Richtung der tangentialen Bewegung des Punktes die Komponente $\gamma = g \sin \varphi = g \varphi$ bei kleinem Winkel φ (4), oder da der Bogen $x = l \varphi$ gleich der Entfernung BS von der Gleichgewichtslage S ist, so folgt $\gamma = gx/l$, so daß die Bewegung der in 72 entspricht, wobei $\gamma_1 = g/l$ ist.

An jeder Stelle der Bahn ist die Geschwindigkeit so groß, wie wenn der Punkt von A bis zur Horizontalen jenes Punktes frei gefallen wäre (52). Demnach ist in einem Punkte B die Ge-

Schwingung und Rotation eines Körpers um eine Achse. 39

schwindigkeit $v = \sqrt{2g \cdot DE}$, in S $c =$
$\sqrt{2g\ DS}$, oder da $DS = AS^2/2l$ und für AS
die Schwingungsweite r gesetzt werden
kann, $c = r\sqrt{g/l}$.

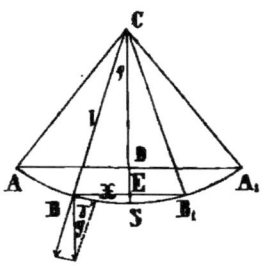

Zur Anstellung von Versuchen ersetzt
man da einfache Pendel durch eine kleine
Metallkugel (Blei, Platin), welche an einem
dünnen Faden oder Draht aufgehängt ist.
Der Isochronismus der Schwingungen
tritt auch für beliebig grofse Schwingungsweiten ein, wenn der pendelnde Punkt gezwungen wird, nicht eine kreisförmige, sondern eine cykloïdische
Bahn zu beschreiben, z. B. dadurch, dafs sich der Faden der Aufhängung an cykloïdisch gekrümmte Bleche anlegt. (Huygens 1659.)

74. Da die Erde ein Sphäroïd ist, so ist die Schwerkraft
und Fallbeschleunigung am Pole gröfser, als am Äquator (70).
Die Schwingungsdauer eines Pendels von bestimmter Länge mufs
deshalb um so gröfser sein, je mehr man sich dem Äquator
nähert, und ein Pendel, dessen Schwingungsdauer eine Sekunde
ist, mufs am Pole länger sein, als am Äquator (Richer 1670).

Die Länge des Sekundenpendels l und die Fallbeschleunigung
g beträgt bei der geogr. Breite

	l	g
0°	99,1 cm	978,1 cm
45°	99,3 cm	980,6 cm
90°	99,6 cm	983,1 cm

75. Wird eine Masse m, welche in der Entfernung r von
einer Drehachse C liegt, durch eine Kraft um diese Achse gedreht, so kann man sich statt ihrer eine andere Masse denken,
welche in der Entfernung 1 von der Achse liegend, durch dasselbe Drehungsmoment in derselben Zeit um den gleichen
Winkel gedreht wird. Diese Masse ist $= mr^2$ und heifst das
Trägheitsmoment jener Masse in Bezug auf die Achse C.

Liegt die Masse m in A, so dafs
$AC = r$ ist, so bewirkt die in A angreifende Kraft ein Drehungsmoment
pr, welches dieser Masse eine Beschleunigung $l = r\alpha$ erteilt, wenn α
der Bogen am Radius $BC = 1$ ist.

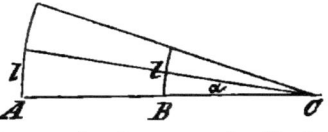

Läge m in B, so würde die in

B angreifende Kraft p eine Drehung um den Bogen $l = r\alpha$, die in A angreifende Kraft also eine Drehung um $r^2\alpha$ erzeugen. Damit sich also die in B liegende Masse wieder nur um den Winkel α drehe, muſs sie $= mr^2$ sein.

Das Trägheitsmoment einer Masse ist die Masse, auf welche eine dem Drehungsmoment gleiche Kraft am Arme 1 so wirkt, wie auf die gegebene Masse am Arme r.

Das Trägheitsmoment eines Körpers ist gleich der Summe der Trägheitsmomente seiner Teile ($K = \Sigma mr^2$). Kräfte und Massen an einem um eine Achse drehbaren Körper können durch solche ersetzt werden, welche im Drehungsmoment und Trägheitsmoment übereinstimmen.

Es können nämlich alle Massen und Kräfte in gleicher Weise an den Radius 1 verlegt werden.

Das Trägheitsmoment eines homogenen Parallelepipeds von der Masse m und mit den Seiten a, b und c ist in Bezug auf eine Achse, welche parallel mit c durch den Schwerpunkt geht, $m(a^2+b^2)/12$ das eines Cylinders von der Höhe l und dem Radius r in Bezug auf eine senkrecht zur Cylinderachse durch den Schwerpunkt gehenden Achse $= m(l^2/12 + r^2/4)$ in Bezug auf die Cylinderachse selbst $= mr^2/2$, das einer Kugel vom Radius r in Bezug auf einen Durchmesser $= 2mr^2/5$.

76. Das zusammengesetzte oder physische Pendel ist ein Körper, welcher um eine horizontale nicht durch seinen Schwerpunkt gehende Achse drehbar ist und in das stabile Gleichgewicht zu kommen strebt. Für kleine Ablenkungswinkel φ aus der Gleichgewichtslage ist das Drehungsmoment Δ proportional dem Ablenkungswinkel, $\Delta = D\varphi$ (φ im Bogenmaſs); der Faktor D heiſst die Direktionskraft. Ist K das Trägheitsmoment, so ist die Schwingungszeit $t = \pi\sqrt{K/D}$.

Schwingt ein Körper um die Achse A, so können die Schwerkräfte aller Punkte Σmg durch die Kraft $p = g\Sigma m$ im Schwerpunkt M im Abstand λ von der Achse ersetzt werden (36); die Masse μ, welche hierbei im Schwerpunkt vereint zu denken ist, muſs dasselbe Trägheitsmoment wie der Körper haben (75) $\mu\lambda^2 = \Sigma\mu r^2$; alsdann ist die lotrechte Beschleunigung dieses Punktes $\gamma = p/\mu = g\lambda\Sigma\mu/\Sigma\mu r^2$, daher ist die Schwingungsdauer dieses Pen-

Schwingung und Rotation eines Körpers um eine Achse. 41

dels (73) $t = \pi \sqrt{\lambda/\gamma} = \pi \sqrt{\Sigma m r^2/g \lambda \Sigma m} = \pi \sqrt{K/D}$, wo K das Trägheitsmoment und D das Drehungsmoment, mit welchem das physische Pendel aus der wagerechten in die lotrechte Lage zurückkehren will; bei einer kleinen Ablenkung ist das Drehungsmoment $= D \sin \varphi$ oder $= D\varphi$; daher stellt D die Direktionskraft dar. — Da $\lambda \Sigma m = \Sigma m r$ (36), so ist auch $t = \pi \sqrt{\Sigma m r^2/g \Sigma m r}$; die Vergleichung dieser Formel mit derjenigen in 73 zeigt, dafs die Länge des mathematischen Pendels von gleicher Schwingungsdauer $l = \Sigma m r^2/\Sigma m r$ ist. — Befestigt man auf der Linie MA zwei gleich schwere Massen q in gleichen Entfernungen a von A, so wird das Trägheitsmoment des Pendels um $2qa^2 = Q$ vermehrt, das Drehungsmoment D bleibt dasselbe, also hat man eine andere Schwingungsdauer $t_1 = \pi \sqrt{(K + Q)/D}$. Aus den beiden Gleichungen für t und t_1 kann K und l gefunden werden.

Die beschriebene Methode, einen Körper einmal allein, das anderemal mit Belastungen schwingen zu lassen, wird allgemein angewandt, um das Trägheitsmoment eines schwingenden Körpers in Bezug auf seine Schwingungsachse experimentell zu ermitteln, z. B. bei den Schwingungen einer Magnetnadel um ihre vertikale Aufhängung. Die Zusatzgewichte werden dann an Fäden an den Enden der Nadel aufgehängt (Gaufs), oder in Gestalt eines Ringes auf dieselbe aufgelegt (Lamont).

Gewöhnlich besteht das physische Pendel aus einer auf einer Schneide ruhenden oder an einer elastischen Feder aufgehängten Stange, welche einen schweren (zur Verringerung des Luftwiderstandes meist linsenförmigen) Körper trägt. Wird auf der Stange oberhalb der Aufhängung ein verschiebbares Gewicht angebracht, so wird die Schwingungsdauer des Pendels um so mehr vergröfsert, je höher das Gewicht gestellt wird, weil das Drehungsmoment des Gewichtes dem des Pendels entgegenwirkt und zugleich das Trägheitsmoment vergröfsert wird. (Metronom von Mälzel.)

77. Die lotrecht unter dem Aufhängepunkt O eines physischen Pendels liegenden Punkte würden teils gröfsere, teils kleinere Schwingungsdauer haben, als das physische Pendel, wenn sie, ohne mit den umgebenden Punkten in fester Verbindung zu stehen, allein um O pendelten. Einer dieser Punkte aber, S, würde frei pendelnd die gleiche Schwingungsdauer haben, wie das physische Pendel. Er heifst der Schwingungspunkt. Seine Entfernung vom Aufhänge-

punkt, OS, ist gleich der Länge des mathematischen Pendels, das mit dem physischen gleiche Schwingungsdauer hat. Wird das physische Pendel an seinem Schwingungspunkte S aufgehängt, so wird der frühere Aufhängepunkt O Schwingungspunkt. (Huygens.)

Die Länge des mathematischen Pendels ist $l = \Sigma mr^2/\Sigma mr$ (76), nach Vertauschung des Schwingungspunktes $l_1 = \Sigma m\,(l-r)^2/\Sigma m\,(l-r)$, wobei $\Sigma m\,(l-r)^2 = l^2\Sigma m - 2l\Sigma mr + \Sigma mr^2 = l\,(l\Sigma m - \Sigma mr) = l\Sigma m\,(l-r)$, also $l_1 = l$.

Das Reversionspendel (Bohnenberger 1811, Kater 1818) dient dazu, nach diesem Prinzipe die Länge eines mathematischen Pendels von bestimmter Schwingungsdauer zu ermitteln. Es besteht aus einer prismatischen Stange, welche eine schwere Linse a, zwei Laufgewichte p und p_1 und zwei Schneiden S und S_1 trägt. Man hängt das Pendel auf S auf, zählt seine Schwingungen während einer bestimmten Zeit, hängt es dann auf S_1 auf, zählt wieder die Schwingungen und verschiebt dann p und p_1 so lange, bis die Schwingungszahl in beiden Lagen die gleiche ist. Ist die Schwingungsdauer $= t$ gefunden, so wird aus der bekannten Pendellänge SS_1 die Länge eines Sekundenpendels $= x$ nach 73 berechnet durch die Proportion
$$t : 1 = \sqrt{SS_1} : \sqrt{x}.$$
Die Spitzen Z dienen zur schärferen Beobachtung des Durchganges des Pendels durch die Gleichgewichtslage.

78. Das physische Pendel dient zur Regulierung der Uhr. (Huygens 1657.)

Wenn auf eine Walze, welche sich um eine horizontale Achse drehen kann, eine Schnur gewickelt ist, welche am freien Ende ein Gewicht trägt, so würde dieselbe durch das Ablaufen des Gewichtes eine gleichförmig beschleunigte Bewegung annehmen. Befestigt man auf die Walze ein schief gezähntes Rad (Steigrad) und läfst ein Pendel so schwingen, dafs es bei jeder Schwingung mit einer Hemmung (Echappement) vor einen Zahn des Rades greift, so wird die Drehung der Walze in eine in gleichen Zeiten um gleiche Bogenstücke fortschreitende verwandelt. Ist das Pendel ein Sekundenpendel und hat das Steigrad 60 Zähne, so macht es in einer Minute eine Umdrehung. Durch ein Räderwerk (50) wird diese Umdrehungsgeschwindigkeit in eine beliebige andere übersetzt.

79. An der Bifilarwage strebt ein an zwei parallelen Fäden (Bifilaraufhängung) hängender Wagebalken durch sein

Schwingung und Rotation eines Körpers um eine Achse. 43

eigenes Gewicht in die Gleichgewichtslage zurückzukehren, wenn er durch eine Kraft abgelenkt worden ist. (Gauſs 1832.)

Der Wagebalken, dessen Masse $= m$ ist, hängt an den beiden parallelen um $2r$ voneinander abstehenden Fäden MD und NF von der Länge l. Ist der Balken durch eine Kraft um den Winkel $DCA = \alpha$ aus seiner Lage abgelenkt, so wirkt in A die Schwerkraft der halben Masse $mg/2 = AE$ lotrecht; die von A nach B hinwirkende Komponente von AE ist AB und man hat $AB : AE = AD : MD$ oder $AB = (mg/2) \cdot 2r \sin(\alpha/2)/l$. Die in der Tangente von AB wirkende Komponente von AB ist aber $x = AB \cos(\alpha/2) = mgr \sin\alpha /2l = A \sin\alpha$. Das Drehungsmoment $2r A = D$ ist die Direktionskraft (76) der Bifilaraufhängung, $D = mgr^2/l$.

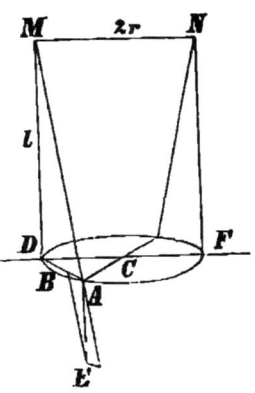

Bei dem Horizontalpendel (Hengler, Zöllner) wird ein Stab an einem Ende durch einen Faden nach unten und nahe dabei durch einen Faden nach oben in wagerechter Lage erhalten.

80. Wenn in einem Zeitpunkt Kräfte auf einen Körper wirken, welche Rotationen um zwei einander schneidende Achsen OA und OB erstreben, so resultiert für das nächste Zeitteilchen eine Rotation um eine dritte Achse OC; die Richtung dieser Achse und die Gröſse der Winkelgeschwindigkeit um sie wird durch die Diagonale eines Parallelogramms dargestellt, dessen Seiten die gleiche Bedeutung für die beiden einzelnen Rotationen haben, wobei die Achsenrichtung stets nach derjenigen Seite genommen wird, von welcher die Bewegung in einerlei Drehungssinn (dem des Uhrzeigers) erscheint.

Sind $OA = w_1$ und $OB = w_2$ die Winkelgeschwindigkeiten um OA und OB, so erhält der Punkt C des Parallelogramms $OACB$ zwei gleiche aber entgegengesetzte Geschwindigkeiten, $w_1 v_1 = w_2 v_2$, daher bleibt er in Ruhe und OC ist die augenblickliche Achse. Da der Punkt A durch die Drehung um OA keine Bewegung er-

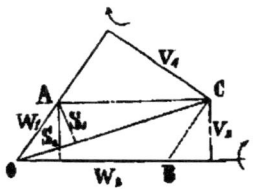

hält, so mufs er um OC dieselbe Bewegung wie um OB erhalten; daher gilt für die resultierende Winkelgeschwindigkeit w die Gleichung $w\,s_1 = w_2\,s_2$, woraus folgt, dafs w gleich der Grundseite OC des Dreiecks OAC (= OAB) ist.

Für die Zusammensetzung und Zerlegung der Drehungen bestehen daher dieselben Beziehungen, wie sie in 26 und 30 für die Bewegungen und Kräfte angegeben wurden.

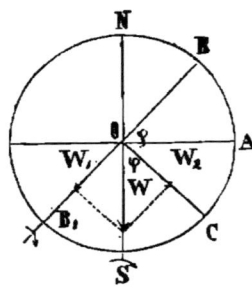

Ein über einem Erdpole pendelartig schwingender Körper behält seine Schwingungsebene unverändert bei; da aber die Erde sich unter ihm dreht, so scheint sich die Schwingungsebene im entgegengesetzten Sinne zu drehen, und zwar in 24 Stunden um 360°. Ist das Pendel unter der geographischen Breite φ und zwar bei B in der Meridianebene NBS in Schwingungen versetzt, so läfst sich die Drehung der Erde um ihre Achse SN für jeden Zeitpunkt zerlegen in eine Drehung um OB und um die in der Meridianebene auf OB senkrechte Gerade OC, wobei die Winkelgeschwindigkeit um OB $w_1 = w \sin \varphi$, wenn w die Winkelgeschwindigkeit der Erde ist. Diese Drehung um OB wird als eine scheinbare Drehung der Schwingungsebene des Pendels um seine Lotlinie beobachtet. Da das Verhältnis $w_1 : w = \sin \varphi$ für die Summe der Drehungen auch während einer längeren Dauer unverändert bleibt, so dreht sich die Schwingungsebene unter der Breite φ in 24 Stunden um 360° sin φ, unter dem Äquator gar nicht (Foucault 1851).

81. Wird ein Körper, dessen Schwerpunkt unterstützt ist, in Rotation versetzt um eine bewegliche Achse, welche durch den Schwerpunkt geht und um welche die Masse symmetrisch verteilt ist, so beharrt der Körper in dieser Rotation (24) mit stets parallel bleibender Achse. Wenn die Achse in einem andern Punkt festgehalten wird, so bewegt sich der Schwerpunkt um die Lotlinie dieses Punktes nach derjenigen Seite der Achse, auf welcher die Rotationsbewegung aufwärts geht.

Die Centrifugalkraft eines Massenteilchens wirkt als Centripetalkraft auf das zu ihm symmetrische und die Kräfte beider Teilchen heben sich in ihrer Wirkung auf die Achse auf; wirkt noch eine weitere Kraft auf den Schwerpunkt, so bewegt sich daher

Schwingung und Rotation eines Körpers um eine Achse. 45

die Achse in unveränderter Richtung weiter. Hierauf beruht der Parallelismus der Erdachse (s. u.) und die Stabilität rotierender Geschosse.

Ist OA die Symmetrieachse eines Kreisels, der im Punkte O unterstützt ist, so strebt die im Schwerpunkt S abwärts wirkende Kraft den Körper um eine Achse OB zu drehen, welche in der wagerechten Ebene senkrecht zu OA ist; hieraus entsteht (80) im nächsten Zeitteilchen eine Drehung um eine Achse in der Ebene AOB, welche der Kreiselachse AO sehr nahe liegt, da die Drehung um OB mit unmeſsbar kleiner Geschwindigkeit (51) beginnt. Indem hierbei die Kreiselachse in die Lage OC kommt, dreht sich auch die Achse OB weiter nach OB_1, da sie immer senkrecht zur Kreiselachse bleibt; hieraus folgt eine Drehung von OB und von dem ganzen Kreisel um die Lotlinie OZ. Es gehen zugleich die wagerechten Geschwindigkeiten v in eine andere Richtung v_1 über, so daſs Komponenten p, p der Geschwindigkeiten auftreten, welche die Achse OC aufzurichten streben. Jede Verhinderung der Drehung der Achse um OZ verhindert das Auftreten dieser Komponenten und bewirkt ein Sinken, jede Vermehrung der Drehung ein Aufrichten der Kreiselachse.

Bohnenbergers Rotationsapparat (1817) besteht aus einer Kugel K, deren Achse jede beliebige Stellung annehmen kann vermöge ihrer freien Aufhängung in den drei ineinander drehbaren Ringen a, b und c. Setzt man die Kugel in schnelle Rotation, so bleibt ihre Achse sich selbst parallel, auch wenn man den ganzen Apparat beliebig dreht und neigt. Belastet man den inneren Ring bei c, so beschreibt die Achse von K einen Kegel.

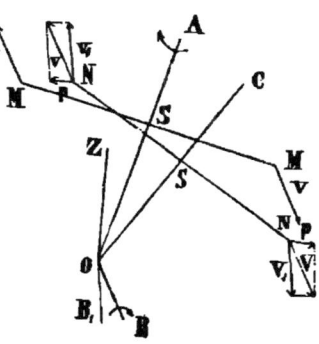

Bei Fessels Rotationsapparat (1853) (und dem Schmidt'schen Kreisel) wird eine mit schwerem Rand versehene Scheibe durch Abziehen einer auf die Achse gewickelten Schnur in rasche Rotation versetzt.

Der Polytrop (Magnus 1854) besteht aus zwei solchen mit gemeinsamer Drehungsachse versehenen Apparaten. Steht ein rotie render Körper mit einem andern solchen (Erde) in Verbindung, so streben die beiden Drehachsen sich parallel zu stellen (Foucault).

Man erklärt die geringe Drehung der Erdachse, von welcher die Präcession der Nachtgleichen (der Unterschied des tropischen Jahres, 365,2422 Tage, und des siderischen Jahres, 10) herrührt, durch die Anziehung von Sonne und Mond auf die unsymmetrisch zum Fahrstrahl liegende Erdmasse.

f) **Maſsvergleichung der dynamischen Gröſsen.**

82. Alle aus Raum-, Zeit- und Kraft-Messungen abgeleiteten Gröſsen stehen in Beziehungen zu einander, welche sich durch Produkte von Potenzen der Fundamentalgröſsen Länge (l), Zeit (t) und Masse (m) darstellen lassen; dieses Produkt heiſst die Dimension der abgeleiteten Gröſse (Maxwell und Jenkin 1833).

So ist die Dimension von Länge l, Fläche l^2, Volumen l^3, Geschwindigkeit (19) l/t, Beschleunigung (21, v/t) l/t^2, Kraft (54, $m\gamma$), ml/t^2, Bewegungsgröſse (58, mv) ml/t, Arbeit (39, ps) ml^2/t^2, lebendiger Kraft (63, $mv^2/2$) $m\,l^2/t^2$, Drehungsmoment (31, pr) $m\,l^2/t^2$, Trägheitsmoment (75, mr^2) $m\,l^2$.

83. Als Grund-Einheiten werden im absoluten Maſssystem Gramm, Centimeter, Sekunde (gr, cm, sek) gebraucht. Das Verhältnis des Maſses einer abgeleiteten Gröſse nach anderen Grundeinheiten zu dem Maſse der entsprechenden Gröſse in absoluten Einheiten wird erhalten, indem man die Werte der anders gewählten Grundeinheiten, in obigen Grundeinheiten ausgedrückt, in die Dimensionsformel einsetzt.

Für kleinere Gröſsen werden Milligramm, Millimeter, Sekunde als Einheiten gewählt; die Krafteinheit ist nach diesem System gemäſs der Formel $ml/t^2 = 0{,}001 \cdot 0{,}1 = 0{,}0001$ Dyn (55). Die technische Krafteinheit (55, 15) nimmt als Masseneinheit 9,81 Kg = 9810 gr, als Längeneinheit 1 m = 100 cm, als Zeiteinheit die Sekunde; daher ist die technische Krafteinheit = $9810 \cdot 100 = 981\,000$ Dyn. Die technische Arbeitseinheit (39), ein Meter-Kilogramm umfaſst gemäſs der Formel ml^2/t^2 $9810 \cdot 100^2 = 9{,}81 \cdot 10^7$ gr-cm-sek Arbeitseinheiten; die Arbeitseinheit im absoluten Maſs wird Erg genannt. Eine Pferdekraft ist somit = $75 \cdot 9{,}81 \cdot 10^7$ Erg.

Zweiter Abschnitt.

Von den Kräften, welche auf die Molekel wirken.

A. Gleichgewicht der Molekularkräfte in festen Körpern.

a) Widerstand bei der Trennung.

84. Bei festen Körpern nennt man **Härte** diejenige Äufserung der Kohäsion, durch welche ihre Oberfläche einem Eindringen von aufsen widersteht.

Man bestimmt die Härte gewöhnlich, indem man aus 10 Mineralien eine Skala bildet, aufsteigend von den weicheren zu den härteren (Härteskala von Mohs 1804: Talk, Steinsalz, Kalkspat, Flufsspat, Apatit, Feldspat, Quarz, Topas, Korund, Diamant) und prüft, mit welchem dieser Körper man die Oberfläche des gegebenen Körpers ritzen kann; oder absolut, indem man die Menge des Stoffes mifst, welchen ein unter gleichen Umständen über die Fläche hingeführter Diamantsplitter fortnimmt. (Pfaff 1883.)

85. Festigkeit ist diejenige Äufserung der Kohäsion, durch welche ein Körper einer Trennung der Molekel voneinander widersteht. Man prüft die Festigkeit, indem man diejenige Kraft bestimmt, durch welche eine solche Trennung erreicht wird, und zwar wird die absolute Festigkeit oder Zugfestigkeit gemessen durch die Kraft, welche einen Körper (Metallstange) zerreifst, die relative oder Bruchfestigkeit durch die Kraft, welche einen Körper (Balken) zerbricht, die rückwirkende oder Druckfestigkeit durch die Kraft, welche einen Körper (Säule) zerdrückt, und die Torsionsfestigkeit durch die Kraft, welche einen Körper (Achse) abdreht.

86. Wenn die Molekel eines festen Körpers leichter voneinander getrennt, als ohne Trennung in eine andere Lage gegeneinander gebracht werden können, so heifst er **spröde** oder **zerbrechlich**. Wenn sich dagegen die Gestalt eines Körpers, ohne den Zusammenhang der Molekel zu stören, durch eine Kraft verändern läfst und wenn die Molekel, nachdem die Kraft auf ihn zu wirken aufgehört hat, ihre neue Lage beibehalten, so heifst der Stoff **geschmeidig**; wenn die Molekel in ihre alte Lage zurückzukehren streben, **elastisch**.

Glas geht durch Erwärmen aus dem spröden in den geschmeidigen Zustand über. Wird es nach dem Erwärmen rasch abgekühlt, so wird es in hohem Grade spröde (Glasthränen, Bologneser Fläschchen), so dafs es durch die geringste Verletzung der Oberfläche zerfällt. Stahl wird durch Abschrecken gehärtet, durch langsames Abkühlen weich gemacht.

b) Elasticität bei Zug und Drehung.

87. Elasticität ist die Fähigkeit eines Körpers, erlittene Gestaltsveränderungen wieder auszugleichen. Alle festen Körper sind bis zu einem gewissen Grade elastisch, erreichen aber nicht gleich schnell die Grenze der vollkommenen Elasticität, d. h. den Punkt, bei welchem sie nach erfolgter Verschiebung der Molekel nicht genau ihre frühere Gestalt wieder annehmen.

Ist die Elasticitätsgrenze überschritten, so sind die Körper von da ab nicht unelastisch; bei Einwirkung geringerer Kräfte, als die waren, welche die Überschreitung der Elasticitätsgrenze veranlafsten, folgen sie wieder den Elasticitätsgesetzen.

88. Die Längenausdehnung, welche ein prismatischer Stab von der Länge l und dem Querschnitt q durch ein Gewicht p innerhalb seiner Elasticitätsgrenze erfährt, ist $\varDelta = kpl/q$, wo k eine vom Stoff abhängige Konstante ist. Den reciproken Wert von k nennt man den **Elasticitätsmodul** dieses Stoffes $= s$. Derselbe ist die Kraft, welcher die Länge eines Stabes, dessen Querschnitt $= 1$ ist, verdoppeln würde, wenn die Verlängerung proportional der Kraft bliebe, $s = pl/q\varDelta$.

Derselbe hat die Dimension $(ml/t^2)/l^2 = m/lt^2$. Der Elasticitätsmodul ist (technisches Kraftmafs nach Kilogrammen, Querschnitt in Quadratmillimetern) für

Elasticität bei Zug und Drehung. 49

Blei .	= 1800	Kupfer	= 12400
Silber	= 7400	Platin	= 17000
Gold .	= 8100	Eisen	= 19000
Messing .	= 9000	Stahl	= 21000

(vergl. 433).

89. Die **Federwage** (Dynamometer) ist eine an einem Ende befestigte, elastische Feder, auf deren anderes Ende man Kräfte wirken lassen kann. Die Gröfse dieser Kräfte (z. B. Gewichte) wird durch die Längenveränderung der Feder gemessen, da innerhalb der Elasticitätsgrenzen die Längenveränderungen der Kraftveränderung gerade proportional sind.

Die Angaben der Federwage ändern sich bei einerlei Gewichtssatz mit der Schwerkraft des letzteren an verschiedenen Orten.

90. Ein cylindrischer Stab von der Länge l, dessen Querschnitt den Radius ϱ hat, wird durch eine am Arme r auf sein freies Ende drehend wirkende Kraft p um einen Winkel α gedrillt (tordiert), welcher von den genannten Gröfsen in der Weise abhängt, dafs das Drehungsmoment $pr = \alpha \cdot \tau(\varrho^4/l)$, wobei τ eine vom Stoff abhängige Konstante ist, der **Torsionskoëfficient**. Derselbe ist die Direktionskraft (76) der Torsion, wenn die Länge und der Radius des Stabes = 1 sind.

Da α nur das Verhältnis des Bogens zum Radius angiebt, so ist die Dimension von $\tau = prl/\alpha\varrho^4$ $(ml/t^2)/l^2 = m/lt^2$.

Der Torsionskoëfficient ist ungefähr $1/5$ vom Elasticitätsmodul. Er wird gefunden, indem man an den zu untersuchenden Cylinder (Draht) eine Kugel hängt, und dann den Draht um einen kleinen Winkel drillt. Die Kugel macht jetzt Torsionsschwingungen um ihren vertikalen Durchmesser, welche den Gesetzen der Pendelschwingungen (73) folgen, woraus zu schliefsen ist, dafs die Torsionskraft proportional dem Drehungswinkel ist (76). Man kennt das Trägheitsmoment der Kugel (75), beobachtet die Schwingungszeit, und kann folglich die Direktionskraft und die drillende Kraft finden (76).

91. Die **Torsionswage** oder **Drehwage** (Coulomb 1784) besteht aus einem an einem ungedrehten Faden (Glasfaden, Metalldraht) horizontal aufgehängten Wagebalken, auf dessen eines Ende die zu messende Kraft wirkt. Ist dadurch der Balken

50 Gleichgewicht der Molekularkräfte in festen Körpern.

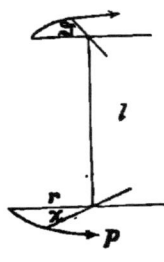

um den Winkel x abgelenkt und man dreht den das obere Ende des Fadens haltenden Träger in der entgegengesetzten Richtung, so strebt der Balken in seine ursprüngliche Lage zurückzukehren. Ist dieselbe erreicht, so ist der Winkel ϑ, um welchen das obere Ende gedreht ist, das Maſs für die Kraft p, denn der Faden ist jetzt um den Winkel ϑ gedrillt und die Drillungen sind den drillenden Kräften gerade proportional. Ist die ursprüngliche Lage noch nicht erreicht, bleibt der Balken vielmehr noch um einen Winkel α abgelenkt, so ist die Drillung des Fadens und somit das Maſs der Kraft $= \vartheta + \alpha$.

Die Torsionswage dient zur Messung abstoſsender oder anziehender Kräfte, welche auf das eine Ende des Wagebalkens wirken.

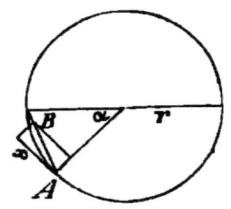

Ist eine solche abstoſsende Kraft, wenn sie aus der Entfernungseinheit auf A wirkt $= p$, so ist die in der Entfernung der Sehne $= 2r \sin(\alpha/2)$ wirkende Kraft, wenn diese mit dem Quadrat der Entfernung abnimmt, $AB = p/4r^2\sin^2(\alpha/2)$, also die tangential wirkende Komponente $x = p\cos(\alpha/2)/4r^2 \sin^2(\alpha/2)$ und das Moment der am Arme r wirkenden Kraft $= p\cos(\alpha/2)/4r \sin^2(\alpha/2)$. Diesem Moment wird durch das Moment der Torsion $\tau(\vartheta + \alpha)$ das Gleichgewicht gehalten, folglich ist $p = 4r\tau(\vartheta + \alpha)\tan(\alpha/2)\sin(\alpha/2)$. Die Gröſse von p ist also bestimmt, sobald τ bekannt ist.

Die Bifilarwage (79) vermeidet den bei der Torsionswage störenden Umstand, daſs der gedrillte Faden nur langsam seinen alten Zustand wieder annimmt. (Elastische Nachwirkung.)

c) Stoſs elastischer Körper.

92. Stoſsen zwei vollkommen elastische Massen m und m' mit den Geschwindigkeiten c und c' central gegeneinander, so nehmen sie neue Geschwindigkeiten v und v' an, wobei die algebraische Summe der Bewegungsgröſsen, sowie die Summe der lebendigen Kräfte unverändert bleibt:

$$mv + m'v' = mc + m'c',$$
$$mv^2 + m'v'^2 = mc^2 + m'c'^2.$$

Zunächst ergiebt sich, wie beim Zusammenstofs starrer Massen, die gemeinsame Geschwindigkeit $\gamma = (mc + m'c')/(m + m')$ (59); dadurch verliert m an Geschwindigkeit $c - \gamma$ und m' gewinnt $\gamma - c'$. Indem hierbei die Massen sich abplatten und dann ihre alte Gestalt wieder annehmen, stofsen sie noch einmal mit derselben Kraft gegeneinander und gewinnen oder verlieren dieselbe Geschwindigkeit noch einmal, so dafs die Geschwindigkeit
für $m\ \ v = c - 2\,(c - \gamma) = 2\gamma - c = [c(m - m') + 2m'c']/(m + m')$
für $m'\ v' = c' + 2\,(\gamma - c') = 2\gamma - c' = [c'(m' - m) + 2mc]/(m + m')$
Diese Geschwindigkeiten ergeben sich auch aus obigen Gleichungen (Huygens 1669). Wird $m = m'$, so ist $v' = c$ und $v = c'$, d. h. gleiche Massen tauschen ihre Geschwindigkeiten miteinander aus. Ist m nicht $= m'$, so wird, wenn $c' = 0$ war, v nicht $= 0$ werden, vielmehr bewegt sich m noch in der alten Richtung vorwärts, wenn $m > m'$ ist, dagegen rückwärts, wenn $m < m'$ ist.

Die Perkussionsmaschine (Mariotte 1677), eine Reihe elastischer Kugeln, welche, sich berührend, pendelartig so nebeneinander aufgehängt sind, dafs ihre Mittelpunkte in einer horizontalen Geraden liegen, dient zur experimentellen Bestätigung dieser Sätze. Sind alle Kugeln gleich grofs, hebt man die erste auf und läfst sie gegen die zweite fallen, so bleiben alle Kugeln in Ruhe, nur die letzte geht weiter, indem sie die zweite Hälfte der Pendelschwingung macht, deren erste Hälfte die erste Kugel gemacht hat. Hat man die n ersten Kugeln aufgehoben und fallen lassen, so gehen die n letzten allein weiter. Läfst man eine grofse Kugel gegen eine kleinere fallen, so gehen beide weiter, die kleine eilt aber der grofsen voran; läfst man eine kleine Kugel gegen eine gröfsere fallen, so geht die gröfsere weiter, die kleinere aber kehrt um.

93. Trifft ein elastischer Körper gegen eine feste elastische Wand in einer zu derselben senkrechten Richtung, so wird er mit seiner früheren Geschwindigkeit in derselben Richtung zurückgeworfen. Trifft er die Wand in einer schiefen Richtung, so wird er von der Wand so reflektiert, dafs die Einfallsrichtung PA und die Reflexionsrichtung AB_1 gleiche Winkel mit dem Einfallslote AC_1 bilden.

Der Stofs AB kann zerlegt werden in AD und AC. Die erstere Komponente treibt A bis D, die letztere bis C_1 zurück, also bewegt sich A in der Resultante AB_1.

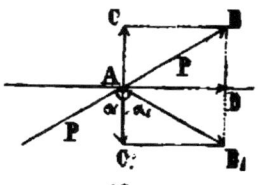

B. Gleichgewicht der Molekularkräfte in tropfbarflüssigen Körpern (Hydrostatik).

a) Ausbreitung des Druckes, insbesondere der Schwerkraft.

94. Wirken auf eine flüssige Masse keine anderen Kräfte, als die Molekularkräfte in ihrem Inneren, so erreichen die Molekeln eine Gleichgewichtslage, wenn die Masse eine Kugelgestalt angenommen hat.

Olivenöl, in eine Mischung von Alkohol und Wasser gegossen, welche specifisch ebenso schwer ist, wie das Öl, nimmt deshalb die Gestalt einer Kugel an. (Plateau 1846.) Kleine Flüssigkeitsmassen bilden auch unter gewöhnlichen Umständen kugelähnliche Tropfen, deren Größe von der Kohäsion der Flüssigkeit abhängt. Ebenso sind Seifenblasen kugelförmig.

Die Oberfläche einer schweren Flüssigkeitsmasse ist ein Teil einer um den Erdmittelpunkt beschriebenen Kugelfläche. Nicht zu große Stücke derselben können als horizontale Ebenen angesehen werden.

95. Die tropfbaren Flüssigkeiten sind elastisch. Ihre Dichte und ihr Volumen ändern sich durch einen auf sie ausgeübten Druck nur wenig. Kompressionskoëfficient einer Flüssigkeit ist das Verhältnis, in welchem das Volumen desselben durch die Druckeinheit (den Druck einer Atmosphäre, vergl. 113) vermindert wird.

In einer tropfbaren Flüssigkeit drückt jedes Teilchen nach allen Richtungen hin mit derselben Kraft, mit welcher es von irgend einer Richtung her gedrückt worden ist.

Der Kompressionskoëfficient einer Flüssigkeit wird durch das Piezometer (211) gemessen. Ein mit der Flüssigkeit gefülltes enges, oben geschlossenes Glasrohr ist mit dem unteren offenen Ende in Quecksilber getaucht. Man übt einen Druck auf die Oberfläche des Quecksilbers aus, welches dann die Flüssigkeit im Rohr zusammendrückt und bis zu einer Höhe in dasselbe eindringt, aus der sich das Verhältnis der Kompression ergiebt. Der Kompressionskoëfficient des Wassers ist 0,00005, der des Quecksilbers 0,000003.

Ausbreitung des Druckes, insbesondere der Schwerkraft. 53

Daraus folgt (in qmm und Kgr ausgedrückt) der Elasticitätskoëfficient für Wasser = 205, für Quecksilber = 3503.

96. Die Schwerkraft einer Flüssigkeit verursacht innerhalb derselben einen Druck, welcher durch das Gewicht (in technischem Maſse) gemessen wird. Der Druck, welchen ein horizontales Flächenteilchen a in einer ruhenden Flüssigkeit erleidet, ist das Gewicht der senkrecht über a stehenden Flüssigkeitssäule. Wenn deren Höhe = h, das specifische Gewicht der Flüssigkeit = s ist, so ist der Druck = ahs. Derselbe Druck wird von unten auf a ausgeübt (Auftrieb). 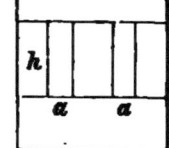 Gleich groſse, in der gleichen Horizontalebene (in dem gleichen Niveau) liegende Flächenteile werden gleich stark gedrückt. Der Druck, den ein Teilchen der Oberfläche von der Flüssigkeit erfährt, ist = 0. Der durch das Gewicht einer Flüssigkeitssäule ausgeübte Druck heiſst der hydrostatische Druck.

Würde von unten ein gröſserer oder geringerer Druck auf a ausgeübt, als von oben, so würde sich a in der Richtung des Überdruckes bewegen. Zwei gleich groſse Flächenteile, welche von oben her gleich stark gedrückt werden, müssen in gleicher Höhe liegen, und zwei Flächenteile, welche in gleicher Höhe liegen und von oben her gleich stark gedrückt werden, müssen gleich groſs sein.

Das Vorhandensein des Auftriebes kann man zeigen, wenn man einen Glascylinder unten mit einer Glasplatte verschlieſst und dann unter Wasser taucht. Die Platte fällt nicht ab, sobald ihr Gewicht nicht gröſser ist als der Druck der Wassersäule, welche auf die Platte wirken würde, wenn das Wasser im Cylinder so hoch stände wie auſsen.

In absoluten Einheiten ist die Druckkraft eines Kubikcentimeters der Flüssigkeit sg und der Flüssigkeitssäule $ahsg$ Dyn, wobei der Messung von a, h und g das Centimeter zu Grunde liegt. Da hierbei $s = m/v$ (55), so ist die Dimension des Druckes $= l^2 . l . (m/l^3) . l/t^2 = ml/t^2$ also gleich einer Kraft.

97. Werden zwei Gefäſse, welche durch ein Rohr miteinander verbunden sind (kommunizierende Röhren), mit einer Flüssigkeit gefüllt, so liegen im Zustande des Gleich-

54 Gleichgewicht der Molekularkräfte in tropfbar-flüssigen Körpern.

gewichts die beiden Flüssigkeitsoberflächen wieder in einer Horizontalebene. Steht die eine Oberfläche höher als die andere
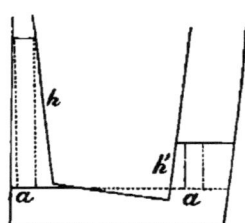
(haben die Flüssigkeiten in beiden Schenkeln der kommunizierenden Röhren einen Niveauunterschied), so bewegt sich die Flüssigkeit so lange von der Seite der höheren Fläche zu der der tieferen, bis beide Oberflächen wieder in derselben Horizontalebene liegen. Befindet sich in dem einen Schenkel der kommunizierenden Röhren eine andere Flüssigkeit, als in dem anderen, so verhalten sich die Höhen beider Flüssigkeiten, von der gemeinschaftlichen Grenzfläche an gerechnet, umgekehrt wie ihre specifischen Gewichte.

Zwei gleich grofse in derselben Horizontalebene (der Grenzfläche) gelegene Flächenteilchen a müssen gleich stark gedrückt werden. Hat die eine Flüssigkeit das specifische Gewicht s und die Höhe h, das andere das specifische Gewicht s' und die Höhe h', so müssen die Drucke ahs und $ah's'$ überall einander gleich sein, also $h : h' = s' : s$. Die Weite und die Gestalt der Schenkel sind gleichgültig.

98. Zum Bestimmen einer Horizontalen werden die **Kanalwage** und die **Libelle** gebraucht.

Die **Kanalwage**, welche zum Nivellieren gebraucht wird, besteht aus kommunizierenden Röhren, welche eine Flüssigkeit enthalten. Indem man über die Oberflächen derselben in beiden Schenkeln hinvisiert, erhält man die Horizontale.

Die **Libelle** ist eine in eine Metallfassung eingeschlossene und bis auf eine Luftblase l mit einer Flüssigkeit (Äther) gefüllte Glasröhre, welche nach der Mitte hin ein wenig erweitert ist. Die
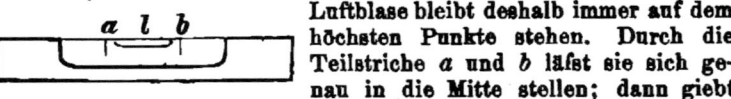
Luftblase bleibt deshalb immer auf dem höchsten Punkte stehen. Durch die Teilstriche a und b läfst sie sich genau in die Mitte stellen; dann giebt die Grundfläche der Metallhülse die Horizontale an. Statt der Cylinderform kann die Libelle auch die Form einer kreisrunden Dose bekommen, um mit einer Beobachtung gleich eine horizontale Ebene zu bestimmen. (Tob. Mayer 1777.)

Ausbreitung des Druckes, insbesondere der Schwerkraft. 55

99. Der Druck auf eine wagerechte Fläche unter der Oberfläche einer Flüssigkeit (z. B. auf die Bodenfläche eines Gefäfses) ist gleich dem Gewicht der Flüssigkeitssäule, deren Grundfläche diese Fläche ist und deren Höhe von da bis zur Höhe der Oberfläche reicht, ohne Rücksicht auf die Gestalt des Gefäfses und die thatsächlich über der Fläche befindliche Flüssigkeitsmasse. (Hydrostatisches Paradoxon.)

Das Flüssigkeitsteilchen a in der Tiefe h_1 unter der Oberfläche erleidet den Druck $ah_1 s$, ebenso das gleich grofse seitlich von ihm liegende Teilchen a; das um h_2 unter dem letzteren liegende Teilchen erleidet somit den Druck $h_1 as + h_2 as = has$ und jedes Teilchen a der Fläche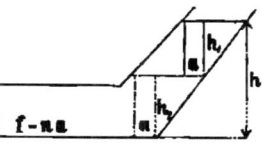
$f = na$ erleidet denselben Druck, daher die ganze Fläche den Druck $nahs = fhs$.

Der Wasserdruckapparat von Pascal (1653) zeigt dies dadurch, dafs eine bewegliche Bodenplatte durch das gleiche Gewicht am Gefäfse festgehalten wird, so lange die Höhe der drückenden Flüssigkeit dieselbe bleibt, ohne Rücksicht auf die Gestalt des Gefäfses; der Apparat von de Haldat läfst den Bodendruck auf eine Quecksilberfläche ausüben und mifst ihn durch die Höhe des in einem kommunizierenden Rohre stehenden Quecksilbers.

100. Der Druck auf eine lotrechte Fläche (z. B. die Seitenfläche eines Gefäfses), welche von wagerechten und lotrechten Geraden begrenzt wird, ist so grofs als auf eine gleichgrofse wagerechte Fläche in der Mitte der Höhe jener Fläche.

Der Druck auf einen dünnen wagerechten Streifen a am oberen Ende der Fläche ist has, am unteren Ende $h_1 as$ und da der Druck von oben nach unten in arithmetischer Progression zunimmt, so ist auf die Fläche $f = na$ der Druck $n(has + h_1 as)/2 = fs(h + h_1)/2$.

101. Die Drucke, welche zwei in derselben Horizontalebene durch die Flüssigkeit in den beiden Schenkeln kommunizierender Röhren gelegte Durchschnitte erleiden, verhalten sich gerade wie die Flächenräume derselben.

56 Gleichgewicht der Molekularkräfte in tropfbar-flüssigen Körpern.

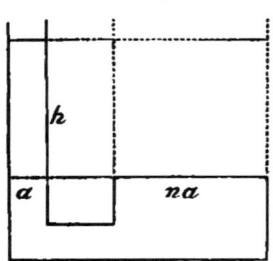

Liegen die beiden Durchschnittsflächen a und na in derselben Horizontalen, so erleidet, wenn über beiden die Flüssigkeitshöhe h steht, a von oben den Druck ahs, na den Druck $nahs$. Ebenso ist der Druck, den na von unten erleidet $= nahs$. Legt man durch na eine feste Scheidewand und entfernt die über derselben stehende Flüssigkeitsmasse, so erleidet die Scheidewand immer noch von unten den Druck $nahs$. (Anatomischer Heber: kommunizierende Röhren, deren kurzer, weiter Schenkel mit einer Membran überspannt ist.)

102. Die hydraulische Presse (Bramah 1797) besteht aus kommunizierenden Röhren mit einem engen und einem weiten Schenkel.

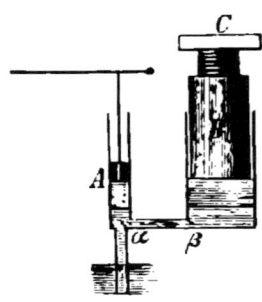

Wird im engen Schenkel ein Druck durch einen Stempel A (durch eine Saug- und Druckpumpe, 146) ausgeübt, so verschiebt sich im weiten Schenkel, dessen Querschnitt n mal größer ist, als der des engen, der Stempel B nur um den $n$ten Teil des Weges, den A zurückgelegt hat, übt aber dabei einen n mal so großen Druck aus, als A. Durch das Spiel der Ventile α und β kann diese Arbeitsübertragung fortgesetzt wiederholt und dadurch ein zwischen B und eine feste Platte C gelegter Gegenstand mit großem Druck geprefst werden.

b) Feste Körper in flüssigen. (Specifisches Gewicht.)

103. Der Druck oder Zug eines schweren Körpers wird in einer Flüssigkeit um so viel vermindert, als die Schwerkraft des von ihm verdrängten Flüssigkeitsvolumen beträgt (Archimedisches Princip). Der Druck, den die Flüssigkeit ausübt, wird um ebensoviel vermehrt.

Wenn ein fester Körper vom specifischen Gewicht s, der Grundfläche a und der Höhe l sich in einer Flüssigkeit vom specifischen Gewicht z in Ruhe befindet, so dafs über ihm noch eine Flüssigkeitshöhe h steht, so erleidet seine Grundfläche a von unten denselben Druck, als stände nur Flüssigkeit von der Höhe $h + l$ über ihr, also den Druck $a(h + l)z$; von oben wird a mit dem Gewicht des Körpers und der darüberstehenden Flüssigkeit gedrückt, also mit $als +$ ahz. Der resultierende Druck auf die untere Fläche beträgt daher nur $als - alz$. Ist $s = z$, so ist der Druck $= 0$, d. h. jeder Körper befindet 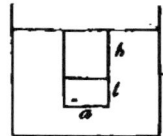 sich an jeder Stelle einer specifisch gleich schweren Flüssigkeit im Gleichgewicht (z. B. die Ölkugel, 94). Ist $s > z$, so geht der Körper unter, ist $s < z$, so steigt er auf und schwimmt auf der Flüssigkeit.

Zum experimentellen Nachweis stellt man auf die eine Wagschale ein Gefäfs, welches das Volumen des Körpers fafst und hängt den Körper unten an die Wagschale; das Gleichgewicht wird gestört, indem man den Körper in Wasser taucht, und wieder hergestellt durch Füllen des Gefäfses mit Wasser. Bringt man ferner das leere Gefäfs ins Gleichgewicht mit einem Wasser enthaltenden Gefäfs in der andern Wagschale und hält den Körper an einem Faden in das Wasser, so mufs ebenfalls das erstere Gefäfs zur Wiederherstellung des Gleichgewichts mit Wasser gefüllt werden.

104. Das Archimedische Princip dient zur Bestimmung des specifischen Gewichtes fester und flüssiger Körper, indem man durch dasselbe das Gewicht der ihnen an Volumen gleichen Wassermasse finden kann.

Ist p das Gewicht eines festen Körpers aufserhalb des Wassers, q das Gewicht desselben, wenn er im Wasser hängt, so wiegt die ihm an Volumen gleiche Wassermasse $w = p - q$, und da $s = p/w$ ist (13), so erhält man $s = p/(p - q)$.

Ist der Körper, dessen specifisches Gewicht bestimmt werden soll, specifisch leichter als Wasser, so mufs man ihn belasten und mit der Belastung zusammen unter Wasser wägen. Wiegt der Körper in der Luft p, die Belastung im Wasser b, Körper und Belastung im Wasser k, so ist der Auftrieb des Körpers $b - k$ und das Gewicht des verdrängten Wassers $b - k + p$, so dafs sein spec. Gewicht $= p/(p - k + b)$ ist. Ist der Körper im Wasser auflöslich, so wägt man ihn in einer Flüssigkeit, in der er sich nicht auflöst. Ist das spec. Gewicht dieser Flüssigkeit $= z$ und man findet den Körper $f$mal so schwer als das verdrängte Volumen der Flüssigkeit, so ist sein spec. Gewicht $= fz$. Ist der zu wägende Körper porös, so giebt man ihm durch Eintauchen in eine geschmolzene Masse (Mischung aus Wachs und Harz) einen Überzug. Ist das Gewicht des Körpers in der Luft $= p$, mit dem Überzug $= b$, das Gewicht des Körpers mit dem Überzug im Wasser $= c$ und das spec. Gew. des Überzuges $= d$, so verdrängen Körper und Überzug an Wasser $b - c$, der Überzug allein $(b - p)/d$, der Körper allein also $b - c - (b - p)/d$, so daſs sein spec. Gew. ist $p/[b - c - (b - p)/d]$.

Das specifische Gewicht z einer Flüssigkeit findet man, wenn man einen beliebigen festen Körper vom Gewicht p in dieser Flüssigkeit und in Wasser wägt. Wiegt er in der ersteren c, in letzterem b, so wiegt ein dem festen Körper gleiches Flüssigkeitsvolumen $p - c$, das gleiche Wasservolumen $p - b$, also ist $z = (p - c)/(p - b)$. (Vergl. 13.)

105. Die vorerwähnten Wägungen werden mit der **hydrostatischen Wage** angestellt, einer Wage, an deren einer Seite der Körper an einem Haar aufgehängt wird, um in die Flüssigkeit eingesenkt werden zu können.

Zu diesem Zweck wird entweder die eine Wagschale durch eine mit kürzerer Aufhängung versehene ersetzt, oder, wenn die Schale nicht an dünnen Drähten, sondern an einem steifen Bügel hängt, ein Tischchen über die Schale gestellt, welches das Glas mit der Flüssigkeit trägt.

Statt der hydrostatischen Wage kann auch eine aus einer dünnen Stahldrahtspirale gebildete Federwage (89) (Jolly) und zur Bestimmung des specifischen Gewichtes von Flüssigkeiten eine Schnellwage (44) angewandt werden. Diese trägt am kurzen Arm ein festes Gewicht, am langen, in Zehntel geteilten, einen Glaskörper. Wird dieser in Wasser gehängt, so verliert er an Gewicht w, man muſs daher auf das Ende dieses Armes ein Gewicht w hinzuhängen, um das Gleichgewicht herzustellen. Hängt man den Glaskörper in eine andere Flüssigkeit, und muſs dann dasselbe Gewicht auf den n ten Teilstrich hängen, so war das Gewicht der verdrängten Flüssigkeit $nw/10$, also ihr specifisches Gewicht $n/10$. (Mohr'sche Wage.)

106. Ein Körper, welcher auf einer Flüssigkeit **schwimmt**, sinkt so weit in dieselbe ein, daſs sein Gewicht gleich dem der verdrängten Flüssigkeit ist (103). Der schwimmende Körper stellt sich so ins stabile Gleichgewicht, daſs der Schwerpunkt des ganzen Körpers und der des eingesenkten Teiles desselben in einer Vertikalen liegen.

Der Schwerpunkt des schwimmenden Körpers braucht nicht tiefer zu liegen, als der der Flüssigkeit. Ist der Körper aus seiner Gleichgewichtslage gebracht, so wirkt auf seinen Schwerpunkt S sein Gewicht nach unten, auf den Schwerpunkt des Wassers W der Auftrieb (96) nach oben. Schneidet die durch W gehende Lotrechte die Mittellinie des schwimmenden Körpers oberhalb S, so stellt er sich ins stabile Gleichgewicht, schneidet sie unterhalb, so ist das Gleichgewicht labil. Der Schnittpunkt M heifst das Metacentrum.

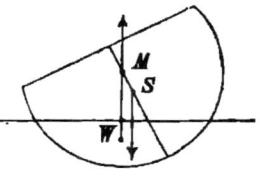

107. Statt der hydrostatischen Wage bedient man sich auch des Gewichtsaräometers (Fahrenheit 1724, Nicholson 1787). Es besteht aus einem cylinderförmigen hohlen Körper von Glas oder Blech, welcher oben auf einem dünnen Halse eine Schale, unten ein schweres Gefäfs trägt. Das Gewicht des Aräometers mufs immer so reguliert werden, dafs es bis zu einer am Halse angebrachten Marke einsinkt.

Wiegt ein Gewichtsaräometer a, erfordert es eine Belastung b auf der oberen Schale, um in Wasser, eine Belastung c, um in einer anderen Flüssigkeit vom specifischen Gewichte z bis zur Marke unterzusinken, so ist $z = (a + c)/(a + b)$.

Geht ein Aräometer mit irgend einer Belastung bis zur Marke unter Wasser, und mufs man, wenn man einen festen Körper auf die obere Schale legt, das Gewicht p fortnehmen, um wieder Gleichgewicht zu erhalten, so ist p das Gewicht dieses Körpers; legt man den Körper auf die untere Schale, und mufs w oben wieder hinzufügen, so ist w das Gewicht des von ihm verdrängten Wassers, also sein specifisches Gewicht $= p/w$.

108. Um das specifische Gewicht einer Flüssigkeit zu bestimmen, benutzt man auch den aus 106 hervorgehenden Satz, dafs ein Körper in eine Flüssigkeit um so tiefer einsinkt, je specifisch leichter diese ist, und zwar so, dafs sich die ver-

senkten Volumina umgekehrt verhalten, wie die specifischen Gewichte der Flüssigkeiten. Die Apparate, mit denen solche Bestimmungen ausgeführt werden, heifsen Skalenaräometer (angeblich von Hypathia, † 415, richtiger von Archimedes erfunden).

Läfst man einen Cylinder vertikal im Wasser schwimmen, teilt die eingetauchte Länge desselben in n Teile, läfst dann denselben Cylinder in einer Flüssigkeit vom specifischen Gewichte z schwimmen und sieht, dafs er bis zum n' ten Teilstriche einsinkt, so sind n' Volumina der Flüssigkeit so schwer, wie n Volumina Wasser, also $z = n/n'$. (Volumeter von Gay-Lussac 1824.) Gewöhnlich giebt man dem schwimmenden Cylinder unten eine Erweiterung, um ihn specifisch leichter zu machen, und eine Belastung, um seinen Schwerpunkt tief zu legen. Die empirisch hergestellte Skala giebt das specifische Gewicht der Flüssigkeit an, in welche das Aräometer jedesmal bis zu der bezeichneten Stelle einsinkt. Die Skala kann auch eine willkürliche sein, deren Bedeutung erst durch Vergleich mit einer rationell hergestellten Skala gefunden wird. Von solchen Aräometern sind die gebräuchlichsten die von Beaumé (1768), mit einer Skala für Flüssigkeiten leichter als Wasser und einer anderen für schwerere Flüssigkeiten. An ersterer bedeutet 10° das sp. G. 1; 45° das sp. G. 0,8; an letzterer 10° das sp. G. 1 und 74° das sp. G. 2. Für gemischte Flüssigkeiten werden besondere Skalen angefertigt, auf denen das Prozentverhältnis beider Bestandteile aufgetragen ist, so bei dem Alkoholometer, das die Zahl der Alkoholprozente, welche in einem Weingeist enthalten sind, und zwar gewöhnlich, nach Tralles (1811), die Volumenprozente angiebt.

C. Gleichgewicht der Molekularkräfte in luftförmigen Körpern (Aërostatik).

a) Messung des Luftdrucks.

109. Die luftförmigen Körper besitzen vollkommene Volumenelasticität, sie lassen sich in hohem Grad zusammenpressen und dehnen sich bei nachlassendem Druck aus (114). Die Ausbreitung des Druckes unterliegt demselben Gesetz wie bei Flüssigkeiten (95, 96). Dafs die Luft schwer ist, wird

Messung des Luftdrucks.

erwiesen, indem man aus einem verschliefsbaren Gefäfs die Luft auspumpt (118), dann das Gefäfs wägt und nochmals wägt, wenn die Luft wieder eingelassen ist. Das Gewicht eines Gasvolumen ändert sich mit dem Druck (114) und der Temperatur (171).

Der Luftwiderstand verhindert das Eingiefsen einer Flüssigkeit in ein Gefäfs mit enger Öffnung (vgl. 115).

110. Füllt man eine Röhre ganz mit einer Flüssigkeit und öffnet ihr unteres Ende unter der gleichen Flüssigkeit, während das obere Ende geschlossen ist, so fällt die Flüssigkeit aus der Röhre nicht heraus, sondern wird durch den Druck der umgebenden Luft bis zu einer Höhe im Gleichgewicht gehalten, welche dem specifischen Gewicht der Flüssigkeit umgekehrt proportional ist. Ist die Röhre länger als diese Höhe, so bleibt über der Flüssigkeit ein leerer Raum, das Torricelli'sche Vakuum. (Torricelli 1643.)

Die Höhe einer vom Atmosphärendruck im Gleichgewicht gehaltenen Quecksilbersäule ist ungefähr = 76 cm, einer Wassersäule = 10,33 m (vergl. 117).

111. Die Höhe der im Gleichgewicht gehaltenen Flüssigkeit ändert sich mit dem Drucke der umgebenden Luft. Sie dient deshalb als Mafs dieses Druckes. Ein zu diesem Zweck bestimmter Apparat heifst ein Barometer.

Gewöhnlich besteht dasselbe aus einer oben geschlossenen, über 76 cm langen Glasröhre, welche mit vollkommen luftfreiem (ausgekochtem) Quecksilber gefüllt ist. Je nach der Anbringung des unteren Quecksilberspiegels unterscheidet man: Gefäfs-, Heber- und Phiolenbarometer.

Das Gefäfsbarometer kann ganz wie die in 110 beschriebene Torricelli'sche Röhre eingerichtet sein. Die Höhe der Quecksilbersäule liest man an irgend einem Mafsstabe, z. B. durch ein Kathetometer (5) ab. Tragbare Gefäfsbarometer (von Fortin) haben statt des Gefäfses einen Kautschuksack, der durch eine Schraube so weit gehoben wird, dafs der Quecksilberspiegel eine Elfenbeinspitze berührt. Diese Spitze ist der Nullpunkt des Mafsstabes, an dem der obere Quecksilberstand mittels eines Nonius abgelesen wird. Die obere Quecksilberhöhe erscheint in nicht sehr weiten Barometerröhren durch Ka-

pillardepression (129) stets um eine konstante Gröfse zu niedrig. Diese Gröfse mufs durch Vergleichung mit dem Barometerstande in einer sehr weiten Röhre für jedes Barometer ermittelt und dem gemessenen Barometerstande zugerechnet werden. Soll das Barometer getragen werden, so wird das Quecksilber bis an das obere Ende der Röhre und an den oberen Verschlufs des Gefäfses, welcher quecksilberdicht, aber nicht luftdicht ist, hinaufgeschraubt.

Das **Heberbarometer** besteht aus einem U-förmig gebogenen Rohr von überall gleicher Weite. Man verschiebt eine Skala so, dafs deren Nullpunkt auf die Höhe der unteren Quecksilberkuppe (a) zu stehen kommt und liest den Stand der oberen Kuppe b am Mafsstabe ab. Bei den Heberbarometern kommt die in beiden Schenkeln gleiche Kapillardepression des Quecksilbers ganz aufser Betracht. Um das allmähliche Eindringen von Luft in das Vakuum zu verhindern, wird die Röhre mit der Bunten'schen Vorrichtung (c) versehen, einer nach unten gerichteten Spitze mit feiner Öffnung, welche die an den Wänden aufsteigende Luft um sich sammelt. In Gay-Lussac's Heberbarometer sind nur die Röhrenteile, in welchen die Kuppen a und b beobachtet werden sollen, weit, das Verbindungsrohr zwischen beiden enger und so gebogen, dafs a und b vertikal übereinander liegen.

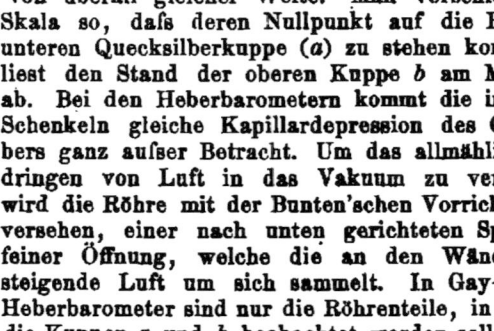

Das **Phiolenbarometer** soll die Veränderung des unteren Quecksilberspiegels durch Vergröfserung seines Durchschnitts unmerklich machen, so dafs der Nullpunkt als feststehend angenommen werden kann und nur die obere Kuppe beobachtet wird, was für genauere Bestimmungen nicht genügend ist.

Kommt bei einer barometrischen Beobachtung ein geringerer Druck als der in Betracht, welcher eine 76 cm hohe Quecksilbersäule im Gleichgewicht hält, so kann das Barometer eine geringere Höhe haben. Das Barometer bekommt dann erst ein Vakuum, wenn der Luftdruck klein genug geworden ist. (**Abgekürztes Barometer.**)

112. Statt der Quecksilber-Barometer kann man auch **Metallbarometer** anwenden, in denen dem Luftdruck durch die Elasticität eines festen Körpers das Gleichgewicht gehalten wird.

Messung des Luftdrucks.

Das **Aneroïd-** oder **Holosteric-Barometer** (Vidi 1847) enthält eine luftleere Metallkapsel, welche auf einer Seite durch eine dünne wellenförmige Metallplatte b geschlossen ist. 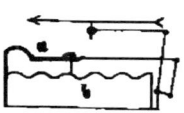 Der Luftdruck bestrebt sich, die Platte in die Büchse hineinzudrücken, die Elasticität einer Feder a hält ihm das Gleichgewicht. Die Veränderungen des Luftdrucks werden durch eine Fühlhebelvorrichtung an einer durch Vergleichung mit einem Quecksilberbarometer hergestellten Skala abgelesen.

Das **Metallbarometer** (Bourdon und Schinz 1850) besteht aus einem zum Kreisbogen gekrümmten, an beiden Enden geschlossenen, luftleeren Metallrohre r. 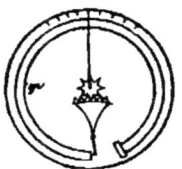 Da dessen äufsere konvexe Seite eine gröfsere Oberfläche hat, als die innere konkave, so wird das Rohr durch wachsenden Luftdruck stärker, durch abnehmenden weniger stark gekrümmt. Diese Veränderungen werden wie bei dem vorausgehenden Apparate sichtbar gemacht.

113. Der Druck, mit welchem die Atmosphäre auf einer horizontalen Fläche lastet, ist gleich dem einer Quecksilbersäule von gleicher Grundfläche und der Höhe des Barometerstandes. Ist dieser $= 76$ cm (normaler Barometerstand, vergl. 117), so ist der Druck einer Atmosphäre auf einen Quadratcentimeter $= 1{,}033$ Kilogramm; dieser Druck, ein **Atmosphärendruck**, dient als technisches Mafs des Druckes von Gasen und Dämpfen. Die Luft ist vollkommen elastisch (109), deshalb wird derselbe Druck nach allen Seiten hin ausgeübt. Das Barometer mifst daher nicht nur den Druck, den die senkrecht über ihm stehende Luft durch ihr Gewicht ausübt, sondern den Druck der ganzen Atmosphäre, mit welcher die unmittelbar auf dasselbe drückende Luft zusammenhängt.

In absolutem Mafse beträgt der Normaldruck auf 1 qcm 1033 981 Dyn oder 1,013 Megadyn.

114. Das Volumen einer Luftmasse steht im umgekehrten Verhältnis zu dem Druck, unter welchem es sich befindet; ihr specifisches Gewicht also im geraden Verhältnis zu diesem Druck. Dieses Gesetz wird das **Mariotte'sche Gesetz** genannt. (Boyle 1660, Mariotte 1676.)

64 Gleichgewicht der Molekularkräfte in luftförmigen Körpern.

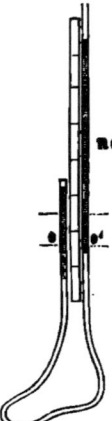

Befindet sich im geschlossenen Schenkel zweier durch einen starken Kautschukschlauch verbundenen Röhren ein Luftvolumen v, das durch Quecksilber, welches in beiden Schenkeln bei o und o' gleich hoch steht, gesperrt ist, so erleidet dies den Druck einer Atmosphäre $= a$ cm Quecksilber. Hebt man das offene Rohr empor und mit ihm das Quecksilber, so wird die Luft ein geringeres Volumen einnehmen. Ist die Differenz der Quecksilberstände in beiden Röhren $= na$, so befindet sich die Luft unter dem Drucke $(n+1)a$; das Volumen, das sie dann annimmt, ist $v/(n+1)$. Senkt man dagegen das offene Rohr, so nimmt das Luftvolumen zu; steht alsdann das Quecksilber im offenen Rohr um a/n tiefer, als im geschlossenen, so beträgt der Druck der eingesperrten Luft $a(n-1)/n$ und das Volumen $vn/(n-1)$.

115. In ein oben geschlossenes, unten offenes Gefäfs, das mit der unteren Öffnung in eine Flüssigkeit getaucht wird, tritt diese nur so weit ein, dafs der innere und äufsere Druck einander das Gleichgewicht halten.

Vor dem Eintauchen enthielt das Gefäfs Luft vom Druck der Atmosphäre a und dem Volumen v; nach dem Eintauchen ist Flüssigkeit eingedrungen, die umgebende Flüssigkeit steht aber höher als die im Inneren und drückt mit einem Überdruck h auf die eingeschlossene Luft, so dafs deren Volumen v_1 jetzt kleiner als v wird und sich $v_1 : v = a : a + h$ verhält. (114.) Hierauf beruht die Taucherglocke. Schwimmt das eingetauchte Gefäfs in oder auf der Flüssigkeit und man drückt mehr von der Flüssigkeit in dasselbe hinein, so wird es schwerer und geht unter. Hierauf beruhen der Cartesianische Taucher und die Taucherschiffe.

116. Zum Messen eines Gas- (oder Dampf-)druckes dient das Manometer.

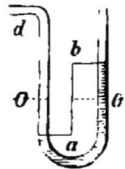

Für geringere Drucke wird das offene Manometer angewandt; es besteht aus kommunizierenden Röhren, welche eine Flüssigkeit (Quecksilber oder Wasser) enthalten. Ist der Druck auf beiden Seiten gleich grofs, so steht die Flüssigkeit in beiden Schenkeln auf O; findet von d her ein Überdruck statt, so stehen die beiden Flüssigkeitssäulen verschieden hoch und die

Messung des Luftdruckes. 65

Höhe ab mifst den Überdruck über den Druck einer Atmosphäre. Um gröfsere Drucke zu messen, wendet man das geschlossene Manometer an. Ist der Druck von d her gleich dem der Atmosphäre, so steht wiederum die Flüssigkeit (Quecksilber) in beiden Schenkeln gleich hoch, durch einen Überdruck wird aber die im geschlossenen Schenkel abgesperrte Luft nach dem Mariotte'schen Gesetz zusammengedrückt.

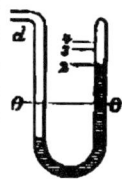

Auch nach dem Bourdon'schen Prinzip (112) werden Manometer, besonders für Dampfkessel, konstruiert.

117. Aus dem Mariotte'schen Gesetz ergiebt sich das Gesetz, nach welchem die Dichte der Luft von unten nach oben hin abnimmt, und dadurch ein Mittel, aus dem Barometerstande auf die Höhe einer Luftsäule zu schliefsen (Barometrische Höhenmessung).

Die auf einer Grundfläche (1 qm) ruhende Luftsäule kann durch parallele 1 m voneinander entfernte Ebenen in einzelne Schichten von gleichem Volumen (Kubikmeter) zerlegt werden, welche nach der Reihe die Dichte $s, s', s'' \ldots$ und die absoluten Gewichte $g, g', g'' \ldots$ haben; betragen die Barometerstände an den einzelnen um je 1 m voneinander abstehenden Ebenen $b, b', b'' \ldots$, so ist nach 114: $g:g' = s:s' = b':b''$; ferner da die Differenz des Luftdrucks an 2 Stellen vom Gewichte der dazwischen liegenden Luftschicht herrührt:

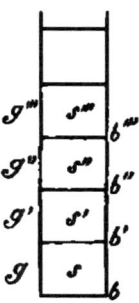

$g:g' = (b-b'):(b'-b'')$; hieraus folgt: $b:b' = b':b'' = b'':b''' \ldots$

Die Dichten in je drei aufeinander folgenden Luftschichten bilden also eine stetige Proportion, oder bei dem Aufsteigen um gleiche Höhen (in arithmetischer Progression) nimmt der Druck in gleichem Verhältnis (in geometrischer Progression) ab. Ist der Druck am Spiegel des Meeres $= b$, in einer Höhe von 1 Meter $= b'$, so nimmt derselbe bei jedem Aufsteigen um 1 Meter im Verhältnis b'/b ab, so dafs der Barometerstand in der Höhe von n Meter $b_n = b\,(b'/b)^n$ ist. Hieraus ist n zu finden, wenn b, b_n und b'/b gegeben sind. Annähernd ist $n = 18420\,(log\,b - log\,b_n)$ Meter.

Der mittlere Barometerstand am Meere ist 76 cm; er wird als der normale Barometerstand betrachtet (113). Aus dem Barometerstande, der in irgend einer Höhe über diesem Nivean beobachtet

66 Gleichgewicht der Molekularkräfte in luftförmigen Körpern.

wird, kann nach dem eben entwickelten Gesetz der Barometerstand gefunden werden, welcher gleichzeitig in der Höhe des Meeresspiegels herrscht. (Reduktion eines Barometerstandes auf den Meeresspiegel.)

Den ersten Vorschlag zur barometrischen Höhenmessung machte Blaise Pascal 1648.

Die Höhen (h) und mittleren Barometerstände (b) einiger Städte sind:

Berlin	$h =$ 40 m,	$b =$ 759 mm	Erlangen	$h =$ 320 m,	$b =$ 731 mm
Paris	60	755	Zürich	420	722
Dresden	100	751	München	525	715
Prag	200	742	Bern	543	712

b) Verdünnung und Verdichtung der Luft.

118. Verbindet man den leeren Raum eines Barometers mit einem luftdichten geschlossenen Gefäfs (Recipient), so verteilt sich die in diesem enthaltene Luft auf den Raum des Recipienten und den des Vakuums: sie wird also in dem Mafse verdünnt, als ihr Volumen vergröfsert wird. Durch wiederholtes Füllen und Entleeren des Barometers kann man die Verdünnung der vollständigen Ausleerung des Recipienten beliebig nähern. Die für diesen Zweck bestimmten barometerähnlichen Vorrichtungen mit sehr umfassendem Vakuum heifsen Quecksilberluftpumpen. (Geifsler 1857, Jolly u. A.)

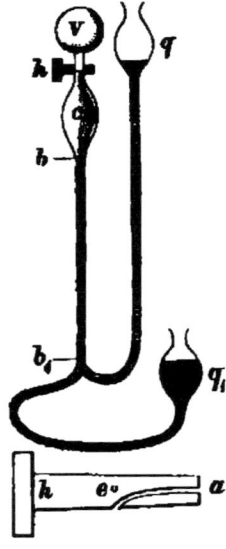

Das Füllen des Vakuumraumes c mit Quecksilber geschieht durch Aufheben des mit Queksilber gefüllten Gefäfses q, das mit dem Barometerrohr durch ein Gelenk oder einen Kautschukschlauch verbunden ist; die im Raume enthaltene Luft entweicht durch die Bohrung a des Hahnes h vollständig. Nach Verschlufs desselben wird das Gefäfs q herabgelassen; das Quecksilber sinkt bis b, so dafs $b b_t$ die Barometerhöhe ist, während im Gefäfse das Quecksilber bei q_t mit b_t in gleichem Niveau steht. Wird nun der Hahn so gedreht, dafs durch die Bohrung e die Räume v und c miteinander in Verbin-

Verdünnung und Verdichtung der Luft. 67

dung stehen, so findet die oben angegebene Verdünnung der in v enthaltenen Luft statt.

119. Die **Luftpumpe** von Otto von Guericke (um 1650) erreicht den Zweck, die in einem Recipienten enthaltene Luft zu verdünnen, mit Hilfe eines in einem Cylinder (Stiefel) bewegten Kolbens.

Bei dem Herausziehen des Kolbens aus dem Pumpenstiefel s verbreitet sich die in v enthaltene Luft auf den Raum $v + c$. Hierdurch verwandelt sich (bei dieser wie bei der Quecksilberluftpumpe) die ursprüngliche Dichte d der Luft in $d \cdot v/(v + c)$. Wird durch Drehen des Hahnes b die Verbindung zwischen v und s abgesperrt und zwischen s und der äufseren Luft hergestellt, so kann derselbe Vorgang mit derselben Wirkung beliebig oft wiederholt werden. Nach n Kolbenzügen beträgt dann die Dichte $d[v/(v + c)]^n$.

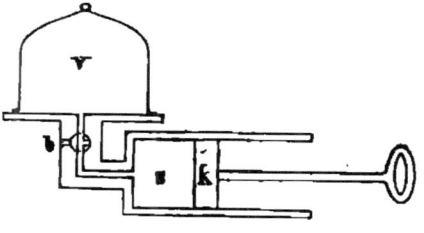

Die Hähne können auch durch Ventile ersetzt werden, d. h. durch Klappen, abgestumpfte Kegel oder Halbkugeln, welche durch den Druckunterschied der zu ihren beiden Seiten befindlichen Luft sich selbst öffnen und schliefsen und zwar ein nach aufsen sich öffnendes Ventil in einer Durchbohrung des Kolbens, und ein sich vom Recipienten her in das Innere des Stiefelraumes öffnendes Ventil (vergl. Fig. zu 120).

Durch eine solche Pumpe kann nie ein luftleerer Raum hergestellt werden, wie durch eine barometerartige Vorrichtung; man kann die Luftverdünnung nur der Leere immer mehr nähern. Deshalb nennt man einen durch die Pumpe hergestellten luftverdünnten Raum eine **Guericke'sche Leere** im Gegensatz zur **Torricelli'schen Leere**.

120. Die Luftverdünnung erreicht bald eine Grenze, weil die Luft unter dem Kolben und in dessen Durchbohrungen nie entfernt werden kann, vielmehr immer den Druck der Atmosphäre behält (**schädlicher Raum**).

Ist das Volumen des schädlichen Raumes $= r$, also das ursprüngliche Luftvolumen $= v + r$, so ist nach Vollendung des ersten Zuges die Dichte $= d(v + r)/(v + r + c)$, also ihre Masse

$dv\,(v+r)/(v+r+c)$, zu dieser kommt die Masse der Luft im schädlichen Raume $= dr$. Diese Luftmasse wird wieder vom Raume $v+r$ auf den Raum $v+r+c$ ausgebreitet u. s. f. Ist hierdurch die Dichte der Luft im Recipienten so klein geworden, wie die, welche die im schädlichen Raume enthaltene Luft annimmt, wenn sie über den ganzen Stiefel verteilt ist, so hört die weitere Verdünnung auf.

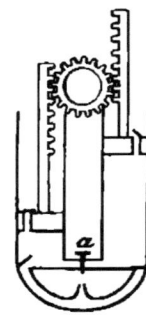

Der Einfluſs des schädlichen Raumes wird dadurch verringert, daſs man den Pumpen zwei Stiefel giebt (Hawksbee 1709), deren Kolben durch Zahnstangen und Rad so bewegt werden, daſs der eine immer aufwärts geht, während der andere abwärts geht. Ist unter letzterem der schädliche Raum mit Atmosphärenluft gefüllt, so öffnet man den Hahn a (Babinet'scher Hahn, siehe Figur zu 119), welcher die Verbindung zwischen beiden Stiefeln herstellt, auf kurze Zeit. Die Luft des schädlichen Raumes verbreitet sich dann auf den groſsen Raum des anderen Stiefels und wird dadurch verdünnt.

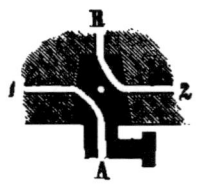

121. Die vollkommensten Luftpumpen sind die zweistiefligen, mit dem Graſsmann'schen Hahn versehenen. (1820.)

Dieser Hahn ist dreifach durchbohrt. In einer Stellung verbindet er den Stiefel 2, in welchem gesogen wird, mit dem Recipienten R, die Luft unter dem drückenden Kolben 1 mit der Atmosphäre A. Um 90° gedreht verbindet er beide Stiefel miteinander (wie der Babinet'sche Hahn), und noch um 90° gedreht den Stiefel 1, in dem jetzt gesogen wird, mit dem Recipienten, 2 mit der Atmosphäre.

122. Die mit der Luftpumpe anzustellenden Versuche beruhen entweder auf der Entziehung des in der Luft enthaltenen Sauerstoffes, oder auf der Verminderung des Luftdruckes.

Ein brennendes Licht erlischt im Vakuum, Tiere werden darin getötet. Zwei hohle, luftdicht aufeinander gesetzte Halbkugeln, in denen die Luft verdünnt wird, werden durch den auf ihre gemeinschaftliche Grundfläche ausgeübten Überdruck der äuſseren Luft aneinander festgehalten (Magdeburger Halbkugeln); eine Membran oder Glasplatte wird durch diesen Überdruck gesprengt, Quecksilber durch hartes Holz geprefst (Quecksilberregen). Specifisch schwere und leichte Körper fallen in einer luftleeren Röhre gleich schnell, weil der Luftwiderstand ihre Bewegung nicht stört, während im lufterfüllten Raume specifisch leichtere Körper (Federn) langsamer fallen, als specifisch schwerere (Metalle). Gefäfse mit enger Öffnung können mittels der Luftpumpe mit einer Flüssigkeit gefüllt und entleert werden. (Vgl. 124, 144 und 145.)

123. Giebt man den Hähnen oder Ventilen während des Pumpens die entgegengesetzten Stellungen, so wird die Luft im Recipienten verdichtet. Die Evakuationspumpe wird dann in eine Kompressionspumpe verwandelt.

Die Ventilpumpen müssen für den Zweck der Verdichtung eine besondere Umgestaltung erhalten; die Hahnpumpen aber können unverändert zur Verdichtung benutzt werden. Der Recipient der Evakuationspumpe ist gewöhnlich eine Glasglocke mit flachgeschliffenem Rande, welche auf einen ebenen Glasteller aufgesetzt wird (Fig. zu 119); der der Kompressionspumpe mufs an die Pumpe angepreſst oder festgeschraubt sein.

Der Grad der Verdünnung wird bei der Evakuationspumpe durch ein abgekürztes Barometer (111), der Grad der Verdichtung bei der Kompressionspumpe durch ein Manometer (116) gemessen.

Die Windbüchse (Lobsinger 1560) besteht aus einem metallenen Kolben, in welchem Luft durch eine Pumpe komprimiert wird. Beim Austreten treibt die Luft einen Schufs aus dem an den Kolben geschraubten Lauf.

c) Feste Körper innerhalb der Luft.

124. Das archimedische Prinzip (103) gilt auch für das Gleichgewicht zwischen festen und luftförmigen Körpern.

Die Wägungen, welche im lufterfüllten Raume gemacht sind, müssen auf den leeren Raum reduziert werden.

Im Recipienten einer Evakuationspumpe wird von zwei an den beiden Enden eines Wagebalkens aufgehängten, in der Luft gleich schwer erscheinenden Körpern derjenige schwerer, welcher das gröfsere Volumen hat. (Gewichtsmanometer von Guericke 1661.)

Ist das durch die Wägung gefundene Gewicht eines Körpers $= p$, sein specifisches Gewicht $= s$, das der Gewichte $= z$, so ist das Gewicht, welches eine Wägung im luftleeren Raum ergeben würde, $x = p + a - b$, wo a den Gewichtsverlust des Körpers in der Luft, b den der Gewichte, welche im luftleeren Raum als richtig zu betrachten sind, bedeutet. Da aber, wenn λ das Gewicht der Volumeinheit Luft ist (vgl. 13) $a : x = \lambda : s$ und $b : p = \lambda : z$ ist, so ist $x = p\,(1 - \lambda/z)/(1 - \lambda/s) = p\,(1 + \lambda/s - \lambda/z)$.

125. Ein Körper, welcher specifisch leichter ist, als die Luft an der Erdoberfläche, **schwimmt in der Luft in derjenigen Höhe, in welcher er eben so schwer ist, wie die von ihm verdrängte Luft.**

Der Luftballon wird, um dieser Bedingung genügen zu können, entweder mit erwärmter Luft (Montgolfier 1782) oder mit einem specifisch leichteren Gase, Wasserstoffgas oder Leuchtgas (Charles 1783), gefüllt. (Montgolfièren und Charlièren.)

Ist das Volumen des gefüllten Ballons $= v$ Kubikcentimeter, das Gewicht eines Kubikcentimeters Luft beim normalen Barometerstande $= \lambda$ (13), das specifische Gewicht des angewandten Gases $= s$ (auf Luft bezogen), das Gewicht der Belastung (Hülle und Schiff) $= p$, so wiegt der Ballon mit Belastung $v\lambda s + p$, die von ihm verdrängte Luft $v\lambda$. Ist $v\lambda s + p = v\lambda$, so ist der Ballon im Gleichgewicht. Ist $v\lambda s + p < v\lambda$, so steigt er so lange, bis er in eine Luftschicht kommt, von welcher 1 Kubikcentimeter λ, so leicht ist, dass $v\lambda s + p = v\lambda$, ist. In welcher Höhe das stattfindet, folgt aus 117.

D. Molekularwirkungen an den Grenzen einander berührender Körper.

126. Die **Adhäsion** (16) findet zwischen den Molekeln von Körpern aller Aggregatzustände statt.

Zwei eben geschliffene Metallplatten (Adhäsionsplatten) werden durch eine Kraft aneinander gehalten, welche von der Natur des Metalles abhängt und nicht durch den Luftdruck ausreichend erklärt werden kann. Sie kann so grofs werden, dafs bei versuchter Trennung leichter die Kohäsion einer Platte, als die Adhäsion überwunden wird. (Bleiplatten.) Die Benetzung fester Körper durch Flüssigkeiten, das Anhängen von Luftblasen an einer in Wasser getauchten Platte sind Adhäsionserscheinungen. An aus Draht verfertigten geometrischen Figuren haftet Seifenwasser so, dafs die sich bildenden dünnen Platten sich zu bestimmten Gleichgewichtsfiguren vereinigen. (Plateau 1861.)

127. Eine Molekel o einer **Flüssigkeit, welche eine feste Wand berührt**, steht unter der Wirkung der Adhäsion a, der

Kohäsion c, und der Schwere g. Benetzt die Flüssigkeit die Gefäfswand, so ist die Resultante dieser Kräfte nach aufsen gerichtet (wie r), und die Oberfläche nimmt eine stetig gekrümmte konkave Gestalt an, weil jede folgende Molekel so zur vorhergehenden wie die erste zur Wand gezogen wird. Benetzt die Flüssigkeit die Gefäfswand nicht, so ist die Resultante nach innen gerichtet (wie r') und die Oberfläche wird konvex. Die Resultanten r und r' stehen auf den in o an

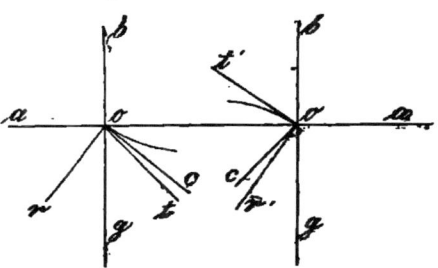

die Kurven gelegten Tangenten t und t' senkrecht. Der Winkel bot, bezüglich bot', hängt nur von den angewandten Stoffen ab und heifst der Randwinkel $= \Theta$; die durch die verschiedene Gestalt der Oberfläche bedingten Erscheinungen heifsen Kapillaritätserscheinungen. (Aggiunti 1640.)

Der Randwinkel ist für eine bestimmte Flüssigkeit und einen bestimmten festen Körper konstant, wie auch die Berührung stattfindet, z. B. am Rande eines auf einer Platte liegenden Tropfens, am Rande einer die Platte von unten berührenden Blase.

128. Jede Molekel wirkt nur auf benachbarte (in der Anziehungssphäre liegende) Molekeln anziehend. Eine Molekel c, die an der Flüssigkeitsoberfläche liegt, wird deshalb nicht nach oben, sondern nur nach unten gezogen durch Kräfte, deren Resultante ce ist. Geht die Oberfläche der Flüssigkeit durch a, so heben sich die Kräfte, welche c in der Zone ca nach oben, in der Zone cb nach unten ziehen, auf, während die Anziehung des Segments be übrig bleibt. Deshalb übt eine Schicht von der Dicke des Durchmessers der Anziehungssphäre unter der Oberfläche (das Flüssigkeitshäutchen) einen Normaldruck D auf die unterliegenden Molekeln

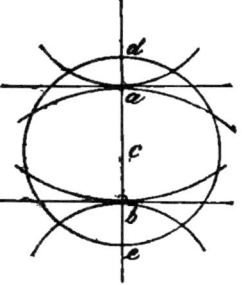

aus. Ist die durch a gehende Oberfläche konkav, so ist der wirksam bleibende Teil der Sphäre kleiner; ist die Oberfläche konvex, so ist jener Teil grösser, als bei ebener Oberfläche. Die Abnahme oder Zunahme des Normaldruckes ist dem Krümmungsradius der Oberfläche (ϱ) umgekehrt proportional, also der Druck $= D + C/\varrho$. Diese Zunahme oder Abnahme des Normaldruckes einer konvexen oder konkaven Oberfläche heifst die **Oberflächenspannung**.

Dieselbe zeigt sich an einer kleinen Seifenblase, deren Inneres durch das Blasrohr mit der äufseren Luft in Verbindung steht, dadurch, dafs die Blase schnell kleiner wird, und zwar um so schneller, je kleiner ihr Durchmesser ist.

129. In hinreichend engen cylindrischen Röhren (**Kapillarröhren**) ist die Oberfläche einer Flüssigkeit eine Kugelfläche. Ist diese konkav, so erhebt sich die Flüssigkeit in der Röhre (**Kapillarattraktion**), ist sie konvex, so sinkt sie (**Kapillardepression**). Die Höhen, um welche die Flüssigkeit steigt oder sinkt, sind den Röhrendurchmessern umgekehrt proportional. (Borelli 1655.)

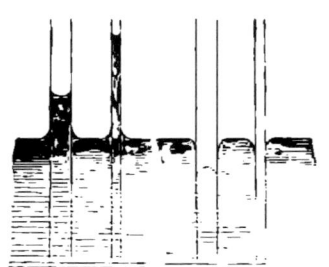

Hat eine Flüssigkeit vom specifischen Gewicht s durch Kapillarattraktion in einer Röhre vom Querschnitt a die Steighöhe h erreicht, so drückt auf den im Niveau der äufseren Flüssigkeitsoberfläche liegenden Querschnitt eine Säule vom Gewicht ahs, welche gehalten wird durch die Kraft aC/ϱ, wenn C/ϱ die auf die Flächeneinheit wirkende Oberflächenspannung ist. Es ist also $ahs = aC/\varrho$. Ist d der Durchmesser der Röhre, so ist $\varrho = d/2 \cos \Theta$, also $h = 2 C \cos \Theta / sd$. Entsprechend wird die Kapillardepression in Röhren infolge der konvexen Oberflächenkrümmung gefunden. C ist die von der Kohäsion der Flüssigkeit abhängige **Kapillaritätskonstante**.

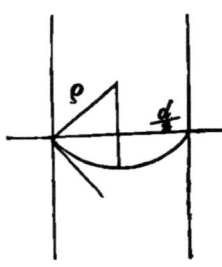

Zwischen zwei parallelen ebenen Platten steigt eine Flüssigkeit halb so hoch, wie in cylindrischen Röhren, deren Durchmesser gleich dem Abstand jener Platten ist. Zwischen zwei unter einem Winkel gegeneinander geneigten Platten steigt eine Flüssigkeit so auf, dafs die Gipfel der verschiedenen Steighöhen in einer Hyperbel liegen. In horizontal liegenden kegelförmigen Röhren bewegt sich ein Flüssigkeitstropfen der Spitze zu, wenn er Kapillarattraktion, von der Spitze fort, wenn er Depression zeigt, weil in beiden Fällen im engeren Röhrenteil der Krümmungsradius der Flüssigkeitsoberfläche kleiner ist. Auf einer Flüssigkeit schwimmende Körper ziehen sich an, wenn an beiden Attraktion oder Depression stattfindet, stofsen sich aber ab, wenn die Flüssigkeit an der einen attrahiert, an der andern deprimiert wird.

Die Kapillarattraktion oder Depression zeigt sich auch in weiten Gefäfsen an der Gestalt, welche die Flüssigkeit am Rande annimmt, ihre Wirkung erstreckt sich hier aber nicht auf die mittleren Teile der Flüssigkeitsoberfläche.

Die Kapillaritätskonstanten Θ und C können aus den verschiedensten Kapillaritätserscheinungen, namentlich auch aus der Gestalt von Tropfen und Blasen (127) bestimmt werden (Quincke). Die Theorie der Kapillarität wurde zuerst von Laplace (1789) und Poisson (1831) gegeben.

130. Zwei einander berührende Flüssigkeiten mischen sich miteinander, wenn die gegenseitige Anziehung ihrer Molekeln gröfser ist, als die der Molekeln jeder einzelnen Flüssigkeit unter sich (Diffusion). Sind beide Flüssigkeiten durch eine poröse Wand (Blase, poröser Thon) voneinander getrennt, so gehen beide ebenfalls ineinander über, aber nicht im gleichen Mafse. Sind beide Flüssigkeiten Lösungen desselben Stoffes von verschiedener Konzentration, so geht die verdünntere stärker zur konzentrierten über, so dafs die Flüssigkeit auf Seite der letzteren steigt. Diese Erscheinung heifst Osmose (Endosmose und Exosmose). (Nollet 1748, Dutrochet 1826.)

Die Osmose wird dadurch erklärt, dafs der Stoff der Wand verschieden grofse Mengen der beiden sie berührenden Flüssigkeiten in sich aufzunehmen vermag, welche dann durch Diffussion nach der anderen Seite wieder austreten. (Liebig.) Deshalb ist die Natur der Scheidewand nicht gleichgültig, z. B. geht durch tierische

Bläse mehr Wasser zum Alkohol, durch Kautschuk mehr Alkohol zum Wasser. Wird eine Lösung, welche krystallisierende und nicht krystallisierende (Krystallin- und Kolloïd-) Stoffe gemischt enthält, durch Pergamentpapier von reinem Wasser getrennt, so treten in diese nur die Krystallinstoffe über, die anderen bleiben zurück. Hierauf ist ein analytisches Verfahren (die Dialyse von Graham 1861) begründet.

131. Die Erscheinungen der Diffusion und Osmose finden auch bei Gasen statt, und zwar mit grofser Schnelligkeit und Vollkommenheit.

Der Inhalt zweier Flaschen, deren eine ein schweres, die andere ein leichtes Gas (Kohlendioxyd und Wasserstoff) enthält, mischt sich, sobald man beide Flaschen miteinander in Verbindung bringt, auch wenn das schwere Gas unten war. Eine poröse Thonzelle, welche mit Luft gefüllt ist und in Leuchtgas getaucht wird, nimmt begierig von diesem auf, so dafs ein mit dem Innern der Zelle verbundenes Manometer ein schnelles Steigen des Druckes in demselben anzeigt.

132. Eine Wirkung der Molekularanziehung zwischen festen und flüssigen Körpern ist die Auflösung der ersteren. Die Menge des in einer Flüssigkeit auflöslichen festen Stoffes hängt wesentlich von der Temperatur ab und steigt in der Regel mit derselben.

In 100 Gewichtsteilen Wasser lösen sich bei

Kochsalz	Kalisalpeter	Glaubersalz	Kupfervitriol krystallisiert	Zinkvitriol krystallisiert
0^0 35	13		32	115 Gew. Th.
20^0 37	21	53	42	161
100^0 40	247	42	203	654

133. Gasförmige Körper werden sowohl auf der Oberfläche fester Körper durch Molekularanziehung verdichtet, als auch in deren Poren aufgenommen (absorbiert). Flüssigkeiten absorbieren Gase in sehr verschiedenem Grade. (Priestley 1778.)

Die Gewichtsmengen des von einer Flüssigkeit absorbierten Gases stehen im geraden Verhältnis zum Druck, unter dem das Gas steht, und nehmen mit steigender Temperatur ab. (Henry 1803.) Das auf 0^0 (vergl. 168) und 760 mm reduzierte Gasvolumen, welches die Volumeneinheit einer Flüssigkeit beim Druck einer Atmosphäre absorbieren kann, heifst ihr **Absorptionskoëfficient** $= a$ (Bunsen 1855). Die von der Flüssigkeitsmenge m unter dem Druck P absorbierte Gasmenge ist daher $= a \cdot m \cdot P/760$.

Der Absorptionskoëfficient beträgt bei 15⁰ für Wasser und

Sauerstoff .	0,03	Kohlendioxyd . .	0,1
Wasserstoff	0,92	Schwefelwasserstoff	3,2
Stickstoff	. 0,015	Schwefeldioxyd .	43,6
	Ammoniak	727;	

für Alkohol und

Kohlendioxyd . . 3,0 | Schwefeldioxyd . . 14,4

Frisch geglühte Kohle kann das 90 fache ihres Volumens an Ammoniakgas absorbieren. Silber absorbiert beim Erhitzen Sauerstoff aus der Luft, giebt ihn aber beim Erkalten wieder frei. (Spratzen des Silbers.) Palladium absorbiert das 200fache Volumen Wasserstoff, wenn derselbe durch elektrische Vorgänge am Palladium abgeschieden wird (vergl. 335).

E. Bewegung der Flüssigkeiten und Gase.
(Hydrodynamik und Aërodynamik.)

a) Bewegung der Flüssigkeit durch die Schwere.

134. Eine Flüssigkeit fliefst aus einer Öffnung im dünnwandigen Boden eines Gefäfses mit derselben Anfangsgeschwindigkeit c, als ob es die ganze Flüssigkeitshöhe h schon frei durchfallen hätte, $c = \sqrt{2gh}$. Diese Geschwindigkeit ist unabhängig von der Natur der Flüssigkeit (Torricelli 1644).

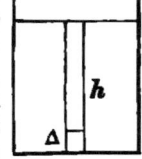

Das unterste Flüssigkeitsteilchen, dessen Masse $= \mu$ und Höhe $= \triangle$ sei, bewegt sich unter dem Druck der ganzen Flüssigkeitssäule $p = \mu (h/\triangle) g$ mit der Beschleunigung $\gamma = gh/\triangle$ und wird erst frei fallen, wenn ein anderes an seine Stelle getreten ist, d. h. wenn es um die eigene Höhe $\triangle$ gefallen ist; alsdann hat es die Geschwindigkeit $v = \sqrt{2\gamma \cdot \triangle} = \sqrt{2gh}$. Ist die Gröfse der Öffnung $= q$, so fliefst in der Zeiteinheit (bei konstant bleibender Druckhöhe, 142 und 143) das Flüssigkeitsvolumen $q \sqrt{2gh}$ aus. Dieser Wert ist etwas zu grofs, weil die Flüssigkeitssäule nicht den Querschnitt q behält, sondern durch die schon im Gefäfse stattfindende Zuströmung von den Seiten her nahe unter der Öffnung sich zusammenzieht (Contractio venae). Für Wasser beträgt die beobachtete Ausflufsmenge nur etwa $2/3$ des berechneten.

Da die Flüssigkeitsteilchen, welche schon eine Strecke durchfallen haben, eine gröfsere Geschwindigkeit haben, als die nachfolgenden, so trennen sie sich von diesen und der Strahl löst sich in Tropfen auf; nur sein Anfang bleibt zusammenhängend.

Aufser der contractio venae zeigt der Strahl in seinem weiteren Laufe in bestimmten Abständen Einschnürungen (Knoten) und Erweiterungen (Bäuche), deren Entstehung Magnus durch Schwingungen, in welche die Gefäfsmündung gerät und die sich dann wellenartig fortpflanzen, erklärt hat. Die Lage derselben verschiebt sich durch äufsere Einflüsse, Töne u. dgl. (Savart), jedoch nur dann, wenn durch diese Einflüsse die Ränder der Ausflufsmündung erschüttert werden.

135. Ansatzröhren, besonders konische, vermehren die Menge der ausfliefsenden Flüssigkeit, weil in ihnen zwischen den schneller voraneilenden und den langsamer folgenden Tropfen leere Räume entstehen, in welche die nachfolgende Flüssigkeit gedrückt wird. Wird der Luft Gelegenheit geboten, in diese leeren Räume einzudringen, so wird sie von der Flüssigkeit mit fortgerissen, und man erhält Apparate, welche sowohl zum Aufsaugen als zum Ausblasen der Luft dienen können.

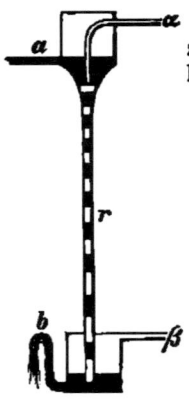

Das Wassertrommelgebläse besteht aus zwei luftdicht geschlossenen, durch ein möglichst langes vertikales Rohr r miteinander verbundenen Blechgefäfsen. In das obere tritt aus einer Wasserleitung durch a Wasser, gleichzeitig durch α Luft, welche, durch das fallende Wasser mit fortgerissen, mit demselben in das untere Gefäfs gelangt, von wo das Wasser durch b abläuft, die Luft durch β. Das Gebläse saugt also Luft durch α und bläst durch β. Ähnlich wirkt die ganz aus Glas hergestellte Wasserluftpumpe von Bunsen. (1868.) Die Quecksilberluftpumpe von Sprengel (1865) ist ein vertikales Glasrohr, das oben einen Trichter trägt, unten unter Quecksilber taucht. Füllt man den Trichter mit Quecksilber, so fällt dieses durch das Rohr, ebenfalls leere Räume bildend. Kurz unter der Trichteröffnung mündet ein von einem Recipienten herkommendes Seitenrohr in das vertikale Rohr. Die leeren Räume nehmen daher die vom Recipienten herkommende Luft in sich auf und entleeren denselben. Die Wasserluftpumpe wird besonders zum Filtrieren unter erhöhtem Drucke, die Sprengel'sche Quecksilberluftpumpe zum Evakuieren kleiner Räume (wie andere Quecksilberluftpumpen 118) gebraucht.

136. Eine Flüssigkeit, welche durch eine in der oberen Grenzfläche oder in einer Seitenwand eines Gefäßes angebrachte Öffnung vermöge eines hydrostatischen Druckes von der Höhe h ausfließt, hat ebenfalls die Anfangsgeschwindigkeit $c = \sqrt{2gh}$, als hätten alle Teilchen die Höhe h frei durchfallen, dann folgt sie den Gesetzen des Wurfes.

Der **Springbrunnen** ist ein solcher, nach oben ausfließender Strahl. Seine Steighöhe sollte gleich der Druckhöhe sein, von welcher das Wasser herabkommt; der Luftwiderstand und das zurückfallende Wasser lassen diese Höhe nicht zu stande kommen.

Ebenso ist der **artesische Brunnen** ein nach oben ausfließender Strahl. Unter der Oberfläche der Erde können sich Wasserschichten befinden, welche mit höherliegenden Wassermassen kommunizieren, aber die Oberflächenschicht nicht zu durchbrechen vermögen. Wird dieselbe angebohrt, so fließt das Wasser unter dem Druck des höher stehenden nach oben aus.

Seitlich, horizontal oder schief ausfließende Flüssigkeitsstrahlen haben eine parabolische Gestalt. Aus der Parabel, welche ein horizontal ausfließender Strahl beschreibt, kann mit Hilfe der Gesetze für den horizontalen Wurf (61) die Ausflußgeschwindigkeit berechnet und dadurch das Torricelli'sche Gesetz bestätigt werden.

Zwei Strahlen, deren einer ebensoweit über der Unterfläche, wie der andere unter der Flüssigkeitsoberfläche ausfließt, treffen in der Ebene der Unterfläche zusammen, denn für jeden derselben ist $y^2 = 2c^2 x/g$, worin $c^2 = 2gs$ ist. Für den oberen Strahl ist $s = a$, $x = h - a$; für den unteren $s = h - a$, $x = a$, also erhält y^2 beidemal denselben Wert.

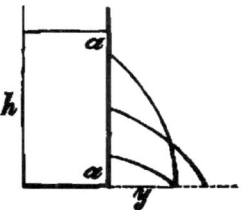

137. Eine durch eine Röhre strömende Flüssigkeit übt auf die Röhrenwände nicht den Druck aus, den sie im ruhenden Zustande ausüben würde; derselbe ist vielmehr vermindert um die Druckhöhe, welche die an der betreffenden Stelle der Röhre vorhandene Geschwindigkeit erzeugen würde. (D. Bernoulli 1738.)

Hat also an einer Stelle der Röhre die Flüssigkeit gerade die Geschwindigkeit, welche sie vermöge ihres ganzen hydrostatischen Druckes erhalten würde, so drückt sie gar nicht auf die Röhrenwände; hat sie, wie in Ansatzröhren häufig, eine gröfsere Geschwindigkeit, so wird der Wanddruck sogar negativ, wie ein in die Wand eingefügtes Manometer zeigt. Strömende Flüssigkeiten können also saugend wirken (vgl. 135).

138. Die der Ausflufsöffnung in der Seitenwand eines Gefäfses gegenüberliegende Wand wird von der Flüssigkeit um eine dem Querschnitt der Öffnung proportionale Gröfse stärker gedrückt, als die Wand, welche die Öffnung enthält (Reaktion).

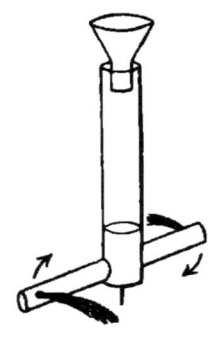

Ist daher das Ausflufsgefäfs beweglich, so folgt es diesem der Ausflufsrichtung entgegengesetzten Drucke (der Reaktion). Bringt man in einer horizontalen, übrigens geschlossenen Ansatzröhre eines um eine vertikale Achse drehbaren Gefäfses eine seitliche Öffnung an, so dreht sich dasselbe durch die Reaktion. (Reaktionsmaschine, Segner'sches Wasserrad 1650.) Die Turbinen sind horizontale, ebenfalls durch Reaktion getriebene Wasserräder; das Wasser fliefst von grofser Druckhöhe ein und strömt zwischen gekrümmten Schaufeln seitlich aus. (Fourneyrond 1834.)

139. Vertikale Wasserräder sind unter- oder oberschlächtig. Die unterschlächtigen Räder sind auf ihrer Peripherie mit Schaufeln besetzt, welche in der Richtung des verlängerten Radius stehen und durch eine fliefsende Wassermasse, in welche der untere Teil des Rades taucht, mit fortgeführt werden. Sie werden in grofsen, schnell, aber ohne bedeutendes Gefälle fliefsenden Wassermassen angewandt. Die oberschlächtigen Räder tragen an ihrem Umfang Zellen, in welche Wasser einströmt; sie werden bei grofsem Gefälle angewandt. Die gefüllten Zellen drehen das Rad durch ihre Schwerkraft.

Umgekehrt kann ein, durch eine äufsere Kraft gedrehtes, oberschlächtiges Rad zum Wasserschöpfen gebraucht werden (Baggermaschine), ein unterschlächtiges zur Fortbewegung des Körpers, an dem seine Achse befestigt ist. (Schaufelrad der Dampfschiffe.)

140. Eine Wassermasse, welche über die Windungen einer **drehbaren Schraube** hin strömt, dreht dieselbe durch die Komponente, mit welcher sie senkrecht gegen die schiefe Fläche der Windungen drückt. (**Schraubenturbine.**)

Umgekehrt kann eine, durch eine äufsere Kraft gedrehte Schraube zum Wasserschöpfen (**Archimedische Schraube**) oder zur Fortbewegung des Körpers, an welchem ihre Achse befestigt ist, gebraucht werden. (**Schiffsschraube.**)

141. Im **hydraulischen Widder** (Stofsheber) wird ein Teil des Wassers durch die lebendige Kraft, die das gesamte Wasser im Fliefsen hat, zu einer gröfseren Höhe gehoben, als die ist, von welcher es herabgefallen ist. (Mongolfier 1797.)

Das fliefsende Wasser öffnet das Ventil b und steigt im Rohre des Windkessels (144) bis zu der seiner Fallhöhe gleichen Höhe; ist es dadurch zur Ruhe gekommen, so öffnet sich das Ventil a durch sein Gewicht, die Wassermasse setzt sich wieder in Bewegung, schliefst dadurch a, stöfst b auf, treibt das Wasser im Steigrohr höher u. s. f.

b) Einwirkung des Luftdrucks.

142. Fliefst eine Flüssigkeit aus einer **engen Bodenöffnung** eines luftdicht geschlossenen Gefäfses aus, so hört der Ausflufs auf, wenn der Druck der eingeschlossenen

Luft samt dem der noch vorhandenen Flüssigkeit gleich ist dem Druck der äufseren Atmosphäre.

Ist in einem Gefäfse über einer Flüssigkeit ein Luftvolumen v von einem Atmosphärendruck abgesperrt, der eine Säule dieser Flüssigkeit von der Höhe h zu tragen vermag, und macht man in die Bodenwand eine Öffnung von solcher Kleinheit, dafs Flüssigkeit und Luft aneinander nicht vorbeigehen können, so fliefst nur so lange Flüssigkeit aus, bis das neue Luftvolumen v^1 und die Flüssigkeitshöhe h^1 im Gefäfse das Verhältnis ergeben: $v^1 : v = h : (h — h^1)$. (114.)

Der Stechheber oder die Pipette dient zum Aufsaugen von Flüssigkeiten, die man dann nach Belieben wieder ausfliefsen lassen kann, wenn man die obere, mit dem Finger geschlossene Mündung öffnet.

Beim intermittierenden Brunnen fliefst Wasser aus mehreren engen Bodenöffnungen eines geschlossenen Gefäfses, in welches von unten her ein Rohr führt, dessen obere Öffnung über dem Wasserspiegel im Gefäfs steht, während das abfliefsende Wasser sich um die untere Rohröffnung sammelt. Sperrt das Wasser die untere Öffnung des Rohres, so hört der Wasserabflufs nach dem oben ausgesprochenen Grundsatze auf. Fliefst das Wasser ab, so dafs wieder Luft durch das Rohr in das Gefäfs treten kann, so beginnt der Ausflufs aus den engen Öffnungen wieder.

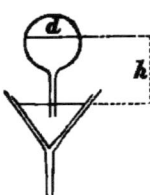

Die Waschflasche und die Ölgefäfse der Lampen mit konstantem Zuflusse sind Gefäfse mit einem Ausflufsrohr, welches durch die abfliefsende Flüssigkeit gesperrt wird. Der Ausflufs hört dann auf, sobald der Druck d der im Gefäfs enthaltenen Luft samt dem Druck der Flüssigkeitssäule h gleich dem Atmosphärendruck ist. Fliefst die sperrende Flüssigkeit langsam ab, so wird die Öffnung wieder freigegeben und das Fliefsen beginnt wieder. Man kann daher durch solche Vorrichtungen eine innerhalb enger Grenzen konstante Flüssigkeitshöhe herstellen.

143. Kann die Luft von aufsen durch ein in die Flüssigkeit tauchendes Rohr in den abgesperrten Luftraum gelangen, so fliefst die Flüssigkeit unter konstantem Drucke aus (Mariotte'sche Flasche 1686).

Dieselbe ist ein Gefäfs mit Seitenabflufs, durch dessen oberen Verschlufs ein Rohr in die Flüssigkeit führt. Beginnt der Abflufs, so treten Luftblasen durch das Rohr ein; in der Höhe der Rohröffnung a ist deshalb immer Atmosphärendruck, und der Ausflufs findet nur statt unter der Druckhöhe ab. Je tiefer das Rohr in die Flüssigkeit hinabgeschoben wird, desto langsamer fliefst dieselbe aus. Erreicht die Röhrenmündung das Niveau b, so hört der Ausflufs ganz auf.

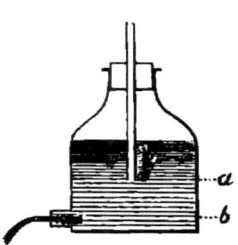

144. Der Heronsball ist ein luftdicht schliefsendes Gefäfs, das zum Teil mit Flüssigkeit, zum Teil mit Luft gefüllt ist, und in welches ein Rohr luftdicht eingeführt ist, das bis unter die Flüssigkeitsoberfläche reicht. Wird der Druck der eingeschlossenen Luft durch irgend ein Mittel gröfser gemacht, als der der umgebenden Atmosphäre (Einblasen von Luft durch das Rohr oder Verdünnen der umgebenden Luft), so spritzt die Flüssigkeit aus dem Rohre. (Heron 150 v. Chr.)

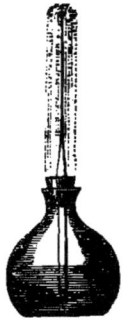

Der Heronsbrunnen besteht aus zwei übereinander stehenden, luftdichten Gefäfsen. Die Luft im unteren wird durch den Druck einer Flüssigkeitssäule verdichtet; sie steht durch ein Rohr in Verbindung mit der Luft des oberen Gefäfses (des Heronsballes), das Wasser spritzt deshalb aus diesem, wird gesammelt und wieder in das Druckrohr geleitet, so dafs schliefslich alles Wasser aus dem oberen in das untere Gefäfs gelangt. Angewandt als Zimmerspringbrunnen.

Die Spritzflasche ist ein Heronsball, in welchem die Luft durch Einblasen von Luft, entweder durch das Spritzrohr selbst oder durch ein Nebenrohr, komprimiert wird.

Der Windkessel ist ein Heronsball, in welchen Flüssigkeit geprefst wird. Die Luft wird dadurch zusammengedrückt und bewirkt durch ihre Elasticität, dafs das Ausspritzen von Flüssigkeit ziemlich gleichmäfsig geschieht, wenn auch das Einpressen derselben stofsweise erfolgt.

145. Wird ein gebogenes, mit Flüssigkeit gefülltes Rohr

oder ein Schlauch mit dem einen Ende in ein dieselbe Flüssigkeit enthaltendes Gefäſs getaucht und andrerseits auſserhalb der Flüssigkeit an tiefer liegender Stelle geöffnet, so flieſst die

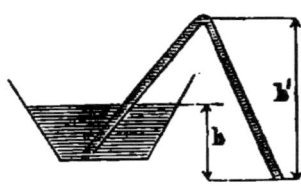

Flüssigkeit aus mit einem Druck, welcher der Höhe h der Flüssigkeitssäule von der Öffnung bis zur Oberfläche der Flüssigkeit im Gefäſse entspricht. Ein solches Rohr heiſst ein Heber (schon vor Heron 150 v. Chr. bekannt). Tauch die untere Öffnung ebenfalls in Flüssigkeit, so ist die Druckhöhe gleich dem Höhenunterschied beider Flüssigkeitsspiegel; ist dieser ausgeglichen, so hört das Flieſsen auf. Die Trennung der Flüssigkeit in dem Heber wird durch den Luftdruck verhindert, wenn derselbe die Flüssigkeitssäule h' zu tragen vermag.

Unter der Glocke der Luftpumpe hört ein mit Quecksilber gefüllter Heber zu flieſsen auf, wenn der Luftdruck so weit verringert ist, daſs der obere Teil des Hebers nicht mehr mit Quecksilber gefüllt bleibt.

146. Das gewöhnlichste Mittel, eine Flüssigkeit in Bewegung zu setzen, bieten die Pumpen. Wird in einer Röhre ein genau anliegender Kolben in die Höhe gezogen, so wird das Volumen der in derselben enthaltenen Luft vergröſsert, also ihr Druck vermindert. Taucht die Röhre in eine Flüssigkeit, so steigt soviel von derselben nach, daſs der Druck der Flüssigkeit samt dem der eingeschlossenen Luft gleich dem der Atmosphäre ist. Berührt der Kolben unmittelbar eine Wasseroberfläche, so folgt das Wasser demselben, steigt aber nur bis zur Höhe $13,6 \cdot h$, wenn h der Barometerstand ist. Darüber hinaus entsteht ein Torricelli'sches Vakuum. Eine andere Flüssigkeit vom specifischen Gewicht s kann bis zur Höhe $13,6 \, h/s$ gehoben werden. Wird die gehobene Flüssigkeit oberhalb des Kolbens zum Ausfluſs gebracht, so heiſst die Pumpe eine Saugpumpe; wird sie unterhalb des Kolbens aus dem Pumpencylinder herausgedrückt, eine Saug- und Druckpumpe.

In der Saugpumpe ist der Kolben bei a durchbohrt und

Einwirkung des Luftdruckes.

mit einem Ventil versehen, das sich nach oben öffnet. Beim Hinabdrücken des Kolbens schliefst sich das im Boden befindliche, ebenfalls sich nach oben öffnende Ventil b und das Wasser geht durch den Kolben hindurch. Beim folgenden Hube öffnet sich b, a schliefst sich, das über dem Kolben befindliche Wasser wird weiter gehoben und fliefst durch ein Seitenrohr ab.

In der Saug- und Druckpumpe ist der Kolben nicht durchbohrt; das Wasser bleibt daher immer unter demselben und wird durch ein mit dem Ventil a versehenes Druckrohr ausgestofsen. Diese Pumpe wird bei der hydraulischen Presse (102) und als Spritze angewandt. Zur Herstellung eines kontinuierlichen Strahles, wie ihn die Feuerspritze braucht, läfst man zwei Pumpen abwechselnd wirken; dieselben werden durch einen gemeinschaftlichen Hebel so bewegt, dafs die eine jedesmal saugt, während die andere drückt. Beide Pumpen drücken ihr Wasser in einen und denselben Windkessel (144), aus welchem der Strahl vermöge der Elasticität der Luft kontinuierlich ausströmt. (Ktesibius, 150 v. Chr.)

147. Cylinder und Kolben einer Saug- und Druckpumpe können durch einen Kautschukbehälter ersetzt werden, wenn es sich um Bewegung kleinerer Wassermassen handelt.

Beim Zusammendrücken des Kautschukcylinders oder der Kautschukkugel tritt durch das Ventil b Luft aus, beim Loslassen öffnet sich a und es tritt Wasser in den luftverdünnten Raum, das dann bei wiederholtem Zusammendrücken durch b ausspritzt. Solche Pumpe kann auch als Luftpumpe benutzt werden. Statt des Windkessels kann auch ein Kautschukball angewandt werden.

148. Die Centrifugalpumpe hebt eine Flüssigkeit ohne Anwendung von Ventilen.

In einem horizontal liegenden Cylinder wird ein Schaufelrad schnell um die Cylinderachse gedreht; dadurch wird (vgl. 152)

84 Bewegung der Flüssigkeiten und Gase.

ein luftverdünnter Raum erzeugt und deshalb Wasser in einem Saugrohre gehoben. Das Wasser tritt in den centralen Teil des Schaufelrades, nähert sich durch die Drehung immer mehr dem Umfang und wird infolge der Centrifugalkraft durch ein Steigrohr hinausgeschleudert.

c) Bewegung der Gase.

149. Das Gesetz für das Ausströmen einer Flüssigkeit (134) gilt auch für das Ausströmen eines Gases. Unter h ist dann diejenige Höhe zu verstehen, welche das Gas bei überall gleicher Dichtigkeit haben müfste, damit sein Gewicht gleich dem einer Quecksilbersäule von gleicher Grundfläche und der Höhe $b—b_1$ wird, wo b den Barometerstand innerhalb, b_1 den aufserhalb der Ausflufsöffnung bezeichnet. Die Gase, mit denen experimentiert werden soll, werden in Gasometern aufbewahrt.

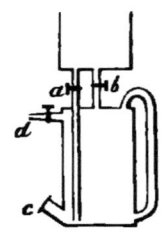

Das Gasometer der Laboratorien besteht aus einem luftdicht geschlossenen Gefäfse, das mit einem offenen durch die Röhren a und b verbunden ist. Man füllt das untere Gefäfs mit Wasser, schliefst die beiden Hähne a und b und läfst das Gas durch c einströmen. Zum Gebrauche läfst man das Gas durch b oder d ausströmen, während c geschlossen bleibt und durch a Wasser nachströmt.

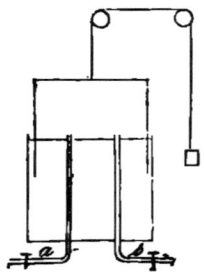

Das Gasometer der Gasfabriken besteht aus einem cylindrischen, mit Wasser gefüllten Gefäfse, in welchem ein zweiter, oben geschlossener Cylinder hängt. Das Gas tritt durch a ein und hebt den Cylinder, der dann, wenn a geschlossen und b geöffnet ist, durch sein Gewicht das Gas bei b austreibt.

150. Das Volumen des in einer gewissen Zeit durch eine Gasleitung gehenden Gases wird durch die Gasuhr von Watt gemessen.

Sie besteht aus einem Cylinder, der durch vier gekrümmte

Wände in Fächer geteilt ist, sich in einem anderen Cylinder um eine horizontale Achse dreht, und dessen Fächer mit dem äufseren Cylinder nur durch die Öffnungen a kommunizieren. Der Apparat wird bis zur Hälfte mit Wasser gefüllt. Das Gas strömt durch das Centrum ein und hebt ein Fach nach dem anderen aus dem Wasser, wobei es das Wasser auf der Seite, auf welcher sich die Fächer heben, hinabdrückt, auf der entgegengesetzten hebt. Das dem ausgehobenen Fache gegenüberliegende entleert sich, und das Gas strömt bei b ab. Sind vier Fächer nacheinander entleert worden, so hat die Trommel eine Umdrehung gemacht. Die Zahl dieser Umdrehungen wird durch ein Uhrwerk angezeigt.

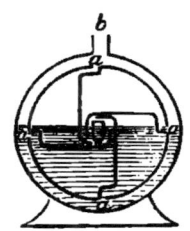

151. Starke Luftströme werden durch Gebläse erzeugt; bei Blasebälgen wird durch das Heben und Senken des einen Deckels ein Ventil im anderen geöffnet und so Luft eingelassen, welche beim Zusammendrücken der Deckel durch ein Abflufsrohr austritt. Um einen stetigen Luftstrom zu erhalten, müssen mehrere abwechselnd wirkende Blasebälge mit einander verbunden werden, oder ein Balg mufs einen anderen füllen, aus dem die Luft durch den Druck einer Belastung ausströmt.

152. Eine Schraube kann durch einen Luftstrom ebenso bewegt werden, wie durch einen Wasserstrom. Das geschieht bei der Windmühle, deren Flügel durch windschiefe Flächen gebildet werden, auf welche der Wind in der Richtung der Drehachse wirkt. Ebenso kann ein Luftstrom wie ein Wasserstrom ein Schaufelrad drehen.

Umgekehrt wird eine nach Art der Schiffsschraube gekrümmte Fläche, welche um ihre Achse rotiert, sich in der Luft fortbewegen (Luftkreisel), und ein Schaufelrad, das um seine Achse gedreht wird, einen Luftstrom erzeugen (Centrifugalgebläse, Ventilator, Hales 1758).

153. Wird über die obere Öffnung eines Rohres, dessen untere Öffnung in eine Flüssigkeit taucht, ein kräftiger Luft- oder Dampfstrom hinweggeführt, so wird die Luft im Rohre verdünnt, die Flüssigkeit steigt in die Höhe und wird vom Strome mit fortgerissen.

Der **Injektor** oder die **Dampfstrahlpumpe** (Giffard 1859) führt durch einen Dampfstrahl auf diese Weise dem Kessel der Lokomotive das Speisewasser zu; der **Zerstäuber** hebt durch einen Luftstrom eine Flüssigkeit und verbreitet sie in kleine Tropfen aufgelöst im Raume (z. B. zur Desinfektion desselben).

Dritter Abschnitt.

Von der Wärme (Thermotik).

A. Wärme und Volumen.

a) Temperaturmessung.

154. Dem Unterschied, welcher sich in den Empfindungen der Wärme zeigt, entsprechen Volumenänderungen an den die Empfindung hervorrufenden Körpern. Im allgemeinen nehmen die Körper bei gröfserer Wärme ein gröfseres Volumen an. Man kann daher die Ausdehnung der Körper durch die Wärme zur Bestimmung der Temperatur oder des Wärmegrades benutzen. Ein hierzu bestimmter Apparat heifst ein Thermometer. Da die Gase bei dieser Ausdehnung übereinstimmen (168), so dienen sie als Grundlage der Temperatur-Bestimmung. Jedoch benutzt man gewöhnlich Flüssigkeiten, welche sich regelmäfsig ausdehnen, d. h. deren Ausdehnung proportional derjenigen der Gase ist.

Die Unzuverlässigkeit der Empfindung in Beurteilung der Temperatur zeigt sich, wenn man je eine Hand in heifses und kaltes Wasser und dann beide in laues bringt; das letztere erscheint an der einen Hand kalt, an der andern warm.

Die ältesten Apparate, welche nur eine ungefähre Schätzung der Temperaturveränderungen gestatteten (Thermoskope von Galilei 1597, Drebbel 1621 u. A.), wandten als thermometrischen Stoff Luft an, welche in eine Kugel eingeschlossen war und einen Index (Tropfen oder Flüssigkeitssäule) in einer an die Kugel angeschmolzenen Röhre verschob. Wenn man auf die Volumenänderung, welche die Luft durch Veränderung des Luftdruckes erfährt, Rücksicht nimmt, so ist die Luft auch für genaue Temperaturbestimmungen der geeignetste Körper (169). Am gewöhnlichsten bedient man sich flüssiger Körper als thermometrischen Stoffes, z. B. des Alkohols, am besten des Quecksilbers, weil diese Flüssigkeit sich sehr regelmäfsig ausdehnt. Nur für niedere Wärmegrade (Kälte) ist der Alkohol beibehalten, weil das Quecksilber zu bald gefriert.

155. Das Thermometer besteht aus einer Kapillarröhre, an deren eines Ende ein Gefäß (Kugel oder Cylinder) angeblasen ist. Das Gefäß und ein Teil der Röhre sind mit der Flüssigkeit gefüllt, der obere Teil der Röhre ist luftleer und das Ende derselben geschlossen. Man bringt das Gefäß nacheinander in zwei verschiedene Temperaturen, welche man immer wieder herzustellen vermag, und teilt dann den Abstand zwischen den beiden Punkten, an denen das Ende der Flüssigkeitssäule stehen bleibt, in eine bestimmte Anzahl von Graden. Als feste Punkte wandte Fahrenheit (1709; seit 1714 ersetzte er den Alkohol durch Quecksilber) die Kälte einer Mischung von Schnee, Kochsalz und Salmiak (202) und die Wärme des menschlichen Körpers (191) an, und bezeichnete diese Punkte mit 0 und 96. Der Zwischenraum wurde in 96 Teile geteilt. Jetzt nimmt man den Gefrierpunkt und Siedepunkt des Wassers als feste Punkte an (Renaldini 1694, Amontons 1703); den Raum zwischen beiden (Fundamentalabstand) teilte Réaumur (1730) in 80 Teile, Celsius (1742) und Strömer (1750) in 100; Celsius zählte vom Gefrierpunkt bis zum Siedepunkt von 100 bis 0, Strömer von 0 bis 100 (Centigrade oder Centesimalgrade). Unterhalb des Nullpunktes einer jeden Skala wird die Gradteilung fortgesetzt und mit dem Minuszeichen bezeichnet. Bei Fahrenheits Skala steht dann am Gefrierpunkt des Wassers 32°, am Siedepunkt 212°, so daß der Fundamentalabstand = 180° ist. Demnach ist 80° R = 100° C, = 180° F, oder 4° R = 5° C = 9° F. Bei Reduktionen eines Maßes in das andere muß darauf Rücksicht genommen werden, daß die Temperatur des Gefrierpunktes = 0° R = 0° C = 32° F ist; es ist also die Temperatur $t° C = (4/5) t° R = (9/5) t + 32° F$.

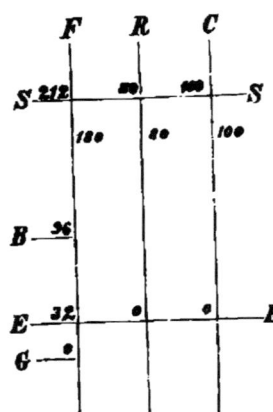

In der Physik ist die Centesimalteilung allgemein gebräuchlich, im gewöhnlichen Leben und noch zuweilen in der Meteorologie bedient man sich der Réaumur'schen. In England wird die Fahrenheit'sche allgemein, auch in der Physik, gebraucht.

Das Thermometerrohr mufs zuerst kalibriert werden. Man verschiebt eine kleine Quecksilbersäule in demselben und überzeugt sich, dafs diese an allen Stellen die gleiche Länge einnimmt. Röhren, bei denen das nicht der Fall ist, werden verworfen. Dann wird das Rohr gereinigt und die Kugel angeblasen. Die Füllung mit Flüssigkeit geschieht (nach dem Vorgange der Academia del Cimento in Florenz 1657—1667) dadurch, dafs man durch Erhitzen die Luft in der Kugel ausdehnt und beim Abkühlen derselben die Flüssigkeit durch den Atmosphärendruck in die Röhre treibt. Nachdem die Flüssigkeit zur völligen Austreibung der Luft im Thermometer ausgekocht ist, wird das Ende der Röhre durch Zuschmelzen geschlossen. Auch an fertigen, mit der Teilung versehenen Thermometern werden durch Kalibrieren die durch die unvollkommene Gleichförmigkeit des Rohres entstehenden Fehler korrigiert. Einige Zeit nach der Anfertigung eines Thermometers steigt dessen Nullpunkt ein wenig (Flaugergues 1822). Dies erklärt sich durch eine Verkleinerung des Gefäfses, welche infolge des äufseren Luftdruckes eintritt.

156. Die ungleiche Ausdehnung der Metalle wird ebenfalls zur Herstellung von Thermometern (Metallthermometern) benutzt. Werden zwei Streifen von verschiedenem Metall ihrer ganzen Länge nach aneinander befestigt und dann erwärmt, so krümmen sie sich so, dafs die Seite, auf welcher das stärker ausdehnbare Metall liegt, konvex wird. Durch einen Zeiger, der durch diese Krümmung verschoben wird, wird die Temperaturveränderung an einer, durch Vergleich mit einem schon vorhandenen Thermometer hergestellten, Skala abgelesen.

Breguets (1817) sehr empfindliche Metallthermometer haben eine aus Platin, Silber und Gold zusammengewalzte Spirale; seine Taschenthermometer einen Kreisbogen von Stahl und Messing, das Vorlesungsthermometer (Beetz 1860) eine Spirale von Platin und Silberblech, durch deren Krümmung eine Achse gedreht wird, von welcher die Zeiger mit mehr oder weniger empfindlicher Übersetzung an zwei grofsen Zifferblättern bewegt werden.

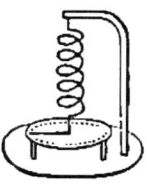

157. Vorrichtungen zur Messung hoher Temperaturen, bei denen die gewöhnlichen Thermometer zerstört werden, nennt man **Pyrometer**.

Musschenbroeks Pyrometer (1731) ist eine Metallstange,

deren Ausdehnung durch eine sehr empfindliche Hebelvorrichtung an einer Teilung beobachtet wird. Auf einem andern Princip beruht **Wedgewoods** Pyrometer (1782), welches der Wärmequelle bequemer ausgesetzt werden kann. Es besteht aus zwei konvergierenden Metallstäben, zwischen

welche ein lufttrockener Thonkörper um so tiefer hineingeschoben werden kann, einer je höheren Temperatur er zuvor ausgesetzt war, weil Thonwaren beim Brennen durch Zusammensintern ein kleineres Volumen annehmen (schwinden).

Das genaueste Pyrometer ist ein Luftthermometer (169), dessen Hülle aus einem schwer schmelzbaren Stoff gefertigt ist.

158. Das **Differentialthermometer** soll nicht die Tem-
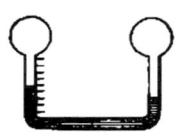
peratur eines Körpers angeben, sondern nur zeigen, welcher von zwei Körpern der wärmere ist.

Es besteht aus kommunizierenden Röhren, die einen Flüssigkeitstropfen (Rumford) oder eine Flüssigkeitssäule (Leslie 1795) enthalten, und in zwei, mit Luft gefüllten, Kugeln endigen. Aus der Bewegung der Flüssigkeit beurteilt man, welche von beiden Kugeln eine Temperaturerhöhung oder Erniedrigung erfahren hat.

159. Das **Maximum- und Minimum-Thermometer** (Thermometrograph) giebt die höchste und die niedrigste Temperatur an, welche während einer gewissen Zeit vorhanden gewesen ist.

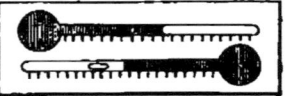

Das Maximum- und Minimumthermometer von Rutherford (1794) besteht aus einem Alkohol- und einem Quecksilberthermometer, beide horizontal liegend; jenes enthält ein Glasstäbchen, dieses ein Stahlstäbchen. Durch die gröfsere Adhäsion der Flüssigkeit zum Glase im ersten und die gröfsere Kohäsion des Quecksilbers im zweiten Fall bleibt in jenem das Glasstäbchen beim Minimum, in diesem der Stahlstab beim Maximum der Temperatur, der das Instrument ausgesetzt war, liegen. Durch Neigen des Apparates werden die Zeiger wieder eingestellt. Das Maximumthermometer kann auch ohne Stahlstäbchen hergestellt werden, wenn man das Thermometerrohr nahe an der Kugel umbiegt und dabei verengt; der Quecksilberfaden reifst beim Sinken des Thermometers an dieser Stelle ab, und sein Ende bleibt am Maximum stehen (Walferdin 1836).

Auch Metallthermometer können zu Maximum- und Minimumangaben gebraucht werden, indem durch die Krümmung der Metallspirale zwei Zeiger nach entgegengesetzten Seiten verschoben werden und auf dem höchsten und niedrigsten Stande stehen bleiben.

b) Ausdehnung fester Körper.

160. Dehnt sich ein Körper, welcher bei der Temperatur 0^0 die Länge l_0 hat, durch Erwärmung um 1^0 um die Länge λ aus, so heifst der Bruch λ/l_0, sein **Ausdehnungskoëfficient** $= k$. Ist die Ausdehnung regelmäfsig, so verwandelt sich die Länge l_0 durch eine Erwärmung um t Grade in $l_0 (1 + kt)$. Ein Körper, welcher bei t^0 die Länge l_t hat, wird deshalb bei 0^0 die Länge $l_0 = l_t/(1 + kt)$ haben. (Reduktion einer Länge auf 0^0.) Ebenso verwandelt sich ein Volumen v_0 bei der Erwärmung um t Grade in $v_0 (1 + Kt)$, wo der Koëfficient der körperlichen Ausdehnung $K = 3k$ ist, und ein Volumen v_t, auf 0^0 reduzirt, wird $v_0 = v_t (1 + Kt)$.

Ein Körper $v_0 = a \cdot b \cdot c$ erhält bei der Erwärmung um 1^0 das Volumen $a (1 + k) \cdot b (1 + k) \cdot c (1 + k) = v_0 (1 + k)^3$, welcher Ausdruck durch Vernachlässigung der höheren Potenzen von $k = v_0 (1 + 3k)$ wird.

Die Dichtigkeit des Körpers bei t^0 ergiebt sich demnach $d_t = d_0/(1 + Kt)$.

161. Die Ausdehnung fester Körper ist innerhalb des Fundamentalabstandes regelmäfsig. Bei höheren Temperaturen nimmt die Ausdehnung zu.

Um die Längenausdehnung, welche ein Stab von der Länge l bei seiner Erwärmung um t^0 erfährt, und dadurch dessen Ausdehnungskoëfficienten k zu finden, stemmt man das eine Ende des in einem Flüssigkeitsbade liegenden Stabes gegen eine feste Stütze A an, während das andere Ende gegen den Endpunkt eines Hebels d drückt. Der Hebel trägt an seiner Drehachse einen Spiegel, in welchem man durch ein Fernrohr f das Bild einer Skala und zwar den Nullpunkt derselben erblickt. Wird das Flüssigkeitsbad erwärmt um t^0, so dehnt sich der Stab um eine Länge $\varDelta$ aus, da-

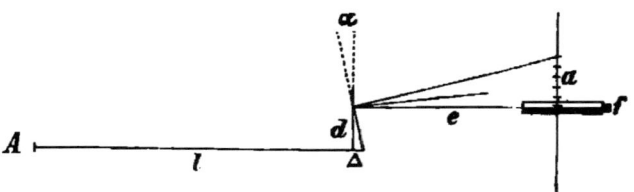

durch dreht sich der Spiegel um einen Winkel α und man sieht durch das Fernrohr nicht mehr den Nullpunkt der Skala, sondern einen um a davon entfernten Teilstrich derselben gespiegelt. Ist e die Entfernung der Skala vom Spiegel, so kann man annähernd (448) $(a/2) : e = \varDelta : d$ setzen. Hieraus ist $\varDelta$ und also auch die Größe $\lambda = \varDelta/t$ bekannt, um welche sich der Stab bei der Erwärmung um 1^0 ausdehnt. (Methode von Lavoisier und Laplace 1780 [mit veränderter Art der Beobachtung].)

Die Koëfficienten k für die Längenausdehnung einiger fester Körper sind:

Glas	0,000009	Silber	0,000019
Platin	0,000009	Zinn .	0,000023
Stahl	0,000012	Aluminium	0,000023
Gold	0,000015	Blei .	0,000029
Kupfer	0,000017	Zink	0,000029
Messing	0,000019		

Eine Stange, welche sich um t^0 abkühlt, übt dadurch diejenige Kraft aus, durch welche dieselbe Stange von der Länge l, dem Querschnitt q und dem Elasticitätsmodul ε um die Länge $\varDelta$ ausgedehnt worden wäre, also die Kraft $p = \varepsilon \varDelta q/l$ (88). Da nun $\varDelta = klt$ ist, so ist $p = \varepsilon q k t$.

162. Die Längenveränderung, welche eine Pendelstange durch Veränderung der Temperatur erleidet, würde die Schwingungsdauer des Pendels verändern. Dies wird durch Kompensationsvorrichtungen vermieden.

Die Quecksilberkompensation wird dadurch bewirkt, daſs die Stange als schweren Körper ein cylindrisches Gefäſs mit Quecksilber trägt. Die Ausdehnung der Stange verlegt den Schwingungspunkt des Pendels nach unten, die des Quecksilbers um ebensoviel nach oben. (Graham 1722.)

Das Rostpendel besteht aus Stäben a von einem wenig ausdehnbaren Metalle, z. B. Stahl, und aus Stäben b von einem stärker ausdehnbaren Metalle, z. B. Zink. Die Verschiebung der Pendellinse nach unten, welche die Ausdehnung der Stangen a bewirkt, wird durch die Verschiebung nach oben, welche die Ausdehnung von b bewirkt, kompensiert. (Harrison 1725.)

Bei Chronometern, die durch eine Federhemmung reguliert werden, befestigt man an dem Umfang derselben tangential Metallbogen, die aus zwei verschiedenen Metallen bestehen und an ihren Enden Gewichte tragen. Ist das Echappement durch die Wärme ausgedehnt und dadurch sein Trägheitsmoment vergröſsert, so nähern sich die Gewichte dem Mittelpunkte dadurch, daſs das äuſsere Metall stärker ausdehnbar ist, und umgekehrt, so daſs die frühere Schwingungsdauer des Echappements wieder hergestellt wird. (Breguet 1819.)

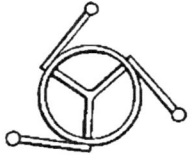

163. Die Volumenveränderung, welche ein in einem festen Körper vorhandener Hohlraum durch Temperaturveränderung erfährt, ist ebenso groſs, als wäre der Hohlraum mit dem Stoff des Körpers gefüllt.

Der innere Raum eines Gefäſses von Glas, dessen Körperausdehnungskoëfficient $= K$ ist, verwandelt sich daher bei der Erwärmung von 0 bis t^0 aus v_0 in $v_0 (1 + Kt)$. Für gewöhnliches weiſses Glas ist $K = 0{,}000026$.

c) Ausdehnung flüssiger Körper.

164. Die Ausdehnung flüssiger Körper, welche in Gefäſse eingeschlossen sind, scheint kleiner, als sie ist, weil auch die Gefäſse ihr Volumen verändern. Um die absolute oder wahre Ausdehnung einer Flüssigkeit (des Quecksilbers) zu finden, wird dasselbe in kommunizierende Röhren gebracht, deren einer Schenkel auf $0°$ abgekühlt, der andere auf $t°$ erwärmt wird. Aus den, mittels des (für diesen Zweck erfundenen) Kathetometers gemessenen Höhen der Quecksilberstände auf beiden Seiten, h_0 und h_t, werden dann die zugehörigen Dichtigkeiten des Quecksilbers, d_0 und d_t, und daraus der Koëfficient der körperlichen Ausdehnung für t Grade, C_t gefunden. (Dulong und Petit 1818.)

Es ist, wenn v_0 und v_t die Volumina einer Quecksilbermasse bei 0 und t Graden sind, $v_t/v_0 = d_0/d_t = h_t/h_0 = 1 + C_t$, also $C_t = (h_t - h_0)/h_0$.

Der Koëfficient der absoluten Ausdehnung des Quecksilbers für $1°$ ist nach Dulong und Petit $C = 0{,}00018$.

165. Die relative oder scheinbare Ausdehnung einer Flüssigkeit wird durch das Gewichtsthermometer (Dilatometer) gemessen.

Ein thermometerartiges Gefäfs, vor dessen Mündung ein Auffanggefäfs angebracht ist, wird bei $0°$ vollständig mit Quecksilber gefüllt. Der Inhalt wiegt P. Wird es bis $t°$ erwärmt, so verwandelt sich sein Volumen v_0 in v_g, das Volumen des Quecksilbers in v_q, dabei fliefst Quecksilber vom Gewicht p ab, so dafs $p/(P-p) = (v_q - v_g)/v_g =$ dem Koëfficienten der scheinbaren Ausdehnung für t Grade ist. Da ferner aus dieser Gleichung folgt $v_q/v_g = P/(P-p)$ und da $v_q = v_0 (1 + C_t)$ und $v_g = v_0 (1 + Kt)$ ist (163 und 164), so ist $P/(P-p) = (1 + C_t)/(1 + Kt)$.

Das Gewichtsthermometer kann daher sowohl zur Bestimmung von K, dem Ausdehnungskoëfficienten des Glases, als von C, dem Ausdehnungskoëfficienten beliebiger Flüssigkeiten, dienen.

Den Einflufs der Ausdehnung des Gefäfses auf die Volumenveränderung einer Flüssigkeit erkennt man daran, dafs dieselbe in einem thermometerartigen Gefäfse im ersten Augenblick sinkt, statt zu steigen, wenn das Thermometer erwärmt wird.

In gewöhnlichem Glase ist der Koëfficient der scheinbaren Ausdehnung des Quecksilbers für $1° = 0{,}000154$.

166. Die meisten Flüssigkeiten dehnen sich nicht so regelmäfsig aus, wie das Quecksilber. Ihr Ausdehnungskoëfficient ist für höhere Temperaturen gröfser, als für niedere. Für diese Flüssigkeiten darf dann der Ausdehnungskoëfficient für $t°$, also

Ausdehnung flüssiger Körper.

C_t, nicht $= Ct$ gesetzt werden. Am unregelmäfsigsten dehnt sich das Wasser aus. Seine gröfste Dichte hat es bei 4°.

Wird diese $= 1$ gesetzt, so sind die Dichten des Wassers ($= \delta$) und die Volumina eines Gramm Wasser ($= v$) bei den Temperaturen

—8°	$\delta = 0{,}99863$	(vergl. 201)	+20	$\delta = 0{,}99827$	$v = 1{,}00173$
0	0,99988	$v = 1{,}00012$	30	0,99578	1,00425
+4	1	1	40	0,99244	1,00770
8	0,99988	1,00012	50	0,98826	1,01197
10	0,99974	1,00026	100	0,95866	1,04325

Wird Wasser in einem Gefäfse stark abgekühlt, so erkalten die unteren Schichten am stärksten, aber nur bis 4°; haben alle die Temperatur 4°, so erkalten die oberen Schichten zunächst weiter, dann erst folgen die unteren. Eis schwimmt auf Wasser, weil dies dichter ist als Eis. Ebenso schwimmen festes Eisen und Wismut auf den geschmolzenen Metallen. Wasser von 4°, welches abgekühlt und zum Gefrieren gebracht wird, dehnt sich so aus, dafs es auch die festesten Gefäfse sprengt. (Aggiunti, Accademia del Cimento.)

Der Ausdehnungskoëfficient ist

von	bei 0°	beim Siedepunkt
Äthylalkohol	0,00105	0,00120
Methylalkohol	0,00118	0,00133
Chloroform	0,00111	0,00132
Äther	0,00151	0,00165
Schwefelkohlenstoff	0,00114	0,00125

167. Die specifischen Gewichtsbestimmungen müssen auf die Normaltemperatur 4° reduziert werden (12).

Wiegt der Körper in der Luft p, das von ihm verdrängte Wasser w, und das gleiche Luftvolumen l, so sind die wahren Gewichte des Körpers und des Wassers $p + l$ und $w + l$, wenn das Wasser 4° hatte. Ist die Temperatur des Wassers eine andere, und seine Dichtigkeit nicht 1, sondern δ (166), so wäre bei 4° das Gewicht desselben Volumens $(w + l)/\delta$, also das specifische Gewicht des Körpers $s = \delta (p + l)/(w + l)$. Die verdrängte Luft wiegt $l = \lambda (w + l)/\delta$ (13); wird der hieraus folgende Wert von l in den Ausdruck für s eingesetzt, so hat man $s = (\delta - \lambda) p/w + \lambda$. Die Gewichtsveränderung der Gewichte (124) ist hierbei vernachlässigt.

Soll das specifische Gewicht einer Flüssigkeit bestimmt werden, so bedeutet w das im Pyknometer (13) enthaltene oder das vom festen Körper p (104) verdrängte Wasser.

d) Ausdehnung gasförmiger Körper.

168. Die Ausdehnung gasförmiger Körper dient als Grundlage aller Temperaturmessungen. Alle Gase haben (nahezu) denselben Ausdehnungskoëfficienten $\alpha = 0{,}00366 = 1/273$; derselbe ist vom Drucke unabhängig. (Charles, Gay-Lussac 1802.) Dieses Gesetz, mit dem Mariotte'schen (114) verbunden, sagt aus, daſs, wenn eine Gasmenge bei 0^0 unter einem Drucke p_0 das Volumen v_0 und bei t^0 unter einem Drucke p das Volumen v hat, $pv = p_0 v_0 (1 + \alpha t)$ ist. (**Gay-Lussac-Mariotte'sches Gesetz.**) Es verhalten sich demnach: bei gleichbleibender Temperatur die Volumina umgekehrt wie die Drucke, bei gleichbleibendem Druck die Volumenzunahmen wie die Temperaturzunahmen, bei gleichbleibendem Volumen die Druckzunahmen wie die Temperaturzunahmen (vergl. 195).

Eine Gasmasse, welche unter dem normalen Druck p_0 und bei der Temperatur 0^0 das Volumen v_0 hat, wird unter dem Drucke p und bei der Temperatur t das Volumen $v = v_0 (1 + \alpha t) p_0/p$ einnehmen. Soll also ein unter dem Drucke p und der Temperatur t gemessenes Gasvolumen v auf den normalen Barometerstand $p_0 = 760$ mm und auf die normale Temperatur 0^0 reduziert werden, so erhält man $v_0 = vp/760 (1 + \alpha t)$ oder annähernd $vp (1 - \alpha t)/760$. Die Messung geschieht gewöhnlich in graduierten Röhren, indem man das Gas über einer Flüssigkeit aufgefangen hat. Steht von dieser Flüssigkeit, deren specifisches Gewicht s sei, noch eine Höhe h im Rohre über dem Spiegel der sperrenden Flüssigkeit, so ist p gleich dem Barometerstande b minus dem Drucke der Flüssigkeitssäule in Quecksilberdruck ausgedrückt, also $= b - hs/13{,}6$ (97 und 207).

Befindet sich das Gas in einem Gefäſse, dessen Körperausdehnungskoëfficient $= K$ ist, so hat sich das bei 0^0 gemessene Volumen v_0 des Gefäſses in $v^0 (1 + Kt)$ verwandelt, was bei der Reduktion von bedeutend erhöhten Temperaturen auf 0^0 zu berücksichtigen ist.

169. Der Ausdehnungskoëfficient der Gase, α, wird durch das **Luftthermometer** gemessen. (Regnault, Magnus 1842.)

Das zu erwärmende Gas befindet sich in einem Glasgefäfse v, an welches ein Kapillarrohr b angeschmolzen ist. Das Gas wird durch Quecksilber abgesperrt und sein Druck durch eine Quecksilbersäule im Druckrohr a gemessen, welches mit dem Rohre b entweder fest (Regnault), oder durch ein Fortin'sches Gefäfs (111) (Rudberg, Magnus), oder durch einen Kautschukschlauch (Jolly) verbunden ist. Bringt man v in schmelzendes Eis und bringt (durch Zugiefsen oder Ablassen von Quecksilber, durch Heben oder Senken des Kautschuksackes oder des ganzen Druckrohres mit dem Kautschukschlauch) das Quecksilber auf eine bestimmte Marke im Kapillarrohr, so ist dadurch das Gasvolumen v_0 abgegrenzt. Es steht unter dem Druck p_0 gleich dem Druck der Atmosphäre plus dem Überdruck im Druckrohre. Wird jetzt das Gefäfs v erwärmt, so will sich das Gas ausdehnen; dies wird durch Vergröfserung des Druckes

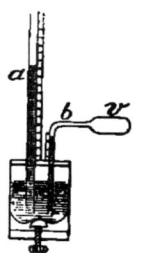

a verhindert, so dafs auch bei der höheren Temperatur t das Quecksilber im Kapillarrohr den alten Stand einnimmt. Das Gasvolumen ändert sich also nur durch die Ausdehnung des Gefäfses v_0 in $v_0 (1 + Kt)$, während der Druck sich in demselben Verhältnis von p_0 auf p erhöht hat, in welchem sich das Gas ausdehnen wollte. Es ist also

$$v_0 : \frac{v_0 (1 + Kt)}{1 + \alpha t} = p : p_0.$$

Das in b enthaltene Gasvolumen ist nicht mit erwärmt worden. Nimmt man seine Temperatur als unverändert an, so ist

$$(v_0 + b) : \left[\frac{v_0 (1 + Kt)}{1 + \alpha t} + b\right] = p : p_0.$$

Aus diesem Ausdruck kann, wenn t bekannt ist, α, und wenn α bekannt ist, t gefunden werden.

Die Angaben des Luftthermometers sind denen aller anderen Thermometer vorzuziehen und werden zur Korrektion der Quecksilberthermometer benutzt.

170. Wird die Temperatur, welche sich aus der Gleichung $p = p_0 (1 + \alpha t) = 0$ ergiebt, nämlich $t = -273°$ als Nullpunkt der Temperaturbestimmung genommen (absoluter Nullpunkt), so wird die Temperatur $T = 273 + t$ absolute Temperatur genannt. Der Druck, den ein Gas ausübt, ist der absoluten Temperatur proportional, $p = p_0 \alpha T$.

Übrigens verhalten sich die Gase bei sehr niedriger Temperatur ähnlich wie es in 205 für Dämpfe angegeben ist (vgl. 211).

e) Bestimmung der Dichte gasförmiger Stoffe.

171. Das Gewicht eines Kubikcentimeters Luft bei 0^0 und 760 mm ist $\lambda = 0{,}00129$ gr; das Gewicht von v Kubikcentimetern Luft bei t^0 und h mm Druck ist daher $l = 0{,}00129 \; v \; h/760 \; (1 + \alpha \; t)$.

Man findet das Gewicht der Luft, wenn man einen Glasballon, der durch einen gleich grofsen an der Wage ins Gleichgewicht gesetzt ist, wägt, nachdem er erst mit Luft von 0^0 und dem Drucke b, dann mit Luft von 0^0 und dem Drucke b' gefüllt ist. Ist der Gewichtsunterschied $= P$, so ist das Gewicht der im Ballon beim Druck 760 mm enthaltenen Luft $= P \cdot 760/(b - b')$. (Regnault 1845).

172. Die Dichte eines Gases ist die Zahl, die angiebt, wievielmal schwerer das Gas ist als ein gleiches Volumen Luft von gleichem Druck und gleicher Temperatur (13).

Das Gewicht des Gases, welches denselben Ballon füllt, wird entsprechend $= P_{\prime} \cdot 760/(h - h')$ gefunden, also seine Dichte
$$d = P_{\prime} (b - b')/P (h - h').$$

173. Um die Dichte eines Dampfes zu finden, mufs man sein Gewicht m und das Gewicht l der Luft, welche das gleiche Volumen v, gleichen Druck h und gleiche Temperatur T hat, kennen. Dann ist
$$d = m/l = 760 \; m \; (1 + \alpha \; T)/\lambda \; v \; h.$$

Zur Auffindung von m, T, v und h dienen verschiedene Methoden:

Methode von Dumas (1826) besonders für schwerflüchtige flüssige und feste Körper anwendbar: Eine Glaskugel, an welche ein enges, spitz ausgezogenes Glasrohr angeblasen ist, wird mit trockener Luft gefüllt gewogen. Dieses Gewicht sei p_l. Dann wird etwas von dem zu untersuchenden Stoff in dieselbe gebracht; mit diesem wird sie in einem Wasser-, Öl- oder Metallbade bis T^0 erhitzt und in dieser Temperatur gehalten, bis kein Dampf mehr ausströmt; dann wird die Spitze mit dem Lötrohr zugeschmolzen, die Kugel abgekühlt und wieder gewogen, ihr Gewicht ist p_d. End-

Bestimmung der Dichte gasförmiger Stoffe.

lich wird die Spitze unter Wasser abgebrochen. Durch den Atmosphärendruck füllt sich die Kugel mit Wasser und wiegt (mit der abgebrochenen Spitze) nun p_w. Ist K der Körperausdehnungskoëfficient des Glases, und v_0 das Volumen der Kugel bei 0^0, so ist

$$p_d = p_l - v_0 (1 + Kt) \mu + m \text{ und}$$
$$p_w = p_l - v_0 (1 + Kt) \mu + v_0 (1 + Kt) \delta$$

wo μ das Gewicht eines Kubikcentimeters Luft beim Druck h und bei t^0, und δ die Dichte des Wassers bei t^0 bedeutet (171 und 166). Ferner ist noch $v = v_0 (1 + KT)$. Aus diesen drei Gleichungen ist m, T und v zu finden.

Methode von Gay-Lussac, vereinfacht von Hofmann (1868), für leichtflüchtige Flüssigkeiten. Ein weites graduiertes Barometerrohr wird mit Quecksilber gefüllt und wie ein Gefäfsbarometer in einem Gefäfs mit Quecksilber aufgerichtet. Die Flüssigkeit wird in einem kleinen Stöpselgläschen abgewogen, sie wiege m. Dieses Gläschen wird in das Vakuum des Barometers gebracht; es öffnet sich und die Flüssigkeit verdampft, der Dampf wiegt auch m. Die Barometerröhre ist von einem gläsernen Mantelrohr umgeben, durch welches man Dämpfe von siedendem Wasser oder Anilin leitet; der Dampf nimmt die Temperatur derselben, T, an, das Quecksilber sinkt und bleibt in einer Höhe h, über dem unteren Niveau stehen. Ist der Barometerstand b, die Spannkraft der Quecksilberdämpfe bei der Temperatur $T = e$, so ist $h = b - h_l - e$; das Volumen v wird an der Teilung des Rohres abgelesen.

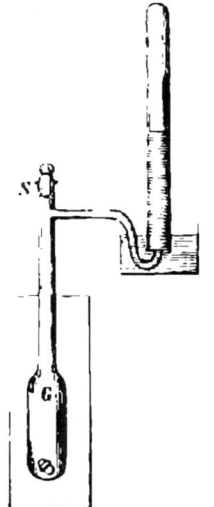

Verdrängungs-Methode von C. und V. Meyer (1879). In einem Bade (Wasser- oder Anilindampf) wird das Luft enthaltende Gefäfs G auf eine Temperatur gebracht, welche höher ist als die Siedetemperatur der Flüssigkeit. Geht keine Luft mehr aus dem Seitenrohre ab, so öffnet man den Stöpsel S, wirft die in einem Fläschchen eingeschlossene Flüssigkeit von der Masse m in das Gefäfs, schliefst den Stöpsel gleich wieder und schiebt das Auffangrohr, mit Wasser gefüllt, über das Seitenrohr. Die sich entwickelnden Dämpfe verdrängen ein gleiches Luftvolumen, das im Auffangrohr gemessen wird. T ist die Temperatur der Luft, h der Druck, unter dem sich das aufgefangene Luftvolumen befindet.

Einige Dampfdichten sind:

Ammoniak	0,59	Benzol	2,75
Wasser	0,62	Chloroform	4,20
Alkohol	1,61	Terpentinöl	4,76
Cyan	1,80	Brom	5,54
Schwefeldioxyd	2,23	Quecksilber	6,98
Äther	2,59	Jod	8,71

(vergl. 13).

174. Alle Dämpfe und Gase verbinden sich miteinander in sehr einfachen Volumenverhältnissen; das Volumen der gasförmigen Verbindung steht zur Summe jener Volumina wieder in sehr einfachem Verhältnis. Man kann daher aus der Dichte der Elemente auf die der Verbindung, und umgekehrt, schliefsen. (Gay-Lussac.) Die so berechnete Dichte eines Dampfes heifst die theoretische Dampfdichte.

Verbinden sich v Vol. eines Dampfes von der Dichte d mit v_1 Vol. eines anderen von der Dichte d_1 zu V Vol. Dampf von der Dichte D, so ist $V \cdot D = v \cdot d + v_1 \cdot d_1$. Kennt man die Volumina und zwei der Dichten D, d und d_1, so kann man die dritte daraus berechnen, selbst wenn der Körper, dem sie zukommt, gar nicht im gasförmigen Zustande bekannt ist. So ist z. B.

$1 \cdot C + 2 \cdot O = 2 \cdot CO_2$ (Kohlendioxyd), also
$1 \cdot x + 2 \cdot 1{,}106 = 2 \cdot 1{,}53$ und
$x = 0{,}85 =$ der Dichte des (idealen) Kohlenstoffdampfes.

Ferner $2 \cdot C + 6 \cdot H + 1 \cdot O = 2 \cdot$ Alkoholdampf, also
$2 \cdot 0{,}85 + 6 \cdot 0{,}069 + 1 \cdot 1{,}106 = 2x$ und
$x = 1{,}61 =$ der Dichte des Alkoholdampfes.

175. Die Gewichte gleicher Gasvolumina verhalten sich wie die Molekulargewichte, welche durch die chemischen Verbindungs- und Substitutionsverhältnisse bestimmt werden. Bezieht man die Dichte der Gase und Dämpfe nicht auf atmosphärische Luft, sondern auf Wasserstoff, so ist dieselbe gleich dem Molekulargewicht. In gleichem Volumen der gasförmigen Körper ist bei gleichem Drucke und gleicher Temperatur die gleiche Molekelzahl vorhanden. (Avogadro 1811.)

Die Dichte des Wasserstoffes ist $= 0{,}069$, die Dichte der Luft in Bezug auf Wasserstoff $1/0{,}069 = 14{,}44$, man erhält also aus den auf Luft = 1 bezogenen Dichten die auf Wasserstoff = 1 (Atomgewicht) bezogenen durch Multiplikation mit 14,44.

Das Molekulargewicht ist das doppelte, da je 2 Atom Wasserstoff zu einer Molekel vereint gedacht werden.

B. Wärme und Masse.

a) Messung der Wärmemenge (Kalorimetrie).

176. Bei der Mischung zweier Stoffe von ungleichen Temperaturen t und t_1 nehmen sie eine zwischenliegende Temperatur T an; sind beide Stoffe von einerlei Art, so ist die Summe der Produkte der Massen m und m_1 mit den Temperaturänderungen gleich Null: $m(T-t) + m_1(T-t_1) = 0$, $T = (mt + m_1 t_1)/(m + m_1)$. Ist dieser Stoff das Wasser, so heifst das Produkt der Masse und Temperaturänderung die Wärmemenge, wobei als Wärmeeinheit (Kalorie) diejenige gilt, welche der Erwärmung von einem Kilogramm Wasser von 0^0 (oder auch von 4^0) um 1^0 entspricht. Die Wärmemengen anderer Stoffe werden gemessen durch diejenige Wärme, welche der Stoff dem Wasser mitzuteilen vermag. Ein Apparat, welcher zur Messung von Wärmemengen dient, heifst Kalorimeter.

Obige Wärmeeinheit wird eine grofse Kalorie oder Kilogramm-Kalorie genannt. Eine kleine oder Gramm-Kalorie ist auf das Gramm statt auf das Kilogramm bezogen.

Die Wärmemenge, welche ein Körper zu seiner Erwärmung von τ auf T Grad bedarf, ist dieselbe, wie die, welche er abgiebt, wenn er sich von T auf τ abkühlt, ohne Rücksicht auf die Art, in welcher die Erwärmung oder Abkühlung stattfindet.

177. Die Erwärmung, welche ein Körper durch Zufuhr einer gewissen Wärmemenge erfährt, ist nicht nur von seiner Masse, sondern auch von dem Stoff, aus dem er besteht, abhängig. Die Anzahl von Wärmeeinheiten, welcher ein Kilogramm eines Körpers bedarf, um sich um einen Grad zu erwärmen, heifst seine specifische Wärme oder Wärmekapacität. (Black, Wilke 1772.)

Die specifische Wärme des Wassers ist demnach = 1; die zur Erwärmung von m Kilogrammen eines Körpers, dessen specifische Wärme = c ist, um t^0 erforderliche Wärmemenge = mct.

So lange die Temperaturen nicht die Grenze überschreiten, für welche die specifische Wärme der Stoffe konstant ist (180), ist bei der Ausgleichung der Wärme die Summe der Produkte von Masse m, Temperaturänderung $(T-t)$ und specifischer Wärme c gleich Null, $\Sigma m (T-t) c = 0$.

Erhitzt man mehrere Metallkugeln von verschiedenem Stoff, aber gleicher Masse bis zur gleichen Temperatur (auf 150°) und legt sie dann auf eine horizontale Wachsplatte, so sinken dieselben um so tiefer ein, je gröfser ihre specifische Wärme ist: Eisen am stärksten, Kupfer und Zink weniger, Zinn noch weniger, Blei am wenigsten. (Tyndall.)

Während gewöhnlich die beiden Begriffe „specifische Wärme" und „Wärmekapacität" als ganz gleichbedeutend gebraucht werden, unterscheidet man jetzt (nach Clausius) zwischen beiden. Wärmekapacität bedeutet nur die Wärmemenge, welche 1 Kgr eines Körpers um 1° erwärmt, specifische Wärme aber die Wärme, welche 1 Kgr desselben aufnehmen mufs, um sich um 1° zu erwärmen, dabei sein Volumen zu verändern und vielleicht auch äufseren Druck zu überwinden. Da man diese einzelnen Wärmemengen nicht streng zu scheiden vermag, so kann hier nur von der specifischen Wärme die Rede sein.

b) **Specifische Wärme fester und flüssiger Stoffe.**

178. Die specifische Wärme fester Körper kann nach verschiedenen Methoden gemessen werden: der Methode der Mischung (zuerst von Black angewandt, von Wilke, Regnault u. A. verbessert), der Methode der Eisschmelzung (zuerst von Wilke angewandt) und der Methode der Abkühlung (Dulong und Petit).

Methode der Mischung. (Regnault 1840.) M Kgr des (festen) Körpers werden bis auf T^0 erwärmt und dann schnell in ein Gefäfs gebracht, welches m Kgr Wasser von t^0 enthält. (Wasserkalorimeter.) Beide Körper kommen dadurch auf τ^0. Der Körper hat verloren $M \cdot c \cdot (T - \tau)$, das Wasser hat gewonnen $m (\tau - t)$; beide Wärmemengen sind einander gleich; c würde also aus der Gleichung $M \cdot c (T - \tau) = m (\tau - t)$ gefunden werden können, wenn nicht auch das Gefäfs des Kalorimeters und das zum Umrühren und Messen gebrauchte Thermometer Wärme mit aufgenommen hätten. Ist die Masse des Gefäfses $= m_{,}$, die specifische Wärme des Metalles, aus dem es gemacht ist, $= c_{,}$, so hat es, indem es sich auch von t auf τ erwärmte, die Wärmemenge $m, c, (\tau-t)$ aufgenommen; die Gleichung heißt also

$$M \cdot c \cdot (T-\tau) = (m + m, c,) (\tau - t),$$

wie wenn die Wassermasse um $m, c,$ zugenommen hätte, deshalb heißt $m, c,$ der Wasserwert des Kalorimetergefäßes. Hierzu kommt noch der Wasserwert des Thermometers, den man findet, indem man dasselbe auf irgend eine Temperatur bringt, damit eine gleiche Wassermasse wie vorher und von derselben Temperatur t umrührt und die erzeugte Erwärmung beobachtet. Man weiß dann, welche Erwärmung einer Abkühlung des Thermometers um 1^0 entspricht und umgekehrt.

Methode der Eisschmelzung. Das Eiskalorimeter von Lavoisier und Laplace (1780) ist ein mit Eis von 0^0 gefülltes und, zur Vermeidung jeder Erwärmung von außen, mit ebensolchem Eis umgebenes Blechgefäß, in dem ein Drahtkorb hängt. Man legt in diesen Korb M Kgr des zu untersuchenden Körpers von der Temperatur T. Die durch die Abkühlung des Körpers bis auf 0^0 geschmolzene Eismenge sei m Kgr. Zur Schmelzung von 1 Kgr Eis sind 80 Wärmeeinheiten erforderlich (198), also ist $M \cdot c \cdot T$ (die vom Körper abgegebene Wärmemenge) $= 80 \, m$ (der vom Eis aufgenommenen Wärmemenge).

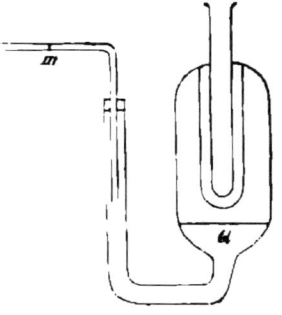

Das Eiskalorimeter von Bunsen (1870) ist ein in einem mit luftfreiem Wasser gefüllten und von der Temperatur 0^0 umgebenen Glasgefäße befestigtes Proberöhrchen, welches durch starke Abkühlung von innen her mit einem festen Eiscylinder umkleidet wird. Wirft man einen erwärmten Körper in das in diesem Röhrchen enthaltene Wasser, welches 0^0 warm ist, so wird etwas Eis zum Schmelzen gebracht. Das dadurch erzeugte Wasser nimmt einen kleineren Raum ein, als das Eis (13). Hierdurch wird das im unteren Teile des Kalorimeters Q und im Kapillarrohr m befindliche Quecksilber verschoben; aus der Größe der Verschiebung in m kann die Menge der an das Eis abgegebenen Wärme ermittelt werden.

Methode der Abkühlung. (Dulong und Petit 1827.) Die zu untersuchenden Stoffe (Pulver) werden in ein Gefäß mit blanker Silberoberfläche gegeben, wodurch die Wärmeabgabe an die Umgebung sehr verlangsamt wird (495). Die Zeit der Abkühlung steht für verschiedene Stoffe im geraden Verhältnis zu ihren specifischen Wärmen.

179. Die specifische Wärme flüssiger Körper kann nach denselben Methoden bestimmt werden.

Am häufigsten werden diese Bestimmungen nach der Methode der Mischung gemacht. Man wählt die Flüssigkeit selbst als kalorimetrischen Stoff statt des Wassers und erwärmt sie dadurch, daſs man einen festen Körper von bekannter Masse, Temperatur und specifischer Wärme in derselben abkühlen läſst; oder man erwärmt gleiche Massen der Flüssigkeit und Wasser durch gleiche Wärmequellen (durch einen elektrischen Strom erhitzte Drähte, 346) und miſst die Temperatur, welche beide annehmen. (Pfaundler.)

180. Die specifischen Wärmen der meisten Körper sind zwischen 0^0 und 100^0 nahezu konstant, nehmen bei höherer Temperatur zu (Dalton), nähern sich aber einem konstant bleibenden Endwerte. (H. F. Weber 1875.)

Folgende sind die specifischen Wärmen einiger Metalle zwischen 0^0 und 100^0:

Aluminium	0,202	Silber	0,057
Eisen	0,113	Zinn .	0,056
Kupfer	0,094	Quecksilber	0,034
Zink .	0,094	Platin	0,032
Messing . . .	0,094	Blei	0,032

und die einiger anderer Körper bei gewöhnlicher Temperatur:

Schwefel	0,203	Glycerin	0,555
Jod .	0,054	Benzin	0,392
Alkohol . .	0,566	Chloroform	0,233

Die specifische Wärme des Eises ist 0,505.

181. Das Produkt aus der specifischen Wärme c und dem Atomgewicht a (Atomwärme) ist für feste oder flüssige Grundstoffe nahezu konstant $= 6,3$ (Gesetz von Dulong und Petit 1819).

Die Atomgewichte der oben genannten Grundstoffe sind:

Aluminium	27	Platin .	195
Eisen	56	Quecksilber	200
Kupfer	63	Blei . .	207
Zink .	65	Schwefel	32
Silber	108	Jod	127
Zinn .	.118		

Specifische Wärme gasförmiger Stoffe.

Das Gesetz von Dulong und Petit trifft noch genauer zu, wenn man als specifische Wärmen die oben erwähnten Endwerte (180) einsetzt.

Für ähnlich zusammengesetzte Körper ist (nach Neumann 1831) das Produkt ac ebenfalls eine konstante Zahl. Besteht eine Verbindung, deren specifische Wärme $= C$ und deren Molekulargewicht A ist, aus n Atomen vom Atomgewicht a und der specifischen Wärme c, aus n, Atomen vom Atomgewicht a, und spec. Wärme c, u. s. w., so ist $AC = nac + n, a, c, + \ldots$
$= (n + n, + \ldots)\, 6{,}3$.

c) Specifische Wärme gasförmiger Stoffe.

182. Die specifische Wärme der Gase und Dämpfe bei konstantem Drucke wird nach der Methode der Mischung bestimmt.

De la Roche und Bérard (1813) leiteten Luft durch ein Rohr, welches an einer Stelle auf die Temperatur siedender Wasserdämpfe erhitzt wurde, und dann durch ein von einem Wasserkalorimeter umgebenes Kühlrohr. Die Luft kam aus elastischen Säcken, aus denen sie mit Hilfe Mariotte'scher Flaschen (143) unter stets gleichbleibendem Drucke ausgepreſst wurde. Die abgekühlte Luft trat in einen zweiten Sack, aus dem sie wiederum unter konstantem Drucke durch dasselbe Heizrohr und dasselbe Kühlrohr getrieben wurde. Diese Operation kann beliebig oft wiederholt werden, bis die Luft eine zur Messung hinreichende Wärmemenge an das Kalorimeter abgegeben hat.

Nach Regnault sind die specifischen Wärmen c einiger Gase und Dämpfe bei konstantem Druck für

Sauerstoff	$= 0{,}217$	Luft . . .	$= 0{,}237$
Wasserstoff	$= 3{,}409$	Kohlendioxyd	$= 0{,}211$
Stickstoff	$= 0{,}244$	Wasserdampf	$= 0{,}480$
Chlor	$= 0{,}121$		

Die specifische Wärme eines Gases ist konstant, d. h. die gleiche Masse eines Gases verlangt immer die gleiche Wärmemenge, um sich um 1^0 zu erwärmen, welches auch sein Druck und seine Temperatur sein mag. (Clausius 1850.)

183. Die Atomwärme (181) einfacher Gase (oder die Wärmekapacität gleicher Volumina, 175) ist konstant und nahezu $= 3$. Bei den zusammengesetzten Gasen erhält man dieselbe Zahl, wenn man die Atomwärme durch die Zahl der im Gase enthaltenen Atome dividiert.

Das Atomgewicht einiger Gase ist:

Sauerstoff	$= 16$	Chlor . . .	$= 35,4$
Wasserstoff	$= 1$	Kohlendioxyd	$= 44$
Stickstoff	$= 14$	Wasserdampf	$= 18$

184. Wird ein Gasvolumen um einen Grad erwärmt, ohne sich auszudehnen, so erfordert dies eine geringere Wärmemenge c_1 (**Wärmekapacität bei konstantem Volumen**), als die bei Erwärmung mit Ausdehnung und Überwindung des äußeren Druckes erforderliche Wärmemenge c (**Wärmekapacität bei konstantem Druck**). Der Unterschied ist gleich der Wärme, welche bei der Ausdehnung um α (168) verbraucht, bei der Verdichtung um α erzeugt wird (vgl. 188 und 189).

Um letztere Wärmemenge zu bestimmen, pumpt man aus einem großen Glasballon, der mit dem Gase gefüllt ist, etwas Gas aus, so daß eine Flüssigkeit in einem mit demselben verbundenen Steigrohr bis h_i steigt. Öffnet man den Hahn des Ballons und schließt

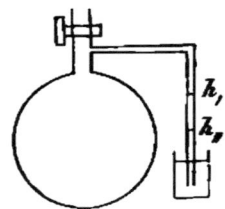

ihn sofort wieder, so sinkt die Flüssigkeit zum äußeren Spiegel hinab, steigt aber gleich wieder bis h_{ii}, weil durch die Verdichtung Wärme erzeugt war, die dann an die Umgebung abgegeben worden ist. Die durch jene Verdichtung erzeugte Temperaturerhöhung ist ϑ. Durch die Verdünnung hatte sich der Druck des Gases geändert im Verhältnis $p : (p - h_i) = 1 : (1 - h_i/p)$; durch das Verschwinden der Temperaturerhöhung ϑ war das ursprüngliche Volumen des Gases 1 in $1 - \alpha\vartheta$ übergegangen, so daß nach dem Gay-Lussac-Mariotte'schen Gesetz $1 - \alpha\vartheta = (p - h_{ii})/p = 1 - h_{ii}/p$ ist, also $\vartheta = h_{ii}/\alpha p$. Diese Temperaturerhöhung ist aber durch die Kompression um h_i/p erregt; der Kompression um α entspricht daher eine Temperaturerhöhung ϑ_i, wobei $\vartheta_i : \vartheta = \alpha : (h_i/p)$, also $\vartheta_i = h_{ii}/h_i$, folglich $c - c_i = c_i \vartheta_i$, $c_i/c_i = 1 + \vartheta_i = 1 + h_{ii}/h_i$. (Clément und Désormes 1819.)

Das Verhältnis c/c_i ist für verschiedene Gase und Dämpfe nahezu das gleiche (Masson, Cazin); für atmosphärische Luft ist $k = c_i/c_i = 1,405$ (Röntgen), für Quecksilberdampf $= 1,67$. (Kundt und Warburg 1876.) Für atmosphärische Luft kann k auch aus der Fortpflanzungsgeschwindigkeit des Schalles gefunden werden (430).

C. Wärme und Arbeit.

a) Entstehung der Wärme durch Arbeit (Wärmequellen).

185. Wärme kann durch Arbeitsleistung erzeugt werden und Wärme kann eine Arbeit leisten. Die erzeugte Wärme Q ist der verbrauchten Arbeit L proportional $L = E \cdot Q$. Die der Wärmeeinheit $Q = 1$ entsprechende Arbeit $L_1 = E$ heißt das mechanische Äquivalent der Wärme; der reciproke Wert, die der Arbeitseinheit $L = 1$ entsprechende Wärmemenge $A = 1/E$ heißt das kalorische Äquivalent der Arbeit, $Q = AL$. Es ist $E = 424$ Meterkilogramm gefunden worden (186), d. h. durch den Verbrauch einer Arbeit von 424 mkgr wird eine Wärmeeinheit erzeugt; umgekehrt wird durch den Verbrauch einer Wärmeeinheit eine Arbeit von 424 mkgr erzeugt. Dieser Satz ist der erste Hauptsatz der mechanischen Wärmetheorie: der Satz von der Äquivalenz von Wärme und Arbeit. (R. Mayer 1842; Joule 1850.)

Drückt man die Arbeit nicht nach mechanischen Einheiten, sondern in Wärmemaß aus, so wird sie Werk genannt. (Clausius.) (64.) Man kann dann den ersten Hauptsatz so aussprechen: die algebraische Summe von Wärme- und Werkerzeugung ist in jedem Prozesse gleich Null (wobei der Verbrauch als negative Erzeugung angerechnet ist). Eine Grammkalorie ist $= 0{,}424$ Meterkilogramm $= 41{,}6 \cdot 10^6$ Erg (83).

186. Durch jede Reibung wird Wärme erzeugt.

Rumford maß (1798) zuerst die Wärme, welche durch die Drehung eines Bohrers in einem Geschützrohre erzeugt wurde. In

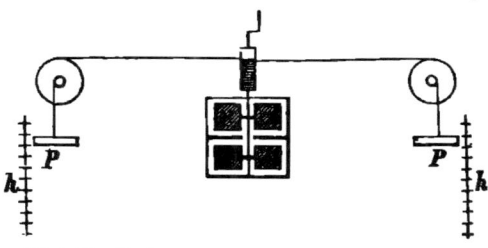

einem hohlen Metallcylinder, welcher, zwischen eine hölzerne Stange gefaßt, rotiert, erhitzt sich Wasser bis zum Sieden. (Tyndall 1862.)

Joule (1850) drehte ein Schaufelrad in Wasser oder Quecksilber, indem er um dessen Achse eine Schnur wand, deren beide Enden, über Rollen laufend, die Gewichte P trugen. Fallen diese Gewichte um die Höhe h, so wird die Arbeit $2Ph$ verbraucht. Der Apparat selbst verbraucht durch seine Reibung $2ph$, wenn p die Gewichte sind, welche in derselben Zeit denselben Weg zurücklegen, während die Schnur nicht um die Achse gewickelt ist. In der Flüssigkeit wurde eine Wärmeeinheit erzeugt, wenn die verbrauchte Arbeit $(2P-2p)h$ nahezu 424 Meterkilogramm betrug.

187. Durch Stofs wird Wärme erzeugt.

Ein Bleigeschofs, welches auf eine eiserne Scheibe trifft, schmilzt zum Teil auf Kosten der der lebendigen Kraft des Geschosses äquivalenten Wärme. (Hagenbach 1870.)

Hirn liefs einen pendelartig aufgehängten Hammer vom Gewichte p von einer Höhe h gegen ein Bleistück b fallen, welches

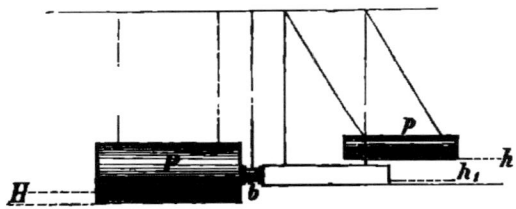

gegen einen ebenso aufgehängten Ambofs P lehnte. Durch den Stofs wurde P um die Höhe H gehoben, p ging durch seine Elasticität um h_1 zurück. Es war also eine Arbeit $p(h-h_1)$ verbraucht und eine Arbeit PH geleistet. Das Bleistück war nahezu um eine Wärmeeinheit erwärmt, wenn $p(h-h_1) - PH = 424$ Meterkilogramm war.

188. Durch Kompression eines Gases wird Wärme erzeugt (184).

Wird ein Kolben schnell in einen Luft enthaltenden Cylinder gestofsen, so erhitzt sich diese so, dafs sich Körper in ihr entzünden können. (Kompressionsfeuerzeug.) Joule (1845) komprimierte Luft in einem Cylinder, der in einem Kalorimeter stand. Die gesamte durch einen Kolbenstofs erzeugte Wärme besteht aus der Reibungswärme (welche man vorläufig bestimmt, indem man die Kolbenstöfse thut, ohne den Boden des Cylinders zu schliefsen) und aus der Kompressionswärme. Ist P der Anfangs-, P_1 der Enddruck im Cylinder, h die Hubhöhe, so ist die verbrauchte Arbeit

Entstehung der Wärme durch Arbeit.

$= h(P + P_i)/2$. Die Kompressionswärme betrug eine Wärmeeinheit, wenn die verbrauchte Arbeit nahezu $=$ 424 Meterkilogramm war. Strömt komprimierte Luft aus einem Gefäfse in die Atmosphäre aus, so kühlt sie sich ab, weil ein Widerstand zu überwinden ist. Strömt sie aber in einen luftleeren Behälter ein, so verändert sich die Temperatur des Behälters nicht, weil keinerlei Arbeit geleistet wird. (Joule.)

189. Am sichersten kann das mechanische Äquivalent aus dem Unterschied der Wärmekapacitäten ($c - c_i$) der Luft bei konstantem Druck und bei konstantem Volumen bestimmt werden; derselbe ist gleichwertig der Arbeit, mit welcher bei der Ausdehnung eines Kilogramm Luft durch die Erwärmung um 1^0 der konstante Luftdruck überwunden wird (R. Mayer).

Da $c/c_i = 1,405$ (184) und $c = 0,237$ (182), so ist $c - c_i = 0,069$ Wärmeeinheiten. Wird ein Kilogramm Luft $= 0,773$ kbm (13) in einen prismatischen Behälter eingeschlossen, in welchem ein Kolben von 1 qm Querschnitt beweglich ist, so hebt sich dieser Kolben bei der Erwärmung um $^1/_{273}$ der Höhe der Luftsäule (168), also um $0,773/273$ m und überwindet auf diesem Weg den Druck von $1,033 \cdot 100^2 = 10330$ Kg (113); daher ist die Arbeit obiger Wärmeeinheiten $= 10330 \cdot 0,773/273$ Meterkilogramm und die Arbeit der Wärmeeinheit $= 10330 \cdot 0,773/273 \cdot 0,069 = 424$ Meterkilogramm.

190. Beim Eintritt einer **chemischen Verbindung** wird Wärme erzeugt, bei der Trennung der verbundenen Bestandteile wird dieselbe Wärmemenge wieder verbraucht.

Die chemische Verwandtschaft (Affinität) ist eine Spannkraft (chemische Energie). Wenn die Atome sich miteinander verbinden (aneinander fallen), so wird aus derselben lebendige Kraft (Wärme) (193) geschaffen. Je gröfser also die Verwandtschaft war, desto höher mufs die Verbindungswärme werden. Durch sekundäre Prozesse (Spaltung der Molekeln) kann indes wieder Wärme gebraucht werden, so dafs die Verbindungswärme nicht der Verwandtschaft unmittelbar proportional ist.

Besonders wichtig ist die Verbindungswärme durch den Oxydationsprozefs (**Verbrennungswärme**). Zur Messung der Verbindungswärmen dienen Kalorimeter, innerhalb derer sich eine Kammer befindet, in welcher der mechanische Prozefs (die Verbrennung in zugeleiteten Gasen, die Mischung von Flüssigkeiten, die Auflösung von Metallen und Metalloxyden in Säuren u. s. w.) vorgenommen wird. Beim Zerfallen einer Verbindung in ihre Bestandteile wird so viel Wärme verbraucht, wie bei der Entstehung derselben erzeugt wurde. Bei zusammengesetzten Prozessen ist die gesamte Wärmeentwickelung (die Wärmetönung) gleich der algebraischen Summe der dabei vorgekommenen Wärmeentwickelungen und Wärmeverbrauche, ohne Rücksicht darauf, in welcher Reihenfolge die einzelnen Prozesse stattgefunden haben. Die Verbrennungswärme einer Verbindung ist aber nicht, wie man lange annahm, gleich der Summe der Verbrennungswärmen der Bestandteile. (Versuche von Lavoisier 1781, Rumford 1813, Dulong 1838, Heß 1840, Favre und Silbermann seit 1852, J. Thomsen 1869.)

Durch die Verbrennung eines Gramm Wasserstoffs werden 34180 Wärmeeinheiten (Grammkalorien) erzeugt. Einige andere Verbrennungswärmen sind:

Holzkohle . .	8080 W. E.	Alkohol . .	7190 W. E.
Ölbildendes Gas	11860 „ „	Stearinsäure	9720 „ „
Wachs . .	10500 „ „	Terpentinöl	10850 „ „

Wenn die bei der Verbindung von H_2 mit O erzeugte Wärme mit 34180 bezeichnet wird, so erzeugt (nach Thomsen)

die Verbindung von   also die Auflösung von

Zn mit O = 42715 W. E.
$Zn\,O$ mit H_2SO_4 = 10330 „ „   } Zink in Schwefelsäure = 53045
Cu mit O = 18580 „ „
$Cu\,O$ mit H_2SO_4 = 9400 „ „   } Kupfer in Schwefelsäure = 27980
N_2O_4 m. O u. H_2O = 10010 „ „
H_2SO_4 mit H_2O = 65 „ „

191. Die Lebenswärme wird durch den Atmungsprozeß erzeugt. Einer bestimmten Arbeitsleistung des Tieres entspricht ein bestimmter Wärmeverbrauch.

Die Bestandteile des Blutes, also indirekt die der Nahrungsmittel, werden durch den in den Lungen aufgenommenen Sauerstoff oxydiert und liefern als Endprodukte der Oxydation Kohlendioxyd, Wasser und Harnstoff. Im normalen Zustande wird durch die so erzeugte Wärme der menschliche Körper auf der Temperatur 37,5° gehalten. Während der Arbeit wird viel mehr Sauerstoff aufgenommen und Kohlendioxyd ausgeschieden, als während der Ruhe; die erzeugte Wärme wächst aber in geringerem Grade, als der Sauerstoffverbrauch, weil ein Teil derselben in Arbeit umgesetzt worden ist. (Hirns Versuche mit einem Manne, der in einer als Kalorimeter dienenden Kammer bald ruht, bald an einem Tretrade arbeitet, 1858.)

192. Die Quelle aller Bewegung und alles Lebens auf der Erde ist die Sonnenwärme.

Nach R. Mayers Hypothese wird die von der Sonne ausgestrahlte Wärme stets wieder ersetzt durch die auf die Sonne zustürzenden Meteoritenmassen, deren Bewegung sich in Wärme verwandelt, nach Helmholtz durch die noch immer fortschreitende Verdichtung des Sonnenkörpers.

Der Vegetationsprozefs, für welchen das Sonnenlicht notwendig ist, zersetzt das Kohlendioxyd; in den Pflanzen wird also die Sonnenwärme als Arbeitsvorrat (193) aufgespeichert, der dann durch den Verbrennungsprozefs wieder als lebendige Kraft und als Arbeit nutzbar gemacht werden kann.

b) Wärme als Energie.

193. Die Wärme wird als eine Form der Energie, als ein Bewegungszustand der Molekeln eines Körpers gedacht. Die gesamte lebendige Kraft der in Bewegung befindlichen Molekeln eines Körpers heifst Wärme. Sind seine Molekeln in Ruhe, so hat er die Temperatur des absoluten Nullpunktes (170). Die im Körper enthaltene Wärme ist seiner absoluten Temperatur proportional. Wie jede lebendige Kraft ist die Wärme einer gewissen Arbeitsmenge äquivalent.

Wird einem Körper eine lebendige Kraft, welche durch den Verbrauch der Arbeit L erzeugt ist, mitgeteilt, so können mit ihm drei Veränderungen vorgehen: 1) er kann als Ganzes fortbewegt werden; hierbei wird eine äufsere Arbeit a geleistet, z. B. die Überwindung eines äufseren Druckes; 2) seine Molekeln können gegeneinander verschoben werden; die Kohäsion derselben wird zum Teil überwunden und der Körper wird deformiert (ausgedehnt oder zusammengezogen); dies ist eine innere Arbeitsleistung $= i$; 3) die Molekeln können in eine schnellere Bewegung versetzt werden, die lebendige Kraft derselben wächst um eine Gröfse Q, welche Wärme heifst. Es ist also $L = a + i + Q$. Wird weder äufsere noch innere Arbeit geleistet, so wird die ganze verbrauchte Arbeit L durch die erzeugte Wärme Q gemessen. In Gasen wird keine innere Arbeit geleistet, da keine Kohäsion zu überwinden ist.

194. Die Wärme bewirkt in den Körpern eine Vermehrung der Disgregation, d. h. des Zustandes der Trennung und Entfernung der Molekeln.

Die Disgregation ist am geringsten in festen, gröfser in flüssigen, am gröfsten in luftförmigen Körpern. Ausdehnung, chemische Zersetzung, Verminderung der Kohäsion u. dgl. sind Disgregationsvermehrungen. Aufser der inneren Arbeit, welche bei einer solchen zu leisten ist, mufs gewöhnlich noch äufsere Arbeit (Überwindung von Widerständen) geleistet werden, z. B. Überwindung des äufseren Druckes, wenn ein Gas sich auf ein gröfseres Volumen ausdehnen soll. Bei beiden Arbeitsleistungen findet Verwandlung von Wärme in Werk, umgekehrt bei jeder Disgregationsverminderung Verwandlung von Werk in Wärme statt; immer entspricht also einer positiven Verwandlung (Disgregationsvermehrung) eine negative (Wärme in Werk) und umgekehrt. Die beiden mit entgegengesetzten Vorzeichen behafteten Verwandlungen sind aber einander nicht unmittelbar äquivalent, wie oben Wärme und Arbeit. Geht z. B. die Erwärmung und Ausdehnung des Gases bei höherer Temperatur vor sich, so ist bei gleicher Veränderung der Wärme und des Volumens ein im Verhältnis der absoluten Temperaturen (T) (170) gröfserer Druck zu überwinden. Im gleichen Verhältnis ist daher das gethane Werk und die verbrauchte Wärme gröfser. Es wird also bei der höheren Temperatur zur selben Disgregationsvermehrung mehr Wärme in Werk verwandelt, als bei der niederen. Der Äquivalenzwert von Wärme und Werk mufs aber, da er einer gleichen Disgregationsvermehrung entspricht, in beiden Fällen derselbe sein; man mufs also, um ihn zu erhalten, die Wärme (Q) durch die absolute Temperatur (T) dividieren. Dann ist bei allen **umkehrbaren Prozessen**, d. h. bei solchen, in welchen alle Veränderungen so vorgehen, dafs die umgekehrten unter denselben Umständen vor sich gehen können, die algebraische Summe der Äquivalenzwerte der Verwandlungen gleich Null ($\Sigma Q/T = 0$).

Anders ist es, wenn der Prozefs nicht umkehrbar ist. Ein Gas z. B., welches man in einen leeren Raum strömen läfst, dehnt sich aus ohne Arbeit zu leisten, man kann aber nicht das Gas in sein früheres Volumen zurückbringen, ohne eine Arbeit zu verbrauchen. Bei der Ausdehnung wird in diesem Falle keine Wärme in Werk verwandelt, wohl aber bei der Kompression Werk in Wärme. Eine (negative) Disgregationsverminderung kann also nicht ohne (positive) Verwandlung (Werk in Wärme), wohl aber eine (positive) Disgregationsvermehrung ohne (negative) Verwandlung von Wärme in Werk vor sich gehen. Ebenso kann Wärme von einem wärmeren in einen kälteren Körper übergehen, ohne kompensierende (negative) Verwandlung von Wärme in Werk, nicht aber von einem kälteren auf einen wärmeren ohne (positive) Verwandlung von Werk in Wärme.

Die algebraische Summe aller Verwandlungen (die Entropie) muſs also im allgemeinen positiv, in dem besonderen Falle umkehrbarer Prozesse gleich Null sein, die Entropie der Welt strebt einem Maximum zu. Dieser Satz ist der zweite Hauptsatz der mechanischen Wärmetheorie: **der Satz von der Äquivalenz der Verwandlungen.** (Clausius 1850.)

195. Die Molekularbewegungen, welche man Wärme nennt, denkt man sich bei den Körpern verschiedener Aggregatzustände verschieden. Die Molekeln fester Körper machen schwingende Bewegungen um eine stabile Gleichgewichtslage. Bei Flüssigkeiten werden die Schwingungsbewegungen so groſs, daſs die Molekeln nicht mehr in ihre alte Lage zurückkehren, sondern unter Einwirkung und Anziehung anderer Molekeln bald an diesem, bald an jenem haften bleiben. An der Grenze der Flüssigkeit können sie aus derselben herausgeschleudert werden und den über derselben befindlichen Raum erfüllen (Verdampfung). (Clausius 1857.) In Gasen ist die Bewegung der Molekeln eine fortschreitende; sie werden nach allen Seiten umhergeworfen und prallen wie vollkommen elastische Kugeln voneinander und von den Gefäſswänden ab. Dieser Stoſs gegen die Wände bedingt den Druck, den das Gas ausübt. (Gastheorie von D. Bernoulli 1738, Krönig 1856, Clausius 1857.)

Enthält ein würfelförmiger Raum, dessen Seite $= a$ ist, N Molekeln von der Masse m, welche sich mit der Geschwindigkeit v bewegen, so kann man annehmen, daſs je $N/3$ zwischen je zwei gegenüberliegenden Würfelflächen hin und her geworfen werden. Zum Aufhalten der Bewegung einer Molekel gehört die Kraft $p = m \cdot v$ (59), um der Molekel die entgegengesetzte Bewegung zu geben, also $p_1 = 2m \cdot v$, und um alle n Molekeln, die die Flächeneinheit treffen, umzukehren $P = 2n \cdot m \cdot v$. Da eine Molekel den Weg a mit der Geschwindigkeit v hin und her beschreibt, bis sie die Wand wieder trifft, somit den Weg $2a$ in einer Sekunde $v/2a$ mal macht, so treffen auf die Flächeneinheit in der Zeiteinheit $n = (N/3a^2) \cdot v/2a = Nv/3 \cdot 2a^3$ Molekeln, folglich ist der Druck $P = {}^2/_3 \, (Nmv^2/2a^3)$, und da a^3 das Volumen des Gases V und Nm die Masse desselben $= M$ ist, so wird $(^3/_2) P \cdot V = Mv^2/2$, d. h. bei gleichbleibendem Volumen ist der Druck proportional der lebendigen Kraft der Molekeln oder der absoluten Temperatur, bei gleichbleibender Temperatur ist das Produkt $P . V$ konstant. (Gay-Lussac-Mariotte'sches Gesetz, 168.)

196. Die Geschwindigkeit, mit welcher sich die Gasmolekeln bewegen, kann aus dem Druck, der Temperatur und der Dichtigkeit der Gase gefunden werden.

Der Druck auf die Flächeneinheit ist $p = (M/V) v^2/3 = d v^2/3$, wo d die Dichtigkeit des Gases in Bezug auf Wasser $= 1$ ist. Ist der Barometerstand $= b$, so ist $p = 13{,}6 \, g . b$, also $v^2 = 3 . 13{,}6 . g . b/d$. Auf Luft $= 1$ bezogen ist die Dichte des Gases $\delta = 773 . d$ (13), also

$$v = \sqrt{3 . 13{,}6 . g . b . 773/\delta} = 485/\sqrt{\delta} \text{ m}$$

(bei normalem Barometerstande). Bei der Temperatur $t = 0^0$ ist diese Geschwindigkeit

  für Luft   485 m   für Kohlendioxyd   392 m
  „ Sauerstoff 461 m   „   Wasserstoff   1844 m

Die Geschwindigkeit wächst proportional der Quadratwurzel aus der absoluten Temperatur $[v^2 = v_0^2 (1 + \alpha T)]$.

Neben den hier angenommenen Molekularbewegungen können gleichzeitig auch noch andere gedacht werden; namentlich können aufser den ganzen Körpermolekeln auch noch Teilmolekeln oder Atome, aus welchen die Molekeln zusammengesetzt sind, in selbständiger Bewegung gedacht werden.

D. Molekulare Arbeitsleistung der Wärme (Veränderung des Aggregatzustandes).

a) Schmelzen und Auflösen.

197. Wird einem starren Körper fortgesetzt Wärme zugeführt, so nimmt zunächst seine Temperatur zu. Hat dieselbe eine gewisse Höhe erreicht, so wird der Körper flüssig, er schmilzt (falls er sich nicht chemisch zersetzt). Von dem Augenblick an, in welchem seine Schmelzung beginnt, nimmt seine Temperatur nicht mehr zu, bis er völlig geschmolzen ist. Die während dieser Zeit zugeführte, für das Thermometer verschwundene, für den Schmelzungsprozefs verbrauchte Wärme heifst die Schmelzwärme (nach älterer Auffassung wurde sie gebundene oder latente Wärme genannt). (Black 1763.) Geht der flüssige Körper durch Abkühlung wieder in die feste Gestalt über, so

Schmelzen und Auflösen.

wird eine gleiche Wärmemenge entwickelt und für das Thermometer wieder wahrnehmbar (die latent gewesene Wärme wird frei). So lange daher der Körper in dem Übergangszustande des Schmelzens oder in dem des Erstarrens ist, bleibt seine Temperatur konstant. Diese Temperatur heifst sein **Schmelzpunkt, Gefrierpunkt** oder **Erstarrungspunkt**.

Die zugeführte Wärme vermehrt zuerst nur die lebendige Kraft der Molekeln, sie erhöht die Temperatur. Von der Temperatur an, bei welcher sie den Körper flüssig macht, wird sie verbraucht, um eine Arbeit zu leisten: die Kohäsion teilweise zu überwinden und die Molekeln voneinander zu drängen, sie wird in Arbeit verwandelt (daher auch Werkwärme nach Clausius). Die voneinander entfernt gehaltenen Molekeln haben einen Arbeitsvorrat erlangt. Fallen sie wieder aneinander, um den festen Zustand wieder herzustellen, so verwandelt sich die verbrauchte Arbeit wieder in lebendige Kraft oder freie Wärme.

Unter **latenter Wärme** ist jede molekulare Änderung eines Körpers zu verstehen, bei welcher Energie in Form von Wärme dem Körper zugeführt wird, ohne in ihm eine Temperaturerhöhung hervorzubringen.

Die Schmelzpunkte einiger Körper sind:

Quecksilber	+ 39°	Antimon	+ 430°
Wachs .	+ 68	Silber	+ 1000
Schwefel	+ 113	Kupfer .	+ 1100
Zinn .	+ 230	Gold .	+ 1200
Wismut	+ 260	Gufseisen .	+ 1200
Blei	+ 330	Schmiedeeisen	+ 1600
Zink . .	+ 412	Platin . .	+ 2000

Mischungen aus mehreren Stoffen pflegen einen niederen Schmelzpunkt zu haben, als die Bestandteile; z. B. schmilzt Rose'sches Metall, eine Legierung aus 8 T. Wismut, 8 T. Blei und 3 T. Zinn, schon bei 94°, Wood'sches Metall, eine Legierung aus 1 T. Cadmium, 1 T. Zinn, 2 T. Blei und 4 T. Wismut, bei 70°.

198. Die Schmelzwärme eines Körpers, d. h. die Anzahl von Wärmeeinheiten, welche zur Schmelzung von 1 Kgr eines Körpers nötig sind, bestimmt man nach der Methode der Mischung (178).

Ist die specifische Wärme eines Körpers von der Masse M, so lange derselbe fest ist, $= c$, wenn er flüssig ist $= c'$, ist seine

Schmelzwärme $= q$, seine Temperatur $= t$, sein Schmelzpunkt $= \tau$, die Temperatur der Wassermenge m, in die man ihn wirft, $= T$ und die Endtemperatur $= \vartheta$, so ist die vom Körper aufgenommene Wärme gleich der vom Wasser verlorenen:

$$M \cdot c \, (\tau - t) + M \cdot q + M \cdot c' \cdot (\vartheta - \tau) = m \cdot (T - \vartheta).$$

(Die Formel gilt für Körper, die bei gewöhnlicher Temperatur flüssig sind. Ihre Gestalt für den entgegengesetzten Fall ist leicht ersichtlich.)

Die Schmelzwärme des Wassers ist $= 80 \, (79{,}4)$ Wärmeeinheiten. 1 Kgr Wasser von 0^0 und 1 Kgr Wasser von 100^0 geben gemischt 2 Kgr Wasser von 50^0, aber 1 Kgr Eis von 0^0 und 1 Kgr Wasser von 100^0 geben 2 Kgr Wasser von $(100-80)/2 = 10^0$.

Einige andere Schmelzwärmen sind:

Quecksilber	2,8	Zinn	14,2
Phosphor	5,0	Silber .	21,1
Blei . .	5,4	Zink	28,1
Schwefel	9,4		

199. Die meisten Körper ziehen sich beim Erstarren zusammen. Nur wenige dehnen sich dabei aus, z. B. Wasser, Gufseisen, Wismut. Diese schwimmen im festen Zustande auf der Flüssigkeit. Der Schmelzpunkt von Körpern, welche sich beim Schmelzen zusammenziehen, wird durch Druck erniedrigt, z. B. der des Wassers (J. Thomsen, Clausius).

Ein in einem Stahlcylinder eingeschlossener Eisklotz, in dessen oberen Teil ein Eisenstab eingefroren ist, wird durch Zusammenpressen mittels einer Schraube flüssig, so dafs der Eisenstab hindurchfällt und sich nach Aufhören des Druckes im unteren Teil des wiedergefrorenen Eisklotzes vorfindet. (Mousson 1858.)

200. Das Eis verhält sich unter Druck wie ein plastischer Körper, indem es in kleine Stücke zerbricht, welche wieder aneinanderfrieren. Diese Regelation findet selbst zwischen zwei Eisstücken statt, welche unter Wasser, sogar unter warmem Wasser, einander berühren. (Faraday 1850.)

Beim Zusammendrücken zweier Eisstücke wird an ihrer Berührungsstelle eine Schmelzung erzeugt, der Schmelzpunkt wird erniedrigt und ein Teil des Wassers fliefst ab. Nach Aufhören des Druckes gefriert das zurückgebliebene Wasser wieder.

Auch die Bildung des Gletschereises aus dem Firnschnee infolge des starken Druckes der überliegenden Schichten und die Bewegung der Gletscher ist auf die Regelation zurückzuführen. (Forbes 1845.)

201. Das Wasser kann auch unter seinen Schmelzpunkt abgekühlt werden, wenn man es sorgfältig vor Erschütterung bewahrt, erwärmt sich aber sofort auf denselben, sobald es erschüttert wird und gefriert. (Fahrenheit 1721.)

202. Der Übergang vom starren in den flüssigen Zustand beim Auflösen von Salzen erfordert ebenfalls Wärme. Die Mischung von Salzen mit Wasser oder Schnee wird deshalb als Kältemischung benutzt. (Porta 1589, Accademia del Cimento.)

Mit soviel Wasser gemischt, dafs sich das Salz bei der zu erreichenden Temperatur eben nicht mehr auflöst, giebt Kochsalz eine Temperaturerniedrigung von 2,5, Glaubersalz 6,8, Salmiak 18,4, krystallisiertes Chlorcalcium 23,2, Ammoniumnitrat 27,2, Rodankalium 34,0°. (Rüdorff 1869.) Wird statt Wasser Eis angewandt, so wird die Kälteerzeugung durch den Verbrauch der Schmelzwärme noch größer. 1 Kgr Kochsalz und 1 Kgr Schnee von 0° geben ein flüssiges Gemisch von — 21°; 2 Kgr krystallisiertes Chlorcalcium und 1 Kgr Schnee geben ein Gemisch von — 42°. Wasserfreie Salze (Chlorcalcium) können bei ihrer Auflösung sogar Wärme erzeugen, weil sie sich zuerst in wasserhaltige verwandeln.

b) Sieden.

203. Wird einer Flüssigkeit Wärme zugeführt, so nimmt zunächst ihre Temperatur zu. Hat diese eine gewisse Höhe erreicht, so entzieht sich ebenfalls die weiter zugeführte Wärme der Beobachtung durch das Thermometer so lange, bis die Flüssigkeit in den gasförmigen Zustand übergegangen (verdampft) ist. (Black.) Die Temperatur, bei welcher dies geschieht, heißt Siedepunkt (208). Das aus der Flüssigkeit entstandene Gas heißt Dampf, die für den Verdampfungsprozefs (195) verbrauchte Wärme: Verdampfungswärme. Geht der Dampf durch Zusammendrückung oder Abkühlung wieder in den flüssigen (oder festen) Zustand über (schlägt er sich nieder), so wird die gleiche Wärmemenge wiedergewonnen.

Auch bei diesem Prozesse nannte man die beim Verdampfen verbrauchte Wärme früher latente, die beim Niederschlagen erzeugte freie.

Wie bei der Schmelzung wird die während der Verdampfung zugeführte Wärme zu einer Arbeit verbraucht, nämlich zur gänzlichen Überwindung der Kohäsion der Molekeln (daher auch hier Werkwärme nach Clausius). Dadurch wird Spannkraft oder Arbeitsvorrat gewonnen, der sich beim Niederschlagen der Dämpfe wieder in lebendige Kraft oder freie Wärme umsetzt.

Das Verdampfen eines Körpers und Niederschlagen der Dämpfe in flüssiger Gestalt heißt Destillation, das Niederschlagen in fester Sublimation.

204. Die Verdampfungswärme wird nach der Methode der Mischung bestimmt, indem man den Dampf durch ein in einem Wasserkalorimeter stehendes Schlangenrohr leitet, in welchem er niedergeschlagen wird. Hierbei wird dieselbe Wärmemenge erzeugt, welche bei der Verdampfung verbraucht worden ist.

Wenn die Wärmekapacität der Flüssigkeit und des Dampfes bekannt sind, so ist der Gang der Methode ganz derselbe, wie zur Bestimmung der Schmelzwärme (198).

Die Verdampfungswärme des Wassers ist = 540 Wärmeeinheiten.

9 Kgr Wasser von 0^0 und 1 Kgr Wasser von 100^0 geben gemischt 10 Kgr Wasser von 10^0, aber 9 Kgr Wasser von 0^0 und 1 Kgr Wasserdampf von 100^0 geben 10 Kgr Wasser von $(100 + 540)/10 = 64^0$.

Einige andere Verdampfungswärmen sind:

Alkohol	208	Essigsäure	102
Äther	98	Terpentinöl	69

c) Spannkraft der Dämpfe.

205. Wird ein Dampf ohne Veränderung seiner Temperatur zusammengedrückt, so folgt er, wie jedes Gas, dem Mariotte'schen Gesetz, aber nur bis er eine gewisse Expansivkraft (Spannkraft) erreicht hat; soll er stärker zusammengepreßt werden, so wird ein Teil des Dampfes flüssig. Der übrigbleibende Teil des Dampfes heißt gesättigt; er hat das Maximum der

Spannkraft der Dämpfe.

Expansivkraft, dessen er bei dieser Temperatur fähig ist. Hat der Dampf dieses Maximum noch nicht erreicht, so heifst er nicht gesättigt oder überhitzt; er entsteht auch, wenn gesättigter Dampf ohne Flüssigkeit erwärmt wird. Wird das Volumen für den gesättigten Dampf über der Flüssigkeit bei gleichbleibender Temperatur vermehrt, so bleibt seine Expansivkraft ein Maximum so lange, bis alle vorhandene Flüssigkeit verdampft ist, von da ab folgt der nicht gesättigte Dampf bei weiterer Ausdehnung wieder dem Mariotte'schen Gesetz. Mit steigernder Temperatur steigt auch das Maximum der Expansivkraft.

Wenn man ein ganz mit Quecksilber gefülltes Barometerrohr unter Quecksilber öffnet, so dafs sich ein leerer Raum bildet, und dann etwas von einer anderen Flüssigkeit, z. B. Äther, in den leeren Raum bringt, so bilden sich in demselben Dämpfe, und das Quecksilber sinkt bis zu einer Höhe h über dem unteren Quecksilberspiegel, während das Volumen des Dampfes v ist, die Spannkraft desselben also gleich dem Atmosphärendruck $a-h$. War die Flüssigkeit hierbei völlig verdampft, der Dampf also nicht gesättigt, und man zieht das Rohr aus dem Quecksilber heraus oder drückt es weiter hinein, so ändert sich der Druck, wie in 114 angegeben ist. War aber noch unverdampfte Flüssigkeit vorhanden, also der Dampf gesättigt, so bleibt das Quecksilber beim Heben oder Senken des Rohres in der Höhe h stehen; $a-h$ war also das Maximum der Expansivkraft des Dampfes bei der gegebenen Temperatur. Dasselbe ist um so gröfser (also h um so kleiner), je flüchtiger die angewandte Flüssigkeit ist.

206. Wird das Gefäfs (das Rohr), welches den Dampf enthält, an irgend einer Stelle abgekühlt, so schlägt sich soviel Dampf nieder, dafs der zurückbleibende nur das der Temperatur der kältesten Stelle entsprechende Maximum der Expansivkraft hat.

Dieser Satz ist nur richtig, wenn die abgekühlte Stelle nicht sehr klein ist im Verhältnis zur erhitzten Dampfmasse.

207. Die Spannkraft des gesättigten Wasserdampfes nimmt nahezu in einer geometrischen Progression zu, wenn die Temperatur in arithmetischer Progression wächst.

Die Formel, durch welche sich die Resultate der angestellten Messungen (von Regnault und von Magnus 1844) am besten ausdrücken lassen, ist die von August gegebene $e = ab^{1/(\gamma + t)}$, wo e die Spannkraft des Dampfes in Millimetern, t die Temperatur bedeutet und a, b und γ Konstante sind. Nach Bestimmung dieser Konstanten aus den Versuchen von Magnus nimmt diese Formel die Gestalt an: $e = 4{,}525 \cdot 10^{7{,}44754/(234{,}69 + t)}$.

Die Spannkraft des gesättigten Wasserdampfes ist

bei			bei		
	−32° =	0,3 mm		50° =	92 mm
	−10 =	2,1		100 =	760
	0 =	4,5		150 =	3580
	+10 =	9,1		200 =	11690
	20 =	17,4		230 =	20900

Die Spannkraft des gesättigten Alkoholdampfes ist

bei .			bei		
	−20° =	3,3 mm		79° =	760 mm
	0 =	12,8		100 =	1695
	+50 =	220		150 =	7258

Die des gesättigten Ätherdampfes

bei			bei		
	−20° =	67 mm		50° =	1270 mm
	0 =	183		100 =	4950
	+33 =	760		120 =	7702

Die des gesättigten Quecksilberdampfes

bei .			bei		
	0° =	0,02 mm		200° =	20 mm
	50 =	0,11		300 =	242
	100 =	0,75		350 =	760

bei 500° = 6520 mm.

Soll ein Gasvolumen, das bei der Temperatur t über Wasser oder Quecksilber aufgefangen ist, auf 0° und 760 mm Barometerstand reduziert werden (168), so muſs darauf Rücksicht genommen werden, daſs der vom Gas eingenommene Raum auſserdem bei $t°$ gesättigten Wasser- oder Quecksilberdampf enthält. Der Druck dieses Dampfes ist also vom gemessenen Gasdruck zu subtrahieren.

208. Der Siedepunkt einer Flüssigkeit ist diejenige Temperatur, bei welcher das Maximum der Expansivkraft ihres Dampfes gleich dem Druck der umgebenden Atmosphäre ist. Der Siedepunkt ist deshalb eine konstante Temperatur, so lange der Druck konstant bleibt; mit wachsendem Druck steigt auch die Temperatur des Siedepunktes, mit sinkendem sinkt sie.

Die Siedetemperatur des Wassers ist bei einem Drucke von
680 mm = 96°,9   720 mm = 98°,5   760 mm = 100°
700   = 97,7   740   = 99,3   780   = 100,7.

Spannkraft der Dämpfe.

Beim normalen Druck von 760 mm sieden

Stickstoffoxydul	bei — 92°	Chloroform.	bei + 61°
Kohlendioxyd	— 80	Alkohol	+ 78
Ammoniak	— 38	Benzol . .	+ 81
Chlor	— 34	Terpentinöl	+ 159
Cyan . . .	— 20	Anilin	+ 182
Schwefeldioxyd .	— 10	Leinöl . .	+ 316
Äther	+ 33	Quecksilber	+ 350
Schwefelkohlenstoff	+ 46		

Unter der Glocke der Luftpumpe oder in einem geschlossenen Gefäfse, aus dem die Luft durch längeres Sieden einer Flüssigkeit entfernt und in dem durch Niederschlagen der Dämpfe ein teilweises Vakuum erzeugt ist (Wasserhammer), sieden die Flüssigkeiten bei einer niederen als der normalen Siedetemperatur; in einem fest geschlossenen Gefäfse, in welchem sich die Dampfspannung immer mehr steigert, bei einer höheren (Papins Topf 1681).

209. Der normale Siedepunkt des Wassers, welcher zur Herstellung der Thermometerskalen gebraucht wird, ist die Temperatur der Dämpfe von Wasser, welches unter dem Drucke 760 mm siedet. Das Wasser selbst zeigt einen etwas höheren Siedepunkt, weil die Molekeln die Adhäsion zum Gefäfse und den Druck des überstehenden Wassers überwinden müssen, ehe sie sich losreifsen. Enthält das Wasser ein Salz aufgelöst, so steigt dadurch sein Siedepunkt; die Spannkraft der Wasserdämpfe ist deshalb über einer solchen Lösung geringer, als bei reinem Wasser von gleicher Temperatur. (Wüllner 1858.)

Da der Siedepunkt des Wassers mit dem Barometerstande sinkt, so kann eine Siedepunktbestimmung statt einer Barometermessung (117) zur Messung von Berghöhen dienen. Das für diesen Zweck gebrauchte Thermometer, an welchem nur wenige Grade unterhalb des normalen Siedepunktes in sehr kleine Teile geteilt sind, heifst Hypsothermometer. (Fahrenheit 1724.)

210. Verdampft eine Flüssigkeit nicht im luftleeren Raum, sondern in einer Gasatmosphäre, so entwickeln sich ebensoviel Dämpfe, wie im luftleeren Raum, und sie nehmen dieselbe Expansivkraft an wie dort; auf eine sperrende Flüssigkeit drücken das Gas und der Dampf mit der Summe ihres Druckes, aufeinander aber drücken sie gar nicht. (Dalton'sches

Gesetz 1801.) Zwei Dämpfe, deren Flüssigkeiten sich nicht mischen, folgen demselben Gesetz. Mischen sich aber die Flüssigkeiten, so liegt der Druck der gemischten Dämpfe zwischen dem der einzelnen.

Das Dalton'sche Gesetz gilt indes nicht in aller Strenge, besonders nicht für die Dämpfe sehr leichtflüchtiger Flüssigkeiten.

211. Stoffe, welche bei gewöhnlicher Temperatur als Gase bestehen, sind als Dämpfe zu betrachten, welche über ihren Siedepunkt erwärmt sind. Um sie zu Flüssigkeiten zu kondensieren, muſs man sie abkühlen oder zusammendrücken.

Die Kompression leicht kondensierbarer Gase geschieht im Piezometer, einem mit luftreinem Wasser gefüllten Glascylinder, in welchem durch eine Schraube (Örsted 1822) oder eine Pumpe P (Magnus) ein wachsender Druck auf das Wasser ausgeübt werden kann. Im Wasser steht ein Gefäſs mit Quecksilber, in welches Barometerröhren getaucht sind, welche die zu komprimierenden Stoffe enthalten (z. B. auch ein Rohr w mit Wasser oder einer anderen Flüssigkeit zur Bestimmung des Kompressionskoëffizienten, 95). Die Gase b und c füllen zuerst den ganzen Raum bis zum Niveau aa. Werden sie zusammengepreſst, so folgen zunächst alle dem Mariotte'schen Gesetz. Nähert sich das Gas in c seinem Kondensationspunkte, so verringert sich sein Volumen schneller. Zur Messung des Druckes, bei dem das Gas flüssig wird, dient als Manometer das Rohr b, in welchem das Mariotte'sche Gesetz noch befolgt wird. Der zur Verflüssigung nötige Druck beträgt

	bei 0^0	bei 20^0
für Schwefeldioxyd	1,5	3,2 Atm.
Cyan	2,3	4,5
Ammoniak	4,2	8,4

Schwerer kondensierbare Gase werden durch eine Kompressionspumpe in eine eiserne Flasche eingepresst, welche gleichzeitig stark abgekühlt wird. (Thilorier 1834, Natterer 1844.) In solcher Pumpe sind die zur Verdichtung nötigen Drucke

	bei 0^0	bei 20^0
für Kohlendioxyd	35	59 Atm.
Stickoxydul	36	55

Bis zu welcher Temperatur die genannten Gase hätten bei normalem Drucke abgekühlt werden müssen, um flüssig zu werden, ist aus 208 ersichtlich.

Die am schwersten kondensierbaren Gase, welche bisher als permanente Gase galten, sind erst neuerdings verflüssigt worden, namentlich Sauerstoff, Wasserstoff und Stickstoff. (Cailletet, Pictet 1877.) In Cailletets Apparat wird das Gas in einer Röhre ähnlich wie im Piezometer zusammengedrückt, der Druck wird aber durch eine hydraulische Presse ausgeübt. Das Wasser drückt das unter ihm befindliche Quecksilber in ein Rohr, welches zuvor mit dem zu untersuchenden Gase gefüllt war. Der obere Teil des Rohres wird durch flüssiges Schwefeldioxyd oder Kohlendioxyd abgekühlt. Die Kompression ging bei Stickstoff bis 200, Wasserstoff 280, Sauerstoff 300 Atm., Nebel- oder Tropfenbildung wurde aber in den Gasen erst erzeugt, als sie plötzlich ausgedehnt und dadurch weiter abgekühlt wurden (188). (Vgl. 213.)

Sind die Gase durch Kompression flüssig gemacht, so sieden die Flüssigkeiten, wenn der normale Druck wieder hergestellt wird:

Sauerstoff bei — 184°
Stickstoff — 193
Atm. Luft — 192

212. Wird ein Dampf oder Gas über eine bestimmte Temperatur, den kritischen Punkt (Andrews 1869) erhitzt, so kann er nicht flüssig gemacht werden, wenn man den Druck auch noch so sehr steigert. Wird bei höherer Temperatur das Gas bis zur Dichte der Flüssigkeit zusammengepreſst, so entsteht ein Mittelzustand zwischen Flüssigkeit und Gas, so daſs das Gas gar keine scharfe Grenze gegen die Flüssigkeit zeigt. Durch die Abkühlung muſs das Gas unter diesen kritischen Punkt gebracht werden, um sich zu verflüssigen..

Der kritische Punkt entspricht derjenigen Temperatur, bei welcher die Energie der Wärme so groſs ist, daſs sie selbst bei der Annäherung der Molekeln bis zu dem Grade, wie er in der Flüssigkeit statt hat, die Kohäsionskraft überwindet.

Der kritische Punkt liegt für
Äther bei + 196° (40 Atm.) Sauerstoff bei — 118° (50 Atm.)
Kohlendioxyd - + 31° (77) Stickstoff — 145° (33)
Wasserstoff bei — 174° (98 Atm.) (v. Wroblewski). Nach Sutherland liegt der kritische Punkt von Kohlendioxyd über 40° (42,5).

d) Verdunsten.

213. Bei jeder Temperatur kann sich eine Flüssigkeit an ihrer Oberfläche in Dampf verwandeln, verdunsten. Jede Verdunstung, welche ohne Wärmezufuhr stattfindet, verbraucht Wärme, erzeugt also Kälte.

Wird das Gefäfs eines Thermometers mit einem Gewebe umhüllt und dieses mit Äther benetzt, so sinkt das Thermometer durch die Verdunstung des Äthers und zwar stärker, wenn dieselbe durch einen Luftstrom befördert wird; Schwefelkohlenstoff gefriert durch Verdunsten in einem Luftstrom. Flüssiges Kohlendioxyd, durch einen Hahn aus der Eisenflasche des Natterer'schen Apparates (211) in eine vorgelegte Blechbüchse strömend, verdampft bei gewöhnlicher Temperatur so heftig, dafs es zum Teil in Gestalt von Schnee gefriert. Der Schmelzpunkt des Kohlendioxydschnees ist — 58°. Mit Äther gemischt erkaltet er bis auf — 78°. (Faraday 1845.) Ähnlich wird Stickstoffoxydul zum Gefrieren gebracht; sein Schmelzpunkt ist — 105°. Auch Wasserstoff in blauem flüssigen Strahl aus dem Kompressionsapparat (unter 650 Atm. Druck) ausströmend, fällt als Hagel nieder. (Pictet.) Wasserstoff auf — 180° durch im luftleeren Raum siedenden Stickstoff (bei der Temperatur seines Erstarrens) abgekühlt und plötzlich unter Atmosphärendruck ausgelassen, nimmt die Gestalt eines Schaumes von — 208° an. (v. Wroblewski.)

214. Die Apparate zur künstlichen Herstellung von Eis beruhen auf dieser Verdunstungskälte.

Verdampft das Wasser unter dem Recipienten der Luftpumpe und werden die Wasserdämpfe durch Absorption in Schwefelsäure entfernt, um die Verdunstung zu befördern, so gefriert das Wasser. (Leslie 1813.) Durch Carrés Eispumpe (1867) werden Luft und Wasserdämpfe aus einer Wasser enthaltenden Flasche über eine Schwefelsäurefläche hingeführt, das Wasser siedet und verbraucht dabei so viel Wärme, dafs es gefriert.

Der Kryophor (Wollaston 1813) besteht aus zwei durch ein Rohr miteinander verbundenen Kugeln,

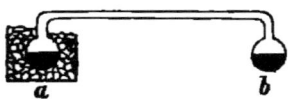

welche Wasser und Wasserdampf, aber keine Luft enthalten. Wird das Wasser in a abgekühlt, so schlagen sich Dämpfe in a nieder, von b her bilden sich neue Dämpfe und dadurch gefriert das Wasser in b.

Carrés Eisapparat (1861) besteht aus einem Kessel, welcher Ammoniakflüssigkeit enthält; aus diesem wird durch Erhitzen Ammoniak in eine abgekühlte Vorlage überdestilliert. Kühlt man dann den Kessel ab, so destilliert das Ammoniak zurück und die Vorlage wird dadurch so abgekühlt, dafs in einem von ihr umgebenen Blechgefäfse Wasser zu einem festen Eisblock gefriert.

In den Eismaschinen (Harrison 1856, Linde 1876) wird durch eine Saug- und Druckpumpe eine leicht verdampfende Flüssigkeit (Äther, Ammoniak) in einem Röhrensystem a zum Verdampfen gebracht und der Dampf in ein zweites Röhrensystem b gepumpt, das mit Kühlwasser umgeben ist. Hier schlägt sich der Dampf nieder, die Flüssigkeit wird nach a zurückgeführt. Das Röhrensystem a ist von einem Wasserstrom umgeben, welcher durch die in a erzeugte Verdunstungskälte abgekühlt wird. Will man Eis erzeugen, so wird dieser Wasserstrom durch eine Flüssigkeit mit niederem Gefrierpunkt ersetzt und durch diese einer Wassermasse ihre Wärme entzogen.

215. Berührt eine Flüssigkeit eine sehr heifse Gefäfswand, so wird sie durch die sich mit grofser Expansivkraft bildenden Dämpfe von der Wand losgedrückt und dadurch vor weiterer Verdampfung geschützt. (Leidenfrosts Versuch 1756.)

Eine auf einer glühenden Metallschale liegende Wassermasse plattet sich daher nicht durch Adhäsion zur Platte ab, sondern nimmt eine sphäroïdale Gestalt an. (Boutigny 1840.) Tritt eine Abkühlung ein, durch welche der sphäroïdale Zustand aufhört, so erfolgt die Verdampfung gewaltsam. Aus einer kupfernen, bis zum Glühen erhitzten Fläsche, in welche Wasser gegossen und die dann verkorkt wird, wird daher der Kork nach einiger Zeit gewaltsam herausgeworfen. (Tyndall.) Das Springen der Dampfkessel beruht häufig auf dem Leidenfrost'schen Phänomen mit nachfolgender Abkühlung. Auch die Unverbrennlichkeit feuchter Körper, welche in glühende Metallflüsse getaucht werden, erklärt sich durch dasselbe. (Plücker 1849.) Ein Gemisch von Äther und festem Kohlendioxyd (213) erhält sich in einem glühenden Platintiegel lange genug, um Quecksilber darin zum Gefrieren zu bringen. (Faraday 1847.)

E. Mechanische Arbeitsleistung der Wärme (Kraftmaschinen).

216. Die Dampfmaschine in ihrer ältesten Gestalt war, nach Herons (120 v. Chr.) Vorschlag, eine Rotationsmaschine nach

dem Prinzipe der Reaktion (138). Später wandten Porta (1606), de Caus (1615), Marquis von Worcester (1663) den Dampfdruck zum Heben von Wasser nach dem Prinzipe des Heronsballes an (144).

Savery (1698) wandte einen eigenen Dampfkessel an, aus welchem Dampf in einen Heronsball geführt wurde, um aus demselben Wasser zu heben; wurden der Dampfhahn und ein Hahn im Steigrohr des Heronsballes geschlossen, dagegen ein Hahn in einem Rohre geöffnet, welches in ein Wasserreservoir führte, so kühlte sich der Heronsball ab, füllte sich durch Atmosphärendruck wieder mit Wasser, u. s. w.

217. Eine Kolbenbewegung in einem Cylinder wurde zuerst von Papin vorgeschlagen, aber erst in der einseitig wirkenden **atmosphärischen Dampfmaschine im Grofsen** ausgeführt.

Papin wollte zuerst den Kolben durch Pulverexplosionen (1688) heben, dann durch Wasserdämpfe, die unter dem Kolben entwickelt wurden (1690). Die atmosphärische Dampfmaschine (von Newcomen, Cowley und Savery 1705) hat einen Dampfkessel, aus dem der Dampf in den Cylinderraum tritt. Die Abkühlung des Dampfes geschieht durch Einspritzen von kaltem Wasser in diesen Raum. Die Arbeitsleistung der Maschine (zum Heben von Wasser) findet nur durch den Druck der Atmosphäre während des Rückganges des Kolbens statt, indem die Kolbenstange mittels eines Balanciers eine Schöpf- oder Pumpvorrichtung bewegt.

218. Die **doppeltwirkende Dampfmaschine mit Kondensation** des Dampfes erfand James Watt (1763).

Der Dampf tritt aus dem mit einem Sicherheitsventil n (Papin 1681), einem Wasserstandszeiger h und einem Manometer o versehenen Kessel D durch das Rohr d in den Steuerungskasten s, aus dem er durch das Schieberventil v in den Cylinderraum bald über, bald unter den Kolben p gelangt und diesen dadurch ab und auf bewegt. Der im andern Cylinderraum enthaltene Dampf geht einmal durch die Röhre a, das andere Mal durch b, dann unter dem Schieberventil durch die Röhre c in den Kondensator k, in welchem er durch Einspritzen von kaltem Wasser niedergeschlagen und in warmes Wasser verwandelt wird. Durch die Kondensatorpumpe m und Warmwasserpumpe w kehrt das warme Wasser in den Kessel zurück, während die Kaltwasserpumpe f die Abkühlung des Kondensators (d. h. die Verringerung der Expansivkraft der

Dämpfe in dem Cylinderraum, welcher nicht mit dem Kessel kommuniziert) besorgt. Die Kolbenstange t greift durch das Watt'sche Parallelogramm q (das die geradlinige Führung der Stange ermöglicht) an den Balancier B, der die verschiedenen Pumpenstangen, und an seinem äufsersten Ende die Pläuelstange g, und dadurch den Krummzapfen r bewegt, von dessen Achse A die jedesmal auszuübende Arbeitsleistung ausgeht. Auf dieser Achse befindet sich eine excentrisch durchbohrte Scheibe Z, von deren Peripherie ein Gestänge e ausgeht, welches das Schieberventil v bewegt.

Um den Gang der Maschine zu unterhalten, mufs die Achse des Krummzapfens entweder ein Schwungrad S tragen, durch dessen Trägheit der Krummzapfen über die Stellungen hinwegbefördert wird, in denen die Pläuelstange ihn nicht drehen kann (31), oder

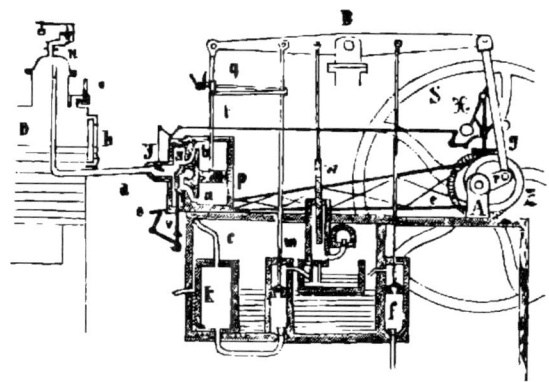

es müssen gleichzeitig zwei Cylinder angewandt werden, deren Kolbenstange an zwei, unter 90^0 gegeneinander gerichtete Krummzapfen angreifen. Will man dabei den Balancier (also auch das Parallelogramm) vermeiden, so läfst man die Cylinder um eine Achse oscillieren, durch welche gleichzeitig die Dampfverbindung stattfindet (Schiffsmaschine). Zur Regulation der Maschine wendet man nach Watts Vorschlag ein Centrifugalpendel X (66) an, das durch die Maschine bewegt und durch dessen Heben und Sinken bei einem unregelmäfsigen Gang der Maschine eine Klappe im Dampfrohr y (Drosselklappe) geschlossen oder geöffnet und dadurch der Dampfzuflufs geregelt wird.

219. In den mit einem Kondensator versehenen Maschinen erleidet der Kolben nur einen geringen Widerstand, weil der

Dampf in dem der Kohlenbewegung entgegenstehenden Raume jedesmal kondensiert wird. Sie arbeiten deshalb schon, sobald der Druck etwas mehr als 1 Atmosphäre beträgt, und heifsen Niederdruckmaschinen. Hat die Maschine keinen Kondensator, so mufs der Dampf eine hohe Spannung erhalten (bis zu 7 Atmosphären), weil der aus dem Cylinder austretende Dampf durch das Rohr c direkt in die Atmosphäre ausströmt. Solche Maschinen heifsen Hochdruckmaschinen (Leupold 1720, Trevithick und Vivian 1802).

Die Hochdruckmaschine mufs überall da angewandt werden, wo der Raum die Anbringung von Balancier und Pumpen verbietet (bei kleinen Schiffsmaschinen), und da, wo das Kondensationswasser nicht mitgenommen werden kann (bei den Lokomotiven).

Die Dampfkraft zur Bewegung eines Schiffes zu benutzen, hatte schon Papin versucht; die erste praktische Ausführung eines Dampfschiffes gelang Fulton (1807); die Schiffsmaschinen sind meistens Niederdruckmaschinen; sie wirken auf Schaufelräder oder Schiffsschrauben (139 und 140).

In der Lokomotive von Stephenson (1814) werden die Dämpfe lebhafter dadurch entwickelt, dafs das Wasser in einem Röhrenkessel in innigere Berührung mit dem Feuer gebracht wird. Die Füllung des Kessels mit vorgewärmtem Wasser geschieht statt durch eine Pumpe, besser durch den Injektor (153). Der Dampf tritt in zwei liegende Cylinder, welche durch ihre abwechselnde Wirkung ein Räderpaar drehen. Die Regulation geschieht mit der Hand, das Anhalten durch Absperren des Dampfrohres und Öffnen eines Ventiles, das den Dampf frei ausströmen läfst; die Fortbewegung nur unter der Bedingung, dafs die Räder auf ihrer Unterlage eine hinlängliche Reibung haben, d. h. dafs das Gewicht der Lokomotive grofs genug ist. Das Rückwärtsbewegen geschieht durch die Übertragung der Schiebersteuerung auf eine zweite excentrische Scheibe.

220. Man kann den Dampfdruck dadurch relativ nutzbarer verwenden, dafs man den Dampf nicht so lange durch das Schieberventil treten läfst, bis der Kolben am Ende des Cylinders anlangt, weil er dann im Moment seiner gröfsten Bewegung umsetzen mufs. Man sperrt vielmehr die Steuerung früher ab, so dafs der Dampf den Kolben nur noch durch seine Expansivkraft weiter treibt und der Kolben seine Bewegung umsetzt, wenn sie ein Minimum geworden ist (Expan-

sionsvorrichtung). Die Totalwirkung der Maschine wird dadurch verringert. (Hornblower 1781, Woolf 1804.)

221. Von der Wärme, welche der in den Cylinder einer Dampfmaschine eintretende Dampf enthält, wird nur ein Teil in den Kondensator (oder die Luft) übergeführt. Der Rest ist in Arbeit verwandelt. (Hirn.)

Man findet die Arbeitsleistung einer Dampfmaschine, wenn man die Durchschnittsfläche des Kolbens f mit dem auf die Flächeneinheit ausgeübten Dampfdrucke p (welcher durch ein Manometer gemessen wird) und mit dem vom Kolben in 1 Sekunde zurückgelegten mittleren Wege h multipliziert. Um die Arbeitsleistung in Pferdekräften auszudrücken, ist dieses Produkt fph durch 75 zu dividieren (38). Von der berechneten Arbeit geht indes ein bedeutender Anteil durch Reibungswiderstände verloren.

222. Die kalorische Maschine oder Heifsluftmaschine (Ericson 1850, Lehmann 1870 u. A.) ist eine einseitig wirkende Maschine, welche durch die Spannkraft erhitzter Luft bewegt wird.

Bei der geschlossenen kalorischen Maschine wird ein eiserner Cylinder an seinem geschlossenen Ende h (der Heizkammer) erhitzt. Die erhitzte Luft treibt den Arbeitskolben k vor, der durch seine Kolbenstange ein Schwungrad treibt. Die Rückbewegung des Kolbens geschieht durch die Trägheit des Schwungrades. Ein zweiter Kolben v, der Verdränger, bewegt sich durch eine Kurbel am Schwungrad mittels einer k durchbohrenden Stange mit gröfserer Hubhöhe als k, er schliefst

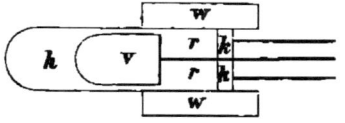

aber nicht dicht an die Cylinderwände an, sondern läfst einen ringförmigen Raum frei, der h mit r verbindet. Der ganze vordere Teil des Cylinders ist von Kühlwasser w umgeben. Geht k noch vor, v aber zurück, so wird die Luft in r abgekühlt und verdünnt. Geht nun v vor, so wird die kalte Luft aus r nach h gedrängt und frisch geheizt; geht v zurück und k vor, so geht die heifse Luft nach r, wird zwar abgekühlt, behält aber ihre Spannkraft und treibt k weiter vor, durch die Trägheit des Rades sogar soweit, dafs hinter k eine Verdünnung entsteht u. s. w.

Bei der offenen kalorischen Maschine ist die Heizkammer in den Cylinder h eingelassen; ein zweiter Cylinder v ist nach dieser Seite offen, so dafs er sich über die Heizkammer schieben kann. Bei der Rückbewegung von v schliefst ein Ring den Raum zwischen v und h, während Ventile in k kalte Luft in den Raum r einsaugen und durch ein weiteres Ventil aus h die heifse Luft entweicht.

223. Die **Gaskraftmaschine** oder der **Gasmotor** (Lenoir 1860, Otto 1865) ist eine einseitig wirkende Maschine, welche durch Gasexplosionen bewegt wird.

In den Cylinder wird mit Luft gemischtes Leuchtgas gebracht, welches durch eine kleine Gasflamme entzündet wird. Das explodierende Gemisch wirft den Kolben leer vorwärts, die Gase kühlen hinter ihm ab, so dafs der Kolben durch Atmosphärendruck zurückgeht und dabei ein Schwungrad in Bewegung setzt, das während der anderen Hälfte der Drehung ohne Verbindung mit dem Kolben weiter geht.

F. Ausbreitung der Wärme.

224. Ein wärmerer Körper teilt einem kälteren (ihn berührenden oder nicht berührenden) Wärme mit durch **Leitung**, durch **Strahlung**, oder durch **Strömung**. Die Leitung besteht in einer Abgabe der Wärme von Teilchen zu Teilchen, so dafs also der ganze, beide Körper verbindende Stoff ohne Rücksicht auf seine Gestalt erwärmt wird; bei der Strahlung geht die Wärme in geraden Linien von einem Körper zum andern über, ohne die zwischen ihnen liegenden Stoffe zu erwärmen. Die Wärmestrahlung folgt den Gesetzen der Lichtstrahlung (493). Die Strömung entsteht durch Dichtigkeitsunterschiede, welche zwischen den verschiedenen Schichten tropfbar flüssiger oder gasförmiger Körper infolge von Temperaturunterschieden vorhanden sind.

225. Unter den festen Körpern sind die besten Wärmeleiter die Metalle. Die Temperatur nimmt in Metallstäben in geometrischer Reihe ab, wenn die Entfernung von der Wärmequelle in arithmetischer Reihe zunimmt. (Despretz 1822.) Die schlechtesten Wärmeleiter unter den festen Körpern sind organische Stoffe, z. B. Holz.

Man bestimmt die relative Leitungsfähigkeit in Stäben von gleichen Dimensionen, aber verschiedenen Metallen, indem man sie an einem Ende auf eine gemeinsame hohe Temperatur bringt, und durch eine an den Stäben hingeführte thermometrische Vorrichtung (ein Thermoelement, 348) deren Temperatur in gemessenen Entfernungen von der Wärmequelle untersucht. Die Oberflächen der Stäbe müssen (durch Versilberung) gleichartig gemacht sein, um den gleichen Wärmeverlust durch Strahlung zu erhalten. Wiedemann und Franz (1853) fanden auf diese Weise folgende relative Werte:

Silber	100	Zink	28	Platin	8
Kupfer .	74	Zinn	15	Blei . .	8
Gold	. 23	Eisen .	12	Wismut	2

Diese Reihenfolge ist dieselbe, in welcher die Metalle in Bezug auf ihre Leitungsfähigkeit für Elektricität stehen (315).

Ångström (1861) bestimmte direkt die Wärmemenge, welche durch eine Platte hindurchgeht. Ist die eine Fläche auf etwa 50° erwärmt, beträgt der Abstand beider Flächen voneinander 1 cm, so gehen durch jeden Quadratcentimeter in Kupfer 55, in Eisen 10, in Quecksilber 1 Wärmeeinheit (auf 1 Gramm Wasser bezogen).

In nicht regelmäfsigen Krystallen wird die Wärme in verschiedenen Richtungen verschieden gut geleitet (Sénarmont 1847).

Bei der Berührung mit der Hand erscheint der bessere Wärmeleiter wärmer als der schlechtere, wenn beide wärmer als die Hand sind, der schlechtere wärmer als der bessere, wenn beide kälter als die Hand sind.

Eine Flamme brennt durch ein Drahtnetz nicht hindurch, weil die zum Fortbrennen nötige Wärme durch Leitung und Strahlung dem Gase entzogen wird. Erst wenn das Netz glühend wird, entzündet es die Gase wieder. Auf diese Erscheinung ist die Einrichtung der Davy'schen Sicherheitslampe begründet. (1815.)

226. Flüssigkeiten und Gase sind schlechte Wärmeleiter. In den Flüssigkeiten ist die Erscheinung der Leitung durch die eintretenden Strömungen, in den Gasen durch Strahlung und Strömung gestört. Gemische aus Körpern verschiedenen Aggregatzustandes (feuchte organische Körper, Federbetten, Glaswolle) sind besonders schlechte Wärmeleiter. Mit ihnen umgiebt man deshalb Gegenstände, die vor Abkühlung oder vor Erwärmung geschützt werden sollen.

Um die Leitungsfähigkeit von Flüssigkeiten ungestört durch

die Strömungen untersuchen zu können, hat man sie von oben her erwärmt (Despretz 1838, Paalzow 1868) oder von unten her abgekühlt (H. F. Weber 1879). Nach letzterem ist Wasser der beste Leiter; für durchsichtige, nicht metallische Flüssigkeiten giebt die Leitungsfähigkeit, dividiert durch das Produkt aus spec. Wärme und spec. Gewicht, nahezu konstante Quotienten. Winkelmann (1874) fand Kochsalzlösung besser leitend als Wasser. Wasser leitet über 100 mal so schlecht als Eisen (Lundquist 1869).

Unter Gasen ist Wasserstoff weitaus der beste Leiter (Magnus 1861). Wasserstoff leitet 7 mal, Kohlendioxyd 0,6 mal so gut wie Luft (Kundt und Warburg 1875), Luft 3360 mal so schlecht wie Eisen (Stefan 1872). Vom Drucke ist die Leitungsfähigkeit der Gase fast unabhängig.

G. Wärmeerscheinungen in der Atmosphäre.

227. Die Atmosphäre würde in sich im Gleichgewicht sein, wenn an allen Orten der Erde der auf den Meeresspiegel reduzierte Barometerstand (117) der gleiche wäre. Durch die wechselnde Stellung der Sonne und durch die ungleiche Erwärmung und Abkühlung der verschiedenen Stellen der Erdoberfläche wird aber eine Ungleichheit des Druckes an verschiedenen Orten hervorgebracht. Dann fliefst die Luft von den Stellen höheren Druckes zu denen niederen Druckes ab. Diese Bewegung der Luft heifst Wind.

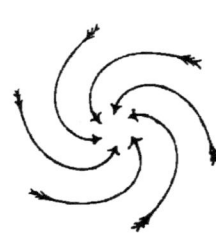

Unter dem Einflufs der Sonnenstrahlen erwärmt sich eine Landfläche stärker als eine benachbarte Wasserfläche. Die über dem Lande verdünnte Luft steigt auf; deshalb sinkt das Barometer, es bildet sich ein barometrisches Minimum, und die Luft strömt von den umgebenden Orten höheren Druckes nach dem Orte des Minimums hin. Dieses Strömen findet aber nicht in geradlinigen Bahnen statt; durch die Erddrehung und infolge des Beharrens in der Bewegung werden vielmehr die aus höheren Breiten kommenden Winde eine Richtung mehr von Osten her, die aus niederen Breiten kommenden eine mehr von Westen annehmen. Auf der nördlichen Halbkugel werden also Nordwinde zu Nordost- und Südwinde zu Südwestwinden. Die Winde gehen demnach ihrer Richtung nach am Minimum vorüber und erreichen dasselbe nur in spiralförmigen Wirbeln (Cyklonen). Der Wind wird dabei so abgelenkt, dafs der mit dem Winde gehende Beobachter den geringeren Druck links und etwas vor sich, den gröfseren rechts und etwas hinter sich hat. (Gesetz von Buys-Ballot.)

Die am Minimum aufgestiegene Luft geht in höheren Luftschichten nach den Stellen zurück, von denen der Zuflufs kam. Die Minima verschieben sich bald langsamer, bald schneller, in unseren Breiten in der Regel nach Osten hin. Entsprechend bilden sich barometrische Maxima aus den umgekehrten Ursachen, z. B. wenn über Nacht das Land stärker abkühlt, als das umgebende Wasser (See- und Landwinde). Nach demselben Gesetz wechseln im indischen Ocean die Monsune (Moussons): im Sommer der nördlichen Halbkugel weht Südwest-, im Winter Nordostmonsun.

In der Äquatorialgegend werden diese Luftbewegungen besonders stark, der aufsteigende Luftstrom erzeugt auf der nördlichen Halbkugel Nordost-, auf der südlichen Südostwinde (Passate), welche da, wo sie zusammentreffen, durch die Heftigkeit des aufsteigenden Stromes ganz verschwinden (Region der Kalmen, in der stetes Minimum herrscht).

Eine Linie, welche alle Orte gleichen reduzierten Barometerstandes miteinander verbindet, heifst eine Isobare; die Anzahl von Millimetern, um welche der Barometerstand abnimmt, wenn man in der Richtung senkrecht zu dieser Isobare um die Gröfse eines Meridiangrades fortschreitet, heifst der Gradient. Je gröfser der Gradient ist, desto heftiger wird der Wind. Ein Wind, der die Geschwindigkeit von 15 m in der Sekunde überschreitet, wird Sturm genannt.

228. Die Temperatur der Luft an einem bestimmten Orte hängt ab von der Aufnahme und Abgabe von Wärmestrahlen (495) an der betreffenden Stelle der Erdoberfläche, von der Temperatur der zuströmenden Luft und von dem Feuchtigkeitsgehalte der Luft.

Bei heiterem Himmel nimmt der Erdboden am Tage und im Sommer mehr Wärme von der Sonne auf, als er abgiebt, bei Nacht und im Winter giebt er mehr ab, als er aufnimmt. Daher sind über dem Gebiete eines barometrischen Maximums, über welchem nur unbedeutende Luftbewegung stattfindet, die Sommer besonders warm, die Winter besonders kalt (Kontinentalklima). Zum Gebiete eines barometrischen Minimums strömt die Luft aus Gegenden anderer Temperatur, z. B. wärmere Luft mit dem Südwestwind. Aufserdem aber wird durch solche Zuflüsse Feuchtigkeit hinzugeführt, weil die Luft bei höherer Temperatur bis zur Sättigung eine gröfsere Menge Wasserdampf enthalten kann (207). Wird dieser abgekühlt, so beginnt er sich niederzuschlagen, er bildet Nebel und Wolken, verhindert dadurch den regelmäfsigen Gang der Aus- und Einstrahlung, erzeugt aber durch die beim Übergang des Wasserdampfes in den flüssigen Zustand frei werdende Wärme die Fortdauer des aufsteigenden Luftstromes und verhindert dadurch die schnelle Ausgleichung des Minimums. Die Winter werden darum an solchen Stellen nicht so kalt, die Sommer nicht so warm (Seeklima).

Linien, welche alle Orte miteinander verbinden, welche zu gleicher Zeit gleiche Temperatur haben, heifsen Isothermen, die Verbindungslinien der Orte, welche gleiche mittlere Jahrestemperatur haben, Jahresisothermen.

229. Die in einem Kubikmeter Luft enthaltene Menge von Wasserdampf heifst die absolute Feuchtigkeit derselben; das Verhältnis der in einem Luftvolumen enthaltenen Dampfmenge zu derjenigen Dampfmenge, welche in demselben Volumen bei derselben Temperatur vorhanden sein würde, wenn der Dampf gesättigt wäre, heifst deren relative Feuchtigkeit.

Die absolute Feuchtigkeit findet man nach dem Gewichte, indem man ein gemessenes Luftvolumen durch eine, mit einem die Wasserdämpfe absorbierenden (hygroskopischen) Körper gefüllte Röhre leitet, und die Gewichtszunahme derselben bestimmt. Solche Körper sind: Chlorcalcium, Phosphorsäure, Schwefelsäure. Auch kann die absolute Feuchtigkeit durch den Druck gemessen werden, welchen die in der Luft enthaltenen Wasserdämpfe ausüben. Der Barometerstand ist gleich dem Druck der trockenen Luft plus dem der vorhandenen Feuchtigkeit (210). Bringt man in ein abgegrenztes Volumen feuchter Luft vom Atmosphärendrucke einen hygroskopischen Körper, so wird der Wasserdampf absorbiert und der Druck wird um den Druck geringer, welchen dieser Dampf ausgeübt hat.

Ein Kubikmeter enthält an gesättigtem Wasserdampf bei

$-10° = 2,1$ gr vom Druck 2,0 mm	$+15° = 12,8$ gr vom Druck 12,7 mm
$- 5 = 3,5$ „ „ „ 3,1 „	$+20 = 17,2$ „ „ „ 17,4 „
$0 = 4,9$ „ „ „ 4,6 „	$+25 = 22,9$ „ „ „ 23,6 „
$+ 5 = 6,8$ „ „ „ 6,5 „	$+30 = 30,1$ „ „ „ 31,6 „
$+10 = 9,4$ „ „ „ 9,1 „	(207).

Werden die Temperaturen t nach Réaumur'schen Graden gemessen, was in der Meteorologie noch zuweilen geschieht, so enthält zwischen den Grenzen $t = 10^0$ und $t = 30^0$ ein Kubikmeter nahezu t Gramm Wasserdampf, welcher nahezu die Expansivkraft t mm hat. Die relative Feuchtigkeit der Luft wird durch Hygroskope und Hygrometer gemessen.

230. Die Hygroskope beruhen auf der Eigenschaft vieler, namentlich organischer Körper, aus der Luft Feuchtigkeit aufzunehmen und dadurch ihr Volumen zu verändern.

Entfettete Haare (Saussure 1783, Koppe 1877), Fischbein (Deluc 1788) dehnen sich beim Feuchtwerden aus. Um sie als Hygroskop anzuwenden, wird der hygroskopische Körper an einem Ende befestigt und am anderen an eine Fühlhebelvorrichtung angehängt, welche seine Längenveränderung an einer Skala mifst. Die festen Punkte für diese werden erhalten, indem man den Apparat einmal in einen ganz trockenen, das andere Mal in einen ganz mit Dampf gesättigten Raum bringt. Das Darmsaitenhygroskop (Santorio 1626) beruht auf der Verkürzung, die ein gedrehter Darm beim Feuchtwerden erleidet. Im Bifilarhygroskop (Klinkerfuefs) wird ein bifilar aufgehängter Wagebalken durch die Längenveränderungen eines Haares gedreht, welches seitlich vom Drehpunkt an dem Wagebalken angreift.

231. Durch das Kondensationshygrometer (Accademia del Cimento) wird eine Luftmasse von der Temperatur t bis zu derjenigen Temperatur t_1 abgekühlt, bei welcher der in ihr enthaltene Wasserdampf gesättigt ist; dann beginnt der Dampf sich in flüssiger Gestalt niederzuschlagen. Diese Temperatur heifst der Taupunkt. Ist derselbe bekannt, so kennt man (nach 207 und 229) die Feuchtigkeitsmenge, welche in der Luft enthalten sein könnte (bei t^0 gesättigter Dampf) und die, welche wirklich in ihr enthalten ist (bei t_1^0 gesättigter Dampf), also die relative Feuchtigkeit der Luft.

Zur Bestimmung des Taupunktes dient Daniells Hygrometer (1820). Die Kugel b enthält Äther, der ganze übrige Raum nur Ätherdampf. Die Kondensationskugel c, welche mit einem Gewebe bekleidet ist, wird mit Äther begossen und dadurch abgekühlt. Die Ätherdämpfe schlagen sich in ihr nieder, dadurch verdampft der in b, der Be-

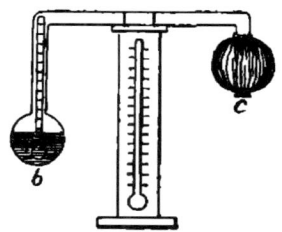

obachtungskugel, enthaltene Äther, die Kugel b kühlt sich also ab und beschlägt von aufsen. Bei Regnaults Hygrometer (1845) wird der in einem Silbercylinder enthaltene Äther durch einen hindurchgeleiteten Luftstrom zum starken Verdunsten gebracht und dadurch der Cylinder abgekühlt. Bei beiden Kondensationshygrometern wird der Niederschlag bei seinem Entstehen und Verschwinden durch ein Fernrohr beobachtet und das Mittel aus den bei beiden Beobachtungen abgelesenen Temperaturen als t_1 genommen.

232. Das Psychrometer von August (1829) besteht aus zwei sehr empfindlichen Thermometern; die Kugel des einen ist mit einem Gewebe bewickelt und wird mit Wasser befeuchtet. Dies verdunstet, bis die nächste Umgebung des Thermometers mit Wasser gesättigt ist, und bringt eben so lange das Thermometer zum Sinken. Aus den Temperaturen des trockenen und feuchten Thermometers (t und t'), dem Barometerstande b, und dem Maximum der Expansivkraft des Wasserdampfes e_m bei der Temperatur t findet man den Druck e, welchen die wirklich vorhandene Feuchtigkeit ausübt.

Die Näherungsformel, nach welcher e gefunden wird, ist $e = e_m - c \cdot b \cdot (t - t')$. Die konstante c ist in mäfsig bewegter Luft $= 0{,}0008$. Sie mufs indes für jede besondere Aufstellung des Apparates durch Vergleich mit anderen Hygrometern ermittelt werden.

233. Wenn feuchte Luft unter ihren Taupunkt abgekühlt wird, so entstehen wässerige Niederschläge: Nebel, Wolken, Regen, Schnee, Hagel, Tau, Reif.

Nebel besteht aus Wasserbläschen oder Tröpfchen; er entsteht bei Mischung von kalter Luft mit wärmerer feuchter Luft, oder beim Wehen feuchter Luft über eine kalte Bodenfläche oder kalter Luft über eine warme Wasserfläche.

Wolken sind Nebel in höheren Regionen; sie entstehen, wenn feuchte Luft in das Gebiet eines barometrischen Minimums tritt und durch den aufsteigenden Luftstrom verdünnt, also abgekühlt wird. Die höchsten Wolken (Cirrus, Federwolke) bestehen aus Eisnadeln, die übrigen (Cumulus, Haufenwolke; Stratus, Schichtwolke) aus Wasserbläschen oder Tropfen. (Die Einteilung der Wolken rührt von Hadley her.) Die horizontale Grundfläche einer Wolke bezeichnet die Luftschichte, in welcher der aufsteigende Luftstrom den Taupunkt erreicht hat.

Regen bildet sich aus den Wolken bei fortschreitender langsamer Kondensation, Schnee bei plötzlicher Abkühlung (203).

Hagel besteht aus Eiskörnern, welche von konzentrischen Eishüllen umgeben sind, die wahrscheinlich durch wiederholtes lokales Aufsteigen sehr feuchter Luftströme gebildet werden. Er tritt im Gefolge von Gewittererscheinungen auf.

Tau ist ein Niederschlag, der auf Körpern entsteht, welche sich durch Ausstrahlung unter den Taupunkt abgekühlt haben. Liegt dieser unter dem Gefrierpunkt, so entsteht Reif. Eine Wolkendecke verhindert die Ausstrahlung und Taubildung.

Eine feuchte Luftmasse, welche über den Kamm eines Gebirges getrieben wird, verdünnt sich beim Aufsteigen, kühlt sich ab und setzt ihre Feuchtigkeit in Gestalt von Regen oder Schnee ab. Auf der anderen Seite fällt sie als trockene Luft wieder ins Thal hinab und verwandelt den gewonnenen Arbeitsvorrat in Wärme; sie kommt also als warmer, trockener Wind (Föhn) an.

Vierter Abschnitt.

Von dem Magnetismus und der Elektricität.

A. Magnetismus.

a) Magnetische Anziehung und Abstofsung.

234. Der Magneteisenstein hat die Eigenschaft, Eisen anzuziehen (natürlicher Magnet); Stahlstäbe werden magnetisch durch Bestreichen mit einem solchen (künstlicher Magnet). Ein um eine lotrechte Achse drehbarer Magnetstab (Magnetnadel) richtet sich annähernd von Süd nach Nord. Das nach Norden zeigende Ende heifst der positive oder Nord-Pol, der andere der negative oder Süd-Pol, die Verbindungsgerade heifst magnetische Achse. Gleichnamige Pole stofsen einander ab, ungleichnamige ziehen einander an. Die Mitte des Magnetes verhält sich indifferent.

235. Bei beliebiger Zerteilung eines Magnetes zeigt jeder Teil wiederum beide Pole (Coulomb). Man denkt sich daher einen Magnet aus magnetischen Molekeln zusammengesetzt. Die Mitte erscheint indifferent, weil sich hier die Wirkungen der beiderseits liegenden Molekularmagnete aufheben.

Die ältere Ansicht, dafs im Magnet zwei magnetische Fluida geschieden werden, ist daher unhaltbar.

236. Weiches Eisen wird magnetisch, wenn man es an einen Magnetpol anlegt, oder demselben nur nähert. (Magnetische Induktion, inducierter Magnetismus.) Dabei wird das dem Magnetpole genäherte Ende des Eisenstabes diesem Pole entgegengesetzt magnetisch. Nach Entfernung vom Magnet wird das Eisen wieder unmagnetisch. Ebenso wird ein Eisenstab temporär magnetisch, wenn er in die Richtung der erdmagnetischen Kraft (243) gebracht wird (Magnetismus der Lage). (Gilbert, Canton.) Im gewöhnlichen Eisen und Stahl nimmt man magnetische Molekeln ungeordnet durcheinanderliegend an. Durch die Nähe eines Magnetes werden sie so geordnet, dafs ihre Achsen gleichgerichtet parallel laufen (359) und hierdurch wird das Eisen selbst zum Magnet. Ist dieser Parallelismus vollständig hergestellt, so heifst der Magnet gesättigt.

Legt man auf einen Magnet ein Papier und bestreut es mit Eisenfeile, so ordnen sich die Eisenteilchen in Kurven, indem ein jedes durch Induktion zu einem Magnet wird und sich dann in die Resultante aller von der Umgebung ausgeübten magnetischen Richtkräfte stellt.

237. Harter Stahl wird durch Anlegen an einen Magnetpol auch magnetisch. Die Ordnung der Molekularmagnete ist aber unvollkommen und erreicht nicht immer das entfernte Ende des Stabes, so dafs sich Pole (Folgepunkte) innerhalb des Stabes selbst bilden. Vollkommener magnetisiert wird der Stahl durch Bestreichen mit einem Magnet. (Gilbert 1633.) Nach der Entfernung vom Magnet behält der Stahl seinen Magnetismus (permanenten Magnetismus). Die Kraft, durch welche die Molekeln geordnet bleiben, nennt man die Koërcitivkraft. Der besseren Durchmagnetisierung wegen setzt man Magnete aus mehreren Lamellen zusammen (magnetisches Magazin), am besten aus Uhrfedern. (Jamin 1873.)

Man streicht jede Hälfte des Stabes von der Mitte nach aufsen mit je einem Pol und erhält dort den entgegengesetzten Pol. Wird ein Stahlstab, nachdem er durch Bestreichen mit einem starken Magnet magnetisiert war, mit einem schwächeren Magnet gestrichen, so verliert er an Magnetismus. Durch Erhitzung verliert ein Stahlmagnet seinen Magnetismus vollständig, dagegen wird Eisen durch mäfsige Erwärmung für den temporären Magnetismus empfänglicher. Nicht gut ausgeglühtes und nicht sehr langsam abgekühltes oder zu kohlenstoffreiches (nicht ganz weiches) Eisen behält nach der Entfernung vom Magnet ebenfalls einen remanenten Magnetismus; umgekehrt ist harter Stahl auch eines temporären Magnetismus fähig, der gröfser ist, als sein permanenter. Galvanisch niedergeschlagenes (also kohlenstofffreies) Eisen wird permanent magnetisch, zwischen den Polen eines Magnetes niedergeschlagenes Eisen ist sofort ein Magnet.

238. Ein Magnet zieht Eisen an, weil dasselbe in seiner Nähe selbst zum Magnet wird. Die Tragkraft eines Magnetes

ist nicht nur von der Stärke des in ihm erregten Magnetismus, sondern auch von seiner Gestalt (Stab oder Hufeisen) und von der Gestalt des getragenen Eisens (Anker) abhängig. Die Tragkraft ist deshalb nicht das Mafs des Magnetismus.

Die Gröfse und Gestalt des Ankers ist deshalb von grofsem Einflufs auf die Tragkraft, weil der im Anker erregte Magnetismus induzierend auf den Magnet zurückwirkt. Die Tragkraft eines Hufeisenmagnetes ist weit gröfser, als die Summe der Tragkräfte beider Schenkel desselben. Ist das Gewicht eines hufeisenförmigen Stahlmagnetes $= P$, so ist seine Tragkraft $T = a \sqrt[3]{p^2}$, wo a eine für jede Stahlsorte bestimmte Konstante ist. (Haecker 1842.) Die so zu vergleichenden Magnete und Anker müssen geometrisch ähnlich gestaltet sein.

239. In ähnlicher Weise wie Eisen, aber in sehr viel geringerem Grade, ist auch Nickel, noch weniger Kobalt, Mangan, Chrom, Platin des Magnetismus fähig. Aber auch andere Körper stehen unter dem Einflufs des Magnetes. Ein Eisen- oder Nickelstab zwischen die Pole eines starken Magnetes (Elektromagnetes, 359) horizontal in seinem Schwerpunkte aufgehängt, stellt sich achsial in die Richtung $a\,b$, weil in ihm selbst Magnetismus in dem Sinne erregt wird, dafs sein eines Ende vom einen, das andere vom anderen Pol angezogen

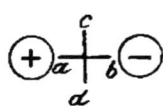

wird. Körper, welche sich so verhalten, heifsen magnetisch oder paramagnetisch. Andere Körper, z. B. Wismut, Antimon, Zink, Silber, Kupfer, Gold, ebenso aufgehängt, stellen sich äquatorial in die Richtung $c\,d$, weil sich die Molekeln in ihnen unter dem Einflufs des Magnetismus so richten, dafs die Körper von beiden Polen abgestofsen werden. Solche Körper heifsen diamagnetische. (Faraday 1845.) Körper, welche nicht nach allen Richtungen hin gleiche Dichte haben (z. B. Krystalle), nehmen eine Stellung zwischen den Magnetpolen an, welche von der Lage der Krystallachsen abhängt. Flüssigkeiten können dia- oder paramagnetisch sein; die meisten Eisensalzlösungen sind paramagnetisch. Unter den Gasen ist Sauerstoff am stärksten magnetisch, Wasserstoff am stärksten diamagnetisch. (Plücker 1848.) Eine rufsende Flamme wird zwischen den Magnetpolen diamagnetisch zusammengedrückt.

Die Versuche werden am besten zwischen den Polen eines Ruhmkorff'schen Magnetes (359) angestellt. In eine magnetisierende Spirale gebracht, nimmt ein Wismutstab entgegengesetzte Polaritäten an, wie ein Eisenstab. (Reich, Tyndall.) Innerhalb eines magnetischen Mittels (Sauerstoff, Eisenlösung) kann ein magnetischer Körper nach Analogie des archimedischen Prinzips diamagnetisch erscheinen, wenn sein Magnetismus schwächer ist, als der des umgebenden Mittels. (Plücker.)

b) **Richtung des Magnetes durch den Erdmagnetismus.**

240. Die Erde kann selbst als ein Magnet betrachtet werden. (Gilbert 1600.) Der tellurische Magnetismus ist die Gesamtwirkung aller magnetischen Teile der Erde (Gauſs) (vgl. 353). Eine durch die Verbindungslinie der beiden Pole (die magnetische Achse) einer Magnetnadel gelegte Vertikalebene heiſst der magnetische Meridian des Ortes. Der Winkel, den derselbe mit dem tellurischen Meridian bildet, heiſst die Deklination. Die Deklination kann eine westliche (+) oder östliche (—) sein. Linien, welche alle Orte der Erde, die gleiche Deklination haben, miteinander verbinden, heiſsen Isogonen. (Halley 1700.)

Die Deklination wurde von Columbus (1492) entdeckt. Im Laufe der Jahre ändert sie sich (säkulare Variationen) so, daſs ein Ort, welcher früher östliche Deklination hatte, jetzt westliche haben kann. In jedem Jahre nimmt sie um ungefähr 0,13° ab. Auch mit der Jahres- und Tageszeit ist sie veränderlich (jährliche und tägliche Variationen); sie erreicht ein westliches Maximum bald nach Mittag; im Sommer ist dasselbe am gröſsten. Zur Beobachtung der Variationen dient das Magnetometer (Gauſs), ein an einem Bündel ungedrehter Fäden horizontal aufgehängter Magnet, welcher einen vertikalen Spiegel trägt. Mit einem Fernrohr beobachtet man im Spiegel das Bild einer Skala. Aus der Verschiebung des Spiegelbildes ist dann die Veränderung in der Lage des Magnetes bekannt (448).

Westliche Deklination im Anfang des Jahres 1888 (F. Kohlrausch):

östl. v. Paris:	5°	10°	15°
45° nördl. Br.	12,6°	10,4°	8,1°
50° ,, ,,	13,5	10,9	8,4
55° ,, ,,	14,3	11,3	8,6

241. Die Richtkraft des Magnetes wird angewandt im Kompaſs und der Bussole.

Der Kompaſs (Chinesen 2300 v. Chr.) ist eine in einer Ringaufhängung (81) frei schwebende Büchse, in welcher die Magnetnadel auf einer Spitze schwebend über einer Windrose spielt; er dient zur Orientierung, namentlich auf dem Meere. Die Bussole besteht aus einer Magnetnadel und einer Visiervorrichtung, durch welche man den Winkel miſst, den die Visierrichtung mit dem magnetischen Meridian bildet.

242. Ein Magnet, der um eine horizontale, durch seinen Schwerpunkt gehende Achse im magnetischen Meridian drehbar ist, senkt sich auf der nördlichen Erdhälfte mit dem positiven, auf der südlichen mit dem negativen Ende nach unten. Der Winkel, den er mit der Horizontalen bildet, heiſst die **Inklination**. (Hartmann 1544.) Die Linien, welche alle Orte gleicher Inklination auf der Erde miteinander verbinden, heiſsen **Isoklinen**. (Hansteen 1826.) Die Isokline 0° heiſst der **magnetische Äquator**; die Punkte, an denen die Inklination 90° ist, die **magnetischen Pole**.

Ein **Inklinatorium** (Normann 1576) ist eine Magnetnadel, deren durch den Schwerpunkt gehende und zur magnetischen Meridianebene senkrechte Achse mit möglichst geringer Reibung unterstützt ist und deren Enden an einer Kreisteilung spielen. Bei der Messung der Inklination muſs man die Fehler, welche daraus entstehen, daſs der Magnet nicht genau im Schwerpunkt aufgehängt ist und daſs die magnetische Mittellinie desselben nicht genau mit seiner geometrischen zusammenfällt, durch Umlegen und Ummagnetisieren der Nadel eliminieren.

Die Inklination ist ebenfalls veränderlich. In jedem Jahre nimmt sie um etwa 0,03° ab.

Inklination im Anfang von 1888:

östl. v. Paris:	5°	10°	15°
45° nördl. Br.	61,8°	61,0°	60,3°
50° ,, ,,	65,5	64,9	64,2
55° ,, ,,	68,7	68,1	67,7

Der magnetische Nordpol liegt bei der Insel Melville (Ross 1833); der Südpol ist noch nicht aufgefunden.

243. Ein in seinem Schwerpunkt freibeweglich aufgehängter Magnet stellt sich infolge der gesamten Richtkraft des Erdmagnetismus T in die Ebene des magnetischen Meridianes und neigt sich zur Horizontalen um den Inklinationswinkel i. Man kann diese Kraft T in zwei Komponenten zerlegen, eine vertikale V und eine horizontale H, so dafs $V/H = \tang i$ ist.

Steht die Achse, um welche sich der Magnet drehen kann, senkrecht auf der Meridianebene, so nimmt die Nadel ebenfalls die Stellung der Inklination an, weil sowohl V als H auf sie wirken können. Liegt die Achse horizontal im magnetischen Meridian, so stellt sich die Nadel lotrecht, weil nur V auf sie wirkt. Liegt die Achse in der Linie T, so ist die Nadel astatisch, d. h. sie hat gar keine Richtkraft, weil keine der Komponenten ein Drehungsmoment auf sie ausübt.

244. Eine horizontal aufgehängte Magnetnadel kann man astatisch machen, indem man einen Magnet neben (oder über oder unter) derselben in einer solchen Lage aufstellt, dafs seine Wirkung die des Erdmagnetismus auf die Nadel aufhebt. (Kompensationsmagnet, Hauy.)

Ein astatisches System besteht aus zwei fest miteinander verbundenen und gemeinschaftlich aufgehängten Magnetnadeln von gleicher Richtkraft, aber entgegengesetzter Richtung. (Ampère.)

c) Messung der magnetischen Kraft.

245. Die Kraft der Anziehung oder Abstofsung zweier Magnetpole wird gemessen, indem man den einen Magnet fest legt, den andern horizontal drehbar aufhängt, und zwar geschieht die Messung a) an der Bifilarwage (79) durch die der Ablenkung entgegenwirkende Schwerkraft, b) an der Torsionswage (91) durch die elastische Kraft des Fadens, c) durch die Ablenkung der Magnetnadel, deren Direktionskraft mittels ihrer Schwingungen bestimmt ist, d) durch die Schwingungen der Nadel unter der Wirkung des Magnetes.

Da diese Bewegungen vom Erdmagnetismus beeinflufst sind, so ist zuerst dessen Wirkung zu bestimmen.

246. Eine horizontal schwingende Magnetnadel macht unter dem Einflufs des Erdmagnetismus pendelartige Schwingungen, deren Direktionskraft bei unverändertem Magnetismus der Nadel proportional ist der nach Ort und Zeit wechselnden horizontalen Komponenten des Erdmagnetismus (vgl. 249 und 250).

Die Direktionskraft ist gegeben durch die Gleichung $D = \pi^2 K/t^2$ (76), und die Verhältnisse der Horizontalintensitäten des Erdmagnetismus werden aus den Schwingungszeiten einer Nadel erhalten, $H : H_{,} = D : D_{,} = t_{,}^2 : t^2$.

247. Die Anziehung (oder Abstofsung) zweier Magnetpole steht im umgekehrten Verhältnis zum Quadrate ihrer Entfernung.

Bringt man eine horizontal schwingende Magnetnadel einem Magnetpol in der Nordsüdrichtung nahe, so schwingt sie unter dem Einflusse einer gröfseren oder kleineren richtenden Kraft $+ m$; giebt man dem Magnetpol einen anderen Abstand, so ändert sich m in $m_{,,}$ die Nadel hat also wieder eine andere Schwingungsdauer. Aus den so erhaltenen 3 Gleichungen wird das Verhältnis $m : m_{,}$ und damit das oben ausgesprochene Gesetz gefunden.

Man kann zur Vergleichung der Wirkung zweier Magnetpole auf einen dritten auch die Torsionswage (91) benutzen. (Coulomb 1785.)

Die Richtigkeit des Gesetzes ergiebt sich übrigens genauer daraus, dafs das Zusammenwirken der Polpaare zweier Magnete ihm entspricht (252 u. 253).

248. Das Verhältnis zweier freien Magnetismen wird gemessen durch die Wirkungen, welche sie in gleichem Abstand auf einen dritten Magnet ausüben. Der freie Magnetismus eines Stabes ist in seiner Mitte $= 0$ und nimmt nach den Enden hin zu (van Rees 1847). Der Magnetismus eines Poles ist 1, wenn er einen Pol von demselben Magnetismus in der Entfernung 1 (cm) mit der Kraft 1 (Dyn) abstöfst; er ist μ, wenn er auf den Pol 1 in der Entfernung 1 mit der Kraft μ wirkt. Die Kraft der Anziehung oder Abstofsung zweier Magnetismen ist bei unveränderter Entfernung ihrem Produkte proportional.

Aus den Schwingungen einer kleinen Magnetnadel an verschiedenen Stellen neben einem lotrechten Magnetstabe läfst sich das Verhältnis der freien Magnetismen dieser Stellen ermitteln. Nimmt man die Mittellinie eines Magnetstabes (seine magnetische Achse) als Abscissenlinie und trägt die an jeder Stelle desselben vorhandenen freien Magnetismen als Ordinate auf, so sind die Schwerpunkte S und S' der von der magnetischen Achse und der das Gesetz der Zunahme des Magnetismus ausdrückenden Kurve eingeschlossenen Flächen die wahren Angriffspunkte der magnetischen Richtkraft. Die Fufspunkte P der von S auf die Achse gefällten Senkrechten heifsen die wahren Pole des Magnetes. In der Mitte der Linie PP liegt der Indifferenzpunkt, an welchem gar kein freier Magnetismus vorhanden ist. Die durch die Lagerung der Eisenfeile (236) gebildeten Figuren lassen diese Verteilung des Magnetismus erkennen.

Im allgemeinen ist zwischen den Magnetismen m und m, in der Entfernung r die Kraft $p = \pm\, m\, m, /\, r^2$, wo das Zeichen $+$ eine Abstofsung zwischen zwei gleichnamigen, das Zeichen $-$ eine Anziehung zwischen zwei ungleichnamigen Polen bezeichnet. Wenn m auf m wirkt, ist $p = m^2/r^2$, $m = r\sqrt{p}$; der freie Magnetismus bezeichnet also nicht die Kraft selbst; seine Dimension ist $l\,.\,\sqrt{m l/t^2} = m^{1/2} l^{3/2}/t$.

Für den Nachweis des Gesetzes gilt das am Schlufs von 247 bemerkte. Es ist zu beachten, dafs bei der Annäherung der freie Magnetismus durch Induktion (236) verändert werden kann.

249. Diejenige Umgebung eines Magnetes, innerhalb welcher er auf andere Körper wirkt, heifst das magnetische Feld; die Richtung, in welcher die in dem Felde wirkende Kraft einen magnetischen Pol zu bewegen strebt, heifst eine Kraftlinie (Faraday). Die Intensität F an irgend einer Stelle des Feldes ist die Kraft, welche auf den Magnetismus 1 an dieser Stelle wirken würde; die Kraft auf den Magnetismus m ist $p = m\, F$.

Von einem einzelnen Magnetpole (dem Pole eines langen, dünnen Magnetstabes) ausgehende Kraftlinien sind die Radien einer

146 Magnetismus.

Kugel; in einem gleichförmig magnetischen (z. B. in einem von einem starken Magnetpol hinreichend entfernten) Felde laufen die Kraftlinien einander parallel. Das durch den Erdmagnetismus erzeugte Feld ist ein solches. Auf die beiden Pole eines in einem solchen Felde frei beweglich aufgehängten Magnetes wirken die Kräfte in den Kraftlinien als ein Kräftepaar (34), das den Magnet in die Richtung der Kraftlinien zu stellen, aber nicht von der Stelle zu rücken strebt.

Die Dimension einer Intensität ist, entsprechend $F = p/m$, $(ml/t^2)/(m^{1/2}l^{3/2}/t) = m^{1/2}/l^{1/2}t$.

250. Das Produkt aus dem freien Magnetismus m eines Magnetpoles in die Länge $2l$ des Magnetes heifst das magnetische Moment des Magnets

($M = 2lm$). Die Direktionskraft einer horizontal schwingenden Magnetnadel ist gleich dem Produkt des magnetischen Momentes M mit der Horizontalkomponente der Intensität des Erdmagnetismus $D = MH$.

Die auf jeden Pol m wirkende Kraft ist mH; wird die Nadel rechtwinkelig zur Richtkraft gestellt, so ist somit das Moment $D = 2mHl = MH$, in jeder anderen Lage $D \sin \alpha$. Da nach 76 $t = \pi \sqrt{K/D} = \pi \sqrt{K/MH}$, so ist $MH = \pi^2 K/t^2$. Das auf die Masseneinheit eines Magnetes reduzierte magnetische Moment heifst dessen spezifischer Magnetismus. Die Dimension des magnetischen Momentes ist $l \cdot m^{1/2}l^{3/2}/t = m^{1/2}l^{5/2}/t$.

251. Das Produkt MH läfst sich aus der Ablenkung bei bifilarer Aufhängung eines Magnetes (Bifilarmagnetometer) bestimmen (F. Kohlrausch 1882).

Der Magnet wird in eine zur magnetischen Richtkraft senkrechten Bifilaraufhängung gebracht; die aus den Mafsen der letzteren und dem Gewicht des Magnetes bestimmte Direktionskraft der Bifilaraufhängung sei D (79), die Ablenkung φ; alsdann ist $MH = D \, tg \, \varphi$.

252. Liegt ein Magnet von der Länge $2l$, dessen Pole die freien Magnetismen $\pm \mu$ haben, in der Entfernung r von dem

Messung der magnetischen Kraft. 147

Pole einer Magnetnadel mit dem Magnetismus m so, daſs die Verlängerung der Magnetachse durch den Drehpunkt der Nadel geht (erste Hauptlage), so ist,  da die Wirkung eines Magnetpoles auf den Nadelpol m in der Entfernung $1 = \pm \mu m$ ist, die Abstoſsung, welche der — Pol des Magnetes auf den — Pol der Nadel ausübt $+ \mu m/(r-l)^2$, die Anziehung, welche der + Pol des Magnetes auf den — Pol der Nadel ausübt $= - \mu m/(r+l)^2$; also die gesamte Kraft, mit der der — Pol der Nadel abgelenkt wird $= 4 r l \mu m/(r^2 - l^2)^2$. Da nun $2 l \mu = M$ das magnetische Moment des Magnetes ist, so ist seine Gesamtwirkung auf den Nadelpol $= 2 r M m/(r^2 - l^2)^2$. Darf man l^2 gegen r^2 vernachlässigen, so ist sie $= 2 M m/r^3$.

253. Liegt derselbe Magnet in derselben Entfernung r von demselben Pole so, daſs eine in der Mitte des Magnetes errichtete Senkrechte durch den Drehpunkt der Nadel geht (zweite Hauptlage), so ist die Wirkung eines jeden der beiden Magnetpole auf den + Pol a der Nadel $= ab = ad = \pm \mu m/(r^2 + l^2)$, und die gesamte Kraft, mit der der Magnet den Pol a ablenkt $=$ der Resultante $ac = 2 \mu m l/(r^2 + l^2)\sqrt{r^2 + l^2}$, oder da $2 \mu l = M$ ist, $= Mm/(r^2 + l^2)^{3/2}$. Darf l^2 gegen r^2 vernachlässigt werden, so ist die Gesamtwirkung $= Mm/r^3$. (Gauſs 1833.)

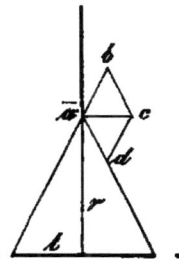

254. Aus der Ablenkung einer Magnetnadel durch einen Magnet wird das Verhältnis des magnetischen Momentes M des letzteren zur Horizontalkomponente H des Erdmagnetismus bestimmt M/H; die Schwingungszeit des Magnetes selbst (250) oder die Ablenkung bei Bifilaraufhängung (251) geben das Produkt MH beider Gröſsen; hiernach können dieselben in absoluten Einheiten (gr-cm-sek) ausgedrückt werden (Gauſs).

Wenn man neben die Magnetnadel m in der ersten Hauptlage (252) einen Magnet M von der Länge $2 l$ und in einer Entfernung

r vom Drehpunkt der Nadel legt, so lenkt derselbe den Nadelpol aus dem Meridian ab mit einer Kraft $b = 2r\,Mm/(r^2-l^2)^2$. Die Horizontalkomponente des Erdmagnetismus (welche man sich ersetzt denken kann durch einen kleinen,

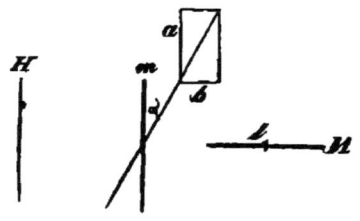

in der zweiten Hauptlage [253] in der Entfernung 1 liegenden Magnet vom Magnetismus H) zieht die Nadel mit der Kraft $a = Hm$ in den Meridian zurück. Die Nadel wird dadurch um einen Winkel α aus dem Meridian abgelenkt stehen bleiben und es ist $tang\ \alpha =$ $2rM/H(r^2-l^2)^2 = (2M/Hr^3)[1 + 2l^2/r^2 +\ldots]$. Giebt man dem Magnet M eine Entfernung $r_{,,}$ und wird dadurch die Magnetnadel um $\alpha_{,}$ aus dem Meridian abgelenkt, so ist $tang\ \alpha_{,} = (2M/Hr_{,}^3)[1 + 2l^2/r_{,}^2 +\ldots]$. Daraus folgt (nach Multiplikation der ersten Gleichung mit r^5, der zweiten mit $r_{,}^5$) $M/H = (r^5\,tg\,\alpha - r_{,}{}^5 tg\,\alpha_{,})/2(r^2-r_{,}^2)$.

Wird l^2 gegen r^2 vernachlässigt, so genügt die Beobachtung bei einer Entfernung r, und es wird $M/H = {}^1/_2 \cdot r^3\,tang\,\alpha$.

Läfst man ferner den Magnet M, dessen Trägheitsmoment K bekannt ist, unter dem Einflusse des Erdmagnetismus H in horizontaler Ebene schwingen, so ist $MH = \pi^2 K/t^2$ (250). Aus den beiden Ausdrücken für M/H und für MH wird dann gefunden $H = (\pi/t)\sqrt{2K/r^3\,tg\,\alpha}$. Der Apparat, mit dem diese Messungen ausgeführt werden, ist das Magnetometer (240). Ist H bekannt, so ergiebt sich nach der Methode der Ablenkung $M = Hr^3\,tg\,\alpha/2$, nach der Methode der Schwingungen $M = \pi^2 K/t^2 H$.

255. Die Intensität T des Erdmagnetismus (243) ist am gröfsten an den Polen, am kleinsten am Äquator, ihre Horizontalkomponente H ist am gröfsten am Äquator, am Pole ist sie $= 0$. Die Linien, welche alle Orte gleicher Intensität auf der Erde miteinander verbinden, heifsen Isodynamen.

Die Intensität des Erdmagnetismus ist ebenfalls veränderlich; abends erreicht sie ihr tägliches Maximum. Beim Eintritt eines Nordlichtes sind die Veränderungen am gröfsten; die magnetische Eigenschaft des Nordlichtes zeigt sich auch dadurch, dafs die Strahlen desselben (Krone) nach dem Punkte des Himmelsgewölbes zusammenzulaufen scheinen, nach welchem die Inklinationsnadel zeigt.

Die Horizontalintensität war in gr-cm-sek. Einheiten zu Anfang des Jahres 1888:

östl. v. Paris:	5⁰	10⁰	15⁰
45⁰ nördl. Br.	0,215	0,221	0,225
50⁰ „ „	0,193	0,197	0,201
55⁰ „ „	0,175	0,178	0,181

sie wächst jährlich um etwa 0,00025.

Gaufs nahm mg - mm - sek als Grundgröfsen an, was bei der Dimension der Intensität (249) $m^{1/2}/l^{1/2}t = 0{,}001^{1/2}/0{,}1^{1/2} = 0{,}1$ beträgt; daher sind Angaben nach den Gaufs'schen Mafsen durch 10 zu teilen, um sie im gr - cm - sek-System zu erhalten.

B. Statische Elektricität. (Reibungs-Elektricität.)

a) Elektricität als bewegende Kraft.

256. Wenn zwei verschiedenartige Körper oder solche mit verschiedenartigen Oberflächen gegeneinander gerieben werden, so werden sie elektrisch, jeder von ihnen zieht leichte Körper an, vorausgesetzt dafs diese Eigenschaft nicht sofort wieder durch Übertragung verloren geht (Eigenschaft des Bernsteins, Elektron, Thales von Milet 600 v. Chr., Gilbert 1600). Diese Eigenschaft ist übertragbar. Manche Stoffe haben die Eigenschaft, die Elektricität rasch aufzunehmen und fortzupflanzen, sie heifsen Leiter, andere, die Nichtleiter, vermögen dies nur wenig (Gray 1729). Die Leiter werden benutzt, um die Elektricität fortzuleiten und (als Konduktoren) um sie aufzunehmen (geladen zu werden) und zur raschen Abgabe bereit zu halten, die Nichtleiter (als Isolatoren), um die Leiter von aller leitenden Umgebung getrennt zu halten (zu isolieren) und als Elektricitätserreger. Leiter, welche nicht isoliert sind, können nicht elektrisch werden, da sie die Elektricität sofort an ihre Umgebung abgeben. Die besten Leiter sind die Metalle, die besten Isolatoren Glas, Harze, Kautschuk (Ebonit), Schellack, Paraffin, Seide, trockene Luft.

Holundermarkkügelchen an Metalldrähten oder Leinenfäden aufgehängt, sowie solche an Seidenfäden dienen dazu, diese Erscheinungen zu beobachten.

Feuchte Luft isoliert selbst auch, macht aber die Oberflächen der festen Isolatoren durch Niederschläge leitend.

257. Hängt man einen der geriebenen Körper an einem

isolierenden (seidenen) Faden auf, so wird er von dem anderen, mit dem er gerieben war, angezogen, dagegen von einem gleichartigen Körper, der auch mit dem zweiten Körper gerieben war, abgestofsen. Ebenso wird eine an einem Seidenfaden aufgehängte Holundermarkkugel von dem ersten der beiden aneinander geriebenen Körper zuerst angezogen, aber bald darauf von ihm abgestofsen, wenn sie durch Berührung mit ihm mit Elektricität geladen worden ist. In diesem Zustande wird sie aber von dem anderen geriebenen Körper noch stärker als im unelektrischen Zustande angezogen; man nimmt daher an, dafs zwei Stoffe bei ihrer Reibung entgegengesetzte Elektricitäten bekommen, deren eine man positive oder Glaselektricität, die andere negative oder Harzelektricität nennt (Dufay 1733). Positive Elektricität ist diejenige, welche Glas annimmt, wenn es mit Harz gerieben wird. Zwei gleichartig elektrische Körper stofsen sich ab, zwei ungleichartige ziehen sich an. Durch die Vereinigung von positiver und negativer Elektricität wird die elektrische Kraft geschwächt oder ganz zerstört (vgl. 266). Man kann alle Körper in eine Reihe bringen, in welcher ein jeder mit einem der folgenden gerieben positiv, mit einem der vorhergehenden gerieben negativ wird (Canton 1754). Die wichtigsten Stoffe dieser Reibungsreihe sind: Haare (Katzenfell, Fuchsschwanz), poliertes Glas, Wolle, Papier, Seide, mattes Glas, Kautschuk, Harze, Bernstein, Schwefel, Metalle, Schiefsbaumwolle (Kollodium).

Die Bezeichnung der Elektricität als positive und negative rührt von Lichtenberg her (1777).

258. Um zu erkennen, ob eine gegebene Elektricität positiv oder negativ ist, bedient man sich der Elektroskope, welche sämtlich darauf beruhen, dafs man untersucht, ob eine als bekannt gegebene Elektricität von der fraglichen angezogen oder abgestofsen wird.

Das Quadrantelektroskop (Henley 1774) ist eine an einer isolierten Metallsäule pendelartig aufgehängte Holundermarkkugel. Wird die Säule elektrisiert, so wird die Kugel abgestofsen; ein Gradbogen läfst die stärkere oder schwächere Abstofsung schätzen. Das Bifilarelektroskop (Beetz 1873) ist eine an Seidenfäden bifilar aufgehängte horizontale Schellacknadel, die an einem Ende eine Holundermarkkugel trägt; dieser wird eine bekannte Elektricität mitgeteilt. Bei beiden Elektroskopen erkennt man die Art der Elektricität eines angenäherten Körpers aus der erfolgenden Anziehung oder Abstofsung. Das Gemsbartelektroskop (von Kobell 1863) ist ein Gemsbarthaar, das von der Wurzel nach der Spitze zwischen den Fingern durchgezogen positiv, in umgekehrter Richtung gestrichen negativ wird.

Wird zwei leichten Pendeln, Korkkugeln (Canton 1753), Strohhalmen (Volta 1781), Goldblättchen (Bennet 1787), welche nebeneinander aufgehängt und leitend untereinander verbunden sind, durch Berührung mit einem elektrischen Körper Elektricität mitgeteilt, so stofsen sie einander ab. Der Winkel, den sie miteinander bilden, dient zur oberflächlichen Schätzung der mitgeteilten elektrischen Kraft. Nähert man von oben her den Pendeln einen Körper von gleichartiger Elektricität, so divergieren sie stärker; nähert man ihnen einen entgegengesetzt elektrischen, so divergieren sie schwächer (267). 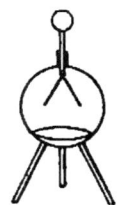 Man schliefst die Pendel in eine Glaskugel oder besser in einen horizontal liegenden Metallcylinder mit Glasfenstern ein, weil am Glase anhaftende Elektricität fehlerhafte Angaben erzeugt. (Mantelelektroskop, Beetz.)

Das Säulenelektroskop oder heterostatische Elektroskop (Behrens 1806, Bohnenberger 1817, Fechner 1829, Riefs 1853) besteht aus einem Goldblatt, welches zwischen zwei einander parallel gegenüberstehenden Platten + und − aufgehängt ist, deren eine von einem, beide Elektricitäten erzeugenden Apparate (Zamboni'sche Säule, s. 297) positive, die andere negative Elektricität erhält. Wird dem Goldblatt von oben her ein elektrischer Körper genähert, so bewegt sich sein freies Ende nach derjenigen Platte hin, welche die entgegengesetzte Elektricität enthält. 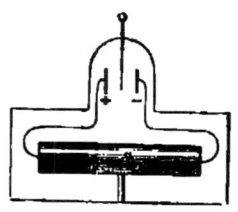 Sind die beiden Platten einander nahe genug, so pendelt das Goldblatt zwischen ihnen hin und her, weil es von einer jeden Platte deren Elektricität annimmt und darum von ihr abgestofsen wird.

259. Um Elektricität von gröfserer Kraft (hohem Potential) herzustellen, wendet man die Elektrisiermaschine an.

Sie besteht aus einem geriebenen Körper: Schwefelkugel (Otto von Guericke 1663), Cylinder mit Seide überzogen, Glascylinder,

Kugel, oder gewöhnlich Scheibe von Glas (v. Planta 1755, Ingenhoufs 1764), einem reibenden Körper r (Reibzeug, Kissen, die mit einem Amalgam aus Zinn, Zink und Quecksilber überzogen sind) und einem isolierten Leiter, der die entwickelte Elektricität durch die Kollektoren aufnimmt (Konduktor p). Beim Reiben werden das Glas positiv, die Reibzeuge negativ elektrisch (257). Will man die positive Elektricität benutzen, so müssen die Reibzeuge oder der dieselben tragende Konduktor n durch eine Kette mit dem Erdboden leitend verbunden werden,

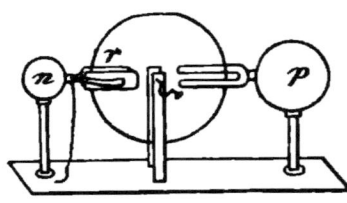

damit sich nicht beide Elektricitäten im Entstehungsmoment wieder vereinigen. Umgekehrt muſs die Elektricität des Konduktors p abgeleitet werden, wenn man die negative des Reibzeuges benutzen will. Van Marum (1785) hat die Elektrisiermaschine so eingerichtet, daſs man nach Belieben die Scheibe oder das Reibzeug mit dem Konduktor p verbinden kann. Der Teil, dessen Elektricität man nicht braucht, ist dann immer abgeleitet.

Die Hydroelektrisiermaschine (Armstrong 1830) erzeugt kräftige Elektricität dadurch, daſs Wasserdampf aus dem Hahn eines isolierten Dampfkessels ausströmt. Faraday hat gezeigt (1846), daſs diese Elektricität durch die Reibung des flüssige Wasserteile mit fortreiſsenden Dampfes an den Hahnwänden (am besten Holz) erzeugt wird. Je nach der Natur des Hahnes kann daher der Dampfkessel bald negativ, bald positiv elektrisch werden.

260. Einige Krystalle werden beim Erwärmen polarelektrisch (Äpinus 1750). Die Elektricitätserregung dauert so lange, als ihre Temperatur im Zunehmen begriffen ist. Werden sie wieder abgekühlt, so zeigen sie die entgegengesetzte Polarität, so lange ihre Temperatur im Abnehmen begriffen ist. (Canton 1759, Bergmann 1767.) Die so erzeugte Elektricität heiſst Pyroelektricität (auch wohl Thermoelektricität).

Der Pol, welcher beim Erwärmen positiv wird, heiſst der analoge Pol, der, welcher negativ wird, der antiloge. Beim Abkühlen kehrt sich die Polarität um. Die Verbindungslinie beider Pole heiſst die Elektricitätsachse; ihre Lage ist von der Form des Krystalles abhängig. Krystalle, welche durch Erwärmung zwei entgegengesetzte Pole erhalten, heiſsen terminalpolarisch (Turmalin, Boracit etc.). Andere bekommen zwei gleichnamige, analoge und antiloge Pole. Bei ihnen mufs man mehrere Elektricitätsachsen annehmen, deren äufserlich nicht vorhandene Pole im Innern zusammenstofsen; deshalb nennt man sie central-polarisch (Topas, Prehnit etc.). (Versuche von Ries und G. Rose 1843 und von Hankel seit 1839.)

Auf gröfseren Krystallflächen läfst sich die durch Temperaturveränderung erzeugte Elektricitätsverteilung durch Aufstreuen von Schwefelmennigepulver (278) sichtbar machen (Kundt 1883).

b) Messung der elektrischen Kraft.

261. Zur Messung der elektrischen Kraft (Elektricitätsmengen und Potentiale) dienen die Elektrometer.

Torsionswage von Coulomb (1788). An einem ungedrehten Faden (Glasfaden, Silberdraht) hängt eine horizontale Schellacknadel, welche an einem Ende eine Holundermarkkugel trägt. Neben dieser ist eine gleiche Kugel (Standkugel) isoliert aufgestellt, der man die zu messende Elektricität mitteilt. Die erste Kugel wird angezogen, dann abgestofsen. Mufs man den den Faden tragenden Knopf a in der der Abstofsung entgegengesetzten Richtung um einen Winkel ϑ drehen, um die Nadel bis auf eine Bogenentfernung α von der ursprünglichen Gleichgewichtslage zurückzuführen, so ist $(\vartheta + \alpha)\,\tau$ das Mafs der abstofsenden Kraft (91).

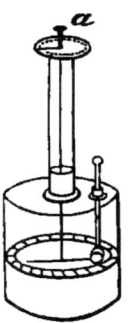

Torsionselektrometer von R. Kohlrausch (1847). Die an einem Faden aufgehängte metallene Nadel n liegt ihrer ganzen Länge nach zwischen den beiden aufwärts gebogenen Rändern eines Metallstreifens rr (zuerst von Dellmann 1842 angewandt). Diesem Streifen wird die Elektricität mitgeteilt, die von ihm auf die Nadel übergeht. Durch eine Torsionsvorrichtung wird die abgestofsene Nadel wie an der Torsionswage auf ihre ursprüngliche Stellung zurückgeführt, und der Torsionswinkel ist das Mafs der abstofsenden Kraft. Wenn man durch Versuche feststellt, welche Ablenkungen durch bestimmte Torsionen auf die ursprüngliche Lage zurückgeführt werden, so kann man auch unmittelbar aus der Gröfse des Ablenkungswinkels die abstofsende Kraft finden.

Sinuselektrometer von R. Kohlrausch (1853). Die Nadel ist eine auf einer Spitze schwebende Magnetnadel, welche sich stets nach Norden richten will und wie beim vorigen Apparat vom elektrischen Streifen abgestofsen wird. Man dreht denselben der Nadel nach, bis beide wieder relativ die frühere Stellung zu einander haben. Dann hebt die abstofsende Kraft der Elektricität die Kraft, mit welcher die Nadel in die Nordsüdrichtung zurückkehren will und die dem Sinus des Drehungswinkels proportional ist (250), auf.

Wage-Elektrometer von W. Thomson (1867). Eine Scheibe hängt innerhalb eines leitend mit ihr verbundenen horizontalen Ringes (Schutzring, welcher bewirkt, dafs die Verteilung der Elektricität auf der Scheibe gleichförmig ist, 264) an einem Wagebalken, während eine zweite Scheibe ihr parallel soweit genähert wird, bis die elektrische Kraft der Schwerkraft (oder elastischen Kraft) das Gleichgewicht hält, welche die erste Scheibe über den Schutzring zu heben strebt. Aus dem Abstand beider Scheiben wird die Kraft (oder direkt das Potential, 271) bestimmt.

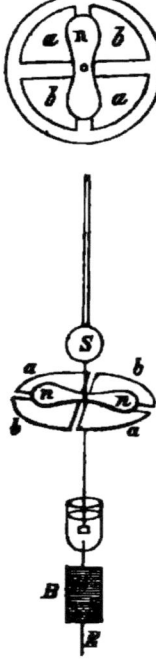

Quadrantenelektrometer von W. Thomson (1855). Eine leichte Aluminiumnadel n (Bisquit) ist über einer in vier Quadranten zerschnittenen Metallplatte (oder besser zwischen zwei solchen Metallplatten) aufgehängt und trägt nach unten hin einen Draht, dessen Ende in ein mit konzentrierter Schwefelsäure gefülltes Gefäfs taucht. Von einer Elektricitätsquelle her (Wasserbatterie, einer trockenen Säule, Leydener Flasche) wird die Schwefelsäure und damit die Nadel (zu einem konstanten Potential) geladen. Die Quadranten $a\,a$ sind untereinander und mit dem Erdboden verbunden. Wird den ebenfalls untereinander verbundenen Quadranten $b\,b$ eine Elektricität mitgeteilt, so wird die Nadel je nach der einen oder anderen Seite hin aus ihrer stabilen Gleichgewichtslage abgelenkt. Diese Gleichgewichtslage ist durch eine vorhandene Direktionskraft bestimmt, indem die Aufhängung entweder bifilar ist (79), oder, bei einfachem Faden, dadurch, dafs auf dem Bisquit ein kleiner Magnet befestigt ist (250). Die abstofsende Kraft wird durch Spiegelablesung (Beobachtung der Bilder einer Skala in einem mit n fest verbundenen Spiegel S 448) ermittelt. (Bei kleineren Ablenkungen können diese dem Potentiale (271) der b mitgeteilten Elektricität proportional genommen werden.)

Messung der elektrischen Kraft.

262. Ist eine isolierte Metallkugel (durch Reibung oder durch Berührung mit einem geriebenen Körper) mit Elektricität geladen, und man berührt sie mit einer zweiten gleich grofsen isolierten Metallkugel, so zeigt jede die Hälfte der Kraft der ursprünglichen Ladung; man fafst dies auf als eine Übertragung der elektrischen Masse. Die Elektricitätsmengen zweier geladenen Körper sind proportional den Kräften, welche beide Ladungen, wenn sie nacheinander an dieselbe Stelle versetzt würden, gegenüber einer einzigen bestimmten Ladung ausüben würden. Als mechanische oder elektrostatische Einheit der Elektricitätsmenge nimmt man diejenige Ladung, welche eine gleiche in der Entfernung 1 (cm) befindliche Elektricitätsmenge mit der Kraft 1 (Dyn) abstöfst. Die n fache Elektricitätsmenge übt dann die n fache Kraft aus.

Man giebt der beweglichen Kugel der Torsionswage eine konstante Ladung, während die Standkugel erst eine Ladung e, dann durch Berührung mit einer gleich grofsen Kugel $e/2$, $e/4$ erhält, wobei die Nadel immer auf eine bestimmte Ablenkung α von der Gleichgewichtslage zurückgedreht wird. Die Torsionen $\vartheta + \alpha$, $\vartheta_{,} + \alpha$, $\vartheta_{,,} + \alpha$ müssen sich dann wie $1 : 1/2 : 1/4$ verhalten.

263. Die Kraft, mit der ein elektrischer Punkt einen anderen anzieht oder abstöfst, ist gerade proportional dem Produkt der beiden aufeinander wirkenden Elektricitätsmengen und umgekehrt proportional dem Quadrat ihrer Entfernung voneinander $p = \pm\, e e_1/r^2$, wobei das $+$ Zeichen für die Abstofsung zwischen gleichartigen, das $-$ Zeichen für die Anziehung zwischen ungleichartigen Elektricitäten gilt (vgl. 247 und 248, sowie 70).

Coulomb bewies dieses Gesetz sowohl durch die Torsionswage als auch durch Schwingungsbeobachtungen. An der Torsionswage enthalten die beiden Kugeln bestimmte Elektricitätsmengen, und die Nadel wird auf verschiedene Bogenentfernungen α, $\alpha_{,}$, $\alpha_{,,}$ durch die Torsionen ϑ, $\vartheta_{,}$, $\vartheta_{,,}$ zurückgeführt. Die abstofsenden Kräfte $\vartheta + \alpha$, $\vartheta_{,} + \alpha_{,}$, $\vartheta_{,,} + \alpha_{,,}$ müssen sich dann umgekehrt wie die Quadrate der Abstände beider Kugeln verhalten. (Vgl. 262.)

Die Schwingungsmethode besteht darin, dafs man eine elektrisierte, ebenfalls am Ende einer aufgehängten Schellacknadel befestigte Kugel vor einer anderen elektrisierten Kugel pendeln läfst und bald die Entfernungen, bald die Elektricitätsmengen wechselt.

156　Statische Elektricität.

Die elektrische Anziehung oder Abstofsung tritt dann als Direktionskraft in die Pendelformel.

Influenzwirkungen (267) können störend die Messungen beeinflussen.

Ist die abgestofsene Elektricitätsmenge gleich der abstofsenden $-e$, so wird die abstofsende Kraft proportional e^2, so dafs man für die Torsionswage hat $e^2 : e_1^2 = \vartheta : \vartheta_1$ und für das Sinuselektrometer $e^2 : e_1^2 = \sin \alpha : \sin \alpha_1$.

Eine Kraft p hat die Dimension ml/t^2. Hier ist $p = e^2/r^2$, also $e = \sqrt{pr^2}$, folglich ist die Dimension einer Elektricitätsmenge $e = m^{1/2}r^{3/2}/t$. (Elektrostatisches Mafs.)

264. Die Elektricität breitet sich nur auf der Oberfläche der Leiter aus. Die auf der Oberflächeneinheit befindliche Elektricitätsmenge heifst die elektrische Dichte. Auf einer Kugel ist dieselbe überall gleich; bei anders gekrümmten Flächen ist sie an den Stellen am gröfsten, an welchen der Krümmungsradius der Fläche am kleinsten ist. An Spitzen wird die Dichte so grofs, dafs die Elektricität in die Luft ausströmt. (Franklin 1747.) (Vgl. 273.)

Man untersucht die Dichte an verschiedenen Stellen der Oberfläche eines Körpers, indem man dieselben mit einem an einem isolierenden Griff befestigten Metallscheibchen (Probescheibchen) oder besser einer Probekugel berührt, die immer einen aliquoten Teil der dort befindlichen Elektricität mit fortnimmt (die dann an einem Mefsapparat geprüft werden kann), ohne die Gesamtmenge der Elektricität wesentlich zu verändern.

Ein mit einer aus Drahtnetz gefertigten Glocke überdecktes Elektroskop zeigt keine Bewegung, wenn man der Glocke von aufsen her selbst starke Elektricitätsmassen nähert (Holtz). Ein Metallblatt, zu einer Rolle aufgewickelt und elektrisiert, erscheint viel stärker elektrisch, wie wenn es ausgebreitet wird (Magnus). Wird eine isoliert aufgehängte Metallkugel mit Elektricität geladen und dann mit zwei isolierten hohlen Halbkugeln bedeckt, so sind die Halbkugeln, nachdem sie abgehoben sind, elektrisch, die Kugel ist unelektrisch.

Man vermeidet an allen elektrischen Apparaten Spitzen, wenn nicht die Spitzenwirkung absichtlich hervorgebracht werden soll. Flammen verhalten sich wie Spitzen, abgesehen davon, dafs auch

Wirkungen der Elektricitäten aufeinander. 157

die heifsen Gase der Flamme als Elektricitätsleiter wirken. In der Umgebung von Spitzen, aus denen Elektricität ausströmt, wird die Luft gleichartig elektrisch und stöfst dieselben zurück, so dafs man durch ausströmende Elektricität ein Reaktionsrad (138) bewegen kann. (Elektrisches Flugrad.)

265. Die auf einem isolierten Körper vorhandene Elektricität nimmt mit der Zeit ab, teils durch das unvollkommene Isolationsvermögen der Stützen, teils durch die Berührung mit der Luft und den in derselben enthaltenen Unreinigkeiten.

Nach der Zeit t hat sich die ursprüngliche Elektricitätsmenge E_0 verwandelt in $E = E_0/e^{pt}$, wo e die Grundzahl der natürlichen Logarithmen und p eine von den gegebenen Umständen abhängige Konstante (den Zerstreuungskoëfficienten) bedeutet. (Coulomb.)

c) **Wirkungen der Elektricitäten aufeinander (Influenz).**

266. Werden zwei gleich grofse isolierte Metallkugeln, welche die beiden entgegengesetzten Elektricitäten enthalten, miteinander in Berührung gebracht, so zeigen beide die gleiche Elektricität, deren Menge gleich ist dem Unterschied der beiden zuerst vorhandenen Elektricitäten und die von derselben Art ist, wie die in gröfserer Menge vorhanden gewesene. Sind die Kugeln nach der Berührung unelektrisch, so war die Menge der positiven und negativen Elektricität gleich grofs. Ein Körper wird also unelektrisch, indem er beide Elektricitäten in gleicher Menge erhält.

267. Der Raum, innerhalb dessen ein elektrischer Körper eine Wirkung äufsert, heifst sein elektrischer **Wirkungskreis** (Äpinus 1759) oder das elektrische **Feld**. Bringt man einen unelektrischen Leiter a in den Wirkungskreis des (positiv) elektrischen Körpers b, so scheiden sich in a die beiden Elektricitäten durch **Influenz** oder **Verteilung** (Wilke 1757), die der in b enthaltenen Elektricität entgegengesetzte (Influenzelektricität erster Art) wird von b an-

158 Statische Elektricität.

gezogen, die gleichnamige (Influenzelektricität zweiter Art) wird abgestofsen. Zerlegt man den Körper a in zwei Teile, so ist der dem positiven Körper b näher liegende negativ, der entferntere positiv; nimmt man b weg, so werden beide Teile von a bei der gegenseitigen Berührung unelektrisch. Entfernt man, während beide Teile sich berühren und nachdem die Influenz in a eingetreten ist, a von b, so erscheint a wieder unelektrisch. Berührt man, während sich a im Wirkungskreise von b befindet, den Körper a leitend, so wird die Influenzelektricität zweiter Art abgeleitet; die erster Art (hier die negative) bleibt in a; entfernt man b wieder von a, so erscheint a negativ elektrisch: es ist durch Influenz elektrisiert worden. Die Anordnung der Elektricität auf dem Körper b ist durch die Annäherung von a ebenfalls eine andere geworden; die Dichtigkeit seiner positiven Elektricität wächst auf der dem Körper a zugewendeten Seite.

Es kann daher ein Körper positiv elektrisch gemacht werden, indem positive Elektricität auf ihn übertragen wird, oder indem sich in ihm die Elektricitäten scheiden und die negative austritt.

Die Füllung eines Elektroskops mit einer Elektricität (258) darf nicht durch Berührung mit dem elektrischen Körper, sondern nur durch Influenz geschehen, indem die Influenzelektricität zweiter Art abgeleitet wird, weil sonst trotz der Berührung durch die überwiegende Influenzwirkung das Elektroskop die entgegengesetzte Elektricität annehmen kann. Dafs die beiden Pendel eines Elektroskops bei Annäherung eines elektrischen Körpers auseinander gehen, sowie dafs das Goldblättchen eines Säulenelektroskops sich nach einer oder der anderen Seite wendet, beruht darauf, dafs die der genäherten gleichartige Elektricität in die Enden der Pendel oder des Blättchens getrieben wird.

268. Spitzen scheinen infolge der Influenz Elektricität einzusaugen.

Aus den Spitzen strömt Elektricität aus (264). Befindet sich eine unelektrische Spitze einem positiv elektrischen Leiter gegenüber, so strömt aus ihr negative Elektricität zum Leiter, dessen positive Elektricität dadurch neutralisiert wird, während die Spitze positive behält, die sie also scheinbar eingesogen hat.

269. Die im Körper b (267) befindliche Elektricität $+ e$

scheidet in a nicht die gleichen Elektricitätsmengen $+e$ und $-e$, sondern kleinere, $+me$ und $-me$, wo $m < 1$ und zwar um so kleiner ist, je weiter a von b entfernt ist.

Befestigt man an den Rückseiten zweier einander parallel gegenüberstehenden Metallplatten, a und b, elektroskopische Pendel, teilt b die Elektricität $+e$ mit und berührt a ableitend, so hängt das Pendel an a ruhig, während das an b abgestofsen wird, weil b einen Überschufs an Elektricität enthält, die sich auch auf der Aufsenfläche zeigt. Berührt man jetzt b ableitend, so fällt das Pendel an b herab, das an a wird abgestofsen. Man drückte das früher so aus: die Elektricität $+e$ in b bindet in a die Elektricität $-me$, diese wieder in b die Elektricität $+m^2e$ u. s. w. und nannte m den Bindungskoëfficienten. 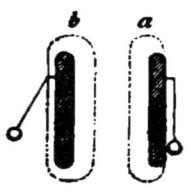 Nicht gebundene Elektricität hiefs freie; indes befinden sich die sich gegenseitig anziehenden Elektricitäten in keinem anderen Zustande, als wenn die entgegengesetzten ihnen nicht gegenüber ständen.

270. Die Anziehung und Abstofsung zwischen den mit Elektricität geladenen schweren Massen erscheint nur als eine Folge der Anziehung und Abstofsung der Elektricitätsmengen selbst. Man ist daher berechtigt, das Gesetz, welches aus der Bewegung schwerer Massen durch die Elektricität abgeleitet wurde (263), auf die Elektricitätsmengen selbst zu übertragen.

Ein elektrischer Körper zieht demnach einen unelektrischen deshalb an, weil seine Elektricität in dem andern Körper durch Anziehung und Abstofsung der beiden Elektricitäten eine Verteilung hervorbringt, und dann die nähere Influenzelektricität erster Art stärker angezogen, als die entferntere Influenzelektricität zweiter Art abgestofsen wird.

Die Elektricitätsmenge stellt hierbei denjenigen Faktor der elektrischen Kraft dar, welcher bei der Verschiebung der Elektricität unverändert bleibt, wie die schwere Masse den konstanten Faktor der Schwerkraft bei der Bewegung der Körper (54). Die Elektricitätsmenge tritt jedoch erst in Wirksamkeit durch Scheidung in die beiden gegensätzlichen Zustände und sie verschwindet mit der Vereinigung der letzteren zu einem neutralen Zustand.

Nach **Franklins Hypothese** (1755) giebt es nur ein elektrisches Fluidum, durch dessen Übermafs ein Körper positiv, durch dessen Mangel er negativ elektrisch wird.

Nach **Symmers Hypothese** (1759) giebt es zwei verschiedene Fluida, das positive und negative. Unelektrisch ist ein Körper, wenn er beide Elektricitäten in gleicher und unerschöpflicher Menge enthält; positiv wenn er aufserdem noch einen Überschufs an positiver, negativ, wenn er einen Überschufs an negativer Elektricität hat.

271. Unter elektrostatischem Potential (Potentialfunktion, Green 1828, Gaufs 1839) einer Elektricitätsmenge e auf die in der Entfernung r befindliche positive Elektricitätseinheit versteht man den Quotienten $V = e/r$. Bei einer sehr kleinen Verschiebung δ der Elektricitätseinheit unter dem Winkel α gegen r drückt der Quotient aus der Änderung des Potentials und aus der Verschiebung δ (das Gefälle des Potentials) mit entgegengesetztem Vorzeichen die Kraft aus, welche in der Richtung der Verschiebung wirkt: $(V, -V)/\delta = -(e/r^2)\cos\alpha$. Das Potential mehrerer Elektricitätsmengen, welche auf die elektrische Einheit wirken, ist gleich der Summe der einzelnen Potentiale.

Ist r_1 die Entfernung nach der Verschiebung und ε der Winkel zwischen r und r_1, so ist $V_1 - V = e/r_1 - e/r = -(e/rr_1)(r_1 - r)$ und $(r_1 - r) \cos(\varepsilon/2) = \delta \cos(\alpha - \varepsilon/2)$, somit $(V_1 - V)/\delta = -(e/rr_1)[\cos\alpha + \sin\alpha \, tg(\varepsilon/2)]$, woraus für ein abnehmendes δ und ε der Grenzwert folgt $(V_1 - V)/\delta = -(e/r^2) \cos\alpha$,

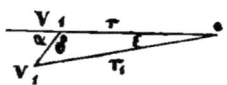

während in der Richtung von δ die abstofsende Kraft $(e/r^2) \cos\alpha$ wirkt (263, 30). Sind mehrere Elektricitätsmengen e, e_1, e_2 in den Entfernungen r, r_1, r_2 gegeben, so ist bei einer Verschiebung der elektrischen Einheit das Gefälle der Gröfse $V = e/r + e_1/r_1 + e_1/r_2 = \Sigma(e/r)$ ebenso aus der Summe der einzelnen Gefälle zusammengesetzt, wie die Projektion der resultierenden Kraft auf die Richtung der Verschiebung aus der Summe der Projektionen der einzelnen Kräfte (30). Negative Elektricität wird der positiven gegenüber hierbei ganz so behandelt, als ob die Vorzeichen der Elektricitätsmengen Rechnungszeichen wären.

Wirkungen der Elektricitäten aufeinander. 161

Der Ausdruck $V - V_t = (e/r^2) \delta$ giebt die elektrische Arbeit an, welche die Kraft der Elektricitätsmenge e an der Einheit leistet, indem sie dieselbe um die Strecke δ von sich fortschiebt. Dies gilt auch für den Fall, dafs der Wert von $V - V_t$ und der geradlinigen Verschiebung δ eine mefsbare Gröfse erreicht, da die Summe der einzelnen Differenzen gleich der Differenz der äufsersten Werte ist und die Arbeiten in den einzelnen Wegteilen sich summieren. Das Potential $V - V_\infty = e/r - e/\infty = e/r = V$ ist die Arbeit, welche die Elektricität e leistet, wenn sie die Elektricitätseinheit aus jenem Punkt in der Entfernung r in unendliche Entfernung d. i. in die Erde überführt, oder die Arbeit, welche man auf die elektrische Einheit verwenden mufs, um sie bis zu jenem Punkt zu bringen unter Überwindung der herrschenden elektrischen Kraft von e.

Einheit des Potentiales ist das Potential der Elektricitätsmenge 1 (262) auf einem Punkt in der Entfernung 1 (cm), daher nach 263 die Dim. $V = m^{1/2}l^{1/2}/t$.

272. Bei dem elektrischen Gleichgewicht auf einem Konduktor ist das Potential der elektrischen Mengen in Bezug auf jeden Punkt des Konduktors das gleiche. Werden zwei Konduktoren durch einen Leiter verbunden, so geht Elektricität von dem einen zum andern über, bis in beiden das Potential übereinstimmt. Der Körper, von welchem Elektricität zum anderen übergeht, hat das höhere Potential. Das Potential der Erde wird gleich Null angenommen, so dafs jeder mit dem Erdboden leitend verbundene Körper das Potential Null hat. Potential eines Körpers ist deshalb der Unterschied zwischen seinem Potential und dem der Erde.

Die Verteilung der Elektricität in einem Konduktor kann erst vollendet sein, wenn überall die die Elektricität bewegende (elektromotorische) Kraft zu Null geworden ist oder eine Richtung hat, in welcher die Bewegung unmöglich ist, d. h. wenn in jedem Punkt des Innern des Konduktors die resultierende Kraft gleich Null und an der Oberfläche (Niveaufläche) normal zu dieser ist; daher ist das Gefälle des Potentials in allen Richtungen im Körper gleich Null, es ist kein Potentialunterschied vorhanden. Zwei verbundene Leiter sind als ein einziger aufzufassen.

Potentialunterschied hat in der Elektricitätslehre ganz dieselbe Bedeutung, wie Höhenunterschied der Flüssigkeitsspiegel in der

Hydrostatik und Temperaturunterschied in der Wärmelehre. Wenn Wasser von einem Niveau zu einem niederen übergeht, so wird eine Arbeit geleistet; ebenso wird eine Arbeit geleistet, wenn Elektricität von einem Potentiale zu einem andern übergeht, und man nennt das Potential das höhere, von welchem die Elektricität ausgegangen ist. Der Arbeitsvorrat, den ein Körper vermöge der in ihm enthaltenen Elektricität besitzt, heifst seine **elektrische Energie**.

273. Der Übereinstimmung des Potentials an allen Stellen eines Leiters entspricht die Verteilung der Elektricität auf der Oberfläche desselben (264).

Der Ausdruck $\Sigma\,(e/r)$ ist nur dann überall der gleiche, wenn die Elektricitäts-Menge um eine Stelle um so gröfser ist, je weniger sich die Körpermasse um die Stelle ausbreitet, also am gröfsten an stark gekrümmten, erhabenen Stellen der Oberfläche.

274. Die elektrische Verteilung in einem Konduktor a (Fig. zu 267) unter der Einwirkung eines elektrischen Körpers b ist eine derartige, dafs das von den Elektricitäten beider Körper herrührende Potential an jeder Stelle des Konduktors a das gleiche ist. Es ist Null, sobald derselbe mit der Erde in leitende Verbindung kommt.

An dem genäherten Ende des Konduktors wird das von dem elektrischen Körper herrührende Potential durch Ansammlung der entgegengesetzten Elektricität vermindert, an dem entfernteren Ende die geringere Gröfse desselben durch die gleichnamige Elektricität vermehrt, bis das gesamte Potential aus allen diesen Elektricitäten im ganzen Leiter das gleiche ist. Bei der Ableitung der letzteren Elektricität mufs die Menge der Elektricität an dem genäherten Ende vermehrt werden, damit das Potential aus ihr und dem elektrischen Körper b zu Null wird.

275. Zur Messung von Potentialen dienen die Elektrometer (261). Das Potential V eines Körpers ist der in ihm enthaltenen Elektricitätsmenge e proportional. Das Verhältnis $e/V = k$ heifst die **elektrische Kapacität** des Körpers; es ist die Elektricitätsmenge, welche erforderlich ist, um das Potential des Körpers von Null auf Eins zu bringen. Die Kapacität eines Konduktors wird durch die Nähe eines entgegengesetzt geladenen Körpers erhöht, da durch letzteren das Potential des ersteren verringert wird (282).

Auf einer Kugel mit dem Radius r ist die Elektricität e gleichmäfsig verteilt, also das Potential im Mittelpunkt der Kugel und somit auch auf allen Punkten der Kugel $V = e/r$; daher ist $k = r$, die Kapacität einer Kugel ist gleich dem Radius. Die Dimension von k ist Dim. e/Dim. $V = l$. Die Kapacität eines Konduktors wird ausgedrückt durch die Länge des Radius der Kugel, welche durch die gleiche Elektricitätsmenge zu dem gleichen Potential wie der Konduktor geladen wird.

276. Auch die Nichtleiter sind den Erscheinungen der Influenz unterworfen; während aber bei den Leitern die Influenz sofort eintritt, geschieht das bei Nichtleitern in längerer oder kürzerer Zeit. Faraday (1837) nimmt an, dafs die Nichtleiter aus leitenden, den gewöhnlichen Influenzgesetzen unterworfenen Molekeln bestehen, die durch isolierende Hüllen voneinander getrennt sind. Er nennt die so konstituierten Nichtleiter **Dielektrika**.

Die Influenzerscheinungen, welche zwischen zwei Leitern vorgehen, sind demnach nicht unabhängig von der Natur der isolierenden Zwischenschicht. Das Verhältnis zwischen den Kapacitäten zweier leitenden Platten (282) für den Fall, dafs ein Dielektrikum den Zwischenraum zwischen denselben ausfüllt und den dafs dieser leer ist, heifst die **Dielektricitätskonstante**; dieselbe wird bestimmt durch die Vergleichung der Kapacitäten, der Potentiale oder der Kraftwirkungen in beiden Fällen; sie beträgt (Boltzmann 1874) für:

Luft	1,0006	Schwefel	3,84
Kohlendioxyd	1,0009	Paraffin	2,32
Wasserstoff	1,0003	Ebonit	3,15.

d) Ansammlung und Entladung der Elektricität.

277. Werden zwei entgegengesetzt elektrische Körper einander mehr und mehr genähert, so wächst die Dichte der Elektricitäten an den einander gegenüberstehenden Punkten immer mehr: ist die Dichte derselben grofs genug geworden, so durchbrechen sie den die beiden Körper trennenden Isolator

(Luft) und erzeugen dadurch einen elektrischen **Funken**, welcher glühende Teilchen der Leiter, von denen er ausgeht, mit sich führt. War der eine der beiden Körper unelektrisch, so wird er zuerst durch Influenz vom anderen her elektrisch gemacht. Strömt die Elektricität aus Spitzen oder kleinen Kugeln frei in die Luft aus, so bildet sich ein kegelförmiger Lichtbüschel, wenn die Elektricität positiv, ein kleiner schärfer begrenzter Lichtknopf, wenn sie negativ ist. Zwischen zwei Spitzen geht die Elektricität mit schwachem Lichtscheine über (Glimmentladung).

Im luftverdünnten Raum (im elektrischen Ei, Beobachtungen am Barometer, Picard 1675, Watson 1751) wird die Lichterscheinung lebhafter, weil sich der Ausbreitung der Elektricität ein geringes Hindernis entgegensetzt; jedoch ist der ganz leere Raum kein Leiter der Elektricität (Morgan 1785). Die Elektricität geht leichter durch das Ei, wenn der negative Zuleiter eine grofse, der positive eine kleine Oberfläche darbietet, als im umgekehrten Fall. (Gaugains elektrisches Ventil 1855.) Die verschiedene Ausbreitung der beiden Elektricitäten beruht darauf, dafs zur Einleitung einer Entladung am positiven Konduktor eine gröfsere Kraft nötig ist, als am negativen. (Wiedemann und Rühlmann 1872.) Das elektrische Licht nimmt in verdünnten Gasen (in Geifslers Spektralröhren, 488) verschiedene Farben an; den negativen Draht in denselben umgiebt ein bläuliches Glimmlicht.

278. Wenn man einem Punkte einer isolierenden Fläche Elektricität mitteilt und dann ein Pulver darauf streut, so umgiebt sich der Punkt mit einer sternförmig verzweigten Figur, wenn die Elektricität positiv war, mit einer abgerundeten, wenn negativ. (Lichtenbergs **Staubfiguren** 1777.) Gehört die Fläche einem unregelmäfsig krystallisierten Körper an, so richtet sich die Gestalt der Figur nach der Lage der Krystallachsen. (Wiedemann 1849.) War das Pulver eine Mischung aus Mennige und Schwefel, so erscheinen die positiven Figuren gelb, die negativen rot, weil der Schwefel durch Reibung negativ, die Mennige positiv wird.

Die Figuren bilden sich auf den Stellen des Isolators, auf welche die elektrische Luft die mitgeführte Elektricität abgelagert hat, und geben deshalb die Gestalt der positiven und negativen Funkenbüschel (277) wieder. Im luftverdünnten Raume wachsen

Ansammlung und Entladung der Elektricität.

daher die Figuren mit dem Grade der Verdünnung. (Reitlinger.) Sie können als sehr empfindliche Elektroskope benutzt werden, um die Anordnung der Elektricität auf influenzierten Leitern (267) und isolierenden Flächen (279 und 285) zu untersuchen. (von Bezold.)

279. Der Elektrophor (Wilke 1762) besteht aus einer Platte von Harz oder Hartgummi, dem Kuchen k, welche auf einer metallenen Bodenplatte b liegt und durch Reiben mit Haaren negativ elektrisch gemacht wird. Legt man auf den Kuchen eine Metallplatte S, den Schild, und berührt dieselbe leitend, so wird die positive Elektricität in der Metallplatte von der negativen des Kuchens angezogen, die negative abgeleitet. Hebt man S an isolierendem Griffe auf, so kann man die positive Elektricität herausnehmen.

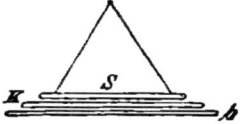

Die — $El.$ auf der oberen Kuchenfläche zieht + $El.$ in der Bodenplatte an, welche, wenn sie stark genug ist, auf die untere Kuchenfläche überspringt. Durch diese + $El.$ wird die — $El.$ der oberen Fläche festgehalten, so dafs ein Austausch zwischen Kuchen und Schild nicht stattfindet.

280. Die Influenzmaschine oder Elektromaschine benutzt eine gegebene kleine Elektricitätsmenge, um durch fortgesetzte Influenzerregung grofse Elektricitätsmengen zu erzeugen, indem Arbeit in Elektricität umgesetzt wird. (Töpler 1865, Holtz 1865, Poggendorff 1870 u. A.)

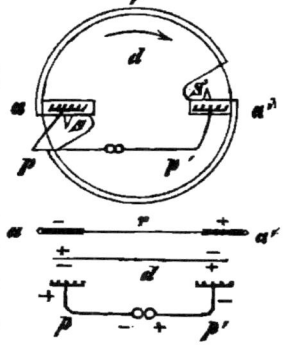

Die Holtz'sche Maschine besteht aus einer ruhenden, mit zwei Ausschnitten versehenen Glasscheibe r und einer drehbaren Glasscheibe d. An den Ausschnitten ist r mit den Papierarmaturen a und a' bedeckt, von welchen die Spitzen S und S' in die Ausschnitte hineinragen. Nähert man der Armatur a einen negativ elektrischen Körper, so findet in den Glasscheiben sowohl als auch ganz besonders in dem metallenen Konduktor p eine Verteilung statt. Der Kamm von p wird positiv, der Knopf von p negativ elektrisch. Die positive Elektricität strömt aus dem Kamme auf die freie Oberfläche von d; die negative wird, wenn p und p' einander berühren, nach dem Kamm von p' geleitet und strömt dort ebenfalls auf die Oberfläche von d. Wird nun d in der Richtung gegen die Spitzen gedreht, so ist die obere Hälfte der Oberfläche von d positiv, die untere negativ. Diese Elektricitäten erzeugen durch die Scheibe d hindurch in den Spitzen S und S' eine elektrische Verteilung, infolge deren die Armatur a' positiv geladen wird. Von dieser aus beginnt deshalb jetzt gerade das entgegengesetzte Spiel, wie vorher von a aus; a bekommt eine stärkere Ladung negativer Elektricität, u. s. f. Entfernt man p und p' voneinander, so gehen die Elektricitäten in einem Funkenstrom über. Leitet man eine der Elektricitäten ab, so kann man die andere wie an der gewöhnlichen Maschine benutzen.

Die Zahl der miteinander korrespondirenden Armaturen kann vervielfältigt werden, wie in den neueren Maschinen von Töpler, von Wimshurst (1882) u. A.

Leitet man die beiden Elektricitäten auf die beiden Kämme einer zweiten, nicht erregten Elektromaschine, so setzt sich deren drehbare Scheibe in Rotation: die Elektricität wird wieder in Arbeit umgesetzt. (Poggendorff.)

281. Ein Ansammlungsapparat besteht aus zwei Leitern (Metallplatten), welche durch einen Isolator (ein Dielektrikum) voneinander getrennt sind. Teilt man einem der Leiter eine positive, dem anderen eine gleiche negative Elektricitätsmenge mit, so zeigen die nach aufsen gewandten Seiten der Leiter keine merkliche Elektricität, die beiden Elektricitäten befinden sich auf den einander zugewandten Seiten und dringen sogar in das Dielektrikum ein. Berührt man den einen Leiter, während der andere isoliert bleibt, so nimmt der erstere das Potential Null an, der Potentialunterschied der beiden Leiter aber bleibt unverändert. Teilt man nur einem Leiter Elektricität mit und verbindet den anderen mit der Erde, so wird aus diesem die gleichnamige Elektricität abgeleitet, die entgegengesetzte aber lagert sich, wie wenn sie dem Leiter von aufsen her mitgeteilt worden wäre. Der Apparat heifst dann geladen. Man kann jeden der Leiter einzeln mit dem Erdboden verbinden, er hat dann das Potential Null, bleibt aber geladen. Verbindet man

aber beide Leiter miteinander oder mit dem Erdboden, so gleichen sich die Elektricitäten aus, der Apparat wird entladen.

Nimmt man den geladenen Ansammlungsapparat auseinander, macht die beiden Leiter durch Berühren mit der Hand unelektrisch und setzt den Apparat dann wieder zusammen, so ist er wieder geladen, weil ein grofser Teil der Elektricität in das Dielektrikum eingedrungen war.

282. Der Kondensator (Volta 1782) besteht aus zwei kreisrunden, durch einen Isolator, Schellack oder Luft (R. Kohlrausch 1848) voneinander getrennten Metallscheiben. Wird der einen derselben (die mit einem in eine kleine Kugel endenden Zuleitungsdraht versehen zu sein pflegt), der Kollektorplatte, Elektricität mitgeteilt, ohne dafs sich die zweite Platte in der Nähe befindet, so kann man die Ladung so lange fortsetzen, bis die Dichte in der kleinen Kugel eine Gröfse d erreicht hat. Setzt man aber die Kollektorplatte der zweiten, der Kondensatorplatte, welche zur Erde abgeleitet ist, gegenüber, so wird die Dichte in der Kugel vermindert, die Kapacität der Platte wird vermehrt (272) und man kann wieder neue Elektricitätsmengen in die Kollektorplatte bringen, so lange, bis die Dichte in der Kugel wieder $= d$ geworden ist. Hebt man die Kollektorplatte von der Kondensatorplatte ab, so kann die in ihr enthaltene Elektricität an einem Elektrometer gemessen werden.

Der Kondensator dient dazu, Elektricitäten von kleinerem Potential, die an einem Elektrometer vielleicht nicht merklich genug wären, anzusammeln und so wahrnehmbar zu machen.

Die Kapacitäten (275) zweier Kondensatoren können miteinander verglichen werden, indem man durch einen Schlüssel (302) jeden derselben von einem Pole einer Volta'schen Batterie (298) her ladet, und dann durch Umlegen des Schlüssels durch ein Galvanometer (301) entladet, während der zweite Batteriepol und das zweite Ende des Galvanometerdrahtes zur Erde abgeleitet sind. Die Kapacitäten beider Kondensatoren verhalten sich dann zu einander wie die beiden durch das Galvanometer gemessenen Stromstärken (320).

283. Die Franklin'sche Platte ist ein Ansammlungsapparat, der aus einer auf beiden Seiten mit Stanniol beklebten Glasplatte besteht. In der Leydener Flasche (von v. Kleist

1745 und von Cuneus 1746 erfunden) hat das Glas die Gestalt eines Bechers. Die innere Belegung ist mit einem Zuleitungsdraht versehen. Um die Leydener Flasche zu laden, wird ihrer inneren Belegung Elektricität mitgeteilt, die äufsere wird abgeleitet. (282 und 269.)

Zwischen der inneren und äufseren Belegung der Leydener Flasche besteht kein Unterschied. Man kann ebensogut die äufsere Belegung isolieren und laden, während die innere abgeleitet ist.

Eine Zusammenstellung mehrerer Flaschen, deren innere Belegungen untereinander und deren äufsere Belegungen untereinander verbunden sind, heifst eine elektrische Batterie. Eine Batterie von s gleich grofsen Flaschen ersetzt eine Flasche von s facher Metalloberfläche. Verbindet man die äufsere Belegung jeder Flasche nicht mit der äufseren, sondern mit der inneren Belegung der nächsten, leitet die letzte äufsere Belegung ab und elektrisiert die erste innere, so werden alle folgenden Flaschen durch die aus der äufseren Belegung der vorhergehenden abfliefsende Elektricität geladen; man sagt dann: die Batterie ist in Cascade geladen. (Franklin 1748.)

284. Die Entladung eines Ansammlungsapparates (einer Batterie) erfolgt dadurch, dafs man die beiden Belegungen miteinander in leitende Verbindung setzt. Dies geschieht durch irgend einen Entlader. Hat die Elektricität am Orte der Entladung die hinreichende Dichte erreicht, so springt ein Funke über (277). Die Schlagweite w ist nach Riefs (1837) der Dichte an der Entladungsstelle und mithin auch der mittleren Dichte d in der Batterie proportional ($w = a \cdot d = a \cdot e/s$, wenn e die Elektricitätsmenge, s die Oberfläche der Batterie oder die Anzahl der Flaschen bezeichnet) (283). Die Schlagweite wird durch das Funkenmikrometer, die Elektricitätsmenge durch die Mafsflasche gemessen.

Der allgemeine Auslader (Henley 1779) ist ein Stativ, an welchem isolierte Metallarme so verstellt werden können, dafs, wenn sie mit den beiden Belegungen der Flasche verbunden werden, die Entladung an einen beliebigen Ort verlegt werden kann.

Das Funkenmikrometer (Riefs) besteht aus zwei auf isolierenden Stützen stehenden Metallkugeln, deren Entfernung voneinander durch eine Mikrometerschraube gemessen wird.

Die Mafsflasche (Lane 1767) ist eine Leydener Flasche f, welche durch die aus der äufseren Belegung der untersuchten Flasche (oder Batterie) B abströmende Elektricität in Cascade geladen wird (283) und sich jedesmal selbst entladet, wenn an ihrer Entladungsstelle die Elektricität eine gewisse Dichte erreicht hat. Die Zahl ihrer Entladungen ist deshalb das Mafs für e.

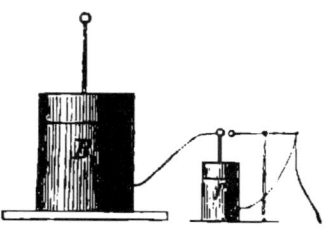

285. Wird, nachdem der erste Entladungsfunke übergesprungen ist, die Leitung geschlossen, so gleichen sich die Elektricitäten vollständig aus. Ist der Schliefsungsbogen nicht sehr lang, so ist der Vorgang der Entladung sehr schnell beendet; ist er länger und schlecht leitend, so ist auch die Dauer der Entladung gröfser; ist er aber sehr kurz, so wird die Entladungsdauer wieder verlängert, weil eine oscillierende Entladung stattfindet.

Die Entladung bei mittlerer Länge des Schliefsungsbogens erfolgt so schnell, dafs ein vom Funken beleuchteter Farbenkreisel (479) stillzustehen scheint. (Dove 1834.) Die Zeitdauer der Entladung in den beiden anderen Fällen kann man beurteilen, wenn man das Bild des Funkens in einem schnell rotierenden Spiegel betrachtet; es erscheint in demselben lang gezogen (Feddersen 1858). Die oscillierende Entladung entsteht dadurch, dafs die Elektricitäten über den Punkt der Ausgleichung durch ihr Beharrungsvermögen hinausgehen und so eine entgegengesetzte Ladung der beiden Belegungen hervorbringen, der dann eine neue Entladung folgt. Man erkennt die abwechselnden Richtungen der Entladungen an der abwechselnden Lage des Glimmlichtes in Geifsler'schen Röhren (277 und 488), durch welche die Entladung geht (Paalzow 1863). Die durch oscillierende Entladungen erzeugten Staubfiguren (278) bestehen aus Figuren mit positivem Charakter, welche solche mit negativem umschliefsen, und umgekehrt.

Bleibt, nachdem der erste Entladungsfunke übergesprungen ist, die Leitung ungeschlossen, so geht auch Elektricität von geringerer Dichte bei der alten Schlagweite über, weil der luftverdünnte Raum, den der Funke erzeugt hat, der Elektricität ein geringeres Hindernis bietet (277). Wird dann die Schlagweite verringert, so erfolgen noch eine oder mehrere Entladungen (Partialentladungen), wenn die Schlagweite der noch vorhandenen Dichte entsprechend ist.

286. War eine Flasche durch vollständige Schliefsung entladen, so zeigt sie sich nach einiger Zeit wieder schwach geladen (elektrischer Rückstand).

Der Rückstand wird bald durch eine Influenzwirkung erklärt, welche die Elektricität der Belege auf die neutrale Elektricität im Isolator ausübt (R. Kohlrausch), bald durch ein wirkliches Eindringen der Elektricität in den Isolator (v. Bezold). Nach oscillierenden Entladungen sind die Rückstände bald positiv, bald negativ. (Riefs, v. Oettingen; vergl. 359.)

287. Die Fortpflanzungsgeschwindigkeit der Elektricität bei der Entladung ist sehr verschieden gefunden worden. Aus theoretischen Betrachtungen geht hervor, dafs die Geschwindigkeit der Elektricität gleich der des Lichtes (443) ist (Kirchhoff, vgl. 371).

Wheatstone (1834) verband von 6 isoliert aufgestellten Knöpfen den 2. und 3. und den 4. und 5. untereinander durch lange Kupferdrähte 1 und 6 mit den Belegungen einer Leydener Flasche. Die

drei Entladungsfunken zwischen 1 und 2, 3 und 4, 5 und 6 traten scheinbar gleichzeitig ein. Wurde aber das Bild dieser Funken in einem schnell rotierenden Spiegel betrachtet, so erschien der mittlere Funke gegen die beiden anderen verschoben. Die Elektricitäten gehen demnach von beiden Belegungen zugleich aus und begegnen sich zwischen 3 und 4. Aus der Gröfse der Verschiebung des mittleren Funkenbildes und der Drehungsgeschwindigkeit des Spiegels wurde die Fortpflanzungsgeschwindigkeit der Elektricität zu 61000 geogr. Meilen berechnet.

Siemens mafs die Fortpflanzungsgeschwindigkeit der Elektricität durch einen Apparat (1845), der überhaupt zur Messung grofser Geschwindigkeiten bestimmt ist. Ein polierter Stahlcylinder c rotiert schnell um seine Achse. Mit derselben sind die inneren Belegungen zweier Leydener Flaschen verbunden, von deren äufseren Belegungen Drähte dicht an den Cylindermantel hinantreten. In den

Ansammlung und Entladung der Elektricität. 171

Leitungen befinden sich bei a und b Unterbrechungen. Schliefst man dieselben z. B. durch ein Geschofs, welches erst bei a, dann bei b die metallische Leitung herstellt, so erhält man zwei Funkenspuren, die um einen um so gröfseren Bogen voneinander abstehen, je längere Zeit zur Bewegung von a nach b gebraucht wurde. Schliefst man dagegen die Unterbrechungen bei a und b gleichzeitig, so liegen die Funkenspuren in derselben der Achse parallelen Geraden, es sei denn, dafs die Leitung der einen Flasche viel länger ist, als die der anderen. 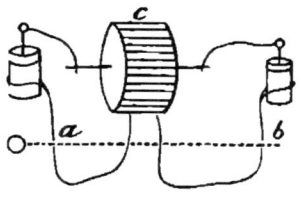 In diesem Falle wird durch die Bogenverschiebung der Spuren die Zeit gemessen, welche die Elektricität zum Wege durch den langen Draht brauchte. So fand Siemens (1876) in Eisendrähten eine Geschwindigkeit von gegen 35000 geogr. Meilen.

288. Durch die Entladung wird im Schliefsungsbogen **Wärme** erzeugt, welche der durch die Bewegung der Elektricität verbrauchten Arbeit äquivalent ist. Die erzeugte Wärmemenge ist dem Quadrat der Elektricitätsmenge gerade, der Batteriefläche umgekehrt proportional ($\Theta = ae^2/s$). Wird in die Leitung noch ein Draht vom Radius r und der Länge l eingeschaltet, so ist $\Theta = ae^2/s \,(1 + cl/r^2)$. Hierin heifst cl/r^2 die **Verzögerungskraft** des Drahtes, c die specifische Verzögerungskraft desselben. (Riefs 1838.)

Die erzeugte Wärme wird durch das **Elektrothermometer** von Riefs gemessen: ein Luftthermometer, durch dessen Kugel ein dünner Platindraht gespannt ist, durch welchen die Entladung geführt wird. Durch den Entladungsschlag wird die Luft ausgedehnt und in dem auf einer schiefen Ebene liegenden Thermometerrohr die als Index dienende Alkoholsäule verschoben. Durch die Wärme des Entladungsfunkens können Körper entzündet werden (Knallgas, Äther, Schiefsbaumwolle). Die Entzündung erfolgt leichter, wenn die Entladung durch Einschaltung eines schlechten Leiters (feuchten Fadens) verzögert wird.

289. Mechanische Wirkungen des Entladungsschlages sind: das Krümmen, Zerreifsen und Zerstäuben von Drähten, Aufschmelzen derselben auf Glas, Durchlöchern von Papier und

Glas. Geschieht die Entladung durch den menschlichen Körper, so zeigen sich physiologische Wirkungen, Erschütterungen durch Erregung der Nerven in den Bewegungsorganen, Sinneserscheinungen durch die Erregung der Nerven der Sinnesorgane.

Bringt man einen Pappendeckel zwischen die einander gerade gegenüberstehenden Knöpfe des Henley'schen Entladers (284), so wird durch den Entladungsschlag ein Loch gebildet, das nach beiden Seiten hin in gleicher Weise aufgeworfene Ränder hat. Die beiden Elektricitäten waren also in gleicher Weise an die Oberfläche gelangt und hatten sich miteinander ausgeglichen. Standen die beiden Knöpfe einander nicht gerade gegenüber, so findet man das Loch näher dem negativen Knopfe (Lullins Versuch 1766), weil die Oberfläche des Pappendeckels infolge der Reibung der fortgeschleuderten Luft selbst negativ geworden war. (v. Waltenhofen 1866.)

Manche Fische (Zitteraal, Zitterroche, Zitterwels) besitzen eigene Organe, durch welche sie Elektricität erregen, die sie in plötzlichen Schlägen entladen können.

e) Atmosphärische Elektricität.

290. Die Luft zeigt stets freie Elektricität und zwar in der Regel positive. Ein mit einer hoch aufgestellten Spitze verbundenes Elektroskop (Luftelektrometer von Peltier 1836) zeigt den gröfsten Elektricitätsgehalt im Winter. Der Entladungsfunke gröfserer Elektricitätsmengen (zwischen zwei Wolken oder zwischen einer Wolke und der Erde) ist der Blitz, das den Funken begleitende Geräusch bildet (durch Reflexion des Schalles) den Donner. Der Blitz besteht aus einer unzusammenhängenden Reihe von Entladungen kurzer Dauer, so dafs während einer jeden ein gedrehter Farbenkreisel ruhend erscheint (vgl. 285 und 479). Die Wirkungen des Blitzes sind teils mechanisch, teils bestehen sie in Schmelzungen (Blitzröhren) und Verbrennungen.

Der Zickzack-Blitz stellt die Bahn des geringsten Widerstandes in der Luft dar, welcher durch Vorhandensein fester oder flüssiger Teilchen oder stellenweiser Elektrisierung verändert wird. Selten ist der Kugelblitz, eine Feuerkugel, welche sich relativ langsam vorwärts bewegt und unter Explosion verschwindet. Das **Wetterleuchten** ist der Widerschein ferner Blitze. — Der elektrische **Rückschlag**, welcher die physiologischen Wirkungen des Blitzes hat, ist eine Wirkung der inducierten Elektricität, welche bei der Entladung der inducierenden in die Erde zurücktritt.

Der **Blitzableiter** (Franklin 1753) dient zum Ausgleichen der in einer Gewitterwolke enthaltenen Elektricität. Er besteht aus einer in eine oder mehrere Spitzen endenden Metallstange, welche durch hinreichend dicke und gute metallene Leiter (Kupferdrähte) mit dem feuchten Erdboden in Verbindung steht. Die in der Wolke enthaltene Elektricität zieht durch Influenz aus dem Blitzableiter und den mit demselben leitend verbundenen Metallteilen des Gebäudes die entgegengesetzte Elektricität an und neutralisiert sich dadurch, während die gleichnamige in den Erdboden abgeleitet wird. (268.)

Das St. **Elmsfeuer** ist eine Glimmentladung an feinen Spitzen.

Die Quelle der Luftelektricität ist noch nicht ermittelt. Nach den älteren Theorien soll dieselbe durch Verdunstung des Wassers (Franklin, Wilke, Volta), nach anderen durch die Verdichtung des Wasserdampfs (Palmieri) entstehen, oder durch die Reibung der Luft an Wassertropfen (Gerland) oder Staubteilen oder an der Erde oder sie soll herrühren von der entgegengesetzt elektrischen Erde, (Mühry, Becquerel, Werner Siemens, Edlund) oder von der Reibung von Wasserwolken und Eiswolken in der Schichte, in welcher die Temperatur 0° ist (Sohncke, Luvini 1885), da in der That durch Reibung von Wassertröpfchen an Eis letzteres positiv elektrisch wird (Faraday).

Die Anhäufung der Elektricität in den Gewitterwolken wird dadurch erklärt, dafs bei der Vereinigung der kleinen Tröpfchen zu gröfseren die Gesamtoberfläche, auf welcher die Elektricität ausgebreitet ist, verringert wird.

291. Das **Nordlicht** (Polarlicht) ist eine Lichterscheinung, welche gewöhnlich aus einem leuchtenden Bogen am nördlichen Horizonte besteht, aus welchem nach oben hin einzelne Strahlen hervortreten. Die Strahlen scheinen nach einem Punkte zusammenzulaufen (Nordlichtkrone), der mit demjenigen nahe zusammenfällt, nach dem das obere Ende einer frei aufgehängten Magnetnadel (242) hinzeigt (vgl. 255).

Über das Nordlicht bestehen ebensoviel Theorien, wie über das Gewitter.

C. Dynamische Elektricität. (Der galvanische Strom.)

a) Berührungselektricität (Galvanismus).

292. Während bei der Elektricitätserregung in Nichtleitern verschiedene Teile der Oberflächen durch Reiben zur Berührung kommen, genügt bei verschiedenartigen Leitern die Berührung an einer Stelle zur Erregung eines Potentialunterschiedes. Werden zwei verschiedene isolierte Metalle miteinander in Berührung gebracht, so erscheint jedes derselben elektrisch geladen, das eine positiv, das andere negativ und zwar mit gleichem Potential, z. B. wenn Zink und Kupfer sich berühren, so zeigt sich Zink mit einem Potential $+e$, Kupfer mit einem Potential $-e$ geladen, so dafs der Potentialunterschied $2e = a$ ist. Dieser Unterschied ist unveränderlich, so lange die sich berührenden Körper dieselben bleiben. Wird einer derselben zur Erde abgeleitet, so wird sein Potential Null, der Unterschied bleibt aber a, so dafs der andere Körper zum Potential $a = 2e$ geladen erscheint, Zink mit $+2e$, wenn Kupfer abgeleitet ist, Kupfer mit $-2e$, wenn Zink abgeleitet ist. Die so erregte Elektricität heifst **Kontaktelektricität**, der sich stets unveränderlich erhaltende Potentialunterschied heifst die **elektromotorische Kraft**.

Galvani fand (1790), dafs ein Froschpräparat zuckt, wenn der Muskel mit einem Metalle, der Nerv mit einem anderen und dann beide Metalle miteinander in Berührung kommen. Volta zeigte (1792), dafs die Ursache dieser Zuckung die bei der gegenseitigen Berührung der Metalle entstandene Elektricität sei. Man kann den **Volta'schen Fundamentalversuch** anstellen, indem man zwei kreisförmige, an isolierenden Griffen befestigte Metallscheiben (Kupfer und Zink) aufeinander drückt, trennt und dann von beiden Seiten der geladenen Kugel des Bifilarelektroskops (258) nähert; war die Kugel mit $- El.$ geladen, so wendet sie sich nach dem Zink hin. Man kann auch einen Kondensator (282) einmal positiv, einmal negativ laden, indem man die Berührungen wiederholt, wobei jedesmal das eine Metall ableitend zu berühren ist, um dann die doppelte Ladung des anderen in die Kollektorplatte des Kondensators zu bringen. Wird die Kollektorplatte von der Kondensatorplatte abgehoben, so zeigt sich die verstärkte positive oder negative Elektricität.

293. Die Leiter der Elektricität sind entweder **Leiter erster Klasse**, d. h. sie leiten die Elektricität, ohne dabei chemisch verändert zu werden, oder **Leiter zweiter Klasse**, d. h. sie leiten die Elektricität nur, indem sie chemisch verändert (zersetzt) werden. Zu den Leitern erster Klasse gehören die Metalle und andere feste Körper, wie Kohle und Metalloxyde; zu den Leitern zweiter Klasse Flüssigkeiten, namentlich verdünnte Säuren und Salzlösungen, ferner geschmolzene oder doch erweichte Körper, z. B. heifses Glas.

294. Die Leiter der ersten Klasse kann man in eine Reihe ordnen, aus welcher ein jeder Körper, mit einem der folgenden berührt, positiv, mit einem der vorhergehenden berührt, negativ elektrisch wird. (**Elektromotorische Reihe** oder **Spannungsreihe**.) Die wichtigsten Stoffe dieser Reihe sind: Kalium, amalgamiertes Zink, Zink, Blei, Zinn, Eisen, Kupfer, Quecksilber, Silber, Gold, Platin, Kohle, Metalloxyde. Werden mehrere Körper aus dieser Reihe hintereinander in Berührung gebracht, so ist die algebraische Summe aller einzelnen Potentialunterschiede gleich dem Potentialunterschied der beiden äufsersten. (**Voltas elektromotorisches Gesetz** oder **Gesetz der Spannungsreihe** 1800.)

Man bezeichnet den Potentialunterschied (oder die elektromotorische Kraft) zwischen zwei Körpern durch die chemischen Zeichen dieser Körper, welche durch einen Strich voneinander getrennt werden, und zwar stellt man den positiven von ihnen voran, wenn der Unterschied positiv genommen ist, also $Zn \mid Cu = + a$, aber $Cu \mid Zn = - a$. Das obige Gesetz heifst also $Zn \mid Cu + Cu \mid Ag + Ag \mid Pt = Zn \mid Pt$. Berührt das letztere Metall das erste wieder, so ist die algebraische Summe $= 0$, z. B. $Zn \mid Cu + Cu \mid Ag + Ag \mid Zn = 0$.

Nach R. Kohlrausch (1851) ist, wenn $Zn \mid Cu = 100$ gesetzt wird, $Zn \mid Ag = 109$, $Zn \mid Au = 115$, $Zn \mid Pt = 123$.

295. Durch den Kontakt von Leitern erster Klasse mit Leitern zweiter Klasse wird ebenfalls Elektricität erregt und der gesamte Potentialunterschied ist ebenfalls gleich der algebraischen Summe aller einzelnen Potentialunterschiede, aber diese Summe ist nicht gleich dem Potentialunterschied zwischen den beiden äufsersten Stoffen, d. h. die Leiter zweiter Klasse folgen nicht dem Gesetze der Spannungsreihe. Die Berührung zweier Leiter zweiter Klasse untereinander veranlafst unerheblichere Elektricitätserregung, die in den meisten Fällen gegenüber den Erregungen zwischen festen und zwischen festen und flüssigen Leitern vernachlässigt werden darf. Sie folgen dabei nur teilweise dem Gesetze der Spannungsreihe.

Es ist also Zn | Cu + Cu | H_2SO_4 + H_2SO_4 | Zn nicht = 0, sondern hat einen angebbaren positiven oder negativen Wert.

Nach R. Kohlrausch ist die elektromotorische Kraft Zink | Zinkvitriol = — 129, Zink | verd. Schwefelsäure = — 115, amalgamiertes Zink | verd. Schwefelsäure = — 149, Kupfer | Kupfervitriol = — 21,5, Platin | Salpetersäure = + 149.

296. Legt man n gleichartige Paare sich berührender Metallplatten (z. B. Zink-Kupferpaare) hinter- (oder über-) einander, so ist der Potentialunterschied der beiden äufsersten Platten nur gleich dem eines einzigen Plattenpaares = Zn | Cu = a (294). Schaltet man aber zwischen je zwei Paare einen feuchten Leiter (Leiter zweiter Klasse), der hier zunächst nur als Leiter, nicht

als Erreger in Betracht kommen soll, z. B. eine in verdünnte Säure getränkte Tuchplatte, so wird die positive Elektricität aller Paare nach der Seite des positiven Metalles, die negative nach der des negativen fortgeleitet, weil an jeder Kontaktstelle der Potentialunterschied = a bleiben mufs, und man erhält so am äufsersten positiven Metall $+ne$, am äufsersten negativen Metall $-ne$. Man nennt jenes Ende den positiven, dieses den negativen Pol, und die ganze Zusammenstellung eine Volta'sche Säule (1800); in der Mitte der Säule ist das Potential = 0. Wird der eine Pol abgeleitet, so ist das Potential am anderen Pole = $\pm 2ne$.

297. Die trockene oder Zamboni'sche Säule (Ritter 1802, Zamboni 1812) ist eine Volta'sche Säule von sehr vielen Plattenpaaren, in der die feuchten Leiter durch lufttrockenes Papier, die Metalle durch unechte Vergoldung (Kupferbronze) und unechte Versilberung desselben (Zink) ersetzt sind. Sie wird zur Konstruktion der Säulenelektroskope benutzt (258).

Das Papier leitet wegen seiner hygroskopischen Feuchtigkeit. Völlig trockenes Papier würde die Säule unwirksam machen.

298. Um das Zusammenstellen der Säule zu erleichtern, wendet man lieber statt feuchter Tuchscheiben eine Flüssigkeit (verdünnte Schwefelsäure) an, welche sich in getrennten Zellen (Bechern) befindet. In jede Zelle taucht man ein Plattenpaar und verbindet eine Platte der einen Zelle mit dem anderen Metall der anderen Zelle durch einen metallischen Leiter. Eine solche Vorrichtung heifst eine **galvanische** (oder Volta'sche) **Batterie**, die einzelnen Glieder, aus denen sie besteht, heifsen **galvanische Elemente** (oder **einfache Ketten**). Ein Element ist demnach zusammengesetzt aus zwei verschiedenen Metallen, welche in eine (oder auch zwei verschiedene, sich berührende) Flüssigkeiten tauchen. Der zwischen den Enden (Polen) der Batterie vorhandene Potentialunterschied würde ganz wie der an der Volta'schen Säule gefunden werden; da aber die erste Zink- und die letzte Kupferplatte sich aufserhalb der Becher befinden würden, so läfst man sie fort. Hierdurch geht an jedem Ende einmal der Potentialunterschied Zn | Cu verloren, und es endet nunmehr die Batterie am positiven Pole mit der (negativen) Kupferplatte, am negativen mit der (positiven) Zinkplatte.

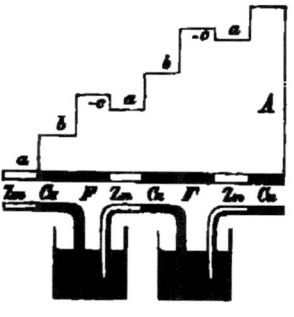

In einer vollständigen Batterie, d. h. einer solchen, die wie die Volta'sche Säule mit Zn | Cu anfängt und mit Zn | Cu endigt, würde der Gang der sich algebraisch addierenden Potentialunterschiede folgender sein, wobei angenommen ist, dafs das erste Zink zur Erde abgeleitet ist, dafs der Unterschied Zn | Cu = a, Cu | F (Flüssigkeit) = b und F | Zn = — c sei: a + b — c + a + b — c + a = A. Läfst man das erste Zink fort, so erhält man nur b — c + a + b — c + a = 2 (b — c + a). Die Batterie besteht dann aus zwei Elementen, deren jedes die elektromotorische Kraft b — c + a besitzt. Diese algebraische Summe ist in der That gleich dem Potentialunterschied, welcher an den Polen des Elementes nachgewiesen werden kann. (R. Kohlrausch 1849.)

299. Die gebräuchlichsten Elemente sind folgende:

a) mit einer Flüssigkeit:

Kupfer, verdünnte Schwefelsäure, Zink. (Volta's Tassensäule 1800; Wollastons Säule 1815; Hares Kalorimotor 1821.)

Kupfer, Wasser, Zink (Wasserbatterie, zur Ladung der Elektrometer angewandt, 261).

Platin oder platiniertes Silber, verdünnte Schwefelsäure, Zink. (Smee 1846.)

Gemisch von Braunstein und Kohle, Salmiaklösung, Zink. (Leclanché 1868.)

Kohle, verdünnte Schwefelsäure mit Chromsäure gemischt, amalgamiertes Zink, besonders als Tauchbatterie (zum gleichzeitigen Eintauchen aller Elemente). (Stöhrer.)

Kohle, Kaliumbichromat mit Schwefelsäure, amalgamiertes Zink. (Bunsen.)

Kohle, Quecksilbersulfat, amalgamiertes Zink. (Marié Davy.)

Quecksilber, Brei von Zinksulfat und Quecksilbersulfat, amalgamiertes Zink. (Latimer Clark 1878.)

Quecksilber, Kalomel, Chlorzink, Zink. (v. Helmholtz 1882.)

Silber, Chlorsilber, Chlorzink, Zink. (Warren de la Rue.)

b) mit zwei Flüssigkeiten (vgl. 337):

Kupfer in Kupfersulfatlösung, amalgamiertes Zink in verdünnter Schwefelsäure (oder Zinksulfatlösung), Thondiaphragma, das Daniell'sche Element (Daniell 1836) und dessen Abänderungen:

Kupfer in Kupfersulfatlösung, Zink in Bittersalzlösung, die

Lösungen ohne Diaphragma übereinanderstehend. (Callaud 1858, Meidinger 1859.)

Kupfer in Kupfersulfatlösung, Zink in Kochsalzlösung, Diaphragma von Papiermasse. (Siemens 1859.)

Kupfer- und Zinkvitriollösung des Daniell-Elementes können durch Gips fixiert werden (Trockenelement, Beetz 1884).

Platin in konzentrierter Salpetersäure, amalgamiertes Zink in verdünnter Schwefelsäure. (Grove 1839.)

Kohle statt des Platins, sonst ebenso (Bunsen 1842).

Eisen statt des Platins, sonst ebenso. (Hawkins 1840; vgl. 339.)

Die Thondiaphragmen, wie sie in den Elementen von Daniell, Grove, Bunsen u. A. gebraucht werden, sind Becher von unglasiertem Porzellan (Bisquit), welche die beiden Flüssigkeiten diffundieren (130), aber nicht hindurchfliefsen lassen. Durch die Amalgamation wird das Zink gegen den rein chemischen Angriff der Säuren geschützt.

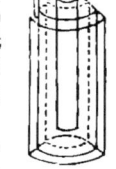

Die elektromotorische Kraft eines Elementes ergiebt sich als algebraische Summe der an den einzelnen Berührungsstellen stattfindenden Potentialunterschiede (294 und 295), z. B.

für das Daniell'sche Element

Zn | Cu + Cu | $CuSO_4$ + $CuSO_4$ | H_2SO_4 + H_2SO_4 | Zn = 1 D
100 — 21 + 0 + 149 = 228

für das Grove'sche Element

Zn | Pt + Pt | $H_2N_2O_6$ + $H_2N_2O_6$ | H_2SO_4 + H_2SO_4 | Zn = 1 Gr
123 + 149 + 0 + 149 = 421

so dafs sich 1 D : 1 Gr = 1 : 1,8 verhält.

300. Wenn die beiden Pole eines Elementes, einer Volta'schen Säule oder Batterie, durch einen prismatischen Leiter (Metalldraht) miteinander verbunden werden (wenn die Säule geschlossen wird), beginnt der an den Polen vorhandene Potentialunterschied sich auszugleichen. Vom höheren Potential strömt Elektricität zum niederen ab. Da aber die elektromotorische Kraft immer aufrecht erhalten wird, so findet keine plötzliche Ausgleichung (wie bei der Entladung der Leydener Flasche) statt; vielmehr bleibt die Bewegung der Elektricität eine dauernde und in jedem Moment geht durch einen jeden Querschnitt des Leiters die gleiche Elektricitätsmenge. Diese Elektricitätsbewegung heifst der **elektrische** oder **galvanische Strom**.

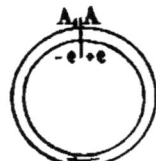

Ein Bild der Entstehung des galvanischen Stromes ist der Wasserstrom, welcher in einer Rinne AB erzeugt wird, die in A durch eine Wand geschieden ist, während daselbst durch Überschöpfen von der einen zur andern Seite ein unveränderlicher Höhenunterschied im Wasserstand erhalten wird (vgl. 272).

301. Zur Beobachtung des Vorhandenseins und der Richtung des galvanischen Stromes, sowie zur Messung der Stärke des Stromes benutzt man die Wirkung desselben auf eine Magnetnadel. Ein um eine Achse drehbarer Magnet hat (nach Romagnosi 1802 und Oersted 1820) das Bestreben, sich gegen einen Leiter senkrecht zu stellen und zwar so, dafs eine mit dem Strome schwimmende Figur, welche den Drehpunkt des Magnetes anschaut, den positiven Pol nach ihrer Linken abweichen sieht (**Ampère'sche Regel**).

Das **Galvanometer** (Galvanoskop) besteht aus einem um eine vertikale Achse drehbaren (an einem Coconfaden aufgehängten) Magnet und einem Leitungsdraht, welcher über oder unter demselben in der Ebene des magnetischen Meridianes hingeführt ist.

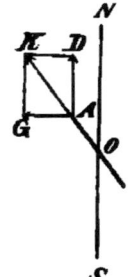

Ist SN die Richtung des Meridianes, also zuerst sowohl die der Nadel als des Leitungsdrahtes, und geht ein Strom von S nach N über den Magnet hin, so wirkt auf den Magnetpol A die ablenkende Kraft des Stromes senkrecht zu SN mit der Komponente AG und die Horizontalkomponente des Erdmagnetismus (246) parallel zu SN mit der Komponente AD; der Magnet nimmt daher die Stellung OK an, wobei er um den Winkel α aus seiner Ruhelage abgelenkt ist. Der Kraft AG sind auch die übrigen Wirkungen des Stromes proportional, daher gilt sie als **Mafs der Stromstärke** J (320).

Die Magnetnadel kann auch um eine horizontale Achse in einer Vertikalebene drehbar gemacht werden; dann sind die Leitungsdrähte in der Vertikalebene, in welcher die Achse liegt, anzubringen.

302. Zum Verbinden verschiedener Stromleiter dienen mit Quecksilber gefüllte Näpfe, in welche man die gut verquickten Drahtenden eintaucht, oder **Klemmschrauben** (Poggendorff); zum schnellen Aufheben von Verbindungen und Herstellen von anderen **Stromschlüssel, Wippen und Kommutatoren.**

Die **Wippen** (Poggendorff 1844) lassen gleichzeitig eine beliebige Anzahl von Drahtenden aus den Quecksilbernäpfen, in welche sie tauchen, ausheben, während beim Umschlagen der Wippe durch Eintauchen einer anderen Reihe von Drahtenden neue Verbindungen hergestellt werden.

Der **Gyrotrop** (Ampère 1826, Pohl 1828) ist ebenfalls eine Wippe. Er dient dazu, eine Stromrichtung schnell in die entgegengesetzte zu verwandeln. Er besteht aus einem Brett, welches sechs mit Quecksilber gefüllte Näpfe enthält. 3 und 4 sind mit den Polen der Säule verbunden, 5 und 6 durch die Drähte des Galvanoskops. Ein isolierender Griff, welcher an jedem Ende drei Metalldrähte trägt, wird so auf das Brett gesetzt, dafs entweder 1 mit 3 und 2 mit 4 oder 5 mit 3 und 6 mit 4 verbunden ist. Da aufserdem 1 mit 6 und 2 mit 5 durch Drähte verbunden sind, so kann der Strom einmal von 3 über 6 nach 5, das andere Mal von 3 über 5 nach 6 gehen.

Der **Kommutator** (Jacobi, Ruhmkorff 1846) hat denselben Zweck. Er besteht aus einem Cylinder aus isolierendem Stoff, der mit zwei Metallwulsten, a und b, belegt ist. Die Federn α, α_1, β und β_1 schleifen gegen die Wulste. Verbindet man die Leitungsdrähte einer Batterie mit α und α_1, dann β und β_1 durch eine Leitung untereinander, so geht der Strom durch diese in der Richtung $\alpha \beta \beta \alpha_1$; dreht man den Cylinder um 90^0, so nimmt der Strom dent Weg $\alpha \beta \beta_1 \alpha_1$.

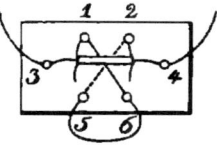

Der **Schlüssel für elektrostatische Messungen** z. B. am Quadrantenelektrometer (Beetz 1880) besteht aus zwei Metallbögen b und b_1, welche auf

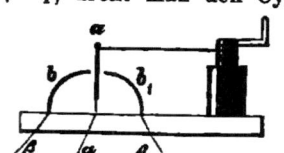

gut isolierender Unterlage stehen. Eine Feder a wird durch einen auf eine Trommel aufgewundenen Seidenfaden in ihrer Stellung gehalten. Wird durch a Elektricität in die Feder a geleitet, so kann dieselbe durch b nach β oder durch b_1 nach β_1 weitergeleitet werden, je nachdem man a an b oder an b_1 anlegt.

b) Beziehungen zwischen der elektromotorischen Kraft und der Stromstärke.

303. In einem prismatischen Stromleiter ist die Stromstärke J zwischen irgend zwei Stellen proportional dem Gefälle, d. h. dem Quotienten aus dem Potentialunterschied a an diesen Stellen und der Länge l des Leiters. Ist q der Querschnitt desselben, so ist $J = kqa/l$; man nennt k das specifische Leitungsvermögen des leitenden Stoffes, $1/k$ den specifischen Leitungswiderstand. Der Widerstand des Leiters ist $w = l/qk$; er wird gemessen durch die Länge eines Leiters von dem Querschnitt 1 und aus bestimmtem Stoffe (Quecksilber, 313), dessen Längeneinheit als Widerstandseinheit gilt (reducierte Länge); der reciproke Wert heifst das Leitungsvermögen. Es ist $J = a/w$.

Ein geschlossenes Element hat an seinen Polen die Potentiale $+ e$ und $- e$, also den Potentialunterschied $2e = a$; der ringförmige Leiter (Fig. zu 300) hat die Länge l; in beistehender Figur ist er ausgestreckt gezeichnet. Die  Elektricität fliefst vom Pole mit dem Potential $+ e$ durch den Leiter l zum Pole mit dem Potential $- e$. Das Verhältnis a/l oder $e/(l/2)$ heifst das Gefälle. Auf der ganzen Länge von l hat jeder Punkt, sobald durch das stete Nachströmen der neu geschiedenen Elektricitäten eine sich gleich bleibende (stationäre) Strömung eingetreten ist, ein bestimmtes Potential; ein Punkt, der um die Länge x vom $+$ Pol entfernt ist, hat das Potential $y = e - 2ex/l$. Sind beide Pole isoliert, so ist das Potential in der Mitte des Leiters $= 0$, ist ein Pol abgeleitet, so hat er das Potential Null, der andere aber $+ 2e$. Geht durch die Querschnittseinheit in der Zeiteinheit beim Gefälle 1 die Elektricitätsmenge k, so geht beim Gefälle a/l durch den Querschnitt q die Elektricitätsmenge $J = kqa/l$, d. h. die Stromstärke ist gleich dieser Elektricitätsmenge.

Beziehgn. zwischen d. elektromotorischen Kraft u. d. Stromstärke. 183

304. Besteht die Stromleitung aus verschiedenen Teilen, so bleibt die Stromstärke überall die gleiche; sie ist gleich der elektromotorischen Kraft dividiert durch die Summe der Leitungswiderstände $J = a/\Sigma w$.

Für ein beliebiges aus der Leitung herausgegriffenes Stück vom Widerstande w und dem Potentialunterschied $s - s_1$ an seinen beiden Enden ist $s - s_1 = Jw$, für ein anschliefsendes Stück $s_1 - s_2 = Jw_1$, daher für beide zusammen $s - s_2 = J(w + w_1)$, $J = (s - s_2)/(w + w_1) = a/\Sigma w$.

305. Enthält der Ring an einem Punkte die elektromotorische Kraft $A = 2E$, an einem anderen die elektromotorische Kraft $a = 2e$, so ist das Gefälle, mit welchem die Elektricität abströmt, $= (A + a)/l$.

Es sei der Abstand der beiden Erregepunkte A und B voneinander $= d$. An einem jeden Punkte des Leiters ist das Potential die algebraische Summe der Potentiale, welche an diesem Punkt vermöge der einzelnen elektromotorischen Kräfte vorhanden sein würden. Es stellen die Ordinaten von PP_l und QQ_l diese Potentiale dar, deren

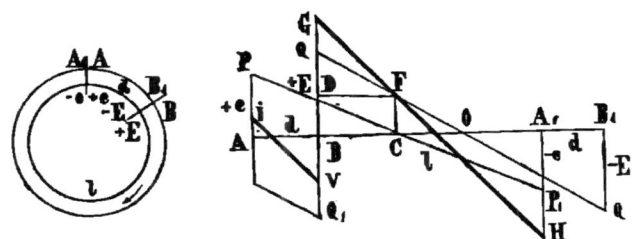

Größen an den Erregungsstellen $AP = +e$, $BQ = +E$ seien; alsdann ergeben sich aus den Summen der Ordinaten die parallelen Geraden GH und JV, die somit ein unveränderliches Gefälle darstellen $GD/DF = (BG - CF)/BC$, wobei $BG = E + e - 2ed/l$ (303) und $CF = 2Ed/l$, da $BO = l/2$ und $CO = d$ ist; daher ist das Gefälle $(2E + 2e)/l$.

Die Stromstärke ist dann gleich der Summe aller elektromotorischen Kräfte dividiert durch den Widerstand ($J = \Sigma a/w$).

306. Besteht der Ring aus verschiedenen Leitern, in denen sich verschiedene elektromotorische Kräfte befinden, so ist die

Stromstärke gleich der Summe aller elektromotorischen Kräfte dividiert durch die Summe aller Widerstände ($J = \Sigma a/\Sigma w$. **Ohm'sches Gesetz 1827**).

Nach Kirchhoff (1849) gelangt man zu demselben Gesetz, wenn man die Elektricität nicht, wie Ohm es gethan hat, durch die ganze Masse des Leiters, sondern nur auf dessen Oberfläche verbreitet annimmt. Die experimentelle Bestätigung des Ohm'schen Gesetzes erfolgte zunächst durch Fechner.

307. Der Widerstand eines geschlossenen Elementes Σw besteht aus dem Widerstand im Elemente selbst, dem **inneren Widerstand** $= R$ und dem im Schliefsungsbogen, dem **äufseren Widerstand** $= r$. Ist die elektromotorische Kraft des Elementes $= a$, so ist die Stromstärke $J = a/(R + r)$. Die Stromstärke einer geschlossenen Säule von n solchen Elementen ist $J = na/(nR + r)$.

Für den Fall, dafs die Kette durch einen Leiter mit sehr kleinem Widerstande geschlossen ist, kann r gegen R vernachlässigt werden, so dafs $J = a/R$ ist. Durch Anwendung einer n paarigen Säule kann dann J nicht vergröfsert werden, weil man $J = na/nR$ erhielte, wohl aber durch Verkleinerung von R, d. h. dadurch, dafs man recht grofse Metallflächen wählt, welche einander möglichst nahe gebracht und durch gut leitende Flüssigkeiten miteinander verbunden werden. Man benutzt also in diesem Falle ein grofses Element von möglichst grofser elektromotorischer Kraft: Kalorimotor, Wollaston'sche Kette, besonders aber grofse konstante Elemente (vgl. 337).

Ist dagegen der Widerstand r nicht gegen R zu vernachlässigen (z. B. der Widerstand einer langen Drahtleitung, einer Flüssigkeit, eines tierischen Körpers), so erhält man bei Anwendung von n Elementen $J = na/(nR + r) = a/(R + r/n)$, d. h. dieselbe Wirkung, als ob r um das $n$fache verkleinert wäre. In diesen Fällen wendet man also eine **mehrpaarige Säule** an. Die Gröfse der Elemente wird um so gleichgültiger, je gröfser r gegen R wird. Gewöhnlich verfügt man über Elemente von gegebener Gröfse; diese kann man dann entweder **hintereinander** (nach älterer Bezeichnung „auf Intensität") zu einer mehrpaarigen Säule, oder **nebeneinander** („auf Quantität") zu einem grofsplattigen Elemente verbinden.

Die Verbindungen können durch ein für allemal hergerichtete Drahtkombinationen (Pachytrope) hergestellt werden. Die Anordnung der Säule liefert die gröfste Stromstärke, wenn der innere

Widerstand dem äufseren gleich ist. Vier Elemente von einfacher Gröfse und dem Widerstande R können z. B. verbunden werden: alle hintereinander (4×1), oder zwei hintereinander, deren jedes aus zweien nebeneinander zusammengesetzt ist (2×2), oder alle vier nebeneinander (1×4). In den drei Fällen sind die Stromstärken $4a/(4R+r)$, $2a/(2R/2+r) = 4a/(2R+2r)$, $a/(R/4+r) = 4a/(R+4r)$. Ist $R = r$, so verhalten sich die drei Stromstärken wie $1/5 : 1/4 : 1/5$.

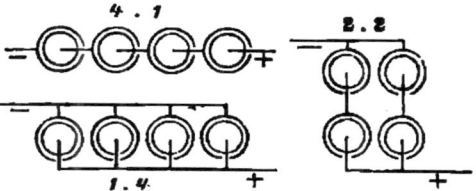

308. Geht ein Strom durch eine ungeteilte Leitung mit dem Widerstande R und verzweigt sich dann in eine Reihe von Leitern mit den Widerständen $r_1, r_2, r_3 \ldots$, so kann man statt dieser Leiter einen einzigen substituieren, dessen Leitungsfähigkeit gleich der jener Leiter zusammengenommen ist.

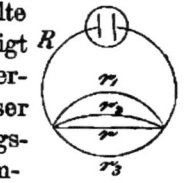

Ist der Widerstand dieses Leiters $= r$, so ist seine Leitungsfähigkeit $1/r = 1/r_1 + 1/r_2 + 1/r_3 + \ldots$, die Stromstärke wird also sein $J = a/[R + 1/(1/r_1 + 1/r_2 + 1/r_3 + \ldots)]$. Sind nur zwei Zweigleiter vorhanden, so wird die Stromstärke $J = a/[R + r_1 r_2/(r_1 + r_2)]$.

Die durch die einzelnen Zweige gehenden Stromanteile verhalten sich umgekehrt wie die Widerstände in den Zweigen. Durch den Zweig mit dem Widerstand r_1 geht demnach der Stromanteil
$i_1 = [r_2/(r_1 + r_2)]a/[R + r_1 r_2/(r_1 + r_2)]$.

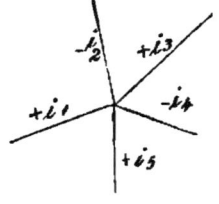

309. Fliefsen eine Anzahl von Strömen in einem Punkte zusammen, so ist die algebraische Summe ihrer Stromstärken $= 0$.

Bildet eine Anzahl von Stromleitern eine geschlossene Figur, so ist die Summe der Produkte aus ihren Stromstärken und den zugehörigen

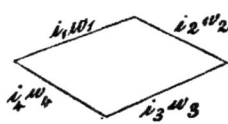

Widerständen gleich der gesamten in dem Systeme vorhandenen elektromotorischen Kraft.
(Kirchhoff's Gesetze der Stromverzweigung 1847.)

Der erste Satz besagt, daſs vom Kreuzungspunkte ebensoviel Elektricität abflieſsen muſs, als zugefloſsen war, weil sonst kein stationärer Zustand eintreten würde, also $\Sigma i = 0$. Der zweite Satz folgt daraus, daſs in jedem der Drähte die Stromstärke i gleich ist dem an seinen Enden vorhandenen Potentialunterschied $E - e$ dividiert durch den Widerstand w (303), also $i_, w_, = E_, - e_,$ u. s. w. Die Summe aller dieser Unterschiede ist aber gleich der gesamten elektromotorischen Kraft in der geschlossenen Figur, also $\Sigma i w = \Sigma a$.

310. Stromdichte ist das Verhältnis der Stromstärke zum Querschnitte des Leiters an der betreffenden Stelle der Leitung $(d = J/q)$.

In Zweigdrähten, deren Widerstände nur durch die Verschiedenheit der Querschnitte verschieden sind, ist die Dichte die gleiche; sind die Widerstände der Zweigdrähte aber nur wegen verschiedener specifischer Leitungsfähigkeit verschieden, so ist die Dichte im schlechteren Leiter kleiner, als im besseren.

311. Wird ein Potentialunterschied zwischen zwei Punkten durch einen körperlichen (nicht drahtförmigen) Leiter ausgeglichen, so lassen sich in gewissen Abständen von jedem der Punkte solche Punkte finden, welche untereinander gleiches Potential haben. Eine Fläche, welche alle solche Punkte verbindet, heiſst eine **Niveaufläche** oder **Äquipotentialfläche**. Verbindet man zwei Punkte einer Niveaufläche unter sich durch einen Leiter, so kann in demselben keine Elektricitätsbewegung stattfinden. Dagegen findet eine solche statt, wenn man einen Punkt einer Niveaufläche höheren Potentiales mit einem Punkt einer Niveaufläche niederen Potentiales verbindet. Im körperlichen Leiter bilden sich Ströme in Linien, welche von einer Niveaufläche zur anderen gehen, auf jeder der Flächen senkrecht stehend (**Stromfäden**).

Tritt an die Stelle der körperlichen Leiter eine leitende Fläche (dünne Metallplatte), so erscheinen die Niveauflächen als Äquipotentiallinien. Legt man an zwei Punkte $e e$ der Peripherie einer Kreisscheibe die Zuleitungsdrähte einer Säule an, so sind die Äquipotentiallinien Kreise, nn, welche die Einströmungspunkte umgeben; die Mittelpunkte dieser Kreise liegen mit den Einströmungspunkten in einer Geraden; die Kreise schneiden diese Gerade in Punkten aa, welche zu den Einströmungspunkten harmonisch liegen. Die Stromfäden ss stehen auf allen diesen Kreisen senkrecht.

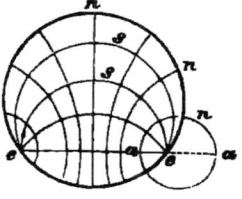

c) Messung des Widerstandes.

312. Zur Abmessung von Widerständen dienen die Rheostaten und Rheochorde.

Der Rheostat von Wheatstone ist eine Walze von isolierendem Stoff, auf welche ein Metalldraht in Schraubengängen aufgewunden ist. Wird der Widerstand einer Windung als Widerstandseinheit gewählt, so mifst die Anzahl der Schraubengänge unmittelbar die Gröfse des in den Strom eingeschalteten Widerstandes.

Das Rheochord von Poggendorff besteht aus zwei parallel nebeneinander gespannten Drähten ab, welche durch einen ver-

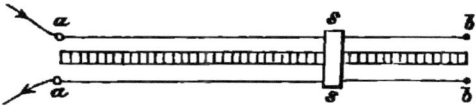

schiebbaren Leiter (Schlitten ss) untereinander verbunden sind. Durch Verschiebung des Schlittens können beliebige Widerstände der Drahtleitung $assa$ abgegrenzt werden.

Der Stöpselrheostat von Siemens. In einem Kasten befindet sich eine Reihe von Drahtrollen, deren Drähte die reduzierten Längen 1, 1, 2, 5, 10 u. s. w. Quecksilber-Einheiten oder Ohm (313) haben, also jede beliebige Zahl von Einheiten darzustellen erlauben. Die beiden Enden eines jeden Drahtes sind an dicken Messingstücken k befestigt, welche untereinander wieder durch eingesteckte Metallstöpsel s verbunden sind.

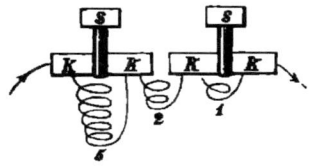

Sind alle Stöpsel an ihrem Orte, so geht der Strom durch die Messingstöpsel, deren Widerstand vernachlässigt werden kann, und nicht durch die Drähte. Zieht man einen Stöpsel heraus, so mufs der Strom durch den Draht gehen, es ist also ein Widerstand von bekannter Gröfse eingeschaltet.

313. Als Einheit des Widerstandes gilt nach Siemens (1860) der Widerstand einer Quecksilbersäule von 1 m Länge und 1 qmm Querschnitt, bei 0° gemessen (1 Q. E. d. h. Quecksilbereinheit). Neuerdings ist eine andere, theoretisch definierte Widerstandseinheit (371), das Ohm, allgemein gebräuchlich geworden. 1 Q. E. ist = 0,943 Ohm, 1 Ohm = 1,06 Q. E.

Die Widerstandseinheit der British Association ist 1 B. A. = 0,989 Ohm = 1,0487 $Q . E.$

314. Der Widerstand eines Leiters erster Klasse kann nach einer der folgenden Methoden bestimmt werden.

Mit dem Quadrantenelektrometer (W. Thomson). Nimmt man aus einer Stromleitung zwei hintereinander liegende Leiterstücke von den Widerständen w_1 und w_2

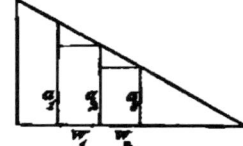

und verbindet erst die beiden Endpunkte des einen, dann die des anderen mit den Zuleitungsdrähten des Quadrantenelektrometers, so erhält man zwei Ausschläge a_1 und a_2, welche sich zu einander wie die Potentialunterschiede $a_1 - a_3$ und $a_2 - a_3$ verhalten. Die beiden Widerstände (deren einer ein Rheostatenwiderstand sein kann) verhalten sich also zu einander wie $a_1 : a_2$.

Durch Substitution. Man schaltet in denselben Stromkreis hintereinander eine Säule, ein Galvanometer, einen Rheostat und den zu messenden Widerstand x und beobachtet die Ablenkung der Galvanometernadel. Dann nimmt man x aus dem Stromkreise heraus, schaltet aber mittels des Rheostaten soviel Widerstand ein, bis die Ablenkung wieder die frühere ist; dieser eingeschaltete Widerstand ist dann $= x$.

Durch die Brückenmethode (Wheatstone 1843, Kirchhoff 1847).

Wird ein Strom bei A in zwei Zweige mit den Widerständen a und b gespalten, dann durch die Zweige mit den Widerständen c und x wieder nach B vereinigt, so wird ein in dem Brückendraht CD eingeschaltetes Galvanometer gar keinen Strom anzeigen, wenn sich $a : b = c : x$ verhält. (Man findet diese Proportion,

Messung des Widerstandes.

wenn man den ersten Satz (309) auf die Kreuzungspunkte C und D, den zweiten auf die Dreiecke ACD und BCD anwendet und i in $CD = 0$ setzt.) Verbindet man also D und B durch den Leiter, dessen Widerstand gesucht ist, und kennt man die Widerstände a und b, so mufs man c durch einen Rheostaten so lange verändern, bis das Galvanometer 0 zeigt.

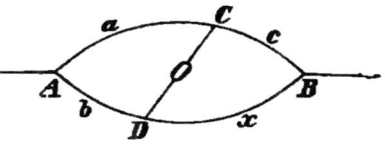

Zur Ausführung der Methode dient die **Widerstandsbrücke** (Siemens), in welcher die Widerstände a, b und c durch Stöpselrheostaten (312) gemessen werden, und das **Universalgalvanometer** (Siemens), welches die Kombination eines Galvanometers mit den nötigen Widerstandszweigen ist.

Durch die Brückenmethode kann auch der Widerstand eines Galvanometer gefunden werden. (W. Thomson.) Das Galvanometer wird in den Zweig x eingeschaltet, der Zweig O enthält kein Galvanometer. Wird die Leitung O unterbrochen, so darf sich der Ausschlag im Galvanometer nicht ändern, wenn sich $a : b = c : x$ verhält.

315. Bei höherer Temperatur nimmt die Leitungsfähigkeit der Leiter erster Klasse ab, die der Leiter zweiter Klasse zu. Auch die Dielektrika werden bei höherer Temperatur leitend.

Die Leitungsfähigkeit einiger Metalle ist (nach Matthiefsen u. A.):

Quecksilber	= 1		Phosphorbronze	= 13
Neusilber	= 4		Aluminium	= 32
Blei .	= 5		Gold . . .	= 46
Platin	= 8		Siliciumbronze	= 48
Eisen . . .	= 8		Kupfer .	= 55
Aluminiumbronze	= 8		Silber	= 64
Messing	= 13			

Die Leitungsfähigkeit von Legierungen steht nicht immer zwischen denen der Komponenten.

Die Widerstandszunahme für einen Temperaturgrad (der Temperaturkoëfficient) beträgt für Quecksilber 0,00095, für Neusilber 0,0004, für die festen einfachen Metalle nahezu 0,00366 (168). Bei sehr niederen Temperaturen nimmt der Widerstand weit schneller ab; der des Kupfers würde bei der Temperatur des verdunstenden Stickstoffs (211) nahezu = 0 sein (v. Wroblewski).

316. Der Widerstand eines Leiters zweiter Klasse kann in der Regel nicht ohne weiteres nach diesen Methoden bestimmt werden, weil an den Polplatten, zwischen denen der Leiter eingeschlossen ist, Veränderungen vorgehen, welche den Strom schwächen (vgl. 334).

Bei nicht zu verdünnter Zinksulfatlösung, welche von amalgamierten Zinkplatten begrenzt ist, tritt keine solche Schwächung ein. Man kann also deren Leitungswiderstand messen wie den eines Leiters erster Klasse. (Beetz.)

Andere Flüssigkeiten kann man, in längere oder kürzere Glasröhren eingeschlossen, mittels poröser Diaphragmen zwischen zwei Zinksulfatlösungen einschalten. Bringt man dann mittels eines Rheostaten den Strom bei Einschaltung der kurzen Röhre auf dieselbe Stromstärke, die ohne Rheostat bei Einschaltung der langen vorhanden war, so kennt man den Widerstand der Flüssigkeitssäule von der Länge der Differenz beider Röhren. (Paalzow.)

Für alle beliebigen Flüssigkeiten kann die Brückenmethode angewandt werden, wenn man die Volta'sche Säule durch einen Apparat ersetzt, der Ströme von schnell wechselnder Richtung liefert (Induktionsapparat 366). In diesem Falle muſs aber das Galvanometer durch ein Elektrodynamometer (357) oder durch ein Telephon (390) ersetzt werden. Ist die Gleichgewichtsbedingung der Brückenkombination erreicht, so giebt das Dynamometer keine Ablenkung und das Telephon kein Geräusch. (F. Kohlrausch.)

Die Leitungsfähigkeit des reinen Wassers ist sehr gering; sie beträgt höchstens $4/10^{10}$ (F. Kohlrausch).

Die Leitungsfähigkeit einiger Flüssigkeiten bei den Konzentrationen, bei welchen sie am besten leiten, ist (nach Beetz, Paalzow, F. Kohlrausch u. A.):

konzentrierte	Kupfersulfatlösung	0,00000440
25 prozentige	Zinksulfatlösung	0,00000452
konzentrierte	Silbernitratlösung .	0,00001962
,,	Chlornatriumlösung	0,00002016
,,	Salpetersäure .	0,00007330
30 prozentige	Schwefelsäure .	0,00006912.

Einige Flüssigkeiten zeigen also bei mittlerer Konzentration ein Maximum der Leitungsfähigkeit; so ist z. B. die Leitungsfähigkeit

von 1 prozentiger Schwefelsäure nur .		0,00000429
von konzentrierter	,, ,,	0,00000080.

Die Leitungsfähigkeit der Leiter zweiter Klasse wächst schnell mit der Temperatur. Der Zunahmekoëfficient ist für konzentrierte

Zinksulfatlösung = 0,04. Kohle und manche Metalloxyde werden beim Erwärmen bessere Leiter, Glas wird schon lange, ehe es flüssig wird, ein Leiter zweiter Klasse. Krystallinisch-körniges Selen nimmt durch den Einfluſs der Wärme sowohl als durch den des Lichtes bedeutend an Leitungsfähigkeit zu. (Hittorf 1851, Mai 1873, Siemens 1876.)

Über die Messung des Widerstandes in einem galvanischen Element siehe 319.

d) Messung der elektromotorischen Kraft.

317. Als Einheit der elektromotorischen Kraft kann man die elektromotorische Kraft irgend eines einfachen Elementes wählen, z. B. die des Daniell'schen (299). Neuerdings ist eine andere theoretisch definierte Einheit der elektromotorischen Kraft (371), das Volt, allgemein gebräuchlich geworden. 1 Daniell ist = 1,12 Volt. Einige andere elektromotorische Kräfte sind:

Grove oder Bunsen (mit Salpetersäure) = 1,7 Daniell = 1,9 Volt.
Bunsen (mit Chromsäure) = 1,8 — = 2,0 —
Meidinger oder Siemens = 0,9 — = 1,0 —
Leclanché, Stöhrer oder Smee = 1,2 — = 1,3 —
Latimer Clark = 1,27 — = 1,434 —

Wird das Daniell-Element mit Fortlassung des Diaphragmas aus chemisch reinen Metallen, die in chemisch reine, durch mit verdünnter Schwefelsäure gefüllte Heber kommunizierende Flüssigkeiten tauchen, zusammengesetzt, so ist seine elektromotorische Kraft = 1,18 Volt, und wenn die verdünnte Schwefelsäure durch konzentrierte Zinksulfatlösung ersetzt wird, = 1,06 Volt. Für genaue Messungen sind nur die ohne Diaphragma zusammengesetzten Elemente brauchbar. (Kittler.)

Ist die Stromstärke nach irgend einer Einheit (320, 324, 331) bestimmt, so folgt aus dieser Bestimmung und der des Widerstandes die elektromotorische Kraft ohne Einführung einer besonderen Einheit für dieselbe. Die elektromotorische Kraft ist dann das Produkt aus einer Stromstärke in den Widerstand, $a = J \cdot w$.

318. Die elektromotorische Kraft eines Elementes oder einer Säule kann bei geöffneter Kette (bevor ein Strom zu stande gekommen ist) oder bei geschlossener (während der Dauer des Stromes) gemessen werden.

Das **Quadrantenelektrometer** vergleicht die an den Polen zweier Elemente (Säulen) vorhandenen Potentialunterschiede miteinander. Verbindet man einen Pol der Elemente mit dem Erdboden, den andern mit den Quadranten bb (261) des Elektrometers, so erhält man einen Anschlag a. Macht man den gleichen Versuch mit einem Normalelement $= N$, so erhält man einen Ausschlag a_1; die elektromotorische Kraft des fraglichen Elementes ist dann $= N \cdot a/a_1$. Als Normalelement kann eins der Elemente von Daniell, Latimer Clark, Helmholtz oder Beetz (299) angewandt werden.

Schaltet man in den Strom, den ein Element erzeugt, einen sehr grofsen äufseren Widerstand r ein, so dafs R gegen r vernachlässigt werden kann (307), also die Stromstärke $J = a/r$ wird, so ist diese Stromstärke unmittelbar das Mafs der elektromotorischen Kraft; ein Normalelement würde bei demselben Widerstand r die Stromstärke $J_1 = N/r$ geben, also $a : N = J : J_1$. (Fechner, vgl. 326.)

Die **Kompensationsmethoden** (Poggendorff 1841, Du Bois-Reymond 1863) heben den durch ein Element erzeugten Strom auf durch einen Zweig des durch ein anderes Element erzeugten.

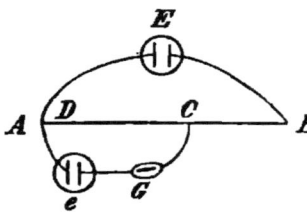

Der **Stromkompensator** ist ein mit Längenteilung versehener Platindraht AB, dessen Widerstand $= b$ sei und von dem man durch einen beweglichen Steg ein Stück AC vom Widerstand a abgrenzen kann. Die Leitung AEB habe den Widerstand R und enthalte ein Element von der elektromotorischen Kraft E; die Leitung $AeGC$ habe den Widerstand c und enthalte ein schwächeres Element von der elektromotorischen Kraft e und ein Galvanoskop G. Durch G geht dann nach 308 der Strom

$$\frac{E}{R + (b-a) + \dfrac{ac}{a+c}} \cdot \frac{a}{a+c} \pm \frac{e}{c + \dfrac{a(R+b-a)}{a+(R+b-a)}}$$

Sind die beiden Elemente mit gleichnamigen Polen gegeneinander gerichtet, so gilt das — Zeichen, und der Strom in G wird 0, wenn $e = E \cdot a/(R + b)$ ist. Bleibt R, also auch $R + b$ unverändert, so wird e unmittelbar durch die Länge a gemessen. Dasselbe Resultat ist leicht mit Anwendung der Kirchhoff'schen Gesetze (309) zu erhalten.

Der Kompensatordraht kann auch um die Peripherie einer isolierenden Kreisscheibe gelegt werden. (Stromkompensator von

Du Bois-Reymond.) Das Universalgalvanometer (314) ist zugleich zur Ausführung solcher Stromkompensation eingerichtet.

Aus dem Ausdrucke des Ohm'schen Gesetzes $J = a/(R + r)$ folgt unmittelbar eine Bestimmungsmethode für a. Wenn J durch irgend ein Instrument (320 ff) in irgend einer Einheit gemessen ist und man verändert den bekannten äufseren Widerstand r in $r_{"}$, so erhält man eine Stromstärke $J_{,} = a/(R + r_{,})$ (Ohm). Der hieraus gefundene Wert von a ist sehr ungenau, weil durch Nebenumstände (334) mit wechselndem J sich a ebenfalls verändert.

319. Der innere Widerstand eines Elementes kann aus den beiden letztgenannten Gleichungen ebenfalls gefunden werden, besser durch die Kompensationsmethode.

Schaltet man bei D (318) in den Kompensatordraht einen Draht vom Widerstande d ein, so verwandelt sich der Widerstand des Kompensatordrahtes in $b + d$. Stellt man jetzt wiederum die Kompensation her, so mufs der Schlitten eine andere Stellung erhalten, so dafs er die Drahtlänge a_1 abschneidet; man erhält also zu der Gleichung $e = Ea/(R + b)$ die zweite $e = E(a_1 + d)/(R + b + d)$, woraus R gefunden wird. (Beetz.) Der Universalkompensator ist ein für diese wiederholte Messung mit Hinzuschaltung verschiedener Widerstände eingerichteter Stromkompensator.

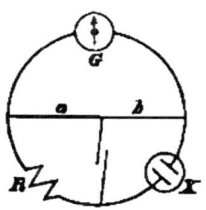

Schaltet man in den Zweig x einer Brückenkombination ein Element mit dem innern Widerstand x, in R einen Rheostaten, so wird durch Schliefsen des Brückendrahtes die Ablenkung des Galvanoskops G nicht geändert, wenn $x = R \cdot b/a$ ist (Mauce).

e) Messung der Stromstärke.

320. Durch das Galvanometer (301) wird das Verhältnis der Stromstärke J zur Horizontalintensität H des Erdmagnetismus bestimmt. Da AG und AD (Fig. zu 301) diesen Gröfsen proportional sind, so ist $J = CH tg\alpha$, wo C eine vom Apparat abhängige Konstante bedeutet. Die Stromstärke wird also durch die Tangente des Ablenkungswinkels gemessen; deshalb heifst dieser Mefsapparat auch eine Tangentenbussole. (Pouillet 1843.)

Die mit solchen Galvanometern ausgeführten Messungen sind nur relative. So lange C und H unverändert bleiben, wird J unmittelbar durch tang α gemessen. Um die Messungen zu absoluten zu machen, muſs entweder C bekannt sein (324) oder man muſs den Reduktionsfaktor des Galvanometers bestimmen, d. h. unter-

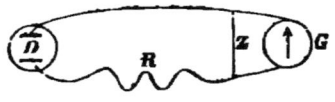

suchen, welche absolut (etwa durch das Voltameter, 331) gemessene Stromstärke einem gewissen Ablenkungswinkel α entspricht. Wenn die Ablenkungen mittels der Spiegelablesung oder der Spiegelprojektion (448) gemessen werden, so geben die am Maſsstabe abgelesenen Skalenteile die Tangente von α, also unmittelbar die Stromstärke J an. Mit diesen Methoden kann man aber immer nur kleine Winkel α ablesen, so daſs für stärkere Ströme das Galvanometer unempfindlicher gemacht werden muſs. Dazu kann man neben der Leitung des Galvanometerdrahtes (dessen Widerstand $= G$ sei) einen Zweig vom Widerstand Z (einen shunt) einschalten, während der Widerstand der ganzen übrigen Leitung $= R$ ist. Geht dann der Strom des Elementes D durch das Galvanometer ohne Zweig, so ist die Stromstärke $J = D/(R + G)$, ist aber der Zweig eingeschaltet, so ist der durch G gehende Stromteil $i' = \dfrac{D}{R + \dfrac{GZ}{G+Z}} \cdot \dfrac{Z}{G+Z}$ (308), während durch R ein Strom $J' > J$ geht, nämlich $D/[R + GZ/(G + Z)]$. Dabei verhält sich immer $J' : i' = Z : (G + Z)$. In diesem Verhältnis ändert sich der Reduktionsfaktor.

321. Um auch schwächere Ströme messen zu können, wird statt des einfachen Leitungsdrahtes der Multiplikator angewandt. (Schweigger, Poggendorff 1821.) Derselbe besteht aus einem wiederholentlich über und unter der Galvanometernadel hingeführten Leitungsdraht, dessen einzelne Windungen durch Umspinnen mit Seide oder Baumwolle gegeneinander isoliert sind. Da der über dem Magnet hin und unter dem Magnet zurückgeleitete Strom im gleichen Sinne ablenkend auf denselben wirkt, so wird diese Wirkung durch den Multiplikator vergröſsert.

Für starke Ströme, welche nur geringe Widerstände durchlaufen, kann die Leitung durch einen dicken Metallring hergestellt werden. (Pouillet, W. Weber.) Durch die Anwendung des Multiplikators statt des einfachen Leitungsdrahtes wird zwar die Wirkung des Stromes auf die Nadel vervielfältigt, der Strom wird aber durch den eingeführten Widerstand geschwächt. Man wendet deshalb bei Strömen, welche schon einen grofsen Widerstand enthalten (z. B. im Tierkörper), Multiplikatoren mit vielen Windungen an (Du Bois-Reymond), bei solchen, die keinen grofsen Widerstand enthalten (Thermoströme), solche mit wenigen dicken Windungen. (Nobili und Melloni.) Die Proportionalität der Stromstärken und Tangenten ist für gröfsere Ablenkungen nur richtig, wenn die Gröfse der Nadel nur sehr klein ist gegen den Radius R des Multiplikatorringes, oder wenn der Nadeldrehpunkt nicht in der Ebene der Windungen, sondern um $R/2$ von demselben entfernt liegt. (Gaugain.) Am zweckmäfsigsten ist es, der Bussole zwei Multiplikatoren zu geben, welche auf Schlitten dem in einer kupfernen Büchse schwingenden ringförmigen Magnet beliebig genähert und durch andere Multiplikatoren mit dickeren oder dünneren Windungen ersetzt werden können. (Wiedemann.)

322. Um das Galvanometer empfindlicher zu machen, kann der Magnet astatisch gemacht werden (244).

Entweder hängt man ein astatisches System so in den Multiplikator, dafs dessen eine Nadel im Innern desselben, die andere über dem Multiplikator schwingt (Nobili), oder man nähert dem einfachen, im Multiplikator hängenden Magnet einen Kompensationsmagnet (Meifsner und Meyerstein). In beiden Fällen wird die Wirkung der Komponente H vermindert, also a vergröfsert. Die Schwingungen der Magnetnadel werden durch Dämpfung zur Ruhe gebracht und zwar indem man den Magnet, am besten einen glockenförmigen, innerhalb einer Kupferhülse schwingen läfst (368), oder durch Luftdämpfung, indem sich die kreisförmige Magnetplatte innerhalb einer sie nahe umschliefsenden Kapsel um ihren vertikalen Durchmesser dreht (Thomson), oder durch Flüssigkeitsdämpfung, indem der Magnet eine in eine Flüssigkeit tauchende Metallplatte trägt. (Schilling von Canstadt.)

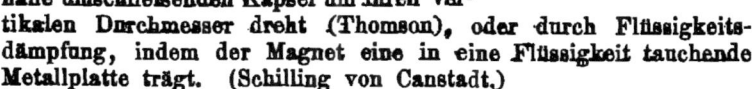

323. Das Differentialgalvanometer (Becquerel 1826) hat zwei gleiche Multiplikatoren, welche aus gleicher Entfernung auf eine Nadel wirken. Leitet man zwei gleich starke Ströme durch die beiden Multiplikatoren in entgegengesetzter Richtung, so findet keine Ablenkung statt.

Man kann mittels dieses Instrumentes zwei Ströme (durch Einschaltung von Widerständen) auf gleiche Stärke bringen und deshalb auch Widerstandsmessungen damit ausführen.

324. Ist der Multiplikator ein kreisförmiger Ring vom bekannten Halbmesser R, so kann man mit der Tangentenbussole Stromstärken nach absolutem Maſse messen. (W. Weber 1842.) Als absolute (elektromagnetische) Einheit gilt die des Stromes, dessen Längeneinheit (1 cm) auf den Magnetismus 1 in der Entfernung 1 (cm) die Kraft 1 (Dyn) ausübt. Die Stromeinheit wirkt, die Fläche 1 umkreisend, in die Ferne wie ein Magnet vom magnetischen Moment 1, der in der Mitte dieses Stromringes auf dessen Ebene rechtwinkelig steht. Ein Amper ist $^1/_{10}$ dieser Stromstärke.

Das Element s eines Kreisstromes von der Intensität J will ein magnetisches Teilchen m senkrecht gegen seine Richtung stellen, mit der Kraft $y = C \cdot s \cdot J \cdot m/(R^2 + x^2)$, wo C eine Konstante ist. Die in der Richtung der Achse x liegende Komponente (durch welche das magnetische Teilchen m abgelenkt (oder ein unmagnetisches magnetisiert wird) ist $z = C \cdot s \cdot J \cdot m \cdot R/(R^2 + x^2)^{3/2}$, die vom ganzen Kreisstrome ausgeübte Kraft $Z = C \cdot 2 R^2 \pi J m/(R^2 + x^2)^{3/2}$ $= C \cdot 2 f J m/(R^2 + x^2)^{3/2}$, wenn mit f die umschriebene Fläche bezeichnet wird. Die Stromeinheit ist so gewählt, daſs $C = 1$ ist; für ein groſses x und ein kleines R ist alsdann $Z = 2fJm/x^3$, so daſs die Fernwirkung mit der eines Magnets von dem magnetischen Moment fJ übereinstimmt (252). Liegt m in der Mitte des Kreisstromes, so ist $z = sJm R/R^3 =$ sJm/R^2 und $Z = 2\pi Jm/R = 2fJm/R^3$. Wird dabei der Magnet um den Winkel α abgelenkt, so ist (vergl. Figur zu 301) $AD = Hm$, $AG = Z$, also tang $\alpha = 2\pi J/RH$ und, wenn der Multiplikator n Windungen hat, $J = RH tg\alpha/2\pi n$.

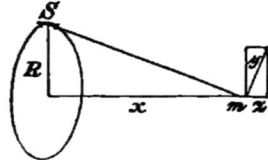

Bei Webers Messungen waren die Einheiten: mgr - mm - sek zu Grunde gelegt. Für andere Einheiten genügt die Kenntnis der Dimension (83). Es ist die Dim. $H = m^{1/2}l^{1/2}t$ (249); also ist Dim. $J = m^{1/2}l^{1/2}/t$. (Elektromagnetisches Maſs.) Wenn die Stromstärke J in Amper ausgedrückt wird, so ist $J = 5RH tg\alpha/\pi n$.

325. Ströme von kurzer Dauer können durch die Multiplikationsmethode oder durch die Zurückwerfungsmethode gemessen werden. (Gauſs und Weber.)

Multiplikationsmethode: Die Nadel wird durch den kurzdauernden Stromstoſs abgelenkt. Wenn sie beim Zurückkehren die Gleichgewichtslage passiert, giebt man einen gleichen Stoſs in entgegengesetzter Richtung. Das Verfahren wird beliebig oft wiederholt und dadurch ein Grenzausschlag erreicht, der (für kleine Winkel) der ablenkenden Stromstärke proportional ist.

Zurückwerfungsmethode. Man lenkt die Nadel ebenso ab, läſst sie die ganze Doppelschwingung zurück machen und giebt ihr, wenn sie bei der zweiten Umkehr die Gleichgewichtslage passiert, immer wieder einen gleichen Stoſs in entgegengesetzter Richtung. Dadurch wird wieder ein solcher Grenzausschlag erreicht. Diese Methode wird für starke Ströme angewandt.

Für einzelne kurzdauernde Stromimpulse sind die Stromstärken den sinus der halben Ausschlagswinkel proportional.

326. Man kann an einem Galvanometer auch unmittelbar Potentialunterschiede ablesen.

Das Torsionsgalvanometer (Siemens 1880) ist ein Galvanometer mit Multiplikator und Glockenmagnet (368), der an einer Spiralfeder und Faden aufgehängt ist. Schaltet man in eine Leitung das Galvanometer und einen groſsen Widerstand und legt die Enden dieser Leitung an zwei Punkte eines in der Hauptleitung befindlichen Drahtes von sehr kleinem Widerstande, so ist die am Galvanometer nach dem Torsionsgesetz (91) beobachtete Stromstärke unmittelbar ein Maſs für den an den Enden des Drahtes vorhandenen Potentialunterschied. Für groſse Potentialunterschiede schaltet man einen Zweig von bekanntem Widerstande ein (320), so daſs die Empfindlichkeit des Instrumentes 10 mal, 100 mal u. s. w. vermindert wird.

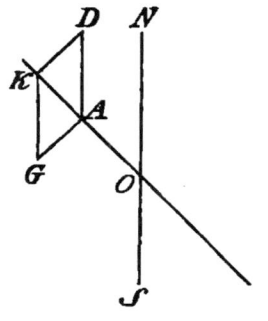

327. Lenkt man eine Magnetnadel durch einen Strom ab, und dreht den Multiplikator um eine mit dem Aufhängefaden der Nadel zusammenfallende Achse O so lange nach, bis die Nadel OA durch ihre Richtkraft AD wieder in die Ebene der Windungen gekommen ist, so ist die Bedingung, unter der der Gleichgewichtszustand eingetreten ist, $AG = J = CH \sin \alpha$, wo α denjenigen Winkel bezeichnet, um welchen der Multiplikator gedreht werden mufste, um die Nadel einzuholen. Das so erhaltene Mefsinstrument heifst eine Sinusbussole. (Pouillet 1837, Poggendorff 1840.)

Die Sinustangentenbussole (Siemens und Halske) kann als Tangenten- und als Sinusbussole benutzt werden.

Als weitere Strommesser dienen das Voltameter (331), Kapillarelektrometer (338), Bifilargalvanometer (356) und Elektrodynamometer (357).

D. Wirkungen innerhalb des galvanischen Stromes.

a) Chemische Vorgänge im Stromkreis.

328. Jeder Leiter zweiter Klasse (Elektrolyt) wird durch den Strom in nähere oder entferntere Bestandteile zerlegt. Man nennt (nach Faraday) die Grenzflächen, durch welche der Strom aus den Polplatten in den Elektrolyten tritt, die Elektroden; die mit dem positiven Pole verbundene die positive Elektrode (Anode), die andere die negative Elektrode (Kathode). Die durch Elektrolyse abgeschiedenen Bestandteile heifsen Ionen, der zur positiven Elektrode gehende das negative Ion (Anion), der zur negativen gehende das positive Ion (Kation). Positive Ionen sind vorzugsweise die Metalle und Wasserstoff.

Ein Elektrolyt, welcher nur aus zwei Elementen zusammengesetzt ist, zerfällt einfach in diese, z. B. geschmolzenes Chlorsilber in Chlor und Silber. Die erste Wasserzersetzung gelang Nicholson und Carlisle (1800). Reines Wasser wird vom Strom nicht zersetzt und leitet deshalb auch nicht (316), erst durch Zusatz einer Säure wird es leitend und liefert dann an der positiven Elektrode 1 Vol. Sauerstoff, an der negativen 2 Vol. Wasserstoff. (Simon 1802.) Die Richtigkeit dieses Verhältnisses wird durch die verschiedene Absorption der beiden Gase und durch Ozonbildung beeinträchtigt, um so mehr, je gröfser die Elektroden sind. Die Elektrolyse der verdünnten Säuren und wässerigen Salzlösungen (z. B. Sulfate) ist so aufzufassen, dafs an der negativen Elektrode Wasserstoff oder Metall ausgeschieden wird, an der positiven das Säureradikal SO_4

Chemische Vorgänge im Stromkreis.

aus dem Wasser der Lösung H_2 herausnimmt und damit H_2SO_4 bildet, während O aus dem Wasser frei wird. Ist das ausgeschiedene Metall eines von denjenigen, welche Wasser zersetzen (z. B. Na), so verwandelt es sich in Hydroxyd und entwickelt Wasserstoff. Eine mit Blaukraut gefärbte Glaubersalzlösung färbt sich deshalb an der Anode durch freie Säure rot, an der Kathode durch freie Basis grün. Es entsprechen sich also folgende Zersetzungen:

$$H_2 | SO_4 \quad H_2 | SO_4 \quad H_2 | O = \text{verdünnte Schwefelsäure,}$$
$$Cu | SO_4 \quad Cu | SO_4 \quad H_2 | O = \text{Kupfersulfatlösung,}$$
$$2\,H_2O + Na_2 | SO_4 \quad Na_2 | SO_4 \quad H_2 | O = \text{Natriumsulfatlösung.}$$
$$= 2\,NaHO,\ H_2 |$$

Besteht die positive Elektrode aus einem in der Säure auflöslichen Metall (z. B. Cu), so wird an ihr kein O frei, vielmehr löst sich die Elektrode selbst durch Verbindung mit SO_4 auf, und die Lösung wird immer wieder gesättigt, indem sich an der positiven Elektrode ebensoviel Metall auflöst, wie an der negativen niedergeschlagen wird.

329. Man denkt sich gewöhnlich den Vorgang der Elektrolyse so, dafs sich das positive Ion einer die negative Elektrode berührenden Molekel des Elektrolyten an dieser ausscheidet, das negative Ion sich aber sogleich mit dem positiven der nächsten Molekel verbindet u. s. w., bis das negative Ion der letzten Molekel an der positiven Elektrode übrig bleibt und ebenfalls ausscheidet. So findet zwar der elektrolytische Vorgang in der ganzen Masse des Elektrolyten statt, die Ausscheidung der Ionen aber nur an den Elektroden. (Grotthufs'sche Theorie 1805.)

In den vorstehenden Beispielen verbindet sich also das eben vom H_2 u. s. f. getrennte SO_4 mit dem H_2 u. s. f. der nächsten Säure-, Salz- oder Wassermolekel, bis zuletzt O frei wird. Da nach dieser Anschauung die Elektrolyse erst beginnen könnte, wenn die elektromotorische Kraft der Säule die Scheidung der verbundenen Ionen bewirkt hat, während sie erfahrungsmäfsig schon mit der kleinsten elektromotorischen Kraft beginnt, so nimmt man besser (mit Clausius 1857) an, dafs die Ionen im Elektrolyten überhaupt nicht fest verbunden sind, dafs vielmehr die Molekeln der Flüssigkeiten in steter Bewegung sind (195), wobei sich ein Ion der einen Molekel an das andere Ion bald dieser bald jener anderen Molekel anlegt. Durch die elektromotorische Kraft werden die Ionen in bestimmte Bahnen geleitet, die positiven nach der negativen Elektrode und umgekehrt, und durch diese Bewegung entsteht der Strom und die Elektrolyse.

Wenn während der Ausscheidung von 1 Äquivalent des Anions $^1/_2$ Äq. desselben zur Anode und $^1/_2$ Äq. des Kations zur Kathode gewandert wäre, so müfste die Konzentration des Elektrolyten an beiden Elektroden die gleiche bleiben. Da sich das nicht bestätigt findet, so mufs man annehmen, die Wanderung der Ionen finde so statt, dafs $1/n$ Äq. Anion zur Anode geht und $(n-1)/n$ Äq. Kation zur Kathode. In der Regel ist der Übergang des Anions ein stärkerer, als der des Kations. (Hittorf 1853.) Diese Erscheinung erklärt sich durch die Annahme, dafs einem jeden Ion eine bestimmte Beweglichkeit in der Leitungsflüssigkeit zukommt, ohne Rücksicht auf die Verbindung, in welcher es sich in derselben befindet. (F. Kohlrausch.)

330. In gleichen Zeiten werden aus einerlei Stoff Gewichtsmengen ausgeschieden, welche der Stromstärke proportional sind. Durch einerlei Strom werden in gleichen Zeiten äquivalente Gewichte aus verschiedenen Stoffen ausgeschieden. (**Faradays elektrolytisches Gesetz oder Gesetz der festen elektrolytischen Aktion 1833.**)

Derselbe Strom wird deshalb in derselben Zeit aus verdünnter Schwefelsäure (H_2SO_4), Kupfersulfat ($CuSO_4$), Silbernitrat ($AgNO_3$) am negativen Pol ausscheiden 2 H, 1 Cu und 2 Ag., oder in Gewichtseinheiten ausgedrückt 2×1 mgr. Wasserstoff, 1×63 mgr. Kupfer und 2×108 mgr. Silber (181 und 183). Wenn die drei Elektrolyten enthaltenden Zersetzungsapparate hintereinander in einen Strom eingeschaltet werden, so ist die Bedingung der gleich lange dauernden Zersetzung erfüllt.

Von gasförmigen Ionen werden durch denselben Strom in derselben Zeit gleiche Volumina entwickelt (175); es werden in gleichen Zeiten zersetzt:

1 HCl (Salzsäure), $^1/_2$ H_2SO_4 (Schwefelsäure), $^1/_3$ NH_3 (Ammoniak).

331. Die Elektrolyse wird auf Grund des elektrolytischen Gesetzes zur Messung galvanischer Ströme nach absolutem Mafse benutzt. Die Zersetzungsapparate, in denen das geschieht und in denen die Menge des abgeschiedenen Ions nach Mafs oder Gewicht bestimmt wird, heifsen Voltameter. Ein Amper scheidet in einer Sekunde 1,118 mgr Silber, in einer Minute 10,44 kbcm Knallgas aus.

Zur Strommessung wird am häufigsten die Elektrolyse der verdünnten Schwefelsäure, der Kupfersulfat- und der Silbernitratlösung benutzt; die erste an Platin-, die zweite an Kupfer-, die dritte an Silberanoden; die Kathode besteht immer aus Platin. Bei der Zersetzung der verdünnten Schwefelsäure werden entweder die getrennten Gase, oder das Gasgemisch (Knallgas) in den graduierten Röhren des Voltameters aufgefangen; die Metallniederschläge werden durch die Gewichtszunahme der negativen Elektrode gemessen.

100 Kubikcentimeter Wasserstoff bei 0° und 760 mm Druck (168) sind äquivalent 50 Kubcm. Sauerstoff, oder 0,283 gr Kupfer, oder 0,964 gr Silber. Bei der Zersetzung von 1 gr Wasser werden 1864 Kbcm. Knallgas entwickelt.

Wird die Stromstärke in Kubikcm. Knallgas in der Minute, der Widerstand in Quecksilbereinheiten (313) ausgedrückt, so ist die elektromotorische Kraft eines Daniell-Elementes $D = 12$.

Eine Stromstärke, welche in einer Minute 1 mgr Silber abscheidet, ist $= 0,0149$ Amper.

Die durch die Stromeinheit in der Zeiteinheit abgeschiedene Menge eines Ions heißt dessen **elektrochemisches Äquivalent**.

332. Innerhalb einer Säule finden ebenfalls elektrolytische Prozesse statt; die Mengen der in einem jeden Element abgeschiedenen Ionen sind der in einem eingeschalteten Voltameter abgeschiedenen Menge äquivalent.

Die Menge des in einem Element während der Zeiteinheit aufgelösten Zinkes ist deshalb ein Maß der Stromstärke.

333. Die elektrolytisch niedergeschlagenen Metalle nehmen je nach der Krystallform ihrer Teilchen, der Verdünnung der Lösung, der Temperatur, der Stromstärke und Stromdichte verschiedene Gestalten an. Sie können sich in Blättchen zu einer Vegetation (Baum) zusammensetzen (Blei, Silber). Dünne Überzüge haften fest auf metallischer Unterlage (Gold, Silber, Nickel), dickere lassen sich von derselben abheben, indem sie einen Abdruck der unterliegenden Form liefern (Kupfer). Diese beiden letzten Arten des Niederschlages werden bei der galvanischen

Vergoldung, Versilberung, Vernickelung und der Galvanoplastik angewandt. (Jacobi 1838.)

Um einen Kupferniederschlag auf einer Metallplatte zu erzeugen, kann man die Platte (Münze) als negative Elektrode einer Batterie in Kupfersulfatlösung bringen und eine zweite Kupferplatte als positive Elektrode gegenüberstellen, durch deren Auflösung die Lösung gesättigt erhalten wird (328). Man kann aber auch die zu

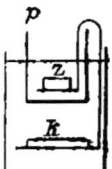

überziehende Platte k gleich als negatives Metall, eine amalgamierte Zinkplatte z als positives miteinander zu einer einfachen (Daniell'schen) Kette zusammensetzen, indem k von Kupfersulfatlösung, z von verdünnter Schwefelsäure umgeben ist, welche Flüssigkeiten durch ein poröses Diaphragma (Thon, Blase) untereinander in Berührung stehen. Die Zersetzung geht dann innerhalb der Kette vor sich. Vergoldungen, Versilberungen u. s. w. werden in ähnlicher Weise ausgeführt; als Lösung dienen gewöhnlich Cyanverbindungen der niederzuschlagenden Metalle. Zur Vernickelung dient mit Ammoniak neutralisierte Sulfatlösung.

334. Eine Metallplatte, welche als Elektrode bei einer Elektrolyse gedient hat, erscheint elektrisch verändert gegen eine reine Platte von demselben Metalle, und zwar positiv, wenn sie als negative, negativ, wenn sie als positive Elektrode gedient hatte. Sie heifst dann polarisiert. (Ritter 1803.)

Die Stromschwächung, welche an den Grenzen fester und flüssiger Leiter eintritt, wurde früher als ein Widerstand (Übergangswiderstand) behandelt, der sich zu den Leitungswiderständen addiere. Solche Übergangswiderstände können auftreten, wenn das abgeschiedene Produkt der Elektrolyse sich als schlechter Leiter auf der Elektrode ablagert, z. B. ein Metalloxyd (daher besser Leitungswiderstand des Überganges); wo das nicht der Fall ist, entsteht die Stromschwächung durch eine entgegengesetzte elektromotorische Kraft p, die Polarisation genannt wird. Der Ausdruck des Ohm'schen Gesetzes wird dann $J = (a - p)/(R + r)$.

Durch jeden beliebig schwachen Strom beginnt die Elektrolyse und damit die Polarisation p, welche zunächst der primären elektromotorischen Kraft a gleich und entgegengesetzt ist; so lange $p = a$ ist, kann keine sichtbare Elektrolyse stattfinden; so kann z. B. ein Daniell-Element zwischen Platinplatten verdünnte Schwefelsäure nicht zersetzen; p bleibt aber nur bis zu einer bestimmten

Größe $= a$, von da ab nähert es sich einem Maximum, das für Platinplatten in verdünnter Schwefelsäure $= 2,3\ D$ ist. Wird $a > p$, so beginnt die sichtbare Zersetzung. Die Polarisation wächst mit der Stromstärke und Stromdichte, dünne Drähte werden also stärker polarisiert, als Platten. In lufthaltigem Wasser dauert der Strom eines Daniell-Elementes trotz der Polarisation fort, weil der Wasserstoff sich mit dem Sauerstoff der Luft verbindet und dieser durch den elektrolytisch entwickelten Sauerstoff immer wieder ersetzt wird. (Elektrolytische Konvektion, Helmholtz 1873.) Amalgamierte Zinkplatten werden in konzentrierter Zinksulfatlösung durch schwache Ströme gar nicht polarisiert. (Du Bois-Reymond 1859.)

335. Wenn die Zersetzungsprodukte, welche die Polarisation veranlassen, feste oder flüssige Körper sind, so erklärt sich der neuentstandene Potentialunterschied wie derjenige der Volta'schen Säule. Oft sind aber die polarisierenden Körper Gase. Auch diese können aufserhalb eines Stromkreises elektromotorisch wirken.

Wenn man in zwei oben geschlossene, mit dem unteren offenen Ende in verdünnte Schwefelsäure tauchende Glasröhren zwei platinierte Platinstreifen bringt und einen derselben mit Sauerstoff, den anderen mit Wasserstoff umgiebt, so verhält sich dieses Paar wie ein Volta'sches Element, in dem die Wasserstoffplatte das Zink, die Sauerstoffplatte das Kupfer darstellt. (Groves Gasbatterie 1845.) Verschiedene Gase in dieser Batterie angewandt geben Kombinationen, welche dem Volta'schen Gesetz der Spannungsreihe (294) folgen (Beetz 1849), z. B. reines Platin gegen Platin in Chlor $= 0,5$ Volt, gegen Platin in Wasserstoff $= -0,9$ Volt, Platin in Wasserstoff gegen Platin in Chlor $= 1,4$ Volt. Die Gase als solche wirken hierbei nicht elektromotorisch, sondern nur dadurch, dafs sie in den Metallen occludiert (Wasserstoff in Platin und besonders in Palladium), in der Leitungsflüssigkeit aufgelöst (Chlor in Wasser), oder durch die Elektrolyse auf den Metallen verdichtet werden (Sauerstoff auf Platin). Die Polarisation kann in solchem Falle durch Bildung sekundärer Produkte (z. B. Ozon und Wasserstoffdioxyd) sehr verstärkt werden.

336. Aus polarisierten Platten können Batterien gebildet werden (Ladungssäulen oder sekundäre Batterien).

Ladungssäule von Ritter (1803). Kupferplatten werden mit Tuchscheiben wie in der Volta'schen Säule geschichtet; der Strom einer primären Säule, durch die sekundäre geleitet, polarisiert die Platten.

Polarisationsbatterien von Poggendorff (1843) und von **Thomsen** (1865). Die Platinplatten von Voltametern werden durch ein einfaches Element mit Wasserstoff und Sauerstoff polarisiert und dann durch eine Wippe für sich hintereinander zur Säule verbunden oder in den primären Stromkreis eingeschaltet.

Sekundäre Batterie von Sinsteden (1854) und von **Planté** (1860). Bleiplatten werden in verdünnter Schwefelsäure polarisiert, die positive Platte bedeckt sich mit Bleihyperoxyd. Wenn der Strom zuerst öfter hin- und hergeleitet wird, so wird die negative Platte mit schwammigem Blei bedeckt.

Accumulator von Faure (1881). Die Bleiplatten werden zuerst mit Mennige bestrichen, welche sich einerseits zu schwammigem Blei reduziert, anderseits zu braunem Hyperoxyd oxydiert. Diese Konstruktion erfährt vielerlei Abänderungen in Bezug auf die Präparation des Bleies.

Bei Herstellung der sekundären Batterien kann der primäre Strom durch die zu polarisierenden Elemente nebeneinander (307) geleitet werden, während die polarisierten Elemente dann hintereinander verbunden werden, so dafs aus einem kleinen Potentialunterschied ein grofser geschaffen wird.

In allen diesen Apparaten wird die elektrische Energie nicht als solche, sondern in der Gestalt von chemischer Energie aufgespeichert, die dann beim Stromschlufs wieder in elektrische Energie verwandelt wird.

337. Innerhalb der Kette wirkt die Polarisation der Platten selbst ebenso schwächend wie die äufsere Polarisation der Elektroden, weil sich ihre elektromotorische Kraft von der ursprünglichen Kraft der Kette subtrahiert. Sie macht daher die Ketten **inkonstant**. Eine Kette heifst **konstant**, wenn die Polarisation ihrer Platten (so viel wie möglich) vermieden ist.

Hat die Polarisation eine gewisse Gröfse erreicht, so können auch inkonstante Ketten einen ziemlich konstanten Strom liefern (z. B. die von Smee). Da das positive Metall in allen gebräuchlichen Ketten Zink in verdünnter Säure (oder seiner Salzlösung) ist, so erleidet dasselbe keine erhebliche Polarisation, weil das an ihm entwickelte Säureradikal (z. B. SO_4) zu seiner Auflösung dient. Am negativen Metalle aber scheidet sich Wasserstoff ab, der stark polarisierend wirkt. Deshalb taucht man das negative Metall in eine Lösung, welche von der anderen durch ein poröses Diaphragma

Chemische Vorgänge im Stromkreis. 205

(299) getrennt ist und die Entwickelung des Wasserstoffes verhindert. Das negative Metall in Daniells Element (und dessen Modifikationen von Meidinger und von Siemens) ist Kupfer in Kupfervitriollösung, in Groves, Bunsens und Hawkins' Elementen Platin, Kohle oder Eisen in Salpetersäure. In der Kupfersulfatlösung wird statt Wasserstoff Kupfer abgeschieden; in den Salpetersäureketten dient der Wasserstoff zur teilweisen Reduktion der Salpetersäure. In Leclanchés Elementen wird die Depolarisation durch den Sauerstoff des Braunsteins, in denen von Stöhrer durch den Sauerstoff der Chromsäure bewirkt. Auch in den konstantesten Elementen (denen von Daniell) ist die Polarisation nicht vollständig vermieden. Die ersten konstanten Ketten wurden von Becquerel (1829) und von Daniell (1836) hergestellt.

338. Schwache elektrische Ströme, welche noch keine sichtbare Wasserzersetzung hervorbringen, verändern durch Polarisation die Kapillaritätskonstante (129) an der Berührungsgrenze zwischen Quecksilber und verdünnter Schwefelsäure (Hare 1840). Die Oberflächenspannung steigt an der Kathode und sinkt an der Anode. (Quincke.)

Hierauf ist ein äußerst empfindliches **Kapillar-Elektrometer** von Lippmann (1873) begründet worden. Ein mit Quecksilber gefülltes Rohr q läuft in eine kapillare Spitze aus, die in ein Rohr w, mit verdünnter Schwefelsäure gefüllt, hineinreicht. w taucht wieder in verdünnte Schwefelsäure, unter der Quecksilber steht; a und b sind Drähte, denen Elektricität von verschiedenem Potential mitgeteilt wird. Eine mit Manometer versehene Druckvorrichtung erlaubt, das Ende des Quecksilberfadens auf $o\,o$ zu stellen. Verschiebt sich das Ende infolge des Potentialunterschiedes, so bringt man durch die Druckvorrichtung dasselbe auf $o\,o$ zurück und mifst durch den Druck den Potentialunterschied.

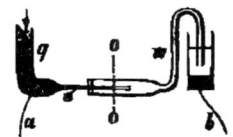

339. Das Eisen wird von starker Salpetersäure nicht angegriffen, sondern verhält sich in derselben wie ein sehr negatives Metall. Dieser Zustand heifst **Passivität**. (Schönbein 1836.) Er kommt auch bei anderen Metallen (Aluminium) vor und wird durch einen schützenden Oxydüberzug, welcher sich auf dem Metalle bildet, erklärt. Oxydierende Wirkungen machen das Eisen elektronegativ und passiv, reduzierende elektropositiv und aktiv.

Hierauf beruht die Konstruktion des Hawkins'schen Elementes.

340. In einem durch eine poröse Scheidewand in zwei Zellen zerlegten Zersetzungsapparate übt der Strom außer der elektrolytischen noch eine mechanische Wirkung aus, indem er die ganze Masse der Flüssigkeit (in der Richtung des Stromes) mit einer Kraft fortführt, welche (nach Wiedemann 1852) der Stromstärke und dem Leitungswiderstande der Flüssigkeit gerade, der freien Oberfläche der porösen Wand umgekehrt proportional ist. (Elektrische Endosmose, Reuß 1809, Porret 1816.) Umgekehrt wird ein Strom (Diaphragmenstrom) erzeugt, wenn eine Flüssigkeit durch eine poröse Wand oder ein Kapillarrohr gepreßt wird. (Quincke 1859.) Die Fortführung kann auch, wenn auch schwächer, ohne Hilfe des Diaphragmas hervorgebracht werden.

b) Beziehungen zwischen dem elektrischen Strom und der Wärme.

aa) Erregung der Wärme durch den Strom.

341. Jeder Leiter, durch welchen ein Strom geht, wird durch denselben erwärmt; die elektrische Energie wird in Wärme umgewandelt. Die Wärmeerregung in der Zeit t ist der Zeit, dem Quadrat der Stromstärke und dem Widerstande des Leiters proportional. (Gesetz von Joule 1841: $Q = C \cdot J^2 w t$.) (Vgl. 288.) Das Joule'sche Gesetz findet auch auf Elektrolyte Anwendung, wenn man die durch den chemischen Prozeß bedingten Wärmevorgänge berücksichtigt.

Wenn Elektricität von einer Stelle höheren Potentiales zu einer niederen Potentiales bewegt wird, so wird eine Arbeit geleistet (271), welche gleich ist dem Produkt aus der bewegten Elektricitätsmenge und dem Potentialunterschied a. Die Elektricitätsmenge ist das Produkt aus Stromstärke und Zeit $= J t$ (303), also die Stromarbeit $L = J a t$. Nach dem Ohm'schen Gesetz ist aber $a = J \cdot w$, also die Arbeit $= J^2 w t$. Wird diese beim Durchgang durch den Leiter ganz in die Wärmemenge Q verwandelt, so ist diese Wärme der Arbeit $Q E$ äquivalent (185), also $Q = (1/E) \cdot J^2 \cdot w \cdot t$. (Vgl. 371.)

342. Bei gleicher Stromstärke sind die in demselben Drahte und in derselben Zeit durch zwei verschiedene Stromquellen erregten Wärmemengen den elektromotorischen Kräften der Stromquellen proportional.

Man kann das Joule'sche Gesetz schreiben $Q = C \cdot J \cdot a \cdot t$. Sind also die beiden elektromotorischen Kräfte a und a_1, und die durch sie erregten Wärmen $= Q$ und Q_1, so ist $Q : Q_1 = a : a_1$.

343. Die gesamte Wärme, welche in einer geschlossenen Kette erregt wird, ist gleich der algebraischen Summe der Wärmemengen, welche durch die in der Kette vor sich gehenden chemischen Prozesse erzeugt und verbraucht werden. (W. Thomson 1851.)

Der chemische Vorgang in einem Daniell'schen Elemente ist: Auflösung des Zinkes in verdünnter Schwefelsäure und Ausscheidung des Kupfers aus der Kupfersulfatlösung. Bei diesen Prozessen findet folgende Wärmetönung statt (190):

$(Zn + O) + (ZnO + H_2SO_4) - (Cu + O) - (CuO + H_2SO_4) = D$
42715 + 10330 − 18580 − 9400 = 25065.

Dagegen ist der Vorgang in einem inkonstanten Kupfer-Zinkelement (K) Auflösung des Zinkes in verdünnter Schwefelsäure unter Entbindung von Wasserstoffgas, also die Wärmetönung:

$(Zn + O) + (ZnO + H_2SO_4) - (H_2 + O) = K$
42715 + 10330 − 34180 = 18865.

344. Die elektromotorische Kraft eines Elementes wird durch die in demselben vorhandene Wärmetönung gemessen.

Wird in einem jeden Elemente einer Säule bei der Stromstärke 1 in der Zeit 1 bei der Auflösung eines Kilogrammes Zink die Wärmemenge q entwickelt, so beträgt die Wärmeentwickelung bei der Stromstärke J in der Zeit t bei der Auflösung von n Kgr. Zink $= J n q t$, und die dieser Wärme äquivalente Arbeit $= E J n q t$. Die Stromarbeit wurde aber $= J^2 w t = J a t$ gefunden, also ist $a = E n q$.

Der chemische Prozeß ist deshalb oft als Ursache der Elektricitätsentwickelung angesehen worden (chemische Theorie der galvanischen Kette: Faraday, de la Rive, Becquerel), während nach der älteren Ansicht (Kontakttheorie: Volta, Pfaff, Fechner, Poggendorff) der Kontakt entweder nur fester oder fester und flüssiger Leiter als diese Ursache anzusehen ist. Der chemische Prozeß braucht indes nicht der Anfangsvorgang zu sein, z. B. löst sich amalgamiertes Zink erst dann in verdünnter Schwefelsäure, wenn der Metallkontakt Cu | Zn hergestellt ist. Die Tendenz zum Strom ist also durch die chemische Verwandtschaft gegeben, es bedarf aber der Auslösung durch den Kontakt, damit die potentielle Energie in chemische (kinetische) Energie verwandelt wird. (Schönbein.) Nach dem Prinzipe von der Erhaltung der Energie ist ein wirklicher Gegensatz zwischen chemischer und Kontakttheorie nicht vorhanden, vielmehr muſs auch letztere zugeben, daſs die elektromotorische Kraft eines Elementes der in ihm vorhandenen Wärmetönung proportional ist. Demnach würde sich die el. Kr. eines Daniell-Elementes zu der eines inkonstanten Cu | Zn Elementes verhalten wie 1 : 0,75 (343).

Die elektromotorischen Kräfte verschiedener Kombinationen entsprechen nicht immer den Wärmetönungen so, wie die hier angeführten. Häufig haben sie einen zu niedrigen, zuweilen einen zu hohen Betrag (Braun 1883). Die Gründe zu dieser Erscheinung liegen in sekundären chemischen Vorgängen.

345. Die gesamte in einer Stromleitung entwickelte Wärmeerregung verteilt sich auf die einzelnen Teile der Leitung im Verhältnis ihrer Widerstände.

Die ganze Wärmeentwickelung findet man, wenn man das Element samt Schlieſsungsbogen in ein Kalorimeter stellt. Ebenso kann man einzelne Teile, z. B. einen Draht, in gesonderte Kalorimeter bringen. (E. Becquerel 1843, Lenz 1844.) Die Erwärmung der Leiter ist auſser von der in ihnen stattfindenden Wärmeerregung von ihrer specifischen Wärme und von der Wärmeabgabe an die Umgebung abhängig. Wird eine Reihe von Drähten hintereinander in eine Stromleitung eingeschaltet, so kommen deshalb dünne und schlechtleitende Drähte (Platin) leichter zum Glühen, als dicke und gutleitende (Kupfer, Silber). In Zweigleitungen glüht dagegen der bessere Leiter leichter, weil die Stromstärke in ihm gröſser ist, und die Erwärmung dem Quadrate der Stromstärke, aber nur der ersten Potenz des Widerstandes proportional ist.

In dem Widerstand 1 Ohm (313) werden durch den Strom 1 Amper (324) in 1 Sek. 0,24 Grammkalorien entwickelt. Dadurch wird 1 gr Kupfer um $2,^05$ erwärmt.

bb) Technische Anwendungen der durch den Strom erzeugten Wärme.

346. Das Glühen von minder gut leitenden Stoffen im Stromkreis wird angewandt zum Sprengen der Minen, in der Galvanokaustik und zur elektrischen Beleuchtung.

Beziehungen zwischen dem elektrischen Strom und der Wärme. 209

In der Mine liegt ein dünner Platindraht, dem der Strom durch dicke Kupferdrähte zugeführt wird; nur der Platindraht glüht.

In der Galvanokaustik werden Platindrähte oder Bleche zum Glühen gebracht, um mit ihnen Geschwülste u. dgl. wegzubinden oder mit glühendem Messer zu schneiden.

Zur **elektrischen Beleuchtung** wird das Glühen minder guter Leiter in den **Glühlampen** oder **Inkandescenzlampen** angewandt. (Edison 1879.) Ein dünner Kohlenfaden ist an zwei Platindrähte befestigt, welche in die Wand einer luftleeren Glaskugel eingeschmolzen sind. Die verschiedenen Systeme der Glühlampen unterscheiden sich durch den Stoff, aus dem der Kohlenfaden gemacht ist (Edison: Bambusrohr, Swan: Baumwolle, Lane Fox: Reiswurzel, Maxim: Papier, Bernstein: Seidenschlauch), ferner durch die Gestalt (E = Edison, S = Swan) und die Größe des Leitungswiderstandes des Kohlenfadens.

E S

Eine Anzahl solcher Lampen wird nebeneinander in den Stromkreis eingeschaltet, so daß beim Ausschalten einer derselben die anderen fortglühen. Diese Lampen sind dazu bestimmt, Licht von mäßiger Stärke zu liefern (8 bis 160 Kerzen, 441).

Der Widerstand (in Ohm), der erforderliche Potentialunterschied (in Volt) und die Lichtstärke (in Kerzen) beträgt ungefähr bei den Lampen von Edison 140 O, 100 V, 15 K; Maxim 48 O, 64 V, 13 K; Swan 90 O, 120 V, 37 K; Müller 65 O, 155 V, 100 K; Bernstein 50 O, 30 V, 60 K.

347. Zwei mit den Polen einer starken Batterie verbundene Kohlenspitzen glühen, wenn sie miteinander in Berührung gebracht werden. Entfernt man die Spitzen voneinander, so bildet sich zwischen ihnen ein hellleuchtender Lichtstrom: der **Davy'sche Lichtbogen** (1821). Im lufterfüllten Raume verbrennen dabei die Kohlen, im luftleeren werden sie aber auch verzehrt, indem sich Teilchen von beiden losreißen, vorzugsweise von der positiven zur negativen Spitze hinüberwandern und dadurch die Leitung gleich glühenden Drähten unterhalten. Der Lichtbogen verhält sich in jeder Beziehung wie ein elektrischer Leitungsdraht.

Die positive Kohle wird ungefähr im Verhältnis 8 : 5 schneller verzehrt, als die negative. Will man daher den Lichtbogen zur elektrischen Beleuchtung anwenden (Bogenlicht), so muſs die Entfernung und Stellung der Spitzen durch einen Regulator konstant gehalten werden. Das Auseinanderziehen der sich berührenden Kohlen geschieht dadurch, daſs der Strom der Batterie einen Eisenstab umläuft, der dadurch zum Magnet wird (359) und einen Eisenanker anzieht, durch welchen die untere, negative, Kohle herabgezogen wird. Wird der Strom dadurch unterbrochen, so treibt eine Feder beide Kohlen wieder aneinander. Das dem Abbrennen entsprechende Vorschieben der Kohlen besorgt ein Uhrwerk, das in Foucaults Regulator durch Federkraft, in Serrins durch das Gewicht der oberen, positiven Kohle bewegt wird.

Die Differentiallampe von v. Hefner-Alteneck (Siemens und Halske) teilt den von l kommenden Strom in eine dickdrahtige Spule S und eine dünndrahtige s, welche beide einen im Gleichgewicht befindlichen Eisenstab umgeben. Dieser Stab trägt an einem Hebel eine positive Kohle. Berührt dieselbe die negative,

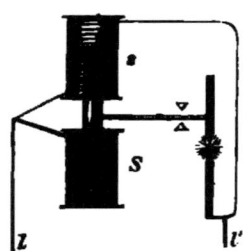

so geht der Hauptstrom durch S, der Eisenstab wird in S hineingezogen, der Bogen wird also immer länger. Wird sein Widerstand zu groſs, so überwiegt der Strom in s, der Eisenstab wird gehoben und die Kohle gesenkt. Ist durch das Abbrennen der Kohle der Eisenstab in seiner höchsten Lage angekommen, so löst sich der Kohlenhalter aus und nähert durch sein Gewicht die obere Kohle der unteren, so daſs der Strom in S wieder überwiegt. Solche Lampen (die allen neueren als Typus gedient haben) kann man mehrere hintereinander in den Stromkreis schalten, da jede Veränderung in einer Lampe den Strom S und s in gleichem Verhältnis ändert, also das Gleichgewicht nicht stört. Erlischt eine Lampe, so giebt ein Kontakt einen direkten Stromschluſs für die übrigen. Durch dieses Princip ist die sogenannte Teilung des elektrischen Lichtes ermöglicht.

Die Jablochkoff'sche Kerze besteht aus zwei Kohlenstäben K und K, welche durch eine isolierende Schicht voneinander der ganzen Länge nach getrennt sind. Durch die Hülsen h und h tritt der Strom ein und geht durch ein aufgelegtes Kohlenstück z, das

Beziehungen zwischen dem elektrischen Strom und der Wärme. 211

zu glühen anfängt und den Lichtbogen zwischen den Kohlenstäben herstellt. In dem Mafse, als die Kohlen abbrennen, schmilzt der Isolator zwischen ihnen. Um das ungleich schnelle Abbrennen beider Stäbe zu verhindern, müssen die Ströme in schnellem Wechsel ihre Richtung ändern (376).

Das Bogenlicht ist dazu bestimmt, konzentriertes Licht von grofser Stärke (1500 bis 2000 und mehr Kerzenstärken) zu liefern. Die für das elektrische Licht nötigen starken Ströme werden gewöhnlich durch Dynamomaschinen (374 u. ff.) erzeugt.

cc) Erzeugung des Stromes durch Wärme.

348. Berühren sich zwei verschiedene Metalle an zwei Stellen, und werden die beiden Berührungsstellen (Lötstellen) auf verschiedene Temperatur gebracht, so entsteht in dem aus beiden Metallen gebildeten Bogen ein Strom. Man kann alle Metalle in eine Reihe bringen, in welcher ein jedes von einem der nachfolgenden berührt an der wärmeren Stelle positiv ist, so dafs der Strom an dieser Stelle vom vorhergehenden Metalle zum nachfolgenden geht. Die wichtigsten Körper dieser Reihe sind: Kupferkies, Wismut, Neusilber, Platin, Blei, Kupfer, Gold, Silber, Zink, Eisen, Antimon. Man nennt diese (von Seebeck d. Ä. 1821 entdeckten) Ströme **thermoelektrische**.

Die krystallinischen Metalle erregen vorzugsweise starke Thermoelektricität. Innerhalb enger Temperaturgrenzen sind die thermo-

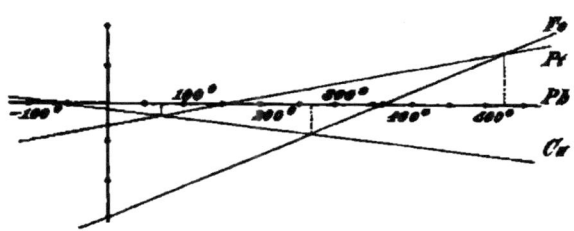

elektromotorischen Kräfte den Temperaturunterschieden der beiden Lötstellen proportional. Bei gröfseren Temperaturunterschieden können die Metalle ihre Stellung in der Reihe sogar vertauschen. Für den Temperaturunterschied 100° beträgt die Kraft Bi | Cu =

14*

0,046 Volt, Cu | Sb = 0,025 Volt, Bi | Sb = 0,071 Volt. Die thermoelektromotorische Kraft Cu | Fe ist bei 50° = 0,011, bei 260° = 0, bei 400° = — 0,008 Volt. In ähnlicher Weise wechselt die Stellung in der thermoelektromotorischen Reihe auch bei anderen Metallen, so daſs sie bei einer bestimmten Temperatur einen neutralen Punkt zeigen. Derselbe liegt bei Kombination von Blei mit Eisen bei 360°, mit Zinn bei 45°, mit Kupfer bei — 68°, mit Silber bei — 115°. Innerhalb dieser Temperaturen verlaufen die elektromotorischen Kräfte fast den Temperaturen proportional, und die Durchschnitte der diesen Verlauf darstellenden Linien geben wieder die neutralen Punkte dieser Metalle unter sich an. (Cu | Pt = 65°, Cu | Fe = 260, Fe | Pt = 520°.) Metalllegierungen stehen in der Reihe nicht immer zwischen den Metallen, aus denen sie bestehen; deshalb wird die Stellung der Metalle durch geringe Verunreinigungen stark verändert. Auch andere Umstände, wie Härtung, Richtung der Krystallisation, sind auf die thermoelektromotorische Kraft von groſsem Einfluſs.

Man kann die Thermoströme dadurch entstanden denken, daſs bei der Erwärmung eines Leiters sich mit dem nach beiden Seiten hin gehenden Wärmestrom auch ein Elektricitätsstrom bildet, der von dem Temperaturunterschied und der Natur der Metalle abhängt, indem sich ein Bruchteil der Molekularbewegung, welche wir Wärme nennen, in beiden Leitern in verschiedenem Maſse in elektrische Bewegung umsetzt. (F. Kohlrausch.)

349. Um stärkere thermoelektrische Ströme zu erhalten, kann man mehrere aus zwei Metallen gefertigte thermoelektrische Elemente so verbinden, daſs alle auf einer Seite a gelegenen Lötstellen gleichzeitig einer, die anderen b einer anderen Temperatur ausgesetzt werden. Eine solche Verbindung heiſst eine Thermosäule. (Nobili 1831.)

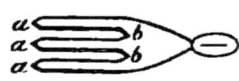

Die Verbindung einer Thermosäule mit einem Galvanometer liefert ein empfindliches Thermometer, den Thermomultiplikator (493). An gröſseren Thermosäulen, welche zum Ersatz galvanischer Batterien dienen sollen, werden die Lötstellen direkt durch Flammen erhitzt. Die elektromotorische Kraft, welche das einzelne Element solcher Säulen liefert, beträgt ungefähr in der Säule von Marcus (Kupfer-Zink-Nickellegierung | Antimon-Zink-Wismutlegierung) 0,06 Volt, von Bunsen (Kupferkies | Kupfer) 0,11, von Noë (Zinkantimonlegierung | Neusilber) 0,11, von Clamond (Bleiglanz | Eisen)

0,034 Volt. Die beiden letzten Säulen haben sich als besonders praktisch brauchbar bewiesen. Eine 3000 paarige Säule von Clamond (= 109 Volt) erzeugte elektrisches Bogenlicht.

350. Führt man durch ein Thermoelement einen Strom in demselben Sinne, in welchem er durch die Erwärmung einer Lötstelle erregt werden würde, so findet eine Abkühlung dieser Lötstelle statt, welche der Stärke jenes Stromes proportional ist. (Peltiers Phänomen, 1834.) Die an der Kontaktstelle vorhandene elektromotorische Kraft verwandelt Wärme in Elektricität.

Man zeigt diese Thatsache, indem man die Lötstellen zweier Bi | Sb Thermoelemente so aneinander lötet, dafs ein Kreuz entsteht. Leitet man den Strom eines galvanischen Elementes durch das eine Bi | Sb Element, so zeigt das andere am Galvanometer die Abkühlung der gemeinsamen Lötstelle. Am besten bedient man sich einer Wippe; in der einen Lage derselben wird der Strom durch eine Thermosäule geleitet; nach dem Umschlagen der Wippe veranlafst die Abkühlung der sämtlichen Lötstellen einen sekundären Strom ähnlich dem Polarisationsstrom (334).

In Leitern, welche aus verschiedenen Metallen zusammengesetzt sind, ist die erzeugte Wärme (341) $Q = (1/E) \cdot J^2 \cdot w \cdot t \pm C \cdot J \cdot t$.

Edlund hat die erzeugte Kälte zur Messung der beim Kontakte verschiedener Metalle elektromotorischen Kraft benutzt.

c) Physiologisch-elektrische Erscheinungen.

351. Kontinuierliche Ströme, wie die einer vielpaarigen konstanten Batterie, wirken auf die Empfindungsnerven des menschlichen Körpers: sie erzeugen Brennen auf der Haut, Lichtempfindung etc. Diskontinuierliche Ströme, z. B. der Entladungsschlag einer Leydener Flasche (289), der plötzlich unterbrochene Strom einer konstanten Batterie, Induktionsströme (366), erzeugen durch ihre Einwirkung auf die Bewegungsnerven Muskelzuckungen.

Im tierischen Körper sind stets elektrische Ströme vorhanden und zwar sowohl in den Muskeln, als in den Nerven; man beobachtet sie, wenn man ein Drahtende eines empfindlichen Galvanometers an den Längs-, das andere an den Querschnitt eines Muskels oder Nerven anlegt. Durch plötzliche Kontraktion eines

Muskels wird in demselben ein Strom erregt. (Du Bois-Reymond 1843.) (Vgl. 289.)

E. Wirkungen aufserhalb des galvanischen Stromes.

a) Mechanische Wirkung der Ströme aufeinander und auf einen Magnet. (Elektrodynamik, Elektromagnetismus.)

352. Zwei parallele Stromleiter ziehen einander an, wenn die Ströme in ihnen gleichgerichtet sind; sie stofsen einander ab, wenn die Ströme entgegengesetzte Richtung haben. Zwei gegeneinander gekreuzte Stromleiter haben das Bestreben, sich parallel zu stellen und zwar so, dafs ihre Ströme gleichgerichtet sind. In ein und derselben Geraden liegende Stromleiter stofsen einander ab, wenn die Ströme in ihnen gleichgerichtet sind, und ziehen sich an, wenn die Ströme entgegengesetzte Richtung haben. (Elektrodynamisches Grundgesetz von Ampère 1823.)

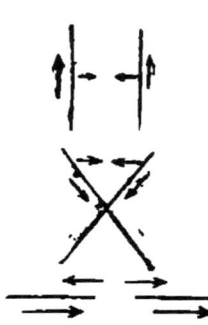

Für die Anziehung, welche ein Stromelement s mit der Stromstärke i auf ein anderes Stromelement s' mit der Stromstärke i' in der Entfernung r ausübt, fand Ampère die Formel

$$-[s.s'.i.i'/r^2](\cos\varepsilon - {}^3/_2\cos\Theta\cos\Theta'),$$

wo Θ und Θ' die Winkel sind, welche s und s' mit r bilden, und ε der Winkel, welchen s' mit einer Parallelen zu s bildet. In dieser Formel sind die obigen Gesetze enthalten, wenn man für Θ, Θ' und ε die jedesmal gültigen Werte einsetzt. Wird der Ausdruck positiv, so deutet er eine Abstofsung der Stromelemente an, wird er negativ, eine Anziehung. Zur experimentellen Bestätigung der beiden ersten Gesetze wird in vertikaler Ebene ein aus Draht gebildetes Rechteck so aufgehängt, dafs es sich, während es vom Strom durchflossen ist, um eine vertikale Achse (etwa durch Bifilaraufhängung) drehen kann. Der feste Leiter mufs dann entweder parallel den vertikalen Seiten des drehbaren Recht-

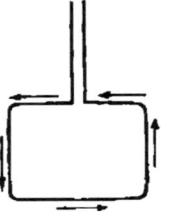

eckes genähert werden, um dieselben anzuziehen oder abzustoſsen, oder er muſs horizontal liegend gegen die horizontalen Seiten des Rechteckes gekreuzt werden. Die Erscheinungen treten weit kräftiger auf, wenn man statt der einfachen Drähte ein System immer in der gleichen Richtung aufgewickelter, gegeneinander isolierter Drähte (Spirale oder Spule) anwendet; jede Wirkung des einen Systems wirkt dann auf jede des anderen in gleichem Sinne.

Hängt man einen schraubenförmig gewundenen Draht an seinem einen Ende auf und läſst einen Strom durch ihn gehen, so ziehen sich die einzelnen Schraubenwindungen an und die Spirale verkürzt sich. Taucht sie unten in ein zuleitendes Quecksilbergefäſs, so unterbricht sie den Strom. (Petrinas hüpfender Strom.) Die Einwirkung von Stromteilen, welche in derselben Geraden 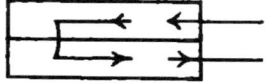 liegen, zeigt man, indem man zwei durch einen Bügel miteinander verbundenen Drähte auf zwei Quecksilberrinnen schwimmen läſst, in deren eine der Strom ein-, aus der anderen austritt.

353. Ein in einer vertikalen Ebene flieſsender Kreisstrom, der sich um eine vertikale Achse drehen kann, stellt sich in die zur Magnetnadel senkrechte Richtung. Hieraus muſs geschlossen werden, daſs die Erde in dieser Richtung ebenfalls von elektrischen Strömen umkreist ist.

Ein aufgehängtes oder schwimmendes Element (de la Rive), dessen Platten durch einen horizontalen Leiter verbunden sind, stellt sich so, daſs der Leiter die Ostwestrichtung annimmt. Ein Stromleiter kann astatisch gemacht, d. h. so geformt werden, daſs die Wirkung der Ströme in seinen horizontalen Teilen, welche allein die Richtung von Ost nach West bedingen, aufgehoben ist. Mit solchen astatischen Drähten ist der obige Abstoſsungs- 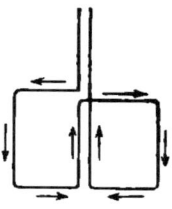 und Anziehungsversuch (352) reiner anzustellen.

354. Ein System von Kreisströmen, welche alle in demselben Sinne flieſsen, und deren Ebenen auf einer Linie senkrecht stehen, heiſst nach Ampère ein Solenoïd. Da (nach 353) jeder Kreisstrom sich von Osten nach Westen stellen will, so hat die Achse eines geraden Solenoïds das Bestreben, sich wie eine Magnetnadel zu richten. Das Ende der Solenoïdachse, welches nach Norden zeigt, heifst der positive Pol oder der Nordpol, das andere der negative Pol oder der Südpol. Gleichnamige Pole zweier Solenoïde stofsen sich (nach 352) ab, ungleichnamige ziehen sich an. Befindet sich ein Stromleiter ll in der Nähe eines beweglichen geradlinigen Solenoïdes, so hat dieses das Bestreben, sich mit seiner Achse aa' senkrecht gegen den Stromleiter zu stellen, und zwar so, dafs die Ströme in den Windungen des Solenoïdes da, wo sie dem Stromleiter am nächsten sind, gleiche Richtung bekommen mit dem Strome im Leiter.

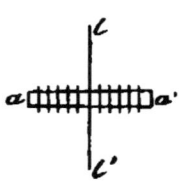

Man kann das Solenoïd ersetzen durch einen zusammenhängenden Leitungsdraht, welcher schraubenförmig um einen Cylinder gewunden ist. Die Schraube, welche wie ein Korkzieher gewunden ist, hat ihren — Pol da, wo der Strom eintritt, eine entgegengesetzt gewundene da, wo er austritt. Betrachtet man also eine Endfläche eines solchen Solenoïdes, so liegt an derselben der — Pol, wenn sich der Strom in der Richtung des Uhrzeigers bewegt, im entgegengesetzten Falle der + Pol.

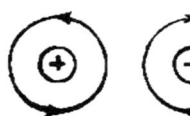

355. Ein Magnet und ein Solenoïd zeigen das gleiche Verhalten gegen die Erde (240, 242 und 354), gegen einen Strom (301 und 354) und gegeneinander (234 und 354). Man denkt sich (nach Ampère) einen Magnet aus Molekeln zusammengesetzt, welche von elektrischen Strömen umkreist sind (235).

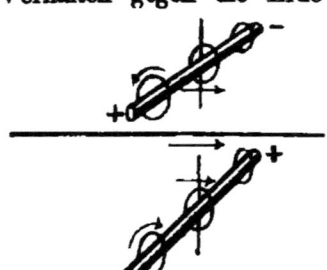

Die Übereinstimmung zwischen einem Magnet und einem Solenoïd erklärt sich dadurch, dafs die Resultanten der sämtlichen geordneten Molekularströme ein System von Kreisströmen bilden, welche den Magnet umgeben. Man kann deshalb auch sagen: ein Magnet ist ein von Strömen umkreister Körper. Eine von einem elektrischen Strome umkreiste Fläche stellt

Mechanische Wirkung der Ströme aufeinander u. auf einen Magnet. 217

ein magnetisches Feld dar (249). Der Erdmagnetismus (240) ist durch Erdströme zu erklären (353).

356. Ein an seinen Zuleitungsdrähten bifilar aufgehängtes Solenoïd (Bifilargalvanometer, W. Weber 1840) kann zu Messungen wie das Bifilarmagnetometer (251) benutzt werden.

Das Solenoïd, dessen Windungen in der Nordsüdrichtung liegen, wird durch einen Strom von der Stärke i aus seiner Lage um den Winkel α abgelenkt. Ist D die Direktionskraft (79), H die Horizontalkomponente des Erdmagnetismus, f die Gesamtheit der vom Strom H umflossenen Flächen, so verhält sich das Solenoïd wie ein Magnet vom Momente fi (324), so daſs es im Gleichgewicht steht, wenn $D \sin \alpha = fiH \cos \alpha$ oder $D tg\alpha = fiH$ ist. Läſst man gleichzeitig das Solenoïd auf einen in der Entfernung r aufgehängten Magnet (wie in 252) wirken, so wird der Magnet um einen Winkel φ abgelenkt, so daſs $r^3 \tan \varphi = 2fi/H$ ist (254), also wird gefunden $H^2 = 2D \tan \alpha / r^3 tg\varphi$.

357. Das Elektrodynamometer (W. Weber 1846) besteht aus einem Multiplikator und einem Solenoïd, welches an Stelle der Magnetnadel im Multiplikator bifilar aufgehängt ist. Geht ein und derselbe Strom durch Multiplikator und Solenoïd, so verhalten sich die Tangenten des Winkels, um welchen das Solenoïd abgelenkt wird, wie die Quadrate der Stromstärke (352).

Eine Umkehr in der Richtung des Stromes bringt keine Veränderung im Sinne der Ablenkung des Solenoïdes hervor, weil der Strom gleichzeitig im Multiplikator und im Solenoïd umgekehrt wird. Das Dynamometer dient deshalb zur Messung von Strömen wechselnder Richtung (376). Geht kein Strom durch den Apparat, so müssen die Windungen des Multiplikators im magnetischen Meridian, die des Solenoïdes senkrecht zu demselben stehen.

Im Elektrodynamometer für starke Ströme (Siemens und Halske 1880) hat die bewegliche Rolle nur eine Windung, wodurch sie von der Einwirkung des Erdmagnetismus fast unabhängig wird. Die Aufhängung ist eine Torsionsaufhängung (wie beim Torsionselektrometer), die Zuleitungen zur beweglichen Rolle geschehen durch Quecksilber. Der Torsionswinkel ist dann dem Quadrate der Stromstärke proportional.

358. Läuft ein Strom im Leiter A parallel zur Achse eines Solenoïdes oder Magnets M, so will sich der Leiter so drehen, daſs sein Strom gleiche Richtung mit den benachbarten Stromteilen ab erhält. Ist der

Leiter nicht um eine Achse drehbar, sondern parallel mit sich selbst um die Solenoïdachse beweglich, so läuft er in einem Cylindermantel um dieselbe herum, wenn der eine Pol stärker auf ihn wirkt, als der andere.

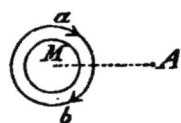

Die Richtung der Rotation kann nach Ampères Regel (301) bestimmt werden, indem der Strom die entgegengesetzte Ausweichung ausführt, welche er dem Pole erteilen würde.

Die Wirkung des Stromes auf den Magnet muſs eine unipolare sein. Das Drehungsmoment des Leiters A ist am gröſsten, wenn die eine Hälfte des Magnetes $p\,n$ zwischen seinen Enden c und d liegt; der Leiter rotiert gar nicht, wenn beide Magnetpole zwischen seinen Enden liegen.

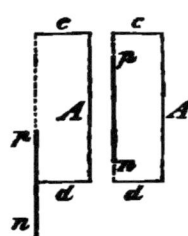

Ebenso dreht sich ein Solenoïd oder ein Magnet um einen linearen Leiter, der parallel seiner Achse neben einem Pole von einem Strom durchflossen ist. Der Strom kann auch ein thermoelektrischer sein. Auch rotiert der Davy'sche Lichtbogen (347) um einen Magnet, wie ein anderer Leiter.

359. Ein Eisenstab, welcher von einem stromleitenden Solenoïd (oder schraubenförmig aufgewickelten Draht) umgeben ist, wird temporär magnetisiert und heiſst ein **Elektromagnet**. (Sturgeon 1825.) Der in ihm erregte Magnetismus nimmt im allgemeinen proportional der Stärke des magnetisierenden Stromes und der Anzahl der Windungen zu (Jacobi und Lenz 1839); er nähert sich aber allmählich einem Sättigungspunkt, der in dünnen Stäben früher erreicht wird, als in dicken; bei diesem Maximum ist der Magnetismus dem Querschnitt des Stabes proportional. (Müller 1851.) Stahlstäbe nehmen ebenfalls in der Magnetisierungsspule temporären Magnetismus an, behalten aber nach Unterbrechung des Stromes einen bedeutenden Anteil von permanentem Magnetismus. (Elias'sche Magnete 1844.) Durch die Entladung einer Leydener Flasche durch eine Magnetisierungsspule können Stahlnadeln ebenfalls magnetisiert werden und zwar bald in einem, bald im entgegengesetzten Sinne, infolge der oscillierenden Entladung (v. Liphart). (285.)

Das Magnetisieren des Eisens durch den Strom wird als eine Richtung der Molekularströme gemäfs 352 oder 355 aufgefafst. Bei starkem Magnetisieren zieht sich ein Eisenstab in der Länge aus und in der Breite zusammen, wobei ein metallisches Klingen beobachtet wird. Durch wiederholtes Magnetisieren und Entmagnetisieren wird der Stab erwärmt wie von innerer Reibung.

Die Elektromagnete bekommen je nach dem Zweck, dem sie dienen, sehr verschiedene Formen. In Ruhmkorffs Magnet stehen die beiden, von den Magnetisierungsspulen umgebenen Pole einander gegenüber und können durch Verschiebung des einen Schenkels einander beliebig genähert werden.

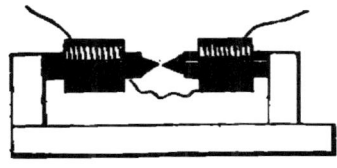

b) **Elektrische Fernwirkungen des Stromes. (Induktion.)**

360. Wird einem in sich geschlossenen Leiter b ein Leiter a, in welchem ein Strom fliefst, genähert oder von ihm entfernt, oder wird, während a neben b ruht, in a ein Strom geschlossen oder geöffnet, so entsteht in b ein Strom, welcher mit dem Aufhören der Bewegung oder mit der Vollendung der Schliefsung oder Öffnung wieder verschwindet. Dieser Strom wird der inducierte Strom oder Induktionsstrom oder der sekundäre Strom genannt, während der Strom in a der inducierende oder Hauptstrom oder der primäre Strom heifst. Der durch Annähern oder Stromschliefsen inducierte Strom heifst der Schliefsungsstrom; seine Richtung ist der des Hauptstromes entgegengesetzt. Der durch Entfernen oder Öffnen inducierte Strom heifst der Öffnungsstrom; seine Richtung ist der des Hauptstromes gleich. Beide Induktionsströme sind von gleicher Stärke. (Voltaelektrische Induktion, Faraday 1831.)

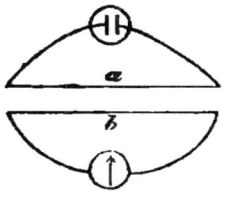

Die Richtung eines inducierten Stromes ist immer eine solche, dafs der inducierte Strom die Bewegung des inducierenden zu hemmen trachtet (352), wobei Schliefsung als Annäherung, Öffnung als Entfernung angesehen wird. (Lenz 1834.)

Die Stärke des Induktionsstromes ist der des inducierenden proportional, seine elektromotorische Kraft ist der Geschwindigkeit der Bewegung proportional. Wäre also der inducierte Strom schon vorhanden gewesen, so würde bei der Bewegung, die ihn erzeugt, immer Arbeit verbraucht werden müssen. Diesem Arbeitsverbrauch entspricht der erzeugte Induktionsstrom.

361. Nimmt man an, dafs die elektrodynamische (352) und induktive Wirkung eines Stromes aus der wechselseitigen Anziehung und Abstofsung elektrischer Elemente $+ e$ und $+ \varepsilon$ hervorgehen, so können diese Kräfte nicht dem Gesetz der statischen Elektricität (263) folgen, da nach diesem die Summe der vier Kräfte Null wäre. W. Weber nimmt daher an, dafs die Gröfse der Kraft von der Bewegung der Elektricitätsmengen abhängig sei nach der Formel: $p = (e\varepsilon/r^2)[1 - (v/c)^2 - (2r/c^2)\gamma]$, wobei v die relative Geschwindigkeit der Elektricitätselemente gegeneinander, γ die relative Beschleunigung und c eine konstante Gröfse bezeichnet.

Die Berechnung der Summe der 4 Kräfte von $+ e$ und $- e$ auf $+ \varepsilon$ und $- \varepsilon$ nach dieser Formel führt auf die Ampère'sche Formel (352). Die induktive Wirkung entsteht nach Weber aus der Scheidung von $+ \varepsilon$ und $- \varepsilon$, welche von dem Unterschied der Kräfte von $+ e$ und $- e$ auf $+ \varepsilon$ einerseits und auf $- \varepsilon$ anderseits herrührt. Die Konstante c giebt die relative Geschwindigkeit zweier elektrischen Elemente gegeneinander, bei welcher sie gar nicht aufeinander wirken, da für ein konstantes $v = c$ auch $\gamma = o$ und somit der ganze Ausdruck zu Null wird; dieselbe wurde von W. Weber und Kohlrausch durch Vergleichung der elektrostatischen und elektrodynamischen Mafse bestimmt (vgl. 371).

362. Die beschriebenen Erscheinungen treten verstärkt auf, wenn die beiden Leitungsdrähte durch Multiplikatoren ersetzt werden, d. h. durch zwei ineinander geschobene Solenoïde, deren inneres den Hauptstrom (primäre oder inducierende Spule), das äufsere den inducierten Strom leitet (sekundäre oder Induktionsspule).

Ist n die Anzahl der Windungen der sekundären Spule und also auch relativ deren Widerstand, J die Intensität des primären,

Elektrische Fernwirkungen des Stromes. 221

i die des sekundären Stromes, und t die Zeitdauer des letzteren, so ist die Menge der in der sekundären Spule in der Zeit t bewegten Elektricität $it = C \cdot J \cdot n$; also die elektromotorische Kraft des inducierten Stromes $e = C \cdot J \cdot n^2/t$. Man muſs daher der sekundären Spule möglichst viele Windungen geben, weil die elektromotorische Kraft mit dem Quadrat der Windungszahl, der Widerstand aber nur mit der Windungszahl selbst wächst. Die primäre Spule erhält nicht zu viele und nicht zu dünne Windungen, um den Hauptstrom nicht zu sehr zu schwächen.

363. In einem Solenoïd induciert der Strom in jeder einzelnen Windung Ströme in die benachbarten Windungen, welche Gegenströme (Extracurrent) heiſsen, im Gegensatz zu den in einer gesonderten Leitung inducierten Nebenströmen. Die bei Schlieſsung eines Stromes im Solenoïd entstehenden Gegenströme (von abwechselnd entgegengesetzter Richtung) verzögern das Zustandekommen des Stromes. Bei einer Unterbrechung können die (dem Hauptstrome gleichgerichteten) Gegenströme nur zu stande kommen, wenn ihnen eine Nebenleitung dargeboten wird, sonst ist die Unterbrechung eine plötzliche. Deshalb sind die Erscheinungen der Stromschlieſsung (physiologische Wirkung, Funke) weit schwächer, als die der Öffnung. An Stärke sind die Gegenströme der Öffnung und Schlieſsung einander gleich. (Edlund.)

Wenn in der primären Leitung a kein Gegenstrom entstände, sondern der Hauptstrom augenblicklich von 0 auf seine volle Höhe stiege und von dieser wieder augenblicklich bis auf 0 hinabfiele, so würde der Verlauf der in der sekundären Leitung b entstehen-

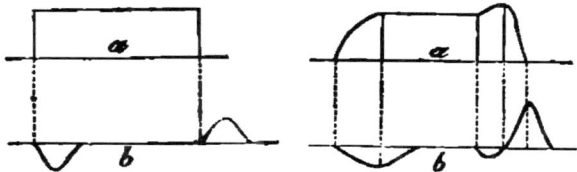

den Nebenströme durch zwei gleichgestaltete, aber entgegengesetzt gerichtete Kurven dargestellt werden. Entstehen aber in a Gegenströme der Schlieſsung und Öffnung, so wächst der Hauptstrom nur allmählich und nimmt bei seiner Öffnung noch an Stärke zu, ehe er völlig verschwindet. Die Kurven, welche die Nebenströme in b darstellen, folgen dem Gange des Hauptstromes nach den gegebenen Gesetzen.

364. Befindet sich in der primären Spule ein Eisenkern, welcher durch Schliefsung des Hauptstromes magnetisch wird, so inducieren die sich richtenden und ihre Richtung wieder verlassenden Molekularströme beim Schliefsen und Öffnen des Hauptstromes ebenfalls Ströme in die sekundäre Spule, welche sich zu den unmittelbar durch den Hauptstrom inducierten addieren und dadurch alle Induktionserscheinungen bedeutend verstärken. In den Körper des Eisenkernes selbst werden aber, wie in jede Metallmasse, welche in den Spulen steckt oder dieselben umgiebt, peripherische Ströme induciert, welche das Entstehen und Verschwinden des Hauptstromes verzögern und deshalb die Stärke des Nebenstromes schwächen. Diese werden vermieden, wenn man den Eisenkern durch ein Bündel dünner Eisendrähte ersetzt. (Magnus 1839.)

365. Wird der primäre Strom in schneller Folge hintereinander geschlossen und geöffnet, so steigt er infolge der Gegenströme allmählich an, fällt aber jäh ab. Der sekundäre Schliefsungsstrom steigt deshalb nur zu einem geringen, der sekundäre Öffnungsstrom aber zu einem hohen Potential an, während beide an Intensität einander gleich sind.

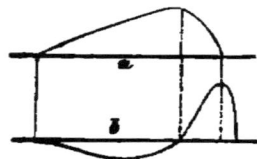

Solche alternierende oder Wechsel-Ströme scheiden deshalb aus einem Elektrolyten die Ionen nicht polar ab und lenken die Magnetnadel nicht stetig ab. Die Unterbrechungen werden hervorgebracht, indem man einen Leitungsdraht an der Achse eines Metallrades befestigt und den andern über die Zähne desselben hinwegschleifen läfst, oder durch den Selbstunterbrecher (Wagner'schen Hammer 1839). Derselbe besteht aus einem Elektromagnet M,

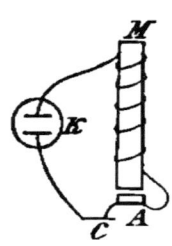

welcher, sobald der Strom der Kette K geschlossen wird, den

Anker *A* und mit ihm einen Teil der Leitung anzieht, dadurch den Strom bei *C* unterbricht, also den Anker fallen läfst, dadurch den Strom wieder schliefst, u. s. f.

366. Ein Induktionsapparat besteht aus einem Eisenkern (oder besser einem Drahtbündel) *E*, welcher von einer primären Spule *J* aus kurzem dicken Draht und einer sekundären Spule *i* aus langem dünnen Draht (362) umgeben ist. Durch die primäre Spule wird der Strom einer galvanischen Batterie geführt, welcher durch eine Unterbrechungsvorrichtung (365) in schneller Aufeinanderfolge geöffnet und geschlossen wird.

Bei kleineren Induktionsapparaten dient der Magnet des Wagner'schen Hammers zugleich als Eisenkern für die primäre Spule oder wird wenigstens durch denselben primären Strom magnetisiert; bei gröfseren dient eine Hilfsbatterie *K* zur Bewegung des Hammers, während eine stärkere Batterie *S* den inducierenden Strom für die

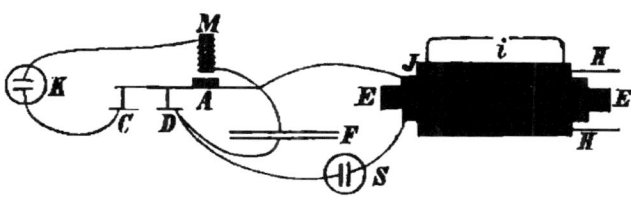

primäre Spule *J* liefert. Der Anker *A* bewegt dann noch einen zweiten Stift, welcher einen zweiten Kontakt *D* öffnet und schliefst; beide Kontakte werden dann nicht durch eine feste Platte, sondern durch Quecksilber hergestellt. (Foucault.) Die bei *D* auftretenden, durch den Gegenstrom veranlafsten, Induktionsfunken bewirken eine längere Schliefsung des primären Stromes, und dadurch eine Schwächung des sekundären. Dies wird vermieden, wenn man die beiden Leiterstücke, welche zu beiden Seiten des Kontaktes *D* liegen, mit den Platten *F* eines Kondensators (Fizeau) oder durch einen Draht von grofsem Widerstande (Helmholtz) untereinander verbindet. Die Kondensatorplatten nehmen die ausströmenden Elektricitäten auf und lassen sie nach hergestelltem Schlusse des Unterbrechers wieder zurückfliefsen. Werden die beiden Drahtenden der sekundären Spule eines kräftigen Induktionsapparates (von Siemens, Stöhrer, Ruhmkorff 1851) nicht miteinander verbunden, so wächst die Spannung der Elektricitäten, dem Öffnungsstrome entsprechend, so in ihnen, dafs man aus einem jeden Funken einer freien Elektricität ziehen kann. Werden die Drähte einander genähert, so bildet sich ein Funkenstrom, wie bei der Holtz'schen Maschine (280). Auch in verdünnten Gasen sind die Lichterscheinungen dieselben, wie die von der Influenzmaschine veranlafsten (vgl. 488 und 489). Ein im elektrischen Ei erzeugter Lichtbogen rotiert um einen Magnet wie ein Leitungsdraht (358). Die Induktionsapparate geben besonders kräftige physiologische Wirkungen, sowohl durch den Gegenstrom als durch den Nebenstrom. Die Wirkung des Nebenstromes kann durch Verschiebung der sekundären Spule auf der primären beliebig geschwächt werden (Schlittenapparat von Du Bois-Reymond 1848); auch kann die Abschwächung des Induktionsstromes durch Überschieben einer Metallhülse (364) geschehen. (Ruhmkorff.)

367. Statt der inducierenden Spule und des durch den Strom magnetisierten Eisenkernes kann ein Stahlmagnet in die sekundäre Spule gesteckt werden; durch Herausziehen und Hineinstecken desselben entstehen Öffnungs- und Schliefsungsströme. Dasselbe geschieht, wenn man die Spule um einen weichen Eisenkern (Induktor) wickelt, den man den Polen eines ruhenden Magnetes abwechselnd nähert und von ihnen entfernt, der also abwechselnd magnetisiert und entmagnetisiert wird. (Magnetinduktion, Faraday 1831.)

Die elektromotorische Kraft des beim Verschwinden des Magnetismus in einer Spule entstehenden Induktionsstromes ist der Windungszahl der Spule und der Stärke des verschwindenden Magnetismus proportional. (Lenz.) Man kann deshalb die Stärke des in einem Magnet oder an bestimmten Stellen desselben vorhandenen Magnetismus durch den Strom messen, welcher in einer auf dem Stabe verschobenen Spule induciert wird. (Lenz und Jacobi, van Rees.) Beim Abreisen des Induktors von den Magnetpolen entsteht ein Funke zwischen den Enden des Induktordrahtes. (Strehlke, Faraday 1831.)

368. Wird eine Magnetnadel nahe über eine Metallscheibe oder eine Metallscheibe nahe über den Polen eines Magnetes aufgehängt, so gerät sie in eine drehende Bewegung, sobald unter ihr die Metallscheibe oder der Magnet gedreht wird, und zwar ist ihre Drehungsrichtung der des unter ihr gedrehten Körpers gleich. Eine über einer Metallscheibe oder innerhalb einer dicken Metallkapsel schwingende Magnetnadel

kommt schneller zur Ruhe, als ohne diese Umgebung, ihre Schwingungen werden **gedämpft**. Diese Erscheinungen des **Rotationsmagnetismus** (Arago 1825) hat Faraday durch die Einwirkung der Ströme des Magnetes auf die in die Scheibe inducierten Ströme erklärt. (Foucault'sche Ströme.)

Durch die relative Bewegung des Magnetes gegen die Metallmasse werden in diese Ströme in solcher Richtung induciert, dafs sie die Bewegung des inducierenden Stromes des Magnetes zu hemmen trachten (360). Eine in einem geschlossenen Multiplikator schwingende Magnetnadel mufs deshalb auch schon gedämpft werden (darauf beruhen die Methoden der Multiplikation und Zurückwerfung, 325). Stärker ist die Dämpfung, wenn der Magnet von einer dicken, gutleitenden Metallhülse, dem **Dämpfer**, umgeben ist. (322, W. Weber 1846.) Der natürliche Logarithmus des Verhältnisses, in dem die Schwingungsweiten je zweier aufeinander folgenden Schwingungen eines gedämpften Magnetes stehen, heifst das **logarithmische Dekrement** derselben. Es ist der verzögernden Kraft des Dämpfers und der Schwingungsdauer des Magnetes proportional ($\lambda = s \cdot t$, Gaufs 1837). Durch passende Annäherung eines Kompensationsmagnetes (244) kann die magnetische Richtkraft so geschwächt werden, dafs das logarithmische Dekrement unendlich wird und der Magnet ohne Schwingung in die Ruhelage zurückkehrt. (**Aperiodischer Zustand** nach Du Bois-Reymond.) In der cylindrischen Bohrung einer Kupfermasse schwingende glockenförmige Magnete (Siemens) erreichen diesen Zustand auch ohne Astasierung.

Zwischen den Polen eines starken Magnetes bewegt sich eine Metallplatte wie in einem widerstandleistenden Mittel (Tyndall); die durch die Dämpfung verloren gegangene Bewegung wird in Wärme verwandelt, so dafs sich ein zwischen den Polen eines Ruhmkorff'schen Magnetes (359) rotierender Kupfercylinder stark erhitzt. (Foucault.)

369. Wird ein geradliniger Leiter von der Länge l (cm), dessen Richtung normal zur Intensität F eines magnetischen Feldes (249) ist, mit der Geschwindigkeit v parallel mit sich in der zu F und l normalen Richtung verschoben, so ist die elektromotorische Kraft a des inducierten Stromes an den Enden des Leiters proportional lFv. Im absoluten Mafse wird $a = lFv$ gesetzt, d. h. als absolute Einheit der elektromotorischen

Kraft gilt diejenige, welche sich für $l=1$, $F=1$, $v=1$ ergiebt. Ein Volt ist das 10^8fache dieser Einheit (vgl. 317 und 371).

Die Kraft, mit welcher ein magnetisches Feld F auf einen Leiter von der Länge l wirkt, in dem die Stromstärke J ist, ist $= F \cdot J \cdot l$. Wird der Leiter in der Zeit t um die Länge s durch die Kraftlinien bewegt, so verbraucht er die Arbeit $F \cdot J \cdot l \cdot s$; diese mufs der erzeugten Stromarbeit (341) $J \cdot a \cdot t$ gleich sein, also ist $a = F \cdot l \cdot s/t = F \cdot l \cdot v$.

Wird ein kreisförmiger Leiter vom Halbmesser r in einem magnetischen Felde von der Intensität F in der Zeit t um 90° um seinen Durchmesser aus der zu den Kraftlinien senkrechten Ebene gedreht, so ist die erzeugte elektromotorische Kraft $a = r^2 \pi F/t$.

Da Dim. $F = m^{1/2}/l^{1/2}t$ (249), so ist Dim. $a = (m^{1/2}/l^{1/2}t) l \cdot l/t = m^{1/2}l^{1/2}/t^2$, während in elektrostatischem Mafse (271) Dim. $V = m^{1/2}l^{1/2}/t$; der Quotient Dim. $a/V = l/t$ entspricht einer Geschwindigkeit (vgl. 371).

370. Das magnetische Feld kann durch den Erdmagnetismus dargestellt sein. Wird daher eine Spule, deren Ebene senkrecht zum magnetischen Meridian steht, um eine vertikale Achse aus ihrer Lage gedreht, so entsteht ein der Horizontalkomponente H proportionaler Induktionsstrom (243); wird ihre Ebene horizontal gestellt und um eine horizontale, im Meridian liegende Achse gedreht, so entsteht in ihr ein der Vertikalkomponente V proportionaler Strom. Sind beide Drehungen um denselben Winkel erfolgt, so ist der Quotient beider Stromstärken $CV/CH = \tan i$, wenn i die Inklination ist. Auf diese Weise wird die Inklination an einem Orte durch den Erdinduktor (W. Weber 1838) bestimmt.

Die Messung solcher Ströme geschieht durch die Multiplikationsmethode (325).

c) Praktische Einheiten für die elektrodynamischen Gröfsen.

371. Auf Grund des von Gaufs und Weber eingeführten absoluten Mafssystemes hat der Kongrefs der Elektriker zu Paris 1881 folgende Einheiten für elektrische Gröfsen

Praktische Einheiten für die elektrodynamischen Gröfsen.

eingeführt, wobei die Einheiten gr-cm-sek (G, C, S) (83) zu Grunde gelegt sind. Die den Dimensionen beigesetzten Potenzen von 10 geben das Verhältnis der praktischen Einheiten zu diesen Fundamentaleinheiten an.

1 **Volt** ist das 10^8 fache der elektromotorischen Kraft, welche in einen geradlinigen, zur Richtung der magnetischen Intensität H senkrechten Leiter von der Länge 1 induciert wird, wenn derselbe an einem Ort, wo $H = 1$ ist, mit der Geschwindigkeit 1 parallel mit sich selbst senkrecht zu seiner Richtung und zu H bewegt wird. $10^8 \cdot G^{1/2} C^{3/2}/S^2$ (vgl. 369 und 317).

1 **Amper** ist $^1/_{10}$ der Stromstärke, welche in einem Leiter von der Länge 1 vorhanden sein mufs, wenn er auf einen in der Entfernung 1 vorhandenen Magnetismus 1 mit der Kraft 1 wirken soll. $10^{-1} \cdot G^{1/2} C^{1/2}/S$ (vgl. 324 und 331).

1 **Ohm** ist der Widerstand, in dem 1 Volt die Stromstärke 1 Amper erzeugt. $10^9 \cdot C/S$ (vgl. 313).

1 **Culom** (Coulomb) ist die Elektricitätsmenge, die in 1 Sekunde 1 Amper giebt. $10^{-1} \; G^{1/2} C^{1/2}$.

1 **Farád** ist die Kapacität (275), bei welcher 1 Culom einen Potentialunterschied 1 Volt giebt. $10^{-9} \cdot S^2/C$.

Das 10^6 fache einer dieser Gröfsen wird durch Vorsetzen des Wortes **Mega**, der 10^6 Teil durch **Mikro** bezeichnet. Also 1 Mikrofarad = $\frac{1}{1000000}$ Farad, ein Megavolt = 1000000 Volt.

Auch sagt man 1 Milliamper = $\frac{1}{1000}$ Amper u. s. w.

Für den Widerstand ist die Dimension $w =$ Dim $a/J =$ $(m^{1/2} l^{3/2}/t^2)/(m^{1/2} l^{1/2}/t) = l/t = c$, d. h. gleich der Dimension einer Geschwindigkeit (vgl. 369). Die Stromstärke J entspricht der in der Zeiteinheit durch den Querschnitt des Leiters gehenden Elektricitätsmenge (303); die in der Zeit t hindurchgehende Elektricitätsmenge l hat daher die Dimension $t \cdot m^{1/2} l^{1/2}/t = m^{1/2} l^{1/2}$. Die Dimension der elektrostatisch gemessenen Elektricitätsmenge (263) ist $m^{1/2} l^{3/2}/t$; der Quotient beider Einheiten $c = l/t$ entspricht ebenfalls einer Geschwindigkeit. Das Verhältnis c wurde bestimmt durch Vergleichung der nach elektrostatischem und elektromagnetischem Mafse gemessenen elektrischen Mengen (W. Weber, R. Kohlrausch), Potentiale (W. Thomson, Maxwell) und Kapacitäten (Ayrton, Perry, J. Thomson); es ist $c = 30 \cdot 10^9$ cm/sek, eine Zahl, welche mit der in 361 gegebenen Konstanten c und mit der Lichtgeschwindigkeit (443) übereinstimmt.

Hiernach ist 1 Culom $= 3 \cdot 10^9$ elektrostatischer Quantitätseinheiten, 300 Volt $=$ 1 elektrostatische Potentialeinheit (369). Die Dimension der Kapacität ist nach elektromagnetischem Mafse Dim. $e/a = m^{1/2}l^{1/2}/(m^{1/2}l^{3/2}/t^2) = t^2/l$, nach elektrostatischem Mafse (275) l, der Quotient der letzteren durch die erstere $= l^2/t^2 = c^2$, daher 1 Farad $= 9 \cdot 10^{11}$ elektrostatischer Kapacitätseinheiten.

Die elektrische Arbeitsleistung (341 und 369) Jat hat die Dim. $(m^{1/2}l^{1/2}/t) \cdot (m^{1/2}l^{3/2}/t^2) \cdot t = ml^2/t^2$, d. i. die Dimension einer mechanischen Arbeit (82). Die praktische Arbeitseinheit, 1 Volt-Amper (Amper$^2 \times$ Ohm) oder 1 Watt ist nach obigen Formeln $= 10^7$ Erg $= 1/9{,}81$ Meterkilogramm (83) oder $= 1/(75 \cdot 9{,}81)$ Pferdekraft $= 1/736$ Pferdekraft; dagegen rechnet man in der Praxis häufig nur 460 Volt-Amper ($62^{1}/_{2}\%$ von 736) als elektrische Wirkung der mechanischen Pferdekraft. Da 1 Gramm-Kalorie $= 41{,}6 \cdot 10^6$ Erg (185), so entspricht 1 Volt-Amper $= 10/41{,}6 = 0{,}24$ Gramm-Kalorien.

F. Maschinen zur Erzeugung und Verwendung des galvanischen Stromes.

a) Strom und Arbeit.

372. Die durch abwechselndes Anlegen von Eiseninduktoren an die Pole eines Magnetes und Abreifsen derselben erzeugten Ströme (367) werden in der magnetoelektrischen Maschine verwertet, indem man einen Hufeisenmagnet vor einem Induktorenpaare (Pixii 1836) oder besser das Induktorenpaar vor den Polen eines Hufeisenmagnetes rotieren läfst. (Saxton, Clarke 1836.)

Die magnetoelektrische Maschine verwandelt Arbeit in Elektricität.

Vor den Polen des ruhenden Stahlmagnetes (Lamellenmagnetes 237) m rotieren die beiden Eiseninduktoren (Anker) aa, welche durch einen Eisenstab miteinander verbunden sind. Von den Enden der auf den Eisenkernen steckenden Drahtspulen ist das eine an der metallenen Rotationsachse selbst, das andere, b, an einem isoliert auf der Achse sitzenden Ring r befestigt. Durch die schleifenden Federn f und f' wird der Strom zu den Klemmschrauben k und k' geführt, welche nun wie die Pole einer Batterie benutzt werden können. Während jeder Umdrehung werden 4 Induktionsströme erzeugt, von denen je 2 aufeinanderfolgende gleiche Richtung haben (sie sollen mit a, β, β, a bezeichnet werden); die Ströme sind also Wechselströme. Um sie gleichgerichtet zu machen, zerlegt man den Ring r in zwei gegeneinander isolierte Teile, auf denen die Federn c und d schleifen und von denen der in der Zeichnung von c berührte mit der Achse leitend verbunden ist.

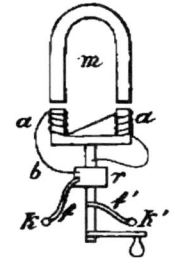

Jede Feder übernimmt dann während einer halben Drehung den Strom von der Leitung a, während der anderen halben von b (Kommutator), so daß je nach der Drehungsrichtung alle Ströme die Richtung a, oder alle die Richtung β bekommen.

In Stöhrers Maschine wirken drei aufrechtstehende Hufeisenmagnete gleichzeitig auf drei über ihren Polen rotierende Induktorenpaare. In der Alliancemaschine (Nollet) rotieren 8 in einer Kreisperipherie befestigte Induktorenpaare zwischen den Polen von 8 im Kreise (mit den Indifferenzpunkten nach außen) stehenden Hufeisenmagneten. 4 bis 6 solche Gruppen werden so hintereinander verbunden, daß die sämtlichen Induktoren einen fortlaufenden Draht bilden.

373. Die beschriebenen Induktoren haben den Nachteil, daß sie sich nur kurze Zeit in einem stark magnetischen Felde bewegen. Dieser Nachteil ist vermieden durch den Cylinderinduktor und den Ringinduktor.

Cylinderinduktor (Doppel-T-Induktor) (Siemens 1857). Ein Eisencylinder ist mit zwei Längsrinnen versehen, in welche die Drahtwindungen so hineingewickelt werden, daß ein gefüllter Cylinder entsteht. Der Induktor rotiert um seine Längsachse zwischen  Magnetpolen, welche halbcylinderförmige Ausschnitte haben, so daß die Annäherung zwischen Induktor und Magnet immer eine möglichst große bleibt.

Ringinduktor (Pacinotti 1860). Ein Eisenring dreht sich um seinen Mittelpunkt zwischen den Magnetpolen N und S, so daß immer zwei diametral liegende Punkte des Ringes die Pole s und *n* annehmen. Der ganze Ring ist mit einer Drahtspirale bewickelt, in jede Windung wird der Reihe nach ein Strom induciert, der dann einerseits durch die Feder *f*, andererseits durch *f*, weitergeleitet wird. Da immer eine Windung nach der anderen die gleiche Stellung einnimmt, so haben die Ströme eine kontinuierliche Richtung und bedürfen keines Kommutators.

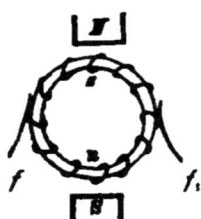

Wilde konstruierte (1866) eine magnetoelektrische Maschine mit Cylinderinduktor, deren Magnet ein Elektromagnet war, der seine Ströme von einer kleinen Siemens'schen magnetoelektrischen Maschine (ebenfalls mit Cylinderinduktor) erhielt.

¶ 374. Die dynamoelektrische Maschine unterscheidet sich von der magnetoelektrischen dadurch, dafs ihr Magnet durch die Ströme, welche er selbst im Induktor erregt, mehr und mehr verstärkt wird.

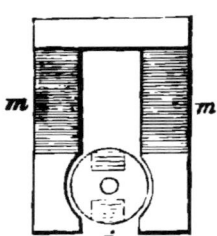

Das Hufeisen *m m* kann zunächst ganz unmagnetisches Eisen sein. Leitet man durch seine Windungen einen schwachen Batteriestrom und läfst den Induktor *i* rotieren, so werden Ströme in diesen induciert, die man dann durch die Windungen von *m m* führt. Man kann dann die Batterie entfernen, und Magnet und Induktor verstärken sich gegenseitig. Die Batterie ist von Anfang an unnötig, wenn das Hufeisen nur geringe Mengen von remanentem Magnetismus enthält. (Siemens 1867.)

Die dynamoelektrische Maschine von Ladd (1867) hat zwei Elektromagnete und zwei Induktoren, deren einer den Strom zur Verstärkung der Magnete, der andere den zu äufserer Arbeitsleistung liefert.

375. Die verschiedenen Systeme dynamoelektrischer Maschinen, welche allmählich in Gebrauch gekommen sind, erzeugen teils Ströme von einerlei Richtung (Gleichstrommaschinen), teils solche von wechselnder Richtung (Wechselstrommaschinen).

Einige der wichtigsten Gleichstrommaschinen sind:

Maschine von Gramme (1871) mit Ringinduktor.

In einer Spule α, welche über die beiden aneinandergelegten Magnete $s\,n$, $n_1\,s_1$ hingeschoben wird, entsteht ein Strom, dessen Richtung α auf dem Weg von s bis o den Molekularströmen des Magnetes entgegengesetzt ist, da bis dahin die Wirkung des näher kommenden rechtsliegenden Teiles (mit abnehmender Kraft) überwiegt; von da entsteht der den Molekularströmen des ersten Mag-

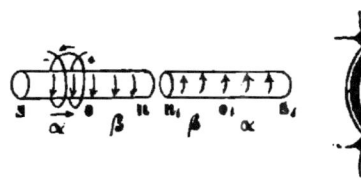

netes gleichlaufende Entfernungsstrom β, der zugleich als Annäherungsstrom des zweiten Magnetes seine Richtung bis o_1 beibehält und dann in die Richtung α umkehrt. Rotiert ein kreisrunder, aus dünnen Eisendrähten gewickelter Ring, auf dem eine große Anzahl von Spulen befestigt ist, zwischen den Polen eines festen Magnetes N und S, so bilden sich in den diesen Polen gerade am nächsten liegenden Stellen des Ringes jedesmal die Magnetpole s und n durch Induktion (236). Es ist also so gut, als würden die Spulen über die zwei Magnete sn und ns hingeschoben; auf der oberen Ringhälfte entstehen Ströme von der Richtung α, auf der unteren von der Richtung β; die sämtlichen den Ring bedeckenden Windungen sind in (z. B. 4) Gruppen geteilt und deren Drahtenden an kupferne Strahlstücke befestigt, welche, gegeneinander und gegen die Achse isoliert, diese in Gestalt eines Cylindermantels umgeben. Zwei Drahtbürsten (Besen) $b\,b$ schleifen auf den Strahlstücken und nehmen die beiden Ströme der oberen und unteren Ringhälfte ab, die dann die Windungen des Magnetes in gleichem Sinne durchlaufen. Die Ankerdrähte (Widerstand $= r$) liegen zwischen den Klemmen K und K_1, die Magnetdrähte (Widerstand $= W$) zwischen K und k, die äußere Leitung

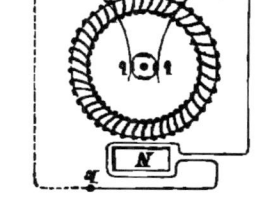

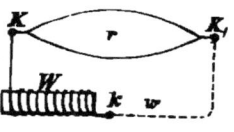

232 Maschinen zur Erzeugung und Verwendung des galv. Stromes.

(Widerstand $= w$) wird zwischen den Maschinenklemmen K_1 und k eingeschaltet. Die beiden starken Magnetpole N und S werden dadurch erhalten, daſs zwei (in der Ebene senkrecht zur Ringebene liegende) Hufeisenmagnete sich so gegenübergestellt sind, daſs in N ihre beiden Nordpole, in S ihre beiden Südpole zusammenstoſsen.

Flachringmaschine von Schuckert. Die magnetischen Felder werden dadurch besser ausgenützt, daſs der flache mit den Induktionsrollen bewickelte Ring zwischen die beiden Polpaare so zwischentritt, daſs er von ihnen umfaſst wird.

Trommelmaschine von Siemens und Halske (v. Hefner-Alteneck). Der Induktor ist ein hohler Eisencylinder, welcher ganz mit der Cylinderachse parallelen Windungen bedeckt ist; auf den Endflächen des Cylinders kreuzen sich die Windungen. Die

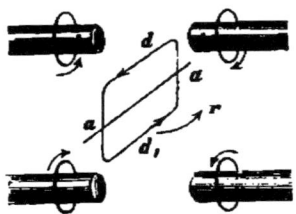

Magnete sind wieder so gestellt, daſs sich zwei $+$ und zwei $-$ gegenüberstehen. Die Trommel rotiert um die Achse $a\,a$. Der Draht $d\,d_{\prime}$ stellt eine Windung dar; die Entfernung des Drahtes d vom einen $+$ Pol, und seine Annäherung an den anderen liefert gleichgerichtete Ströme in d, ebenso die Entfernung vom einen
$-$ Pol und Annäherung an den anderen in $d_{\prime}$. Demnach wird in jeder Windung bei jeder Umdrehung der Strom einmal umgekehrt. Ein Kollektor führt die Ströme der einen Richtung in einen, die der anderen in den anderen Leitungsdraht.

Ähnliche Induktoren werden von Maxim, Edison u. a. gebraucht.

376. Einige der wichtigeren Wechselstrommaschinen sind:

Wechselstrommaschine von Gramme. In einer Spule a, durch welche der Doppelmagnet $s\,n,\,n\,s_1$ hindurchgeschoben wird,

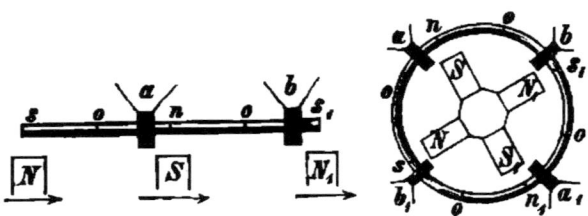

entstehen wieder die Ströme $\alpha, \beta, \beta, \alpha$; gleichzeitig würden in der Spule b, wenn dieselbe in entgegengesetztem Sinne gewickelt ist

(354), ganz dieselben Ströme entstehen. Statt den Doppelmagnet zu schieben, kann man an einem weichen Eisenstabe die fest untereinander verbundenen Magnetpole NSN_1 hinschieben, wodurch sich die Magnetpole sns_1 bilden und auch mit fortrücken. Rotiert also eine Anzahl abwechselnder Magnetpole NSN_1S_1 im Inneren des feststehenden Drahtringes, auf dem die abwechselnd gewickelten Spulen a, b, a_1, b_1 befestigt sind, so entstehen in allen Spulen wechselnde Ströme und zwar in allen zugleich die Ströme α und dann wieder zugleich die Ströme β.

Wechselstrommaschine von Siemens und Halske. Auf zwei einander parallel stehenden Eisenplatten sind je 12 Elektromagnete, jedesmal in einer Kreisperipherie, befestigt, so dafs die Pole der einen 12 denen der anderen gegenüberstehen. Durch eine Gleichstrommaschine werden die Magnete so magnetisiert, dafs je zwei nebeneinander und je zwei gegenüberstehende Pole entgegengesetzt sind. Auf dem Kranze eines Rades sind 12 Holzkerne befestigt und in abwechselnd entgegengesetzter Richtung mit Draht bewickelt. Die Spulen rotieren mit dem Rade zwischen den einander gegenüberstehenden Polen, so dafs in einer jeden bei einer Stellung ein Strom induciert wird, entgegengesetzt dem in der vorhergehenden und in der folgenden. Die wechselnden Ströme werden durch Schleiffedern abgenommen.

Auf ähnlichem Prinzipe beruht die Maschine von Brush, nur sind die Spulen sämtlich in Einschnitte eines grofsen Eisenringes gewickelt.

Zur Erzeugung des elektrischen Lichtes mit Jablochkoffkerzen (347) müssen Wechselstrommaschinen angewendet werden; für andere Bogenlichter und Inkandescenzlampen (346) können sie angewandt werden.

377. Die Compoundmaschinen liefern einen nahezu konstanten Potentialunterschied, auch wenn der Schlufs des Stromes durch verschieden grofse Widerstände erfolgt. Die sekundären Generatoren oder Transformatoren (Gaulard und Gibbs 1883) erzeugen aus hochgespannten wechselnden Strömen Induktionsströme von niederer Spannung an beliebigen Orten. Beide Apparate können deshalb zu Arbeitsleistungen verschiedener Art (z. B. zur Beleuchtung mit Lampen sehr verschiedenen Widerstandes) gebraucht werden.

Der konstante Potentialunterschied der Compoundmaschinen wird durch doppelte Bewickelung der Eisenkerne (mit dickem und dünnem Draht) erreicht. Die sekundären Generatoren sind Induktionsapparate (366), welche an verschiedenen Stellen der Leitung eingeschaltet werden können; die verlangte Spannung ist jedesmal durch die Art der angewandten Spulen bedingt.

378. In einer magnetoelektrischen Maschine ist die Stromstärke dem Quotienten aus der Zahl der Umdrehungen des Induktors (Ankers) durch den Gesamtwiderstand des Stromkreises proportional, in einer dynamoelektrischen wächst die Stromstärke zwar auch mit diesem Quotienten, ist ihm aber nicht proportional. (Frölich.)

Ist n die Zahl der Windungen auf dem Anker, v dessen Umdrehungszahl (gemessen durch einen Tourenzähler), w der Gesamtwiderstand und M der wirksame Magnetismus, d. h. die elektromotorische Kraft der Induktion auf eine Windung bei der einen Umdrehung, so ist bei der magnetoelektrischen Maschine $J = nMv/w$, wobei n und M konstant sind. Bei den dynamoelektrischen Maschinen aber ist M wieder von J abhängig ($= f(J)$), also $v/w = J/nM = J/nf(J)$. Wäre M proportional J ($= CJ$), so würde J ins Unendliche wachsen; die Maschine ist um so vollkommener, je näher die Proportionalität erreicht ist. Sind für eine Maschine n und M bekannt, so läfst sich für jedes v und w die Stromstärke sofort berechnen.

379. Die von einer dynamoelektrischen Maschine in der Zeiteinheit geleistete Arbeit (der elektrische Totaleffekt) ist $L = J \cdot A/736$ Pferdekraft (371), wo A die gesamte elektromotorische Kraft der Maschine ist. Von dieser Arbeit wird ein Teil in der Maschine selbst verbraucht (Erwärmung der Drähte). Im äufseren Stromkreise ist die zur Beleuchtung etc. wirklich verfügbare Arbeit (der Nutzeffekt) $l = J\alpha/736$ Pferdekraft, wenn α den Potentialunterschied der beiden Polklemmen der Maschine (die Klemmenspannung) ist. l/L ist das elektrische Güteverhältnis der Maschine, dagegen $l/\mathfrak{L}$ das Güteverhältnis in Bezug auf verbrauchte Arbeit, wenn $\mathfrak{L}$ die vom Motor in der Zeiteinheit gelieferte Arbeit bedeutet.

Der Anker liegt zwischen den Klemmen K_1 und K (375), sein Widerstand ist r; der Magnet zwischen K und k, sein Widerstand ist W; die äufsere Leitung (mit einer Lampe) zwischen k und K_2 (das mit K_1 identisch und nur in der ausgestreckten Zeichnung,

in welcher die Widerstände als Abscissen, die Potentiale als Ordinate aufgetragen sind, besonders bezeichnet ist), ihr Widerstand ist w. In K_1 (oder K_2) ist das Potential Null; im Anker steigt es von K_1 bis Q zur Höhe a an, von da fällt es durch die Windungen des Magnetes und der äufseren Leitung von Q bis K_2 wieder auf Null. Die Widerstände r und W werden wie gewöhnlich gemessen (314), w wird indirekt gefunden. Die Linie PK_2 giebt das Gefälle des Stromes an. Die Stromstärke wird durch ein Spiegelgalvanometer mit Zweig (320) oder das Dynamometer für starke Ströme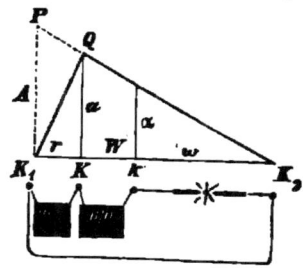
(357) gemessen. Potentialunterschiede werden am besten durch das Torsionsgalvanometer (326) gemessen. So kann man den Potentialunterschied a zwischen K und K_1, sowie den Potentialunterschied zwischen K und $k = a - \alpha$ messen. Dann ist $(a - \alpha)/W = a/w$, woraus w bekannt ist; ferner $(A - a)/r = (a - \alpha)/W$, woraus die gesamte elektromotorische Kraft der Maschine, A, bekannt ist. Aus diesen Gröfsen wird L, l, l/L und l/Σ berechnet. Σ mufs durch einen Arbeits- oder Kraftmefsapparat (15) (Bremsdynamometer) bestimmt worden sein.

380. Die elektromagnetische oder elektrodynamische Maschine ist eine Kraftmaschine, in welcher durch Anziehung und Abstofsung von Magnetpolen Elektricität in Arbeit verwandelt wird.

M ist ein feststehender Stahl- oder Elektromagnet; die Enden des Leitungsdrahtes von m schleifen auf den beiden halbkreisförmigen Scheiben (oder Halbcylindern) a und b, deren jede mit einem Säulenpole verbunden ist. m dreht sich, um seine Pole über die ungleichnamigen Pole von M zu stellen; da aber nach jeder halben Umdrehung die Drahtenden auf die entgegengesetzte Platte übergehen, so wird die Drehung fortgesetzt. (Jacobi 1835, Ritchie 1836.) Ist M ein Elektromagnet, so kann er durch denselben Strom erregt werden, welcher m umkreist. Die Herstellung starker, nach diesem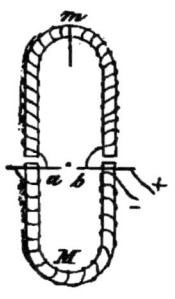
Prinzipe konstruierter Kraftmaschinen findet darin ein Hindernis, dafs in dem Drahte im Augenblicke der gröfsten Annäherung und

Entfernung der Pole der Strom umgekehrt wird. Hierdurch entstehen Gegenströme, welche den Hauptstrom schwächen.

Es können auch Kraftmaschinen dadurch hergestellt werden, dafs ein Eisenstab in eine Spule hineingezogen und aus derselben herausgestofsen wird. Die hin- und hergehende Bewegung wird, wie die Kolbenbewegung einer Dampfmaschine, in eine drehende verwandelt (218), wobei ein durch eine Steuerung bewegter Kommutator die Stromrichtung in der Spule umsetzt. (Page 1850.)

Eine jede magneto- oder dynamoelektrische Gleichstrommaschine kann als elektrodynamische benutzt werden. Man kann also die Arbeit, welche irgend ein Motor (Wasserfall) leistet, durch eine dynamoelektrische Maschine in Elektricität umwandeln, diese nach einem anderen Orte hinleiten und durch eine zweite Maschine wieder in Arbeit verwandeln (Arbeitstransport oder Kraftübertragung). Der Wagen einer elektrischen Eisenbahn (Siemens 1879) führt eine zweite solche Maschine, welche die Räder dreht, mit sich; der Strom wird durch Drähte, welche an ausgespannten Drahtleitungen oder an den Schienen hinschleifen, von der ersten, stabilen, Maschine hergeleitet.

b) Telegraphie.

381. Elektrochemischer Telegraph von Sömmering (1809).

In einem Gefäfs mit verdünnter Schwefelsäure steht eine Reihe von Golddrahtspitzen, die mit Buchstaben bezeichnet und durch ebensoviele Leitungsdrähte mit der zweiten Station verbunden sind. Ein Strom wird von dieser aus jedesmal durch zwei dieser Spitzen gesandt. Der Buchstabe an der Spitze, an der Wasserstoff entwickelt wird, gilt als zuerst telegraphiert, der an der Spitze, an welcher Sauerstoff entwickelt wird, als der zweite. (Der erste Vorschlag zu einem galvanischen Telegraphen, nur im Modell ausgeführt.)

382. Nadeltelegraph von Gaufs und Weber (1833).

Durch Anlegen eines in einer Spule steckenden Ankers an einen Magnet und durch Abreifsen desselben werden Induktionsströme erzeugt, welche einen in einem Multiplikator aufgehängten Magnet in der einen oder anderen Richtung ablenken. Durch Wiederholung dieser zwei Zeichen wird ein Alphabet gebildet. (Der erste wirklich ausgeführte und praktisch angewandte elektrische Telegraph.)

Telegraphie.

Nadeltelegraph von Wheatstone und Cooke (1837).

Der Strom einer Säule wird durch einen Kommutator in einem oder dem anderen Sinne um eine Magnetnadel geführt, und dadurch wie vorher die Ablenkung in zwei Richtungen bewirkt. Bei den Doppelnadeltelegraphen werden zwei Magnetnadeln in gleicher Weise benutzt, wodurch die Zahl der Zeichen, aus denen ein Buchstabe zusammengesetzt wird, verringert wird.

Transatlantischer Telegraph (1858).

Der in einem Thomson'schen Galvanometer mit Luftdämpfung (322) aufgehängte Magnet trägt einen Spiegel, in welchen durch einen Spalt und eine Linse das Licht einer Lampe fällt. Das Bild des Spaltes wird auf eine Wand projiziert; aus den Ablenkungen des Bildes nach links und rechts wird wieder das Alphabet gebildet. Der Strom wird nicht direkt durch den unter dem Meere hinlaufenden, von einem Isolator umgebenen (vergl. 387) Leitungsdraht geführt, weil dieser Draht als Ansammlungsapparat (281) wirken und dadurch die Signale verzögern würde. Der eine Säulenpol ist vielmehr abgeleitet, der andere mit einer Platte eines Kondensators verbunden, während die andere Platte mit dem Leitungsdraht verbunden ist, an dessen entferntem Ende die Influenzelektricität zweiter Art in den Multiplikator tritt.

383. Zeigertelegraph von Wheatstone (1840).

Der Zeichengeber G ist eine drehbare metallene, am Rande mit isolierenden Einsätzen versehene Kreisscheibe. Auf dem Rande schleift die von einem Säulenpole kommende Feder d; die Achse

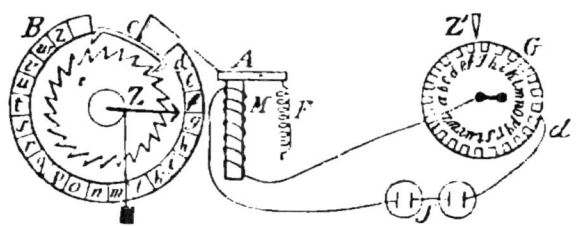

der Scheibe ist mit dem Leitungsdraht verbunden, der zum Zeichenempfänger B führt. Der Strom umkreist den Magnet M und kehrt zur Säule zurück. So oft d auf eine leitende Stelle des Randes trifft, wird der Anker A angezogen, so oft d auf einen Isolator trifft, wird A durch die Feder F wieder abgerissen. Dadurch wird das Echappement e hin und wieder bewegt, welches durch sein Hin- und Herschlagen entweder selbst ein Zahnrad fortbewegt oder durch sein Eingreifen in das Steigrad r, welches durch ein Uhrwerk gedreht wird, den Gang desselben reguliert. Da r ebensoviele Zähne hat, wie G isolierende Einsätze, so macht der Zeiger Z einen Umgang in derselben Zeit wie G; die Zeiger Z und Z' weisen daher immer auf gleiche Buchstaben. In Wheatstones ältesten Apparaten hatte der Zeichenempfänger zwei Elektromagnete, welche vom Geber her abwechselnd magnetisiert wurden und dadurch das Echappement hin und her bewegten.

Magnetzeiger von Siemens und Halske.

Ströme von abwechselnder Richtung werden dadurch erzeugt, dafs ein Induktor zwischen den Polen eines aus mehreren Lamellen bestehenden Magnetes gedreht wird. Die Ströme umkreisen im Empfänger einen Elektromagnet, welcher zwischen den entgegengesetzten Polen zweier fester Magnete schwingen kann, und daher abwechselnd von dem einen und dem anderen angezogen wird. Dadurch wird ein einen Zeiger tragendes Rad gedreht; der Zeiger zeigt an einem Zifferblatt denselben Buchstaben, wie die Kurbel, welche den Induktor dreht.

384. Zeichendrucker von Morse (1837).

Der Zeichengeber (Schlüssel oder Taster) S dient dazu, den Strom der Säule auf längere oder kürzere Zeit zu schliefsen. Der Strom erregt im Empfänger den Magnet M, der dann den Anker A anzieht und eine stumpfe Stahlspitze in einen Papierstreifen F drückt, welcher durch ein Uhrwerk von der Vorratswalze W fortgezogen wird. Je nach der Dauer des Stromschlusses zeichnet die Spitze auf das Papier Punkte oder Striche, aus denen das Alphabet zusammengesetzt wird (Reliefschreiber). Beim Farbenschreiber (von Siemens und Halske) wird eine Farbenwalze und das über dieselbe laufende Papier gegen den Stift gedrückt, um farbige Punkte und Striche zu erhalten. Das Alphabet ist:

```
.—    —...   —.—.   —..    .     ..—.   ——.   ....   ..
a     b      c      d      e     f      g     h      i
—.—   .—..   ——    —.     ———   .——.   ——.—
k     l      m     n      o     p      q
.—.   ...    —     ..—    ...—  .——    —..—   —.——
r     s      t     u      v     w      x      y
——..  ———.   .———  .—.—   ———.  ..——
z     ch     j     ä      ö     ü
```

Da der Strom der Säule (Linienbatterie) durch die langen Leitungsdrähte zu stark abgeschwächt wird, um den Druckhebel zu bewegen, so läfst man ihn nur einen dem Empfänger ähnlich

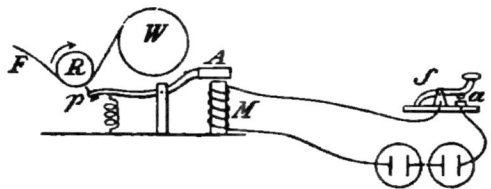

gebauten Apparat bewegen, der eine zweite, am Orte des Empfängers stehende Batterie (Lokalbatterie) schliefst. (Relais, Wheatstone 1839.) Erst diese bewegt dann den Druckhebel.

385. Typendrucker von Hughes (1855).

Auf jeder Station befindet sich eine metallene Scheibe r, welche so viele Spalten enthält, als Zeichen gegeben werden sollen. Die Räder R, welche an ihrem Rande ebensoviele Druckertypen tragen, als r Spalten hat, drehen sich mit gleicher und grofser Geschwin-

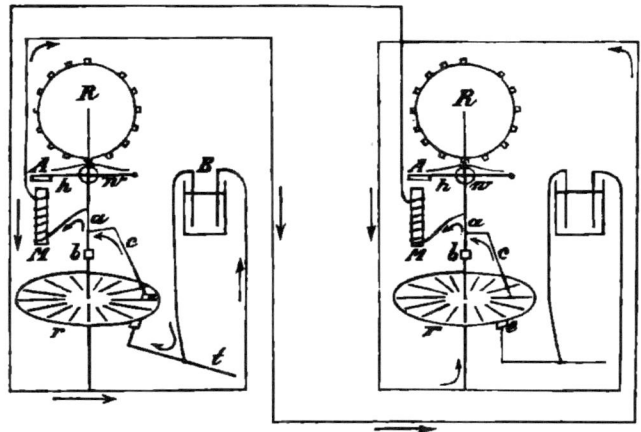

digkeit (2 Umdrehungen in der Sekunde). Der gleichmäfsige Gang wird durch konische Pendel reguliert. Die Achsen a sind metallisch, aber bei b durch ein isolierendes Stück unterbrochen. a trägt einen metallenen Arm c, der ebenso schnell auf der Scheibe r gleitend umläuft wie R. Auf jeder Station befindet sich eine Tastatur. Unter jeder Spalte steht ein Stift e, der durch eine der Tasten gehoben werden kann. Wird eine einem Buchstaben entsprechende Taste t hinabgedrückt, so tritt der Stift e in seine Spalte, und hebt den Arm c, sobald dieser an ihn herankommt, schliefst dadurch den Strom der Batterie B, welcher auf beiden Stationen die permanenten Magnete M umkreist, dadurch deren Magnetismus neutralisiert und die Anker A freigiebt, die durch die Hebel h die Druckwalzen w mit dem Papier gegen die gerade darüber befindlichen Typen drücken. Der Arm c verläfst sogleich den Stift e, die Räder und Arme laufen weiter und der Papierstreifen wird durch einen Daumen um eine Buchstabenbreite weitergeschlagen. Das Telegramm wird also auf beiden Stationen gedruckt.

386. Handschrifttelegraph, dem Prinzipe nach von Bakewell, Pantelegraph von Caselli (1859).

Das Telegramm wird mit gewöhnlicher Tinte auf Silberpapier geschrieben, das dann auf eine cylindrisch geformte Metallfläche befestigt wird. Auf der Empfängerstation wird auf eine ebensolche Cylinderfläche ein in Blutlaugensalz getränktes Papier befestigt. Auf den beiden Stationen schwingen zwei Pendel ganz gleichmäfsig und führen eine Metallspitze auf der Metallfläche hin und her; die Spitze wird bei jeder einfachen Schwingung durch eine Schraube etwas zur Seite geschoben, so dafs sie dicht nebeneinander liegende Parallellinien beschreibt. Berührt dabei die Spitze der Geberstation das Metall, so wird der Strom, welcher durch die andere Spitze in das präparierte Papier tritt, geschlossen, und das Papier an der betreffenden Stelle durch Zersetzung des Salzes blau gefärbt; berührt die Geberspitze die Tinte, so bleibt auf der Empfangsstation die betreffende Stelle weifs.

387. Die die verschiedenen Stationen verbindenden Leitungen werden sorgfältig isoliert, auf dem Lande, indem sie zwischen Porzellanköpfen, die von Stangen getragen werden, ausgespannt werden (Luftleitung von Steinheil, gegenwärtig gewöhnlich Eisendrähte), oder unterirdisch als Kabel (Kupferdrähte, welche von einer isolierenden Substanz umhüllt und durch ein Bleirohr gegen äufsere Angriffe geschützt werden); im Meere ebenfalls durch Kabel (Kupferdrähte, deren isolierende Hülle von Guttapercha mit starken Eisendrähten umwunden ist).

Telegraphie.

(Siemens.) Der Strom braucht nicht nach der Geberstation zurückgeleitet zu werden; vielmehr wird auf jeder Endstation eine Metallplatte in die Erde vergraben (in einen Brunnen oder in das Meer versenkt), durch welche die Elektricitäten beider Säulenpole eine vollständige Ableitung erfahren, so daſs der Strom zu stande kommt, wie wenn er geschlossen wäre. (Steinheil 1838.)

388. Läutewerke und Wecker (Wheatstone 1839) bestehen aus einem Hammer, der durch Ankeranziehung in Bewegung gesetzt wird und gegen die Glocke schlägt. Um dauernd zu läuten, werden die Stromschlieſsungen und Unterbrechungen durch einen Selbstunterbrecher (365) ausgeführt.

389. Die elektrischen Uhren (Wheatstone 1840) sind nach dem Prinzipe des Zeigertelegraphen (383) eingerichtete Apparate. Eine Richtuhr unterbricht jede ganze oder halbe Minute einen Strom und setzt dadurch die Zeiger an beliebig vielen Zifferblättern wiederum um eine ganze oder halbe Minute in Bewegung.

Die ersten elektrisch regulierten Uhren (Steinheil 1839) waren gewöhnliche gut gehende Uhren, deren Minutenzeiger alle Stunden durch einen Magnet, der durch Stromschluſs von einer Richtuhr her angeregt wurde, genau auf 12 gestellt wurde.

390. Das Telephon (Reis 1860, Bell 1875) besteht aus einem Magnetstabe m, dessen einer Pol von einer Induktions-

spule S umgeben ist. Vor demselben Magnetpole liegt eine dünne Eisenplatte e. Wird gegen diese gesprochen, so gerät sie in Schwingungen, und die dadurch erzeugte Veränderung im magnetischen Zustande von m induciert in S Ströme, welche sich zur Spule S' eines zweiten, gleich eingerichteten Apparates fortpflanzen, dort den magnetischen Zustand von m' ändern und dadurch die Eisenplatte e' in entsprechende Schwingungen versetzen, wie sie e gemacht hat, so dafs die gesprochenen Laute wiedergegeben werden.

Durch ein Flammenmanometer (422) können die Schwingungen der Platte beobachtet werden; für die Vokale (438) ergeben sich eigentümliche Flammenbilder, nicht aber für die Konsonanten (Frölich 1887).

391. Das Mikrophon (Lüdtge, Hughes 1878) besteht aus irgend welchen schlechtleitenden und sich lose berührenden Körpern, z. B. einem Kohlenstab a, welcher an zwei Kohlenstücke K angelehnt ist. Kleine Geräusche verändern die Be-

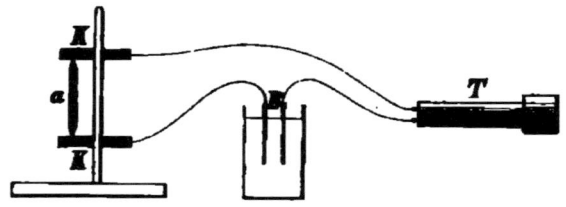

rührung der Stäbe und ändern dadurch die Stärke eines von einer Batterie B durch die Kohlen und ein Telephon geleiteten Stromes, so dafs die Eisenplatte desselben in Erschütterung versetzt wird und Töne und gesprochene Worte wiedergiebt.

Die neueren Telephonsysteme benutzen gröfstenteils das Mikrophon auf der Sprechstation (Transmitter), während sich auf der Hörstation ein gewöhnliches Bell'sches Telephon befindet. Die Kohlenkontakte bekommen dabei sehr verschiedene Formen, namentlich werden die Kontaktstellen oft vervielfacht, indem eine Anzahl paralleler (Ader) oder radial angeordneter (Patterson) Kohlenstäbe in Kohlenlagern liegen. Um auf weite Strecken zu telephonieren, wendet man eine relaisartige Vorrichtung an. Der Stromleiter, welcher Batterie und Mikrophon enthält, wird um einen Eisenkern (Drahtbündel) gewunden; über diese primäre Spule ist eine sekundäre gewickelt, in welcher Induktionsströme erzeugt werden, welche dann zu dem entfernten Hörtelephon hingeleitet werden. (Blake, Berliner.)

392. Das Photophon (Bell und Tainter 1880) beruht auf der Eigenschaft des krystallinischen Selens, durch Belichtung ein besserer Elektricitätsleiter zu werden (316).

Man spricht gegen die Rückseite eines sehr dünnen Spiegels (versilberte Glimmerplatte), der dadurch in Schwingungen gerät. Der Spiegel reflektiert einen Strahl kräftigen Lichtes in weite Ferne; hier wird der Strahl durch eine Linse (470) auf eine Selenzelle (zwischen dünnen Messingdrähten ausgebreitetes krystallinisches Selen) konzentriert. Ein Batteriestrom geht durch diese Zelle und ein Telephon, das dann die intermittierenden Widerstandsveränderungen des Selens und damit die Schwingungen des Spiegels wiedergiebt.

Fünfter Abschnitt.

Wellenlehre.

393. Wird aus einer Reihe in einer geraden Linie liegender, gleich weit voneinander entfernter und untereinander verbundener Punkte einem ein Anstofs in der Richtung senkrecht zu der geraden Linie erteilt, so entfernt er sich mit abnehmender Geschwindigkeit von der Linie, kehrt mit beschleunigter in

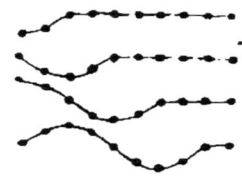

dieselbe zurück, geht mit abnehmender über die Gleichgewichtslage hinaus u. s. w., so dafs er pendelartig um seine Gleichgewichtslage schwingt. Der nächste Punkt in der Reihe beginnt dieselbe Bewegung einen Moment später, so dafs allmählich sämtliche Punkte der Reihe dieselbe Bewegung ausgeführt haben. Diese Bewegung heifst eine **Wellenbewegung**. Da die Gestalt der Welle durch die ganze Punktreihe hinläuft, so ist die Welle eine **fortschreitende**, und da sich jeder Punkt senkrecht zur Gleichgewichtslage bewegt, ist sie eine **transversale**.

Man stellt solche Wellen dar an einem langen, an beiden Enden befestigten Kautschukschlauch oder einer Drahtsprungfeder, welche in der Nähe des einen Endes seitlich angeschlagen werden.

394. Wird aus einer Reihe in einer geraden Linie liegender, gleich weit voneinander entfernter und untereinander verbundener Punkte einem ein Anstofs in der Richtung der geraden Linie selbst erteilt, so rückt derselbe näher an den nächsten Punkt, dieser ebenfalls näher an den dritten Punkt u. s. w. hinan, es bildet sich also eine Verdichtung. Jeder folgende Punkt beginnt dieselbe Bewegung einen Moment später, so dafs die Verdichtung durch die ganze Punktreihe hinläuft. Die weiter zurückliegenden Punkte entfernen sich dadurch voneinander; der Verdichtung folgt deshalb eine Verdünnung. Die

Entstehung der Welle. 245

so entstehende Bewegung heifst ebenfalls eine **Wellenbewegung**, die Welle ist ebenfalls eine **fortschreitende**, und zwar, da sich ein jeder Punkt in der Richtung der Gleichgewichtslage selbst bewegt, eine **longitudinale**.

Solche Wellen werden an Sprungfedern erzeugt, welche man an einer dem einen Ende naheliegenden Stelle fafst und vom Ende fort dehnt oder gegen das Ende zusammendrückt.

395. **Flüssigkeitswellen** entstehen dadurch, dafs ein jedes Teilchen der Flüssigkeit eine krummlinige Bahn beschreibt, an der Oberfläche derselben gewöhnlich eine kreisförmige, an tieferen Stellen elliptische Bahnen, mit kleinerem vertikalen

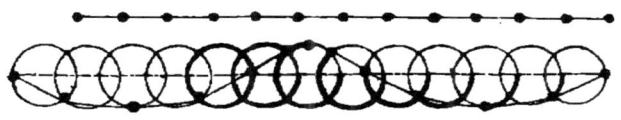

Durchmesser. Mit der Tiefe werden diese Ellipsen immer flacher. Jedes folgende Teilchen beginnt die gleiche Bewegung einen Moment später, so dafs die Gestalt der Oberfläche wieder die wellenförmige wird.

Man beobachtet Flüssigkeitswellen in der **Wellenrinne** (W. u. E. H. Weber), einem Gefäfse, in welchem die Flüssigkeit im engen Zwischenraume zwischen zwei lotrechten parallelen Glaswänden eingeschlossen ist. Der Anstofs zur Welle wird erteilt, indem in einem Rohr Flüssigkeit aufgesaugt und dann fallen gelassen wird. Trübt man die Flüssigkeit durch ein suspendiertes Pulver, so kann man die Bewegung der Teilchen beobachten.

396. Trägt man die Zeiten als Abscissen, und bei den transversalen Wellen die seitlichen Ausweichungen (Elongationen) der Punkte, bei den longitudinalen dagegen die Gröfse der Verdichtung und Verdünnung als Ordinaten auf, so erhält man beide Male dasselbe Bild der Welle. Die Stelle, an denen die Punkte die gröfste Ausweichung nach der einen Seite (gröfste Verdichtung) zeigen (M, M'), heifsen die **Wellenberge**, die, an denen sie die gröfste Ausweichung nach der andern Seite (gröfste Verdünnung) zeigen (T, T'), die **Wellenthäler**. Die verschiedenen

Stellungen der Punkte zur Gleichgewichtslage (mit Rücksicht auf die Richtung ihrer Bewegung) heifsen die Phasen der Welle; der Abstand zwischen zwei gleichen Phasen (z. B. AC, BD, MM') ist eine Wellenlänge λ; eine Welle λ wird in derselben Zeit t gebildet, in welcher ein einzelnes Teilchen seine

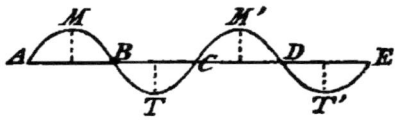

wiederkehrende Bewegung (ganze Schwingung oder Doppelschwingung) vollendet hat (Schwingungszeit). Die Geschwindigkeit v des Fortschreitens der Welle, d. h. der Weg, um welchen die Wellenbewegung in einer Sekunde weiter rückt, ist daher $v = \lambda/t$. Die Schwingungszahl z, d. h. die Anzahl der in einer Sekunde von einem Teilchen vollendeten wiederkehrenden Bewegungen ($z = 1/t$) giebt zugleich die Zahl der auf der Strecke v gebildeten Wellen $v = z \cdot \lambda$.

Bei den Wellen elastischer Körper (Sprungfedern, Saiten) ist die Fortpflanzungsgeschwindigkeit v unabhängig von der Schwingungsweite (Amplitude) der Welle (der gröfsten Ausweichung der Punkte aus der Gleichgewichtslage); Flüssigkeitswellen bewegen sich dagegen schneller, wenn sie gröfsere Höhe haben. (Daher die Erscheinung des Überschlagens der Welle.) Von dem spec. Gew. der Flüssigkeit ist v fast unabhängig.

397. Die einfachen Schwingungen elastischer Körper folgen den Gesetzen der Pendelbewegung und werden deshalb Sinusschwingungen genannt.

Beschreibt man um C einen Kreis mit einem Radius, welcher $= a =$ der Schwingungsweite ist, teilt die Peripherie in n (z. B. 12) gleiche Teile und zieht von den Teilpunkten Parallele zur Gleichgewichtslage cg, so sind die Punkte C, D, E, F diejenigen, in denen sich ein von C bis F schwingender Punkt nach den Zeiten $0, \frac{1}{n}, \frac{2}{n}, \frac{3}{n}$ der ganzen Schwingungszeit befinden würde (72). Trägt man auf den verlängerten Durchmesser cg als Abscissen die $n$tel (hier 12tel) Wellenlängen auf, so stellen die Ordinaten y für jeden Moment der Welle die zugehörigen Entfernungen von der Ruhelage (Elongationen) dar. Eine solche Elongation, z. B. CD ist $= a \sin cS$. Ist T die Zeit, in der eine ganze Schwingung vollendet wird, t die vom Beginne der Schwingung bis zur betreffenden Stelle durchlaufene, so ist die zugehörige Elongation $y = a \sin (2\pi t/T)$. Hat ein Punkt der Linie cg, der in einer Entfernung x hinter c liegt, seine Bewegung um die Zeit t' später begonnen, als c, so ist seine Elongation $y' = a \sin [2\pi(t - t')/T]$. Ist die Länge der ganzen Welle $= \lambda$, so verhält sich $x : \lambda = t' : T$, also ist $y' = a \sin [2\pi(t/T - x/\lambda)]$.

Die Schwingungsgeschwindigkeit, d. h. diejenige Geschwindigkeit, mit welcher ein einzelner Punkt seine pendelartige Bewegung vollendet, ist beim Durchgang durch die Gleichgewichtslage (bei C) am gröfsten, $= u$, bei der gröfsten Elongation (bei F) am kleinsten $= 0$, zur Zeit t nach Beginn der Bewegung (bei D) ist sie $= u \cos (2\pi t/T)$. (Vgl. 72.)

398. Bewegen sich in derselben Richtung mehrere Wellen gleichzeitig, so ist die Elongation irgend eines Punktes in einem gegebenen Moment gleich der algebraischen Summe der durch die einzelnen Wellen veranlafsten Elongationen. Werden zwei gleich lange Wellen so hintereinander erregt, dafs sie um ein gerades Vielfaches einer halben Wellenlänge verschieden sind, so fallen sie mit gleichen Phasen zusammen und verstärken sich. Sind sie aber um ein ungerades Vielfaches einer halben Wellenlänge verschieden, so sind ihre Phasen entgegengesetzt, d. h. es fällt ein Thal auf einen Berg, und sie heben sich auf, wenn beide Wellen gleiche Schwingungsweite haben. In den zwischenliegenden Stellungen verstärken oder schwächen sich die beiden Wellenzüge. Diese Einwirkung zweier gleicher Wellen aufeinander heifst Interferenz.

Ebenso wie aus mehreren einfachen (sinusförmigen) Schwingungsarten eine zusammengesetzte Bewegung resultiert, kann eine jede regelmäfsig periodische Bewegung dargestellt werden als die Summe einer Anzahl pendelartiger Schwingungen, und zwar kann diese Zerlegung nur in einer einzigen Weise geschehen. (Fourier.)

Für eine Bewegung, welche aus zwei einfachen, um x gegeneinander verschobenen Wellenzügen von gleicher Wellenlänge λ und den Schwingungsweiten a und a' zusammengesetzt ist, wird die Elongation zur Zeit t

gefunden (397) $Y = y + y' = a \sin(2\pi t/T) + a' \sin[2\pi(t/T + x/\lambda)]$. Ist $a = a'$, so ergeben sich die Grenzfälle der Interferenz, nämlich die gröfste Verstärkung und die vollständige Aufhebung, wenn man x das eine Mal $= 2n \cdot \lambda/2$, das andere Mal $= (2n-1)\lambda/2$ setzt. Im ersten Falle ist $Y = 2a \sin(2\pi t/T)$, im anderen $= 0$.

Sämtliche Vorgänge der Wellenbewegung an Punktreihen können durch **Wellenmaschinen** (Wheatstone, Fessel) veranschaulicht werden. Dieselben bestehen aus einer Reihe von Kugeln, welche auf Drähten stecken und durch Führungen pendelartige Bewegungen unter den jedesmal geforderten Bedingungen ausführen.

399. Eine Welle, welche auf einer Fläche erregt wird, pflanzt sich in konzentrischen Kreisen fort, oder wenigstens in ähnlichen Figuren, deren Gestalt von der Art des Anstofses abhängt. Je weiter die Welle fortgeschritten ist, desto mehr nähert sie sich der Kreisgestalt. Eine Welle, welche im Raume erregt wird, pflanzt sich in konzentrischen Kugelschichten fort, wenn der Raum mit einem durchaus gleichartigen Mittel gefüllt ist. Der geometrische Ort aller Punkte, an welchem sämtliche vom Wellenmittelpunkt gleichzeitig ausgehende Elementarwellen in demselben Augenblick und in der gleichen Phase eintreffen, ist dann immer eine Kugeloberfläche und heifst die **Wellenoberfläche**. Ist das Mittel nicht gleichartig, so wird die Wellenoberfläche keine Kugelfläche, sondern ein Umdrehungsellipsoid, wenn das Mittel nach der Richtung zweier aufeinander senkrechten Achsen gleiche, nach der Richtung einer dritten auf beiden senkrechten Achse eine abweichende Elasticität hat, und ein ungleichachsiges Ellipsoid, wenn das Mittel nach der Richtung aller drei Achsen ungleiche Elasticität hat. Liegt der Ausgangspunkt der Wellen in grofser Entfernung, so können die nebeneinander hinlaufenden Radien (**Strahlen**) als parallel und die Wellenoberfläche als eine Ebene betrachtet werden, welche auf den Strahlen senkrecht steht.

400. Die Stärke einer von einem Punkte aus in einem homogenen Mittel nach allen Seiten hin sich ausbreitenden Wellenbewegung nimmt mit dem Quadrate der Entfernung von jenem Punkte ab.

Gehen die Wellen von A aus durch die kreisrunde Öffnung

einer Wand, so erfüllen die Elementarstrahlen einen Kegel. In der Entfernung 1 würden sie eine Fläche $r^2\pi$, in der Entfernung n eine Fläche $n^2r^2\pi$ treffen; die Stärken der Schwingungen in beiden Entfernungen verhalten sich also wie $n^2 : 1$,

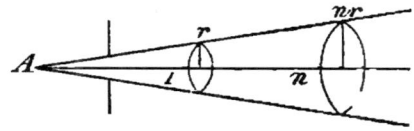

weil in der n fachen Entfernung nur der n^2te Teil der lebendigen Kraft die Flächeneinheit trifft.

401. Man kann sich die Ausbreitung der Wellen auch so vorstellen, dafs nicht jede Molekel von der vorhergehenden die Bewegung übernimmt, sondern dafs eine jede Molekel wiederum der Mittelpunkt einer neuen Welle wird. Die wahre Bewegung ist dann die Resultante aus allen diesen Einzelbewegungen. (Princip von Huygens 1690.)

Ist die Welle von A aus bis zur Kreisperipherie ab fortgeschritten, und von jedem Punkte dieser Peripherie gehen gleichzeitig neue Wellen aus, so sind diese wiederum zu gleicher Zeit in derselben Phase; ein alle diese Kreise berührender Kreis $a'b'$ stellt also die neue Wellenfläche dar.

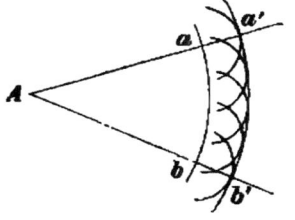

402. Trifft eine Welle auf die Grenze eines Mittels von anderer Dichte, als das erste war, so erregt sie auch in diesem eine Wellenbewegung. Da aber auch die zuletzt erregten Punkte des ersten Mittels in Bewegung bleiben, so kehrt die Welle auch zurück (Reflexion der Welle). Ist der zweite Stoff A weniger

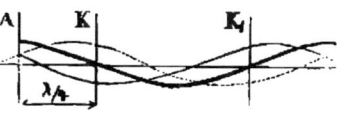

dicht, so setzen die Grenzpunkte des ersten Stoffes ihre Bewegung fort (wie wenn eine gröfsere Masse gegen eine kleinere stöfst, 92); die reflektierte Welle hat in einem Abstand x von der Grenze dieselbe Phase (ohne Zeichenwechsel), wie die ursprüngliche Welle sie bei der Fortbewegung um x haben würde. Wenn dagegen der zweite Stoff K dichter ist, so schlägt die Bewegung (Schwingungsphase) der Grenzpunkte des ersten Stoffes in die entgegengesetzte Richtung um (wie wenn eine kleinere Masse gegen eine gröfsere stöfst), die Welle wird mit Zeichenwechsel reflektiert und hat im Abstand x von der Grenze K die Phase, welche die ursprüngliche Welle bei der Fortbewegung um $(x + \lambda/2)$ haben würde.

403. Wenn fortdauernd Wellen an einer Stelle reflektiert werden und in der ursprünglichen Geraden zurücklaufen, so bilden sich stehende Wellen, d. h. solche, bei welchen gewisse Stellen, Knoten, in Ruhe bleiben, während auf beiden Seiten einer solchen Stelle gleichzeitig die Schwingungsphasen entgegengesetzt sind und zwar so, dafs die Schwingungsweite in der Mitte zwischen zwei Knoten, an den Bäuchen, am gröfsten ist. Wellenlänge und Schwingungszeit der stehenden Welle sind dieselbe, wie die der fortschreitenden Welle.

Ist an einer bestimmten Stelle A (Fig. zu 402) der einander entgegenlaufenden Wellen zur Zeit t die Schwingungsphase für beide Wellen die gleiche $y = a \sin (2\pi t/T)$, so ist für einen Punkt in der Entfernung x hiervon die resultierende Phase (398) $Y = a \sin [2\pi(t/T + x/\lambda)] + a \sin [2\pi(t/T - x/\lambda)] = 2a \cos (2\pi x/\lambda) \sin (2\pi t/T)$, d. h. der Punkt beginnt seine Schwingung gleichzeitig mit dem an ersterer Stelle und hat eine Schwingungsweite $a_1 = 2a \cos (2\pi x/\lambda)$; letztere wird Null in den Abständen $x = \lambda/4$, $3\lambda/4$, $5\lambda/4 \ldots$ Während in der fortschreitenden Welle die Punkte nacheinander die gleiche Phase durchmachen, erreichen in der stehenden Welle alle Punkte gleichzeitig die ursprüngliche Gleichgewichtslage.

Eine Stelle gleicher Schwingungsphasen liegt bei der Reflexion am dünneren Stoff an der Grenze A selbst; bei der an dichterem Stoff K entspricht ihr ein Punkt A um $\lambda/4$ hinter der Grenze, während an der Grenze selbst ein Knoten liegt.

Man erzeugt stehende, sowohl transversale, als longitudinale Schwingungen an gespannten Schwungfedern, transversale auch an Fäden, welche durch die Schwingungen von Stimmgabeln angeregt werden. (Melde 1860.)

404. Eine Welle wird an der Grenze eines anderen Mittels so reflektiert, dafs die Einfalls- und die Reflexionsrichtung gleiche Winkel mit der Grenzfläche bezw. dem Einfallslot bilden und mit letzterem in einer Ebene liegen (vgl. 93).

AC und BD sind zwei Elementarstrahlen, CE die Wellenoberfläche. In C angekommen kann AC nicht in der früheren Weise weiter fortschreiten, vielmehr wird C zum Mittelpunkte einer neuen Welle, welche in derselben Zeit, in welcher die Elementarwelle BD von E bis D fortschreitet, bis zur Peripherie eines mit dem Radius $Ce = ED$ beschriebenen Kreises (Kugel) gelangt. Die neue Wellenfläche De muſs wieder auf den Elementarstrahlen senkrecht stehen, also eine Tangente von D an den Kreis sein; die Strahlen selbst sind Ca und Db.

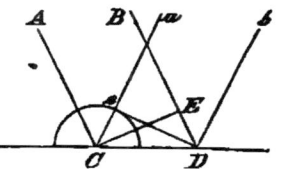

Wegen der Kongruenz der Dreiecke CDE und CDe ist dann $\angle EDC = \angle eCD$. Alle zwischen AC und BD liegenden Elementarstrahlen werden ebenfalls, an der Grenze CD angelangt, neue Wellen erregen, deren Kreisperipherien (Kugeloberflächen) sich in derselben Zeit alle soweit ausgebreitet haben, daſs sie sämtlich von De tangiert werden.

An Wellen, welche auf einer ruhigen Wasseroberfläche erregt werden, kann man die fortschreitenden und die nach der Reflexion zurücklaufenden Wellen unmittelbar beobachten. Beide Wellenarten laufen durcheinander hindurch ohne sich zu stören, und an jeder Stelle ist die Elongation eines Punktes die algebraische Summe der durch jede der Wellen bedingten Elongationen. Die Brandung ist eine Folge dieser Summierung.

405. Eine Welle wird beim Eintritt in ein anderes Mittel gebrochen, d. i. von ihrer Richtung abgelenkt. Die Sinus der Winkel dieser Richtungen mit dem Einfallslot stehen im Verhältnis der Ausbreitungsgeschwindigkeiten in beiden Mitteln; dies Verhältnis heiſst der Brechungsindex.

C wird auch zum Mittelpunkte einer neuen Welle, welche sich jenseits der Grenze im anderen Mittel ausbreitet, aber mit gröſserer oder kleinerer Geschwindigkeit, als im ersten. Während daher die Elementarwelle BD von E bis D fortschreitet, ist die neue Welle bis zur Peripherie eines Kreises (Kugel) gelangt, dessen Radius $Ce \gtrless ED$ ist. Die neue

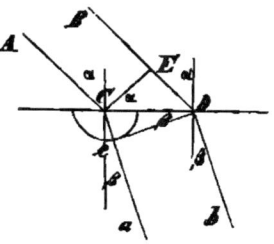

Wellenfläche De muſs wieder auf den Elementarwellen senkrecht stehen, also eine Tangente von D an den Kreis sein; die Strahlen selbst sind dann Ca und Db. Es verhält sich $\sin \alpha : \sin \beta = ED : Ce$, d. h. wie zwei gleichzeitig in beiden Stoffen zurückgelegte Wege.

Sechster Abschnitt.

Vom Schalle. (Akustik.)

a) Tonverhältnisse.

406. Jeder Schallempfindung liegt als äufsere Ursache eine Erschütterung der Luft zu Grunde. Eine einzelne Erschütterung, welche durch das Ohr wahrgenommen wird, heifst ein Knall. Eine Aufeinanderfolge solcher Erschütterungen heifst ein Geräusch, oder, wenn die Aufeinanderfolge eine regelmäfsig wiederkehrende und so rasch ist, dafs die Erschütterungen nicht mehr gesondert wahrgenommen werden, ein Klang. Die Klänge unterscheiden sich durch ihre Stärke (die Schwingungsweite, in welche die Erschütterungen das umgebende Mittel versetzen), durch ihre Tonhöhe (407) und durch ihre Klangfarbe (412). Ein durch einfache (pendelartige) Schwingungen erzeugter Klang heifst ein Ton (411).

Ein Beispiel der Klangerzeugung durch Erschütterungen giebt das Trevelyan-Instrument, ein auf der Unterfläche mit zwei Kanten versehener Kupferklotz, welcher erhitzt und auf einen Bleiklotz gelegt wird. Durch die abwechselnde Erwärmung und Ausdehnung der berührten Stellen des Bleies beginnt das Kupferstück hin und her zu wackeln und zu tönen.

407. Die Schwingungszahl, d. h. die Anzahl der Erschütterungen (ganzen Schwingungen) in der Sekunde wird durch die Sirene gemessen. Die Tonhöhe ist durch die Schwingungszahl bedingt; ein Ton heifst um so höher, je gröfser die Schwingungszahl ist.

Die Sirene ist eine kreisförmige Scheibe, die in einer um den Mittelpunkt beschriebenen Kreisperipherie eine Anzahl gleichweit voneinander abstehender Löcher enthält. Wird die Scheibe gedreht, und ein Luftstrom gegen die Löcher geblasen, so entsteht ein Klang, dessen Tonhöhe mit der Löcherzahl und Umdrehungsgeschwindigkeit wächst. Die Sirenen von A. Seebeck (1843) und Opelt (1852) haben in konzentrischen Kreisen mehrere Löcherreihen von verschiedener Lochzahl, so dafs bei gleicher Drehungsgeschwindigkeit Klänge von verschiedener Höhe erzeugt werden können. Bei der Sirene von Cagniard de la Tour (1818) mit einer Lochreihe wird die Drehung durch das Blasen gegen die schief gebohrten Löcher erzeugt, ebenso bei denen von Dove und von Helmholtz mit mehreren Lochreihen. Die Savart'schen Räder sind auf einer gemeinschaftlichen Achse festsitzende Zahnräder, gegen deren Peripherie man Federn schleifen läfst. Während die Achse gedreht wird, erzeugt jedes Rad einen um so höheren Klang, je mehr Zähne es hat. Sirenen und Zahnräder können mit Zählwerken versehen sein, welche die Umdrehungen zählen und damit die Tonhöhe messen. Umgekehrt kann man die Umdrehungsgeschwindigkeit einer Achse mittels eines auf derselben befestigten Savart'schen Rades und der Tonhöhe bestimmen.

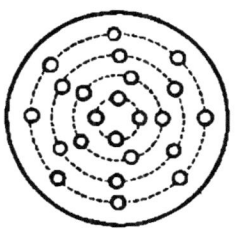

408. Das Verhältnis der Schwingungszahlen zweier Töne heifst ihr Intervall. Zwei Töne klingen um so besser zusammen (konsonieren), in je kleineren ganzen Zahlen ihr Intervall dargestellt werden kann (vgl. 428).

Die Bezeichnung der hier in Betracht kommenden Töne ist: c, d, e, f, g, a, h (die diatonische c-dur Tonleiter). Höhere Töne werden wieder mit denselben Buchstaben mit Hinzufügen einer Marke ($c_1 \ldots h_1, c_2 \ldots h_2$ u. s. w.), tiefere mit negativer Marke ($h_{-1} \ldots c_{-1}, h_{-2} \ldots c_{-2}$ u. s. w.) bezeichnet. Intervalle werden benannt nach dem Abstand zweier Töne voneinander, wobei der erste und letzte Ton mitgezählt wird, z. B. cg eine Quinte, $c\, c_1$ eine Oktave.

Wenn man eine mit vier Löcherreihen versehene Sirene, in welcher sich die Lochzahlen wie $4:5:6:8$ verhalten, so schnell dreht, dafs beim Anblasen die erste Löcherreihe den Ton c giebt, so geben die anderen Löcherreihen die Töne e, g, c_1, die Terz, die Quinte und die Oktave.

Aus dem Verhältnis zwischen Prim und Oktave $1:2$ ergiebt sich als arithmetisches Mittel $3/2$ (Quinte), aus 1 und $3/2$ in gleicher Weise $5/4$ (Terz), aus 1 und $5/4$ folgt $9/8$ (Sekunde). Soll der grofse Dreiklang $1 : 5/4 : 3/2 = 4:5:6$ mit der Oktave 2 abschliefsen, so ergiebt sich $4/3 : 5/3 : 2$ (Quart, Sext), soll er mit der Quinte $3/2$ beginnen, so folgt $3/2 : 15/8 : 9/4$ (Septime, Oktavensekunde). Die Verhältnisse der diatonischen Tonleiter sind daher (von den Pythagoreern aus den Saitenlängen abgeleitet, wobei die reciproken Werte und harmonischen Mittel in Rechnung kommen):

I	II	III	IV	V	VI	VII	VIII
c	d	e	f	g	a	h	c_1
1	$\frac{9}{8}$	$\frac{5}{4}$	$\frac{4}{3}$	$\frac{3}{2}$	$\frac{5}{3}$	$\frac{15}{8}$	2
	$\frac{9}{8}$	$\frac{10}{9}$	$\frac{16}{15}$	$\frac{9}{8}$	$\frac{10}{9}$	$\frac{9}{8}$	$\frac{16}{15}$

Letztere Reihe giebt die Intervalle der aufeinander folgenden Töne, $^9/_8$ heifst ein grofser ganzer Ton, $^{10}/_9$ ein kleiner ganzer Ton; das Intervall $^{10}/_9 : ^{16}/_{15} = ^{25}/_{24}$ heifst ein kleiner halber Ton, $^9/_8 : ^{10}/_9 = ^{81}/_{80}$ ein Komma. Das Intervall von a auf c 2 : $^5/_3$ = 6 : 5 heifst die kleine Terz und entspricht der Moll-Tonleiter (a-moll), von welcher ursprünglich die Buchstabenbezeichnung der Töne ausging (wobei später h für b gesetzt wurde). Das Intervall von e auf c_1 2 : $^5/_4$ = 8 : 5, die kleine Sext, gilt noch als konsonierend. Intervalle, in welchen eine gröfsere Primzahl als 7 vorkommt, konsonieren nicht. Halbe Töne lassen sich in die Reihe einschalten, aufser zwischen e auf f und h auf c_1, wo das Intervall selbst schon ein halber Ton ist. Solche Einschaltungen sind notwendig, um die diatonische Tonleiter von einem andern Ton als der ursprünglichen Prim als Grundton zu erhalten; geht man z. B. von der Sekunde d aus, so ergeben sich durch Multiplikation der obigen Reihe mit $^9/_8$ folgende Zahlenverhältnisse der d-dur Tonleiter:

I	II	III	IV	V	VI	VII	VIII
$\frac{9}{8}$	$\frac{81}{64}$	$\frac{45}{32}$	$\frac{3}{2}$	$\frac{27}{16}$	$\frac{15}{8}$	$\frac{135}{64}$	$\frac{9}{4}$
d	(e)	fis	g	(a)	h	cis	d_1

wovon fis und cis durch Erniedrigung von g und d_1 um einen halben Ton erhalten wird, während (e) und (a) um ein Komma von e und a abweichen. Da an einem Instrument mit beschränkter Zahl von Tönen allen diesen Unterschieden nicht entsprochen werden kann, so werden die Intervalle der zwölf halben Töne der Tonleiter einander gleich gemacht (gleichschwebende Temperatur), so dafs nur die Oktaven rein gestimmt sind. Macht also c eine Schwingung, so machen in derselben Zeit nach der gebräuchlichen Stimmung

c	cis	d	dis	e	f	fis	g	gis	a	ais	h	c_1
$2^{\frac{0}{12}}$	$2^{\frac{1}{12}}$	$2^{\frac{2}{12}}$	$2^{\frac{3}{12}}$	$2^{\frac{4}{12}}$	$2^{\frac{5}{12}}$	$2^{\frac{6}{12}}$	$2^{\frac{7}{12}}$	$2^{\frac{8}{12}}$	$2^{\frac{9}{12}}$	$2^{\frac{10}{12}}$	$2^{\frac{11}{12}}$	$2^{\frac{12}{12}}$

Schwingungen, d. h., während z. B. f richtig 1,3333 Schwingungen machen sollte, macht es nach der gleichschwebenden Temperatur 1,3348, g macht 1,498 statt 1,5 u. s. w.

409. Der natürlichen Zahlenreihe entsprechen durch ihre Schwingungszahlen folgende Töne:

Tonverhältnisse.

1	2	3	4	5	6	7	8	9	10	11	12	13	14	15	16
c	c_1	g_1	c_2	e_2	g_2	i_2	c_3	d_3	e_3		g_3		i_3	h_3	c_4

Dieses ist die Reihe der harmonischen Obertöne.

Der Ton i ist nahezu der in der Musik mit b bezeichnete (zwischen a und h).

410. Zur absoluten Bestimmung der Schwingungszahl und Tonhöhe dient das Übereinkommen, dafs der Ton a_1 (oder $\bar{a}$, das eingestrichene a, im zweiten Zwischenraum des Violinschlüssels) in einer Sekunde 435 Schwingungen macht (Pariser Stimmung, allgemein angenommen auf der Wiener Konferenz 1885). Häufig wird auch in der Akustik c_1, von der Pfeifenlänge (431) abgeleitet, $= 256$, d. h. $a_1 = 426{,}6$ Schwingungen gesetzt (akustische Stimmung).

Die deutsche Naturforscherversammlung 1834 hatte für a_1 440 Schwingungen angenommen. Nach französischem Sprachgebrauche werden die einfachen (oder halben) Schwingungen gezählt, so dafs a_1 (französisch la_2) $= 870$ einfache Schwingungen in der Sekunde macht.

411. Die tönenden Körper erregen im umgebenden Mittel longitudinale Wellen, welche den Schall fortpflanzen (431). Die Gestalt dieser Wellen ist nur selten die der Sinuskurve (397). Ist dies der Fall (z. B. bei Stimmgabeln, die über die Öffnung eines Resonators (423) gehalten werden), so ist der Klang ein einfacher Ton. Gewöhnlich ist die Welle aus mehreren einzelnen Wellen von verschiedener Länge und Schwingungsweite zusammengesetzt; das Ohr zerlegt dieselbe in eine Reihe einfacher Schwingungen, und empfindet diesen entsprechend eine Reihe von Tönen: den vorherrschenden Grundton und die Nebentöne (Partialtöne). (Ohm 1843.)

Unter Höhe eines Klanges versteht man dann die Schwingungszahl des Grundtones. Die Nebentöne werden durch Resonatoren (423) deutlicher vernehmbar.

412. Bei gleicher Höhe des Grundtones können Klänge verschiedene Klangfarbe haben. Dieselbe ist bedingt durch die mit dem Grundtone mittönenden Nebentöne. (Helmholtz 1863.)

Bei musikalischen Klängen gehören diese Nebentöne der harmonischen Oberreihe an (409); nach den verschiedenen Umständen der Tonerregung kann aber bald der eine, bald der andere Nebenton vorherrschen. Es giebt auch Instrumente mit unharmonischen Nebentönen, z. B. eine stark angeschlagene Stimmgabel.

b) Entstehung von Klängen durch elastische Schwingungen.

413. Zur Hervorbringung von Klängen werden vorzugsweise feste oder luftförmige elastische Körper benutzt, welche in stehende Schwingungen versetzt werden. Die festen sind entweder durch Spannung elastisch: Saiten, Membranen, oder an sich elastisch: Stäbe, Platten (Glocken). Luftmassen, welche tönen sollen, werden in Röhren, Pfeifen, eingeschlossen. Saiten und Stäbe können longitudinale und transversale Schwingungen machen, Platten und Membranen nur transversale, die Luft in Pfeifen nur longitudinale.

Man kann einen elastischen Körper in Schwingungen versetzen, indem man ihn durch einen einzelnen Anstofs oder durch eine rhythmisch wiederkehrende Reihe von Anstöfsen anregt. (Streichen mit dem Bogen, Anblasen einer Pfeife.) Er schwingt dann aber immer mit der ihm eigentümlichen Schwingungszahl und nicht mit der der Zahl der Anstöfse entsprechenden.

414. Macht eine gespannte Saite (D. Bernoulli 1771) stehende transversale Schwingungen, so dafs die halbe Wellenlänge gleich der Länge der ganzen Saite ist, so giebt sie ihren Grundton an. Die Schwingungszahl (Höhe) desselben ist

1) der Saitenlänge l umgekehrt,
2) der Quadratwurzel aus dem spannenden Gewicht p gerade und
3) der Quadratwurzel aus dem Gewicht der Saite umgekehrt proportional.

Ist die halbe Länge der stehenden Welle nur der n^{te} Teil der Saitenlänge, so entsteht der Ton, den eine Saite angeben würde, deren Länge $= l/n$ ist. Die Knotentöne (Flageoletttöne) der Saiten (Mersenne 1636) sind deshalb die Töne der harmonischen Oberreihe. (409.)

Entstehung von Klängen durch elastische Schwingungen. 257

Die Schwingungszahl einer transversal schwingenden Saite ist $z = (1/2l)\sqrt{pg/qs}$, wo q den Querschnitt, s das spec. Gewicht der Saite bedeutet. Die Gesetze schwingender Saiten werden am Monochord beobachtet, einem dünnwandigen Holzkasten, auf welchem Saiten ausgespannt werden können. Die Spannung wird durch Gewichte bewirkt, die Veränderung der Saitenlänge durch Verschiebung eines Steges, die Teilung der Saite durch loses Berühren eines Knotenpunktes. Die Lage der Knoten kann durch aufgelegte Papierstückchen sichtbar gemacht werden. Lange Saiten können, vom Wind bewegt, mit Grund- und Knotentönen erklingen (Äolsharfe).

415. Transversal schwingende Stäbe (Chladni 1802) können an ihren Enden frei, angestemmt, oder eingeklemmt sein. Für beide Enden ergeben sich hieraus sechs verschiedene Verbindungen.

Ein an einem Ende freier, am anderen eingeklemmter Stab kann ohne oder mit Knoten schwingen (Spieldose). Ein an beiden Enden angestemmter schwingt ganz wie eine Saite; die Knoten teilen seine Länge in gleiche Teile. Ein an beiden Enden freier Stab muſs wenigstens zwei Knoten haben; dabei sind die an den Enden liegenden Teile etwa halb so groſs, wie die zwischen zwei Knoten liegenden. Die Obertöne der Stäbe entsprechen nur dann der harmonischen Oberreihe, wenn dieselben an beiden Enden angestemmt sind.

Bei allen Schwingungsarten der Stäbe verhalten sich die Schwingungszahlen (bei gleichem Stoff)
1) gerade wie die Dicken der Stäbe,
2) umgekehrt wie die Quadrate ihrer Länge.

Die Knoten der Stäbe können durch aufgestreuten Sand sichtbar gemacht werden.

416. Die Stimmgabel ist ein freischwingender Stab, der so stark zusammengebogen ist, daſs seine beiden Knoten nahe aneinander liegen; zwischen denselben trägt sie einen Stiel, der die Schwingungen mitmacht und daher, wenn er einer Unterlage genähert wird, durch Anschlagen an dieselbe Klirrtöne erzeugt. (Chladni.) Die Obertöne der Stimmgabeln sind unharmonisch. (Henrici 1843.)

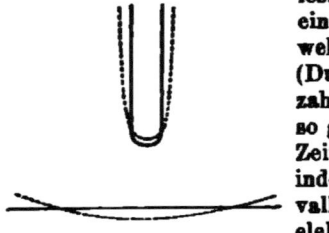

Die Schwingungen der Stimmgabeln macht man sichtbar, indem man an eine ihrer Zinken einen Schreibstift (Drahtspitze) befestigt und die schwingende Gabel über eine berufste Unterlage hinzieht, auf welche sie dann eine Wellenlinie zeichnet. (Duhamel 1840). Wenn die Schwingungszahl der Gabel bekannt ist, so kann die so geschriebene Welle zur Messung kleiner Zeitintervalle (z. B. Fallzeiten) dienen, indem am Anfang und Ende des Intervalles durch einen mechanischen oder elektrischen Vorgang Marken in die Zeichnung gemacht werden. (Stimmgabelchronoskop. Beetz 1868.)

Die Klirrtöne erklären sich dadurch, dafs der Stiel der Stimmgabel bei stärkerem oder schwächerem Aufdrücken auf die Unterlage dieselbe erst bei jeder zweiten, dritten u. s. w. Schwingung der Gabel berührt. Sie bilden also eine harmonische Unterreihe.

417. Schwingende Platten werden durch Knotenlinien abgeteilt, deren Lagen man durch aufgestreuten Sand sichtbar machen kann. (Chladnis Klangfiguren 1787.)

Bei rechteckigen (quadratischen) Platten sind diese Figuren aus Linien zusammengesetzt, welche auf das gleichzeitige Vorhandensein von Schwingungen schliefsen lassen, die in der Richtung der Länge und der Breite nach den Gesetzen schwingender Stäbe

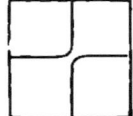 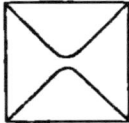 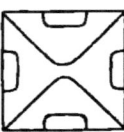

ausgeführt werden. (Wheatstone 1833.) Kreisrunde Platten teilen sich durch Durchmesser oder durch konzentrische Kreise ab. Leichte Pulver (Semen lycopodii) geben durch die die Schwingungen begleitenden Luftströme zur Entstehung Figuren anderer Art Veranlassung. (Faraday.)

Bei ähnlichen Platten von gleichem Stoff verhalten sich die Schwingungszahlen bei gleicher Schwingungsart
1) gerade wie die Dicken der Platten,
2) umgekehrt wie deren Oberflächen.

Entstehung von Klängen durch elastische Schwingungen. 259

Glocken schwingen nach denselben Gesetzen, wie kreisrunde Platten, durch Durchmesser in 4, 6 u. s. w. Sektoren abgeteilt.

Membranen müssen wie Saiten gespannt werden und können als Ganzes oder auch durch Knotenlinien abgeteilt schwingen.

Die Gesetze schwingender Membranen lassen sich auf die der Saiten, wie die schwingender Platten auf die der Stäbe zurückführen.

418. Die Schwingungszahlen longitudinal schwingender Saiten und Stäbe (Chladni 1796) sind weit höher, als die derselben transversal schwingenden Körper. Sie verhalten sich
1) umgekehrt wie die Längen der Saiten oder Stäbe und sind
2) von der Dicke derselben und
3) von der Spannung der Saiten unabhängig.

Die Schwingungszahl eines longitudinal schwingenden Stabes, welcher an einem Ende eingeklemmt ist, am anderen frei, ist, wenn die Fortpflanzungsgeschwindigkeit des Schalles in dem Stoff des Stabes $= v$, seine Länge $= l$ ist (396), $z = v/4l$; die eines an beiden Enden freien Stabes oder einer gespannten Saite $z = v/2l$; denn im ersten Falle ist die Wellenlänge $\lambda = 4l$, im zweiten $= 2l$, weil an den freien Enden die Welle immer ohne, an den befestigten mit Wechsel des Zeichens reflektiert wird (402 u. 403). Aus demselben Grunde haben die Obertöne des an einem Ende eingeklemmten Stabes die Schwingungszahl $z = (2n-1)v/4l$, die der an beiden Enden freien Stäbe $z = 2n \cdot v/4l$.

In longitudinal schwingenden Glasröhren können die Schwingungsknoten durch eingestreuten Sand sichtbar gemacht werden, der sich deshalb auf den Knotenpunkten sammelt, weil die longitudinale Schwingung von transversalen begleitet ist. Die Lage der Knoten ergiebt sich daraus, dafs ein Knoten von einem freien Ende immer um $\frac{1}{4}\lambda$, von einem festen um $\frac{1}{2}\lambda$ abstehen mufs (403).

419. Flüssigkeiten können sowohl in der Gestalt von Stäben (in Röhren eingeschlossen), als in der von Platten (auf feste Platten ausgebreitet) in Schwingungen versetzt werden, welche durch den Klangfiguren ähnliche Erscheinungen kenntlich werden. Auch kann eine Sirene mit Wasser angeblasen werden. (Cagniard de la Tour, Faraday.)

420. Luftmassen werden gewöhnlich in Pfeifen eingeschlossen zum Tönen gebracht. Eine Pfeife (D. Bernoulli 1762) ist immer an demjenigen Ende, an welchem sie angeblasen wird, offen. Sie heifst eine offene Pfeife, wenn auch das andere Ende offen ist, eine gedackte, wenn dieses geschlossen ist. Die Schwingungen der Pfeifen entsprechen den Longitudinalschwingungen der Stäbe, und zwar die der offenen Pfeifen denen der an beiden Enden freien Stäbe, die der gedackten denen der an einem Ende eingeklemmten Stäbe.

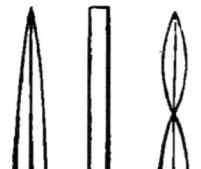

Da das Ende, an dem die Pfeife angeblasen wird, offen ist, so mufs die Welle hier immer einen Bauch haben; am gedackten Pfeifenende findet Reflexion der Welle mit Zeichenwechsel, an dem offenen ohne Zeichenwechsel statt. Bei der gedackten Pfeife ist deshalb die Pfeifenlänge stets ein ungerades Vielfaches der Viertelwellenlänge $l = (2n-1)\lambda/4$. Ist v die Fortpflanzungsgeschwindigkeit des Schalles in der Luft, z die Schwingungszahl, also $\lambda = v/z$ (396), so ist $z = (2n-1)v/4l$. (Vgl. 431.)

Bei offenen Pfeifen ist die Pfeifenlänge stets ein gerades Vielfaches der Viertelwellenlänge $l = 2n\lambda/4$. Die Schwingungszahl ist $z = 2nv/4l$. Für den Grundton ist $n = 1$, also ist der Grundton der gedackten Pfeife die tiefere Oktav von dem der gleich langen offenen. Werden die Pfeifen mit anderen Gasen angeblasen, so ändert sich die Tonhöhe, weil v ienen anderen Wert erhält. (Chladni 1797.)

Man bringt die Pfeifen auf zwei Arten zum Tönen: Labialpfeifen haben ein Mundstück (Fuss) a, aus welchem Luft so aus der unteren Stimmritze geblasen wird, dafs sie, an der oberen Ritze vorüberstreichend, die Luftsäule in Erschütterungen versetzt. Bei den Zungenpfeifen ist an den Körper der Pfeife ein Windkasten angebracht, dessen Verbindungsöffnung mit der Pfeife durch eine elastische Zunge z sirenenartig geöffnet wird. Die Zunge kann aufschlagend oder durchschlagend sein. Zu den Zungenpfeifen gehören auch die singenden Flammen und die Gasharmonika. Die Zungenschwingung wird hier durch periodisch wiederkehrende Verpuffungen in einer Gasflamme ersetzt, welche in einer Röhre brennt. (Higgins 1777.)

Entstehung von Klängen durch elastische Schwingungen. 261

Auch bei den Pfeifen tönt die Luftsäule mit ihrem Eigenton, wiewohl das erregende Geräusch eine beliebige unregelmäfsige Schwingungsform haben kann (413). Bei den Zungenpfeifen indes, wo die sirenenartige Anregung selbst eine bestimmte Tonhöhe hat, ändert der Ansatz eines Rohres von der Länge l an das Mundstück nichts an der Tonhöhe der Zunge, wenn beide den gleichen Eigenton haben, ebensowenig der Ansatz eines Rohres von der Länge $2l$, $3l$ u. s. w. Durch ein Rohr länger als l, aber kürzer als $2l$ wird der Zungenton tiefer, der Ton der Pfeife entsteht durch gegenseitiges Accomodieren beider Töne; bei $2l$ springt der Ton, der fast um eine Oktav vertieft war, auf die alte Höhe zurück, ebenso bei $3l$ u. s. w. W. Weber (1829) hat diese Erscheinungen aus den Veränderungen erklärt, welche die stehende Schwingung an dem durch die Zunge bald geöffneten, bald geschlossenen Ende erfährt.

421. Die Schwingungen von Luftsäulen und Luftplatten können durch Klangfiguren sichtbar gemacht werden. (Kundt 1866.)

In das durch einen Kork verschlossene Ende einer Röhre, in der sich Korkfeile ausgebreitet befindet, wird ein den Kork durchbohrender Glasstab eingeführt und zum longitudinalen Tönen gebracht. Das andere Ende verschliefst man durch einen zweiten Kork, den man so verschiebt, dafs sich in der im Rohr befindlichen Luft stehende Schwingungen bilden. Dadurch ordnet sich das Pulver so, dafs man die Zahl der Schwingungen zählen kann. Ebenso entstehen Staubfiguren in Luftschichten, welche zwischen zwei Glasplatten eingeschlossen sind.

422. Den Schwingungszustand an den einzelnen Stellen einer schwingenden Luftsäule kann man durch manometrische Flammen sichtbar machen. (König 1864.)

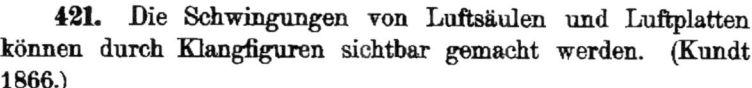

Eine hölzerne Büchse ist durch eine dünne Membran m in die beiden Zellen a und b geteilt. In a wird durch g Leuchtgas geführt, welches durch f eine kleine Flamme speist. Wird b mit einer schwingenden Luftsäule in Verbindung gesetzt, so wird m um so heftiger hin- und herbewegt, je gröfser die Dichtigkeitsveränderungen an der betreffenden Stelle der Luftsäule sind. An den Knoten einer tönenden Pfeife wird deshalb die Membran bis zum Erlöschen der Flamme bewegt. Betrachtet man eine, die Bewegungen der Membran nachahmende Flamme in einem rotierenden Spiegel, so sieht man eine Reihe von Flammenbildern nebeneinander liegen, deren Zahl der Schwingungszahl des erregenden Tones entspricht.

Unter hohem Druck brennende Gasflammen ändern unter dem Einfluſs von Klängen und Geräuschen ihre Länge und Gestalt und heiſsen **sensible Flammen**. (Graf Schaffgotsch 1857.)

423. Ein Körper kann durch den Klang eines anderen zum Mittönen gebracht werden. Dabei nimmt der mittönende Körper entweder die Schwingungen eines anderen, mit beliebiger Tonhöhe schwingenden Körpers auf (Resonanzboden, Membrane), oder er beginnt mit dem Tone, dessen er selbst fähig ist, zu tönen, wenn in seiner Nähe derselbe Ton angegeben wird (Resonatoren).

Ein Resonator ist ein kugel- (Helmholtz), cylinder- oder kegelförmiges (Appunn) Gefäſs mit einer engen und einer weiten Mündung, welches auf einen bestimmten Ton abgestimmt ist. Wird er an das Ohr gesetzt, so hört man aus einer Klangmasse heraus den Ton, auf welchen der Resonator abgestimmt ist. Helmholtz hat durch dieses Mittel die Klänge in ihre Teiltöne zerlegt (412).

Der Tonanalysator (König) besteht aus einer Reihe mit manometrischen Flammen versehener Resonatoren. Durch Betrachtung der Flammen in einem rotierenden Spiegel erkennt man, ob der einem der Resonatoren entsprechende Ton in einer Klangmasse vorhanden ist (412).

Der Phonautograph (Scott 1859) ist ein groſser Schallbecher, dessen Boden durch eine Membran gebildet wird, welche einen leichten Schreibstift trägt. Die Membran kommt durch Mittönen zum Schwingen und zeichnet ihre Schwingungen auf einen beruſsten Cylinder auf, welcher um eine Achse gedreht wird, die mit Schraubenwindungen in Muttern läuft und also den Cylinder parallel mit seiner Achse verschiebt. Läſst man auf denselben Cylinder gleichzeitig eine Stimmgabel von bekannter Tonhöhe schreiben, so dienen die von dieser gezeichneten Wellen als Zeitmaſs für die durch die Membran gezeichneten.

424. Der Phonograph (Edison 1878) giebt die gesprochenen Worte wieder, indem er eine Membran in hin- und hergehende Bewegung versetzt, welche den durch die gesprochenen Klänge erzeugten elastischen Schwingungen ähnlich sind.

Er besteht aus einem ähnlichen Cylinder, wie der des Phonautographen, in dessen Oberfläche aber ebenfalls eine schraubenförmige Rinne eingedreht ist. Spricht man in den Schallbecher t, so gerät die Eisenmembran e in Schwingungen und macht mittels des Stiftes S diesen entsprechende Eindrücke in ein um den Cylindermantel gelegtes Stanniolblatt (Wachs- oder Kohlenschichte). Läfst man nun den Stift wieder in der gleichen Richtung über diese Eindrücke hinlaufen, so wiederholt e die Schwingungen und man hört deshalb die gesprochenen Worte mehr oder weniger deutlich wieder.

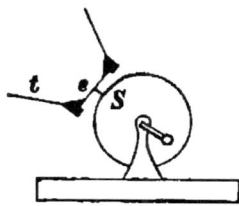

425. Zwei Klänge von gleicher Tonhöhe können miteinander **interferieren** (398), wenn sie in derselben Richtung fortgepflanzt werden.

Wird eine neue Tonwelle bei a in ein Rohr geleitet, welches sich in die beiden Zweige c und d teilt, so verstärken sich die beiden in b anlangenden Wellenzüge, wenn c und d gleiche Länge haben, sie vernichten sich, wenn c und d um eine halbe Wellenlänge verschieden sind. Dies kann man direkt mit dem Ohr (Quincke) oder durch Beobachtung manometrischer Flammen (Zoch) wahrnehmen.

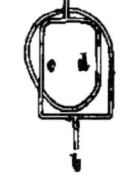

Zwei Wellenzüge, welche von zwei Abteilungen p und p' einer tönenden Platte (417) durch ein zweischenkliges Rohr R auf eine Membran h geleitet werden, setzen diese nicht in Schwingungen, wenn p und p' mit entgegengesetzter Phase schwingen, wohl aber, wenn mit gleicher. (Hopkins.)

Eine vor dem Ohre oder einem Resonator (423) gedrehte Stimmgabel zeigt während jeder Umdrehung vier Anschwellungen und vier Schwächungen ihres Tones, hervorgebracht durch die Interferenz der von beiden Zinken ausgehenden Wellen. (W. Weber.) Folgen sich diese Anschwellungen schnell genug, so kann die Welle in zwei Wellenzüge von verschiedener Tonhöhe (Interferenztöne) zerlegt werden. (Radau, Stefan.)

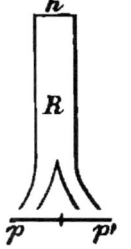

426. Zwei Klänge von verschiedener Tonhöhe, welche dieselbe Luftmasse in Erschütterung versetzen, erzeugen **Kombinationstöne**, von denen die einen dem Unterschied beider

Schwingungszahlen entsprechen (Differenztöne, Sorge 1744, Tartini 1754), die anderen, weit schwächeren, der Summe derselben (Summationstöne, Helmholtz 1856). Sind die Schwingungszahlen der beiden Klänge wenig voneinander verschieden, so hört man Schwebungen (Stöfse).

An jeder Stelle ist die Schwingungsweite der zusammengesetzten Welle gleich der algebraischen Summe der Schwingungsweiten beider Wellen (398). In bestimmten Zwischenräumen fällt ein Wellenberg der einen Welle auf einen Wellenberg der anderen, so dafs sich beide Klänge zu einem Stofs verstärken. Dies tritt $m-n$ mal ein, während der eine Klang m, der andere n Schwingungen macht; macht also der eine Ton in einer gewissen Zeit am, der andere an Schwingungen, so hört man während dieser Zeit $a(m-n)$ Schwebungen. Dieselben folgen sich also um so rascher, je verschiedener die beiden Tonhöhen sind. Nicht nur die Grundtöne zweier Klänge, sondern auch deren Obertöne geben Schwebungen miteinander.

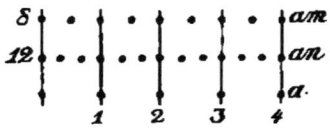

Man nahm früher an, dafs die Differenztöne durch schnell aufeinander folgende Schwebungen gebildet würden, Helmholtz unterscheidet aber zwischen beiden, weil man beide gleichzeitig nebeneinander hören kann. Bei den Kombinationstönen, die nur bei Klängen stattfinden, für welche das Fourier'sche Gesetz nicht streng gilt (398), weil ihre Schwingungen nicht unendlich klein sind, giebt die Addition der Schwingungen Anlafs zu objektiven Störungen, die aber vom Ohr nach den gewöhnlichen Gesetzen in einfache Töne zerlegt werden; bei den Schwebungen folgen die Schwingungen dem einfachen Gesetze, die Störung findet erst bei der Addition der Empfindungen statt.

427. Die Schwebungen bieten ein Mittel zur genauen Messung der Tonhöhen.

Sauveur (1700) bestimmte das Intervall zweier Töne m/n und die Zahl der Stöfse $m-n$. Aus beiden Gleichungen sind m und n bekannt. Durch das Tonometer (Scheibler 1834), eine Reihe um je 4 Schwingungen voneinander verschiedener Stimmgabeln, können solche Messungen mit Genauigkeit ausgeführt werden; der zu bestimmende Ton mufs mit einer Gabel des Tonometers eine bestimmte Anzahl von Schwebungen geben.

Entstehung von Klängen durch elastische Schwingungen.

428. Sind die Schwebungen nicht mehr einzeln wahrnehmbar, so erwecken sie doch im Ohre eine unangenehme Empfindung: sie bilden eine Dissonanz. Entstehen überhaupt keine oder doch keine störenden Schwebungen, so heifst das Tonverhältnis eine Konsonanz.

Von den vollkommensten anfangend sind diese Konsonanzen: die Oktave, Quinte, Quarte, grofse Terz, kleine Terz; dagegen sind ganze und halbe Töne volle Dissonanzen.

429. Die Zusammensetzung der Schwingungen, welche dem Zusammenklingen zweier Töne entspricht, kann durch die optische und die graphische Methode sichtbar gemacht werden.

Das Kaleidophon (Wheatstone 1827) besteht aus Stäben, welche nach zwei aufeinander senkrechten Richtungen mit verschiedener Geschwindigkeit transversale Schwingungen machen und glänzende Knöpfe tragen, in denen man Licht gespiegelt sieht. Die beiden Schwingungen setzen sich zu Kurven zusammen, welche um so verwickelter sind, je weniger konsonierend das Intervall der durch beide Schwingungen erzeugten Töne war. Zwei Stimmgabeln, welche kleine Spiegel tragen und so aufgestellt sind, dafs ein auf

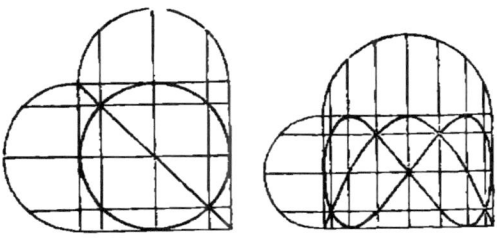

den einen Spiegel fallender Lichtstrahl auf den anderen und dann auf eine Wand reflektiert wird, erzeugen dieselben Kurven, wenn die Schwingungsebene der einen Gabel senkrecht steht auf der der anderen. (Lissajous 1857.) Man konstruiert dieselben, wenn man die 397 gegebene Methode auf zwei Halbkreise anwendet, deren Durchmesser senkrecht zu einander stehen und deren Peripherien man nach den beiden, das Tonintervall angebenden Zahlen einteilt (z. B. in 4 und 4 oder in 4 und 8 Teile). Je nach der Phase beider Schwingungsarten verschieben sich die Figuren.

Die graphische Methode besteht darin, daſs man eine Stimmgabel auf einer beruſsten Platte schreiben läſst (Duhamel, 416), welche nicht unbeweglich, sondern selbst auf einer schwingenden

Stimmgabel befestigt ist. Die Zeichnung zeigt dann einen aus beiden einzelnen Schwingungsarten zusammengesetzten Wellenzug.

Liegen die Tonhöhen beider Gabeln sehr nahe, so erkennt man in der Figur die Erscheinung der Schwebungen.

Auch die manometrischen Flammen (422) dienen zur Beobachtung der Zusammensetzung mehrerer Schwingungsarten; man führt zu dem Ende zwei von den manometrischen Büchsen zweier verschieden gestimmter Pfeifen kommende Schläuche zu einem gemeinschaftlichen Gasbrenner und analysiert die Flamme im rotierenden Spiegel.

c) Ausbreitung des Schalles.

430. Der Schall erfordert zu seiner Ausbreitung Stoff und Zeit. Eine im luftverdünnten Raum angeschlagene Glocke wird kaum gehört. Die Ausbreitungsgeschwindigkeit des Schalles in der Luft kann gefunden werden aus der Zeit, welche zwischen der Wahrnehmung des Blitzes und des Knalles eines in gemessener Entfernung abgefeuerten Geschützes verflieſst. Die Geschwindigkeit des Schalles in der Luft beträgt bei 0° nahezu 333 m ($1/3$ Km); sie ist unabhängig von der Tonhöhe und Stärke des Schalles.

Letzteres folgt daraus, daſs Rhythmus und Harmonie in der Entfernung ungeändert gehört werden.

Bei der angegebenen Bestimmung der Schallgeschwindigkeit ist die Zeit, welche das Licht zu seiner Fortpflanzung braucht, vernachlässigt. Mit dem Winde pflanzt sich der Schall schneller fort, als gegen den Wind, bei höherer Temperatur schneller, als bei niederer; vom Barometerstande ist die Geschwindigkeit unabhängig, weil Dichte und Druck der Luft sich stets in gleicher Weise ändern (vgl. die Formel unten). (Messungen von einer Kommission der Pariser Akademie unter A. v. Humboldt und Arago, und bald darauf von Moll, van Beck und Kuytenbrouwer 1822.) In vertikaler Richtung pflanzt sich der Schall mit gleicher Geschwindigkeit fort, wie in horizontaler (Bravais und Martins 1845), in engen Röhren etwas langsamer, als im freien Raum. (Regnault 1862.)

Das Princip der Koincidenzen (Bosscha 1854) kann zur Bestimmung der Schallgeschwindigkeit in der Weise benutzt werden, daſs man zwei, nach dem Muster des Selbstunterbrechers (365) konstruierte Taktschläger, welche in 1 Sek. n Schläge machen, durch ein und denselben galvanischen Strom in Bewegung setzt und dann den einen derselben soweit entfernt, bis seine Schläge wieder mit denen des anderen, beim Beobachter stehenden, zusammenfallen. Die Entfernung muſs dann v/n sein.

Theoretisch folgt die Gröſse der Schallgeschwindigkeit in einem Stoff aus folgender Betrachtung. Da die Entstehung einer Welle gleichbedeutend ist mit dem Fortschreiten der Erregung um die Wellenlänge (396), so kann man die Änderung der Molekularkräfte e, welche in dem Zeitteilchen τ die Dichtigkeitsänderung δ in einer Schichte vom Querschnitt 1 und der kleinen Länge x bewirkt, gleich derjenigen Kraft setzen, welche in derselben Zeit die Massenzunahme dieser Schichte δx um den Weg x mit der Geschwindigkeit v weiter bewegt; es ist also $x = v\tau$ und die Bewegungsgröſse $\delta x \cdot v = e\tau$ (58), woraus folgt $v = \sqrt{e/\delta}$.

Bei der Schallbewegung in der Luft gilt nach dem Mariotteschen Gesetz $e/\delta = p/d = p_0(1+\alpha t)/d_0$, also $v = \sqrt{p_0(1+\alpha t)/d_0}$, wobei $p_0/d_0 = 76 \cdot 13{,}6 \cdot 981/0{,}00129$ zu setzen ist (171). Diese von Newton (1687) herrührende Formel entspricht den Versuchen nicht vollkommen. Der unter dem Wurzelzeichen stehende Ausdruck muſs vielmehr noch mit dem Verhältnis der specifischen Wärmen des Gases bei konstantem Volumen und konstantem Druck $= k$ (184) multipliciert werden (Laplace), weil bei der Verdichtung des Gases die elastische Kraft desselben infolge der eintretenden Erwärmung im Verhältnis $1 : k$ wächst, während die bei der Verdünnung eintretende Abkühlung für die Fortpflanzung des Schalles nicht mehr in Betracht kommt. Umgekehrt kann aus der berechneten und der beobachteten Fortpflanzungsgeschwindigkeit das Verhältnis k abgeleitet werden.

431. Der Schall breitet sich mittels fortschreitender longitudinaler Wellen in einem Stoff aus, deren Länge und Schwingungszeit gleich derjenigen der stehenden longitudinalen Wellen ist, welche den betreffenden Ton in demselben Stoff erzeugen (403). Die Wellenflächen sind konzentrische, um die Schallquelle beschriebene Kugelschalen; deshalb steht die Stärke des Schalles im umgekehrt quadratischen Verhältnis mit der Entfernung (400).

Ist λ die durch die Pfeifenlänge bestimmte Länge der stehenden Welle eines Tones (420), z die Schwingungszahl, so ergiebt sich die Geschwindigkeit $v = z \cdot \lambda$ (396). Die Übereinstimmung der so bestimmten Geschwindigkeit mit der direkt gemessenen spricht für die Ausbreitung des Schalles durch Wellen; umgekehrt folgt aus $v = 333$ m z. B. für die Länge der Welle des Kammertones a_1 (410) in der Luft $\lambda = 333/435 = 0{,}765$ m. Nach akustischer Stimmung ist die Welle von c_{-2} 32 Fufs (daher 32 füfsiges c). Den besten Beweis dafür, dafs sich der Schall in Wellen fortpflanzt, liefern die Interferenzerscheinungen. Durch Momentphotographie gelang es, Schallwellen direkt nachzuweisen (Mach).

Die Stärke des Schalles ist gemessen durch den Stofs, den das Ohr empfängt, sie ist also der lebendigen Kraft der Schallbewegung oder dem Quadrate der Schwingungsweite proportional. Das Gesetz für die Abnahme der Schallstärke mit dem Quadrate der Entfernung kann deshalb nicht ganz richtig sein, weil die Schallstrahlen ohne Phasenänderung um eine Wand umbiegen können, sich also nicht streng geradlinig fortpflanzen. (A. Seebeck.) Allgemeine Methoden zur Messung der Schallstärke giebt es noch nicht, wenn auch für manche Fälle Messungen möglich sind. So kann man die Intensität der Schwingungen eines Magnetstabes durch die Induktionsströme, welche er in einer Spule erzeugt, am Dynamometer messen (W. Weber), oder nach demselben Principe die Stärke des in ein Telephon gelangenden Schalles nach den in der Telephonspule erzeugten Induktionsströmen beurteilen.

Durch Schallleiter von verschiedenem Aggregatzustand (Feder- und Haarpolster) wird der Schall sehr geschwächt.

432. Die Geschwindigkeit des Schalles in gasförmigen Körpern wird aus der Wellenlänge und der Tonhöhe berechnet ($\lambda \cdot z = v$).

Die Wellenlänge wird zu diesem Zweck aus der Länge einer Pfeife bestimmt (420), welche mit dem betreffenden Gase angeblasen wird (Chladni); oder durch Messung an Interferenzröhren (425), welche mit diesem Gase gefüllt sind, oder durch die Lage der Staubfiguren in einer Röhre, welche mit dem Gase gefüllt ist und in welchem durch einen longitudinal schwingenden Stab stehende Schwingungen erregt werden, deren Zahl gleich ist der Schwingungszahl des Stabes (421).

433. Die Geschwindigkeit des Schalles in festen Körpern wird ebenfalls aus der Länge der longitudinalen Wellen und der Schwingungszahl bestimmt. Wenn ein Stab l an beiden Enden frei schwingt, ist $v = 2\,l\,z$ (418) (Chladni 1800, Wertheim 1851).

Ist ε der Elasticitätsmodul des Stoffes, so ist die Kraft e, welche die Dichtigkeitsänderung δ bewirkt, bestimmt durch $e = \varepsilon \varDelta/l$ (88) $= \varepsilon\delta/d$, wenn d die ursprüngliche Dichte, daher nach 430 $v = \sqrt{\varepsilon/d}$, wobei, wenn ε in Gewichtseinheiten gemessen ist, εg statt ε zu setzen ist. Dieser Ausdruck dient auch zur Bestimmung von ε.

434. Die Fortpflanzungsgeschwindigkeit des Schalles in tropfbaren Flüssigkeiten kann ebenfalls aus den Tönen der mit denselben angeblasenen Pfeifen berechnet werden.

Theoretisch wird dieselbe abgeleitet wie die in festen Körpern. Die Geschwindigkeit des Schalles im Wasser wird ähnlich wie die in der Luft gefunden, indem man eine Rakete unter Wasser abbrennt und den Schall mittels eines Hörrohres, d. h. eines mit einem Leitungsrohr verbundenen und mit einer Membran überspannten Schallbechers, aus dem Wasser auffängt. (Colladon und Sturm 1817.)

Wird die Geschwindigkeit in der Luft (333 m) = 1 gesetzt, so ist sie in

Blei	= 4,3	Stahl	= 15,3
Messing	= 9,6	Glas	= 17
gebrannt. Thon	= 10—12	Wasser	= 4,3
Hölzern	= 11—17	Wasserstoff	= 3,8
Eisen	= 15	Kohlendioxyd	= 0,8.

435. Bewegen sich Ohr und Schallquelle gegeneinander, so erscheint der gehörte Ton höher, entfernen sie sich voneinander, so erscheint er tiefer. (Doppler, Buys-Ballot 1845.)

Bewegt sich der Schall mit der Geschwindigkeit v, der Hörer mit der Geschwindigkeit $\pm a$, so wird der Wellenzug mit der Geschwindigkeit $v \pm a$ gegen das Ohr bewegt, die Schwingungszahl z verwandelt sich also in $z_1 = z(v \pm a)/v$. Bewegt sich dagegen die Schallquelle mit der Geschwindigkeit $\pm b$, so verwandelt sich die Wellenlänge λ in $\lambda_1 = \lambda (1 \pm b/v)$, also die Schwingungszahl z in $z_1 = zv/(v \pm b)$.

436. Der Schall wird nach dem Reflexionsgesetz von einer Wand reflektiert (404).

Man pflegt die Reflexion des Schalles, das Echo, nach der Anzahl der gesprochenen Silben, die es wiederholt, zu beurteilen. Man findet dieselbe, wenn man die Entfernung der reflektierenden Wand und die Zahl der in der Zeiteinheit gesprochenen Silben (höchstens 8) kennt. An cylindrisch gekrümmten Flächen wird der Schall hingeleitet durch fortgesetzte Reflexionen unter sehr stumpfen Winkeln (Flüstergalerien). Durch Hohlspiegel werden Schallstrahlen wie Lichtstrahlen nach einem Punkte hin gesammelt (454).

Das Sprachrohr (Moreland 1670) ist ein kegelförmiges Rohr, in dessen enge Öffnung durch ein Mundstück gesprochen wird. Durch ein- oder mehrmalige Reflexion an den Wänden des Rohres werden die Schallstrahlen ungefähr in paralleler Richtung aus der weiten Öffnung hinausgesandt. Ähnlich wirkt das Hörrohr (Stethoskop).

437. Der Schall wird beim Übergang in ein anderes Mittel gebrochen (405, Hajech 1858); die Regelmäfsigkeit der Brechung wird jedoch durch die Erscheinung der Beugung beeinträchtigt (431).

Schallstrahlen, welche auf eine aus zwei dünnen Membranen zusammengesetzte und mit Kohlendioxyd gefüllte Linse fallen, werden hinter derselben gesammelt. (Sondhaus 1852, 472.)

d) Stimme und Gehör.

438. Die Stimme entsteht im Kehlkopf durch die Schwingung der (unteren) Stimmbänder, welche wie membranöse Zungen wirken und durch abwechselndes Öffnen und Schliefsen der Stimmritze die Luft in Schwingungen versetzen. Die Stimme wird zum Laut durch die die Schwingungen begleitenden Geräusche, welche die Luft beim Austritt durch den Mund an Gaumen, Zunge, Zähnen und Lippen erzeugt (Konsonanten), und durch das Mittönen der Mundhöhle mit den verschiedenen Nebentönen der Stimme (Vokale). Die Tonhöhe der Stimme kann durch verschiedene Spannung der Stimmbänder und durch stärkeres oder schwächeres Anblasen geregelt werden. (Johannes Müller 1837.)

Der Kehlkopf besteht aus einer Anzahl von Knorpeln, welche sich an den oberen Teil der Luftröhre anschliefsen, dem Ringknorpel (im Durchschnitt rr), dem Schildknorpel (ss), der die vordere obere Krönung bildet, und den beiden hinten liegenden Giefsbeckenknorpeln. Zwischen ihnen sind die Stimmbänder ausgespannt, muskulöse Membranen, und zwar die unteren uu und die oberen oo. Zwischen den unteren liegt die Stimmritze. Bei der sogenannten Bruststimme schwingen die ganzen Bänder, bei der Falsetstimme nur schmale Ränder derselben. Die mittlere Stimmlage hängt von der Gröfse der Stimmbänder ab, die Veränderung der Tonhöhe von der Spannung derselben.

Die Vokale unterscheiden sich voneinander durch ihre Klangfarbe. (Helmholtz 1859.) Der reine Grundton entspricht dem u; Grundton und Oktave dem o; a, e und i führen höher liegende Nebentöne mit sich. Die den einzelnen Vokalen zukommenden Nebentöne sind indes nicht nur relativ zum Grundton bestimmt, wie bei anderen Klängen, vielmehr ist auch absolut genommen jedem Vokal eine bestimmte Tonhöhe eigen, so dafs ein auf dieselbe gestimmter Resonator vorzugsweise mit ihm mitklingt, z. B. mit u der Ton f, mit o der Ton b_1, mit a der Ton b_2. Man kann die Klangfarbe der Vokale durch Analyse (mit Resonatoren) oder durch Synthese (durch gleichzeitiges Klingen von Stimmgabeln oder Pfeifen, welche die den Vokalen eigenen Töne angeben) untersuchen.

439. Die Wahrnehmung des Schalles geschieht durch das Ohr; dasselbe besteht im wesentlichen aus Vorrichtungen, um die Bewegungen der Luft bis zu den Nerven des Organes fortzuführen.

Das äufsere Ohr teilt die Schwingungen dem in einem Knochenring ausgespannten Trommelfelle t mit, welches den äufseren Abschlufs der Paukenhöhle p bildet. Diese steht andrerseits durch die Eustachische Trompete e mit der Nasen- und Mundhöhle in Verbindung. Am Trommelfell sind die Gehörknöchelchen g (Hammer, Ambofs, Linsenbein, Steigbügel) befestigt, der Hammer mit dem Stiele auf der Mitte des Trommelfelles, der Steigbügel frei herausragend. Diese Knochen übernehmen die Schwingungen des Trommelfelles; der Fufs des Steigbügels verschliefst das ovale

Fenster im Labyrinth, das aus dem Vorhof v, den drei halbzirkelförmigen Kanälen h und der Schnecke s besteht. Dasselbe ist mit Flüssigkeit gefüllt, welche die Schwingungen mitmachen kann, weil eine zweite, durch eine Membran geschlossene Öffnung, das runde Fenster r, ihr freie Bewegung gestattet. Die Schwingungen teilen sich den auf der Innenfläche des Labyrinthes und namentlich auf der treppenförmigen Scheidewand der Schnecke ausgebreiteten Nervenfasern mit und gelangen von diesen durch den Gehörnerv zur Wahrnehmung im Gehirn.

Die Unterscheidung der Tonhöhen scheint durch haarförmige Organe, welche mit den Nervenenden in der Schnecke verbunden sind (Corti'sche Fasern), ermöglicht zu werden, deren jedes durch einen Ton von bestimmter Höhe zum Mitschwingen gebracht wird.

Die tiefsten hörbaren Töne müssen wenigstens 30 Schwingungen machen; ein deutliches Tonunterscheiden beginnt erst bei 40. (Helmholtz.) Die höchsten hörbaren Töne scheinen nicht viel über 24 000 Schwingungen zu machen (König), doch ist die Grenze der Hörbarkeit für verschiedene Individuen sehr verschieden.

Siebenter Abschnitt.

Vom Lichte. (Optik.)

a) Ausbreitung des Lichtes.

440. Das Licht breitet sich in einem durchgängig gleichartigen Mittel von einem leuchtenden Punkt in Radien einer Kugel geradlinig aus. An jeder Stelle, welche durch einen solchen geradlinigen Lichtstrahl nicht getroffen wird, ist Schatten. Ist die Lichtquelle nicht ein Punkt, sondern ebenfalls ein Körper, so wird durch alle Linien, welche den leuchtenden und beleuchteten Körper auf derselben Seite tangieren, hinter diesem der Kernschatten begrenzt, durch die auf entgegengesetzten Seiten berührenden Linien der Halbschatten.

Lichtquellen sind die Sonne, Fixsterne, glühende oder phosphorescierende (499) Stoffe. Als leuchtender Punkt gilt jedoch jeder Punkt, von welchem Licht ausgeht, gleichgültig, ob er selbst eine Lichtquelle, oder von einer Lichtquelle her beleuchtet ist. Fallen von einem Körper her Lichtstrahlen durch eine kleine Öffnung auf eine Wand, so entwerfen sie dort ein umgekehrtes Bild des Körpers, das in jeder beliebigen Entfernung aufgefangen werden kann, und um so größer ist, je weiter die auffangende Wand von der Öffnung entfernt ist. (Camera obscura von Porta 1589, wahrscheinlich schon von Lionardo da Vinci, † 1519.)

441. Die Stärke des Lichtes nimmt im umgekehrt quadratischen Verhältnis zur Entfernung von der Lichtquelle ab (400). Sie wird durch die Photometer gemessen.

Die meisten Photometer beruhen darauf, daß man zwei durch die beiden zu vergleichenden Lichtquellen hervorgebrachte Wirkungen gleich stark macht; dann verhalten sich die Stärken beider Quellen wie die Quadrate ihrer Entfernungen. Das Gesetz wird experimentell begründet, indem man hierbei Lichtquellen von bekanntem Stärkeverhältnis benutzt (1, 4, 9 Kerzen).

Als Einheit der Lichtstärke wird die einer Stearinkerze (Normalkerze) angenommen, oder auch die eines Gasbrenners (Carcellbrenner = 7,8 Normalkerzen). Nach dem Beschluſs des Pariser Kongresses (1884) soll Einheit der Lichtstärke diejenige Lichtmenge sein, welche eine Platinplatte von 1 qcm Oberfläche im Momente des Schmelzens aussendet.

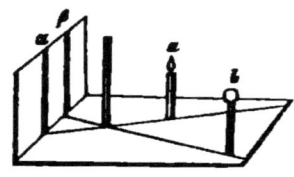

Photometer von Rumford (1794). Vor einer lotrecht aufgestellten weiſsen Wand steht ein undurchsichtiger Stab. Die beiden Lichtquellen a und b werfen die beiden Schatten α und β auf die Wand. Zum helleren Lichte gehört der dunklere Schatten. Verschiebt man die stärkere Lichtquelle b, bis beide Schatten gleich grau sind, so verhalten sich die Stärken von a und b wie die Quadrate ihrer Entfernungen vom Schatten.

Photometer von Ritchie (1825). Zwei weiſse, unter $90°$ gegeneinander geneigte Flächen werden unter einem Winkel von $45°$ von den beiden Lichtquellen beschienen; die stärkere wird so lange entfernt, bis beide Beleuchtungen dem Auge gleich erscheinen.

Photometer von Bunsen (1851). Auf ein Papier wird mit Stearin ein Fettfleck gemacht. Beleuchtet man im dunklen Raume das Papier von vorn, so erscheint der Fleck dunkel auf hellem Grunde; beleuchtet man es von hinten, hell auf dunklem Grunde. Beleuchtet man es von hinten durch eine Normalkerze in der Entfernung 1, von vorn durch eine andere Lichtquelle, die man so lange verschiebt, bis der Fettfleck verschwindet, und ersetzt dann die Normalkerze durch die zu messende Lichtquelle, die man wieder verschiebt, bis der Fleck verschwindet, so ist deren Stärke durch das Quadrat ihrer Entfernung gemessen. Man kann auch das Papier p von beiden Seiten durch die zu vergleichenden Lichtquellen a und b beleuchten und dann die stärkere verschieben, bis die beiden Bilder f und f_1, welche die beiden Spiegel s und s vom Fettfleck erzeugen, gleich hell erscheinen.

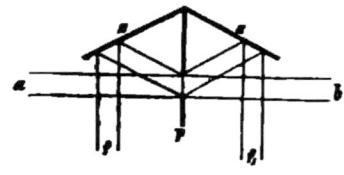

442. Auf einer schief beleuchteten Fläche nimmt die Lichtstärke mit dem Cosinus der Abweichung von der senkrechten Beleuchtung ab.

Die Elementarstrahlen, welche das Lichtbündel $a\,b\,a_1\,b_1$ füllen, würden bei senkrechtem Auffall die Fläche $b\,b_1$ beleuchten. Die um α geneigte Fläche $b_1 c$ erhält dieselbe Lichtmenge, ist aber im Verhältnis $1 : \cos \alpha$ gröfser.

443. Die Ausbreitungsgeschwindigkeit des Lichtes ist sowohl aus astronomischen als aus terrestrischen Beobachtungen berechnet und (rund) $= 300\,000$ Kilometer gefunden worden:

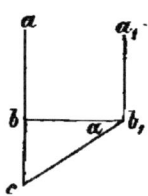

1) durch die Verfinsterung der Jupitertrabanten. (Römer 1676.)

Würden Erde und Jupiter sich nicht voneinander entfernen oder einander nähern, so würde die Zeit zwischen zweien Austritten eines Trabanten aus dem Schatten des Planeten immer dieselbe sein, weil das vom Trabanten ausgehende Licht immer gleich viel Zeit brauchen würde, um zur Erde zu gelangen. Entfernt sich aber während des Umlaufs des Trabanten die Erde vom Jupiter um s, so erscheint die Umlaufszeit vermehrt um die Zeit t, welche das Licht von dem Trabanten zum Wege s braucht. Bei gleichbleibender Entfernung beider Planeten voneinander beträgt die Zeit von einem Austritt zum anderen 42,5 Stunden. Steht Jupiter 90^0 östlich von der Sonne, so entfernt sich die Erde während dieser Zeit ungefähr 590 000 Meilen vom Jupiter, die Verspätung des Erscheinens des Mondes beträgt dabei 14 Sekunden. Römer fand so die Lichtgeschwindigkeit $= 41\,965$ Meilen.

2) durch die Aberration der Fixsterne. (Bradley 1725.)

Zerlegt man die Geschwindigkeit c, mit welcher der Lichtstrahl von einem Fixstern das Auge des Beobachters trifft, in 2 Komponenten, deren eine der Geschwindigkeit e des letzteren (mit der Erde) entspricht, so giebt die andere Komponente v die relative Geschwindigkeit, welche allein bei dem Beobachter zur Geltung kommt; er sieht daher den Fixstern in der Richtung von v um den Winkel α gegen c verschoben. Macht also der Beobachter die jährliche Bewegung der Erde mit, so beschreibt der scheinbare Sehstrahl eine Ellipse am Himmelsgewölbe, die sich dem Kreise um so mehr nähert, je näher der Stern dem Pole der Ekliptik, einer Geraden, je näher er der Ekliptik steht. Diese scheinbare Bewegung heifst Aberration. Die halbe scheinbare grofse Achse dieser Ellipse ist gleich dem Aberrationswinkel α. Aus dessen Gröfse und der Geschwindigkeit der Erde e läfst sich die Lichtgeschwindigkeit c finden. Ist e rechtwinkelig zu c, so ist $tg\alpha = e/c$, $e = 4{,}14$ Meilen,

$a = 20{,}25''$. Bradley fand die Lichtgeschwindigkeit $= 41\,200$ Meilen.

3) durch Versuche auf der Erde, nach Aragos Vorschlag. (Fizeau 1849.)

Fällt ein Lichtstrahl a durch die Spalten eines gezahnten Rades genau senkrecht auf einen entfernten Spiegel s, so kehrt er gerade durch dieselben Spalten wieder zurück. Läfst man das

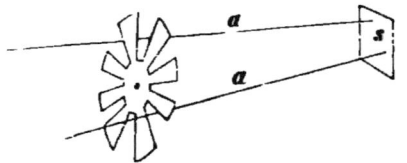

Rad schnell drehen, so trifft der rückkehrende Lichtstrahl nicht wieder auf die Spalte, durch welche er vorher gegangen war, sondern bei einer gewissen Drehungsgeschwindigkeit sogar gerade auf die Zähne des Rades, kann also gar nicht mehr durch das Rad hindurchgehen, das Rad erscheint demnach ganz dunkel. Die Zeit, welche das Licht zu seinem Wege vom Rade zum Spiegel und wieder vom Spiegel zum Rade brauchte, ist dann gerade so grofs, wie die Zeit, welche das Rad brauchte, um sich um eine Zahnbreite zu drehen.

Genauere Wiederholung dieses Versuches ergab die Lichtgeschwindigkeit in der Luft $= 300330$, und (mit Rücksicht auf 461) die im luftleeren Raum $= 300400$ Km. (Cornu.) Newcomb fand 299860 Km.

444. Newton (1669) erklärte die Erscheinungen, welche man Licht nennt, durch ein Ausströmen von Lichtteilchen vom leuchtenden Körper (Emissionstheorie), Huygens (1678) durch eine Wellenbewegung (Undulationstheorie). Da das Licht sich auch im luftleeren Raume verbreitet, so nimmt man an, dafs jeder Raum von einer, uns übrigens nicht wahrnehmbaren Substanz, dem Äther, durchdrungen ist, dessen Wellenbewegung unserm Auge den Eindruck des Lichtes macht, so lange die Wellenlänge innerhalb gewisser Grenzen bleibt. Nach der Emissionstheorie geht das Licht im dichten Mittel schneller, nach der Undulationstheorie langsamer als im dünnen.

Alle bisher bekannt gewordenen optischen Erscheinungen lassen sich nach der Undulationstheorie erklären, nicht aber nach der Emissionstheorie (460), so dafs die erstere allgemein angenommen worden ist. Die Schwingungszeit bestimmt die Farbe des Lichtes (481), die Schwingungsweite die Stärke, so dafs dieselbe wiederum

dem Quadrate der Schwingungsweite proportional ist (vgl. 431).
Die Lichtwellen schwingen stets transversal (533). Lichtwellen
aller Längen pflanzen sich im freien Äther (Weltraume) mit gleicher
Geschwindigkeit fort (vgl. 481).

b) Reflexion des Lichtes (Katoptrik).

445. Eine polierte Fläche, welche ein sehr dünnes Bündel
paralleler Lichtstrahlen auch parallel zurückwirft, heifst ein
Spiegel. Nach dem allgemeinen Reflexionsgesetze (404) bilden
der einfallende Strahl, das Einfallslot und der reflektierte Strahl
gleiche Winkel und liegen in derselben Ebene, der Reflexionsebene. Fallen mehrere Strahlen von einem leuchtenden Punkte
auf eine spiegelnde Fläche, so entsteht an der Stelle, an welcher
sich die reflektierten Strahlen schneiden, ein Bild jenes Punktes.
Laufen die reflektierten Strahlen vom Spiegel aus zusammen,
so dafs sich die Strahlen selbst schneiden, so entsteht vor demselben ein auffangbares, reelles oder objektives Bild; gehen
sie auseinander, so dafs sich nur die Verlängerungen der Strahlen
hinter dem Spiegel schneiden, so ist die Wirkung die, als ob
daselbst ein Bild wäre; daher heifst dieses ein virtuelles oder
subjektives Bild; sind die Strahlen parallel, so entsteht gar
kein Bild.

446. Ist der Spiegel SS eine Ebene, so schneiden sich
zwei von einem Punkt A ausgehende
Strahlen AC und AD nach ihrer Reflexion in den Richtungen CE und DF
in einem Punkte A', welcher auf der
Senkrechten durch A ebensoweit hinter
dem Spiegel liegt, wie der leuchtende
Punkt A vor ihm. Deshalb giebt im
ebenen Spiegel ein Gegenstand AB
ein zu ihm symmetrisches Bild $A'B'$

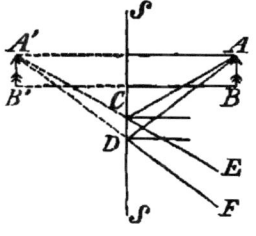

(von gleicher Gröfse in gleicher Entfernung) hinter dem Spiegel.
Das Bild ist immer virtuell.

Die Symmetrie folgt aus der Gleichheit der Winkel $SCA =$

SCA', $SDA = SDA'$. An Glasspiegeln bildet die mit Spiegelamalgam (Zinn und Quecksilber) belegte Fläche den Spiegel.

447. Der Heliostat hat den Zweck, die Sonnenstrahlen trotz der Bewegung der Erde in einer konstanten Richtung nach einem Punkte hin zu reflektieren. Dies geschieht durch einen Spiegel, welcher mit der Hand oder besser durch ein Uhrwerk gedreht wird, und dadurch der Verschiebung des Strahles durch den scheinbaren Lauf der Sonne entgegenwirkt.

Der Heliostat wurde von Borelli in der Accademia del Cimento erfunden. Verschiedene Konstruktionen rühren von Gambey 1826, Silbermann 1843, Meyerstein u. A. her.

448. Zur genauen Messung kleiner Drehungswinkel wird die Methode der **Spiegelablesung** angewandt. (Poggendorff 1827.)

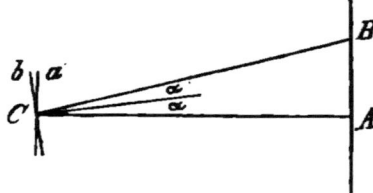

Dreht sich ein ebener Spiegel aus der Stellung a in die Stellung b um den Winkel α, so wird von A aus in der Richtung AC (z. B. durch ein Fernrohr) das Spiegelbild eines Punktes B gesehen, welches so liegt, daß $AB/AC = \operatorname{tang} 2\alpha$ oder (für kleine Werte von α) $= 2 \operatorname{tang} \alpha$ ist. Behält A unverändert seine Entfernung von C, so ist die auf der Skala AB abgelesene Entfernung des Punktes B von A unmittelbar ein Maſs der Tangente von α.

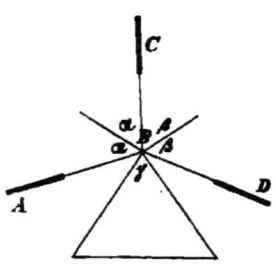

449. Das **Reflexionsgoniometer** dient zur Messung des Winkels, den zwei spiegelnde Flächen miteinander bilden. (Wollaston 1809, Babinet.)

Eine fernrohrartige Vorrichtung C (der Kollimator, 473) schickt parallele von einem beleuchteten Spalt ausgehende Lichtstrahlen auf die Kante, deren Winkel gemessen werden soll. Dieselben werden einerseits in der Richtung BA, andererseits in der Richtung BD reflektiert. Dann ist $\measuredangle ABD = 4R - 2\alpha - 2\beta$, und $\measuredangle \gamma = 2R - \alpha - \beta$, also ist $\gamma = ABD/2$.

Die Richtung der austretenden Strahlen BA und BD wird durch ein Fernrohr beobachtet, welches an einem Teilkreis herumbewegt wird.

450. Der Spiegelsextant mifst den Winkel, den die von zwei Punkten nach dem Auge gezogenen Linien miteinander bilden. (Hadley 1731.)

Ein Auge in L sieht im unteren belegten Teil eines Spiegels B den im Spiegel A und B reflektierten Gegenstand M, durch den oberen unbelegten Teil von B direkt den Punkt N. Winkel MLN soll gefunden werden. Der Spiegel B ist parallel dem Radius AF des Nullpunkts der Kreisteilung, während AE mit dem Spiegel A um A drehbar ist. CA und BD sind die Einfallslote in A und B, dann ist $\angle L = 2\alpha - 2\beta$, $\angle EAF = R - \beta - (R - \alpha) = \alpha - \beta = L/2$.

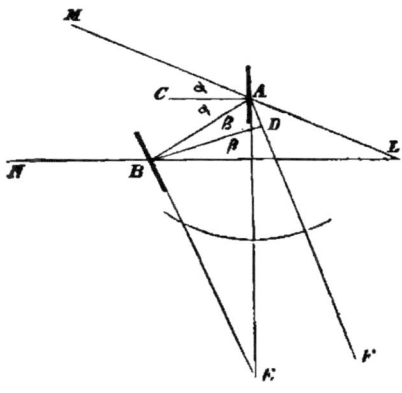

451. Durch wiederholte Spiegelung in zwei einander parallel gegenüberstehenden Spiegeln entstehen unendlich viele Bilder; durch Spiegelung in zwei gegeneinander geneigten Spiegeln entsteht eine Anzahl um die gemeinschaftliche Kante der Spiegel geordneter Bilder.

Sind die Spiegel a und b unter dem Winkel α gegeneinander geneigt, so spiegelt sich ein zwischen ihnen liegender Punkt g erst in a, dann Gegenstand g und Bild g' in b, u. s. w., so dafs eine Reihe von Doppelbildern mit immer abnehmender Lichtstärke entsteht. Der Winkelabstand je zweier Doppelbilder voneinander ist 2α, folglich befinden sich in der ganzen Kreisperipherie $180/\alpha$ Doppelbilder. (Kaleidoskop, Brewster 1817.)

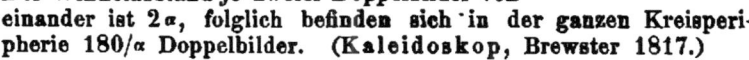

452. An einem sphärisch gekrümmten Spiegel kann jeder beliebige Radius, z. B. GO, als Achse betrachtet werden.

Ein Punkt A in der Achse giebt durch Reflexion an solchem Spiegel einen Bildpunkt A_1, welcher mit A den Radius (die doppelte Brennweite) harmonisch teilt.

Zu einem beliebigen Strahl AD ist DG (senkrecht auf der Tangente DM) das Einfallslot. Die Reflexion erfolgt also in der Ebene ADG so, dafs $\angle ADG = GDA_1$ ist. Ein Strahl AO wird in der Richtung OA reflektiert, also liegt das Bild im Schnittpunkte A_1. Durch die Punkte A und A_1 wird die Strecke von M bis G (dem geometrischen Mittelpunkt des Spiegels) so geteilt, dafs $MA : MA_1 = GA : A_1G$ ist. Wird der Bogen DO sehr klein genommen, so fällt M mit O (dem optischen Mittelpunkte des Spiegels) zusammen und es wird $OA : OA_1 = GA : A_1G$. Nennt man (ein für allemal) die Entfernung des Gegenstandes vom Spiegel $OA = a$, die des Bildes $OA_1 = a_1$, und den Radius $OG = r$, so wird $a : a_1 = (a - r) : (r - a_1)$ oder $1/a + 1/a_1 = 2/r$ (vgl. 408).

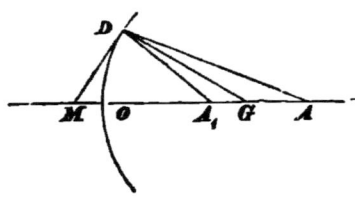

Liegt der Punkt A in unendlicher Entfernung ($a = \infty$), so erhält man $a_1 = r/2$. In diesem Falle nennt man die Bildweite a_1 die Brennweite $p_1 = r/2$, und den Punkt A_1 den Brennpunkt oder Fokus. Es ist also $1/a + 1/a_1 = 1/p$. Wird der Gegenstand nach A_1 gesetzt, so entsteht das Bild in A. Zwei Punkte, deren einer das Bild des anderen ist, heifsen konjugierte Vereinigungspunkte.

453. Zu einem Punkt A, der nicht in der Achse liegt, findet man das Bild, wenn man einen Strahl von A nach dem optischen Mittelpunkt O und einen durch den geometrischen Mittelpunkt G zieht; der erste wird unter gleichem Winkel zur Achse, der zweite in der Richtung des Radius reflektiert, weil AG auf dem Kreise senkrecht steht. A_1 ist dann der konjugierte Vereinigungspunkt zu A.

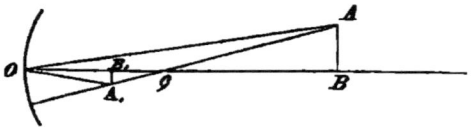

Es ist $OA : OA_1 = AB : A_1B_1 = BG : B_1G$, $a : a_1 = (a \cos \alpha - r) : (r - a_1 \cos \alpha)$, also $1/a + 1/a_1 = 2\cos\alpha/r$, welche Formel für ein kleines α in die Formel 452 übergeht.

454. Ist die hohle Fläche die spiegelnde (wie bisher angenommen), so heifst der Spiegel ein **Hohlspiegel** oder **Konkavspiegel**. In diesem Falle sind r und p positiv, beim **Konvexspiegel** dagegen sind r und p negativ. Wird $r = \infty$, so verwandelt sich der sphärische Spiegel in den ebenen.

Die Figur entspricht einem Konvexspiegel, wenn AB als Gegenstand und $A_1 B_1$ als Bild aufgefafst wird, einem Konkavspiegel bei umgekehrter Auffassung.

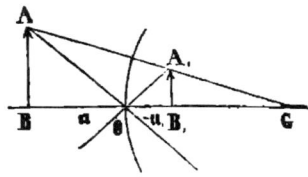

a ist bei allen Spiegeln positiv. Aus der Formel $1/a + 1/a_1 = 1/p$ ergeben sich für $a = \infty$ folgende Grenzfälle:

Konkavspiegel: $a_1 = p$. Alle parallel mit der Achse einfallenden Strahlen werden nach dem Brennpunkte gesammelt. Daher heifst der Hohlspiegel auch **Sammelspiegel** oder **Brennspiegel**.

Konvexspiegel: $a_1 = -p$. Alle parallel mit der Achse einfallenden Strahlen werden zerstreut, als kämen sie von einem Punkt hinter dem Spiegel, dem virtuellen Brennpunkt; deshalb heifst der Konvexspiegel auch **Zerstreuungsspiegel**.

Der Brennpunkt kann hiernach zur Konstruktion der Bilder benutzt werden.

Ebene Spiegel: $a_1 = -\infty$, d. h. parallele Strahlen gehen auch parallel zurück.

455. Die Gegenstandsgröfse b und die Bildgröfse b_1 verhalten sich zu einander wie die Gegenstandsweite a und die Bildweite a_1.

Es ist $b = AB$, $b_1 = A_1 B_1$, also $b : b_1 = a : a_1$ und $b_1 = bp/(a-p)$. Wenn a_1 positiv ist, so ist es auch b_1, d. h. es ist **verkehrt und reell**; wenn a_1 negativ ist, so ist es auch b_1, d. h. es ist **aufrecht und virtuell**.

Konkavspiegel:

$a = \infty$	$a > 2p$	$a = 2p$	$2p > a > p$	$a = p$	$a < p$
$a_1 = p$	$p < a_1 < 2p$	$a_1 = 2p$	$a_1 > 2p$	$a_1 = \infty$	a_1 neg.
$b_1 = 0$	$b_1 < b$	$b_1 = b$	$b_1 > b$	$b_1 = \infty$	$b_1 > b$
	reell, umgekehrt				subj., aufr.

$b_1 = \infty$ liefert nur Helligkeit (Reflektoren hinter Lampen).

Konvexspiegel. Das Bild ist immer verkleinert, aufrecht und virtuell.

Ebene Spiegel. Das Bild ist immer dem Gegenstand an Gröfse gleich und virtuell.

456. Der Krümmungsradius eines sphärischen Spiegels kann aus der Lage und Gröfse der Bilder, welche er giebt, gefunden werden.

Um den Krümmungsradius eines Hohlspiegels zu finden, sammelt man parallele Strahlen (Sonnenstrahlen) durch denselben im Brennpunkt, mifst die Brennweite p und hat dann $r = 2p$. Bei Konvexspiegeln stellt man vor den Spiegel zwei Lichtflammen, die um

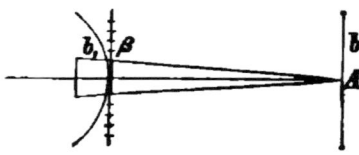

b voneinander entfernt sind, und beobachtet deren Bild von A aus. Der Abstand der Flammenbilder voneinander ist b_i; auf einem dicht vor dem Spiegel stehenden Glasmafsstab sieht man sie aber in der Entfernung β voneinander. Der Abstand zwischen b und dem Spiegel ist $= a$, der zwischen b_i und dem Spiegel $= a_i$. Man hat also $b_i : \beta = (a + a_i) : a$; ferner $a_i = ap/(a+p)$ und $b_i = bp/(a+p)$, also $r = 2a\beta(b - 2\beta)$.

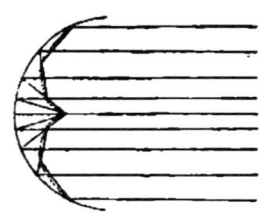

457. Ist der Centriwinkel des für einen sphärischen Spiegel benutzten Bogens (die Öffnung des Spiegels) grofs (so dafs man die Punkte M und O in 452 nicht mehr als zusammenfallend betrachten kann), so schneiden sich parallel einfallende Strahlen nicht alle in einem Punkt, sondern in einer Reihe von Punkten, welche sich zu einer **Brennlinie** (Brennraum) oder **Katakaustik** zusammensetzen.

Wegen dieser **sphärischen Aberration**, welche bei den Randstrahlen am gröfsten ist, gehört dann zu jedem Gegenstandspunkte nicht mehr ein konjugierter Vereinigungspunkt, sondern ein Vereinigungsraum, so dafs die Bilder nicht mehr scharf erscheinen.

458. Ein Spiegel, dessen Fläche parabolisch gekrümmt ist, reflektiert alle parallel mit der Achse einfallenden Strahlen nach dem Brennpunkte des Paraboloïdes. An einem elliptisch

Refraktion des Lichtes. 283

gekrümmten Spiegel werden die von einem Brennpunkte des Ellipsoïdes herkommenden Strahlen nach dem anderen reflektiert.

In jedem Punkte M einer Parabel bildet die Normale MN gleiche Winkel mit einer Parallelen zur Achse MA und mit einer nach dem Brennpunkt hin gezogenen Linie MF. Ebenso bilden die von den beiden Brennpunkten einer Ellipse nach einem Punkte derselben gezogenen Fahrstrahlen gleiche Winkel mit der Normalen dieses Punktes.

Die paraboloïdischen Spiegel sind demnach die vollkommensten Brennspiegel. Wegen der Schwierigkeit ihrer Herstellung werden sie durch sphärische ersetzt, was aber nur so lange gestattet ist, als deren Öffnung klein ist, weil in der Nähe des optischen Mittelpunktes die Parabel und der mit dem Radius $2p$ beschriebene Kreis nahe zusammenfallen.

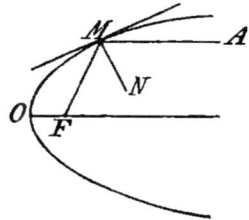

459. In cylindrischen und konischen Spiegeln erscheinen die Bilder verzerrt.

Ein Cylinderspiegel giebt nach der Richtung des der Achse parallelen Schnittes Bilder wie ein ebener, nach der Richtung des auf der Achse senkrechten Schnittes aber Bilder wie ein sphärischer. In einem konischen Spiegel, auf dessen Spitze man das Auge richtet, sieht man entferntere Gegenstände nahe an der Kegelachse, nähere dagegen in der Nähe des Umfanges gespiegelt.

c) Refraktion des Lichtes (Dioptrik).

460. In dichteren Mitteln schreitet ein Lichtstrahl langsamer fort, als in dünneren. Zum Beweis dafür dient Foucaults (nach Aragos Vorschlag, 1854, angestellter) Versuch. (Beweis gegen die Emissionstheorie, 444.)

Ein Lichtstrahl fällt durch die, mit einem feinen Gitter geschlossene Öffnung O eines Schirmes durch die Glasplatte B auf den Spiegel AA, wird in der Richtung DC auf einen Hohlspiegel, dessen Radius $=DC$ ist, reflektiert und kehrt auf dem Wege CD, DB zurück.

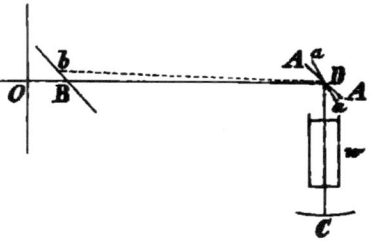

Wird der Spiegel AA schnell bis aa gedreht, so geht der Strahl nach der Reflexion CD in Db weiter, das Bild von O ist also auf der Glasplatte von B bis b verschoben. Schaltet man bei w eine Wasserschicht ein, so ist die Entfernung Bb noch gröfser, als zuvor, das Licht hat also im Wasser eine längere Zeit verweilt, als in der Luft.

461. Geht ein Lichtstrahl aus einem Mittel in ein anderes

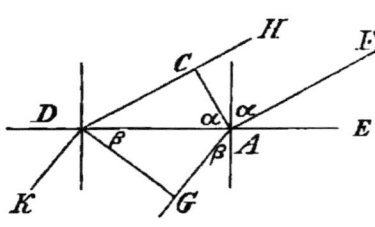

über, so verändert er seine Richtung, er wird gebrochen; und zwar ist der Winkel, den er im dünneren Mittel mit dem Einfallslot bildet, der gröfsere. Das Verhältnis der sinus des Einfalls- und Brechungswinkels ist für zwei Substanzen konstant und heifst deren relativer Brechungsindex (405), $\sin \alpha / \sin \beta = n$.

DE ist die Grenze beider Mittel, das einfallende Strahlenbündel ist HD, FA, das gebrochene DK, AG. Der Einfallswinkel ist α, der Brechungswinkel β. Da sich die Welle im dichten Mittel (von A bis G) langsamer fortpflanzt als im dünnen (von C bis D), so ist $\beta < \alpha$, also wird der Strahl dem Einfallslote zu gebrochen. Der Brechungsindex $CD/AG = \sin \alpha / \sin \beta = n$ ist nur von der Natur der Mittel abhängig. (Snell, Descartes 1637.)

Ist λ die Wellenlänge im leeren Raume $= CD$, so ist die Wellenlänge im dichten Mittel $= AG = \lambda/n$ (396).

Ein unter Wasser befindlicher Punkt A erscheint in A_1 höher gelegen, als er ist.

Die absoluten Brechungsindices, d. h. die Indices der Brechung aus dem leeren Raume in die Körper eintretender Strahlen, sind bei mittlerer Brechung (483) für

Atmosphärische Luft	$= 1,0003$
Wasser	$= 1,33$
Crownglas	$= 1,53$
Flintglas	$= 1,6$ bis $1,8$

Bergkrystall . . = 1,55
Schwefelkohlenstoff = 1,64
Diamant . = 2,5 bis 2,7.

Die Grenze zwischen farblosen Körpern wird dadurch sichtbar, dafs dieselben verschiedene Brechungsindices haben.

462. Tritt der Strahl aus einem (optisch) dichteren Mittel in ein dünneres, so ist der Brechungswinkel α immer gröfser als der Einfallswinkel β. Wird β so grofs, dafs $\sin \beta = 1/n$ ist, so wird $\alpha = 90°$, der Strahl geht also in der Grenzfläche weiter. Wird $\sin \beta > 1/n$, so kann der Strahl gar nicht mehr durch Brechung aus dem dichteren in das dünnere Mittel treten, sondern wird im dichten total reflektiert. Der Winkel β heifst, wenn $\sin \beta = 1/n$ ist, der Grenzwinkel.

Der Grenzwinkel ist an der Grenze von
Luft und Wasser . = 48°,5,
„ „ Crownglas = 40°,8,
„ „ Flintglas . . . = 37°,5,
„ „ Schwefelkohlenstoff . = 36°,3,
Wasser und Schwefelkohlenstoff = 52°,9.

Totale Reflexion zeigt sich, wenn man in einem Glas Wasser schräg von unten her auf den Wasserspiegel sieht (vgl. 469, 515).

Ein Lichtstrahl, der zugleich mit einem Wasserstrahl aus der Seitenöffnung eines Gefäfses tritt, bleibt im Wasserstrahl, weil er an dessen oberer konvexer Seite beständig total reflektiert wird.

Durchsichtige Körper, zu Pulver zerstampft, werden undurchsichtig, weil das in die kleinen Teile eingedrungene Licht zum grofsen Teile der totalen Reflexion wegen nicht wieder austritt.

463. Die verschiedene Brechbarkeit des Lichtes in Luftschichten von verschiedener Dichte veranlafst die Erscheinungen der atmosphärischen Strahlenbrechung und der Luftspiegelung.

Atmosphärische Strahlenbrechung. (Biot 1836.) Ein von einem hochliegenden Punkte B ausgehender Strahl trifft ein Auge in A, nachdem er eine Anzahl von oben nach unten dichter werdender Luftschichten durchlaufen hat. An jeder Grenze wird er gebrochen, so dafs das Auge ihn in der

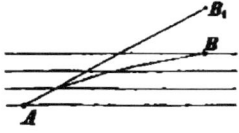

Richtung der letzten Tangente an der gekrümmten Bahn BA zu sehen glaubt und ihn deshalb höher, nach $B_{,}$, versetzt.

Luftspiegelung oder Kimmung. (Monge 1794.) Tiefer

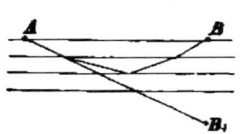

liegende Luftschichten können über einem stark erhitzten Boden dünnere Luft enthalten, als höher liegende. Ein von B ausgehender Strahl wird dann auch an jeder Grenze gebrochen, aber, wenn er unter zu grofsem Winkel auffällt, an einer Grenze total reflektiert und gelangt dadurch so in das Auge A, dafs dies ihn tiefer, nach B_1, versetzt. (Fata Morgana.)

464. Tritt ein Lichtstrahl aus einem Mittel durch ein zweites in ein drittes ein, so ist der Index der gesamten Brechung gleich dem Produkt der Brechungsindices an beiden Grenzen.

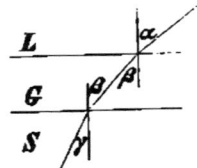

Der Brechungsindex an der ersten Grenze zwischen L und G ist $n = \sin \alpha/\sin \beta$, der zweite an der Grenze von G und S ist $n_{,} = \sin \beta/\sin \gamma$. Der Strahl verändert also seine Richtung so, als ob er aus dem ersten in das dritte Mittel mit dem Brechungsindex $N = \sin \alpha/\sin \gamma = nn_{,}$ träte.

465. Mit Hilfe der Totalreflexion kann der Brechungsindex eines Stoffes gefunden werden. (Wollaston 1802.)

Das Totalreflektometer von F. Kohlrausch (1877) besteht aus einer cylindrischen Flasche, von welcher ein Stück abgeschliffen und durch eine ebene Glasplatte SS ersetzt ist. In der Flasche

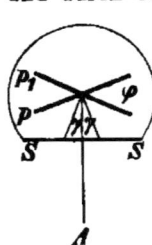

befindet sich Schwefelkohlenstoff und in diesem die Platte, deren Brechungsindex n bestimmt werden soll. Man sieht durch ein Fernrohr von A senkrecht auf SS, dann durch den Schwefelkohlenstoff auf die Platte p, welche durch die matte Oberfläche der Flasche von allen Seiten Licht empfängt, und dreht p, bis nichts von diesem Lichte mehr in die Platte eindringt, sondern alles an der Grenze von Schwefelkohlenstoff und der Platte total reflektiert wird. Dann dreht man p in die zweite Stellung $p_{,,}$ in der wiederum die Totalreflexion eintritt. Ist dann der Brechungsindex des Schwefelkohlenstoffes $= N$ bekannt, so ist der zwischen Platte und Schwefelkohlenstoff $n_{,} = N/n = 1/\sin \frac{1}{2}\varphi_{,}$.

wenn φ der Winkel ist, um welchen die Platte von der Stellung p bis p_1 gedreht worden ist, also $n = N . \sin \frac{1}{2}φ$.

466. Tritt ein Strahl nach seinem Durchgange durch ein von parallelen Ebenen begrenztes Mittel wieder in das erste Mittel zurück, so wird er in demselben Verhältnis vom Einfallslot abgebrochen, in welchem er vorher demselben zugebrochen wurde, oder umgekehrt, d. h. durch ein Mittel mit planparallelen Wänden geht ein Lichtstrahl mit veränderter Lage, aber mit unveränderter Richtung.

Mit dem Ophthalmometer (Helmholtz) kann man nach diesem Prinzipe kleine Längen messen. Ein von a kommender Strahl wird durch die Platte A nach c verschoben, ein von b parallel mit jenen kommender durch die Platte B ebenfalls nach c. Die Länge ab ist also (bei bekannter Dicke und bekanntem Brechungsindex der Platten) aus dem Winkel $α$ zu finden. Ist der Strahl senkrecht auf die erste brechende Fläche gefallen, so findet keine Richtungsveränderung und keine Verschiebung statt.

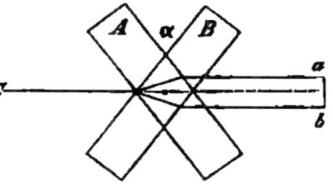

467. Sind die beiden Grenzflächen gegeneinander geneigt, wie bei einem dreiseitigen Prisma, so wird der Strahl zweimal in demselben Sinne gebrochen; der leuchtende Punkt erscheint daher nach der Seite des brechenden Winkels $γ$ verschoben.

Der von L kommende Strahl würde ungebrochen nach F gehen, bei der Brechung durch das Prisma schlägt er den Weg $LMNG$ ein, so daß $δ$ der Ablenkungswinkel ist. Die Einfalls- und Brechungswinkel an den beiden Grenzflächen sind $α, β, β, $ und $α_,$. Nun ist $γ = β + β_{,,}$ $δ = α + α_{,} - (β + β_{,}) = α + α_{,} - γ$. Durchläuft der Strahl das Prisma symmetrisch, so daß $α_{,} = α$ ist, so wird $δ = 2α - γ$. Ist $α_{,} = α + φ$, $δ = 2α - γ + φ$ oder $α_{,} = α - φ$, $δ = 2α - γ + φ$, so geht mit abnehmendem φ aus beiden Werten der Grenzfall $α = α_{,,}$ $δ = 2α - γ$ hervor, d. h. die Ablenkung ist ein Minimum, wenn

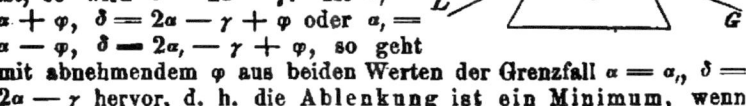

der Strahl das Prisma symmetrisch durchläuft. In diesem Falle ist dann $\alpha = (\gamma + \delta)/2$ und $\beta = \gamma/2$.

468. Die Brechung im Prisma wird zur Messung des Brechungsindex benutzt.

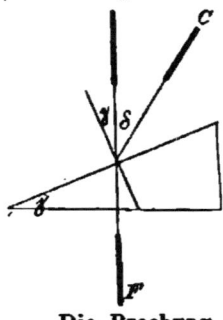

Ist der brechende Winkel γ bestimmt (449) und man stellt das Prisma so vor den Kollimator des Goniometers, daſs die Ablenkung δ ein Minimum wird, so hat man $n = \sin\frac{1}{2}(\gamma + \delta)/\sin\frac{1}{2}\gamma$. (Newton, Fraunhofer 1814.)

Stellt man das Prisma so vor das Fernrohr F des Goniometers, daſs man senkrecht auf dessen Vorderfläche sieht, und dreht den Kollimator, bis der von C kommende Strahl nach F gebrochen wird, so ist $n = \sin(\gamma + \delta)/\sin\gamma$. (Descartes, Meyerstein 1856.)

Die Brechung durch Flüssigkeiten und Gase beobachtet man, indem man sie in Hohlprismen einschlieſst. Dieselben bestehen für Flüssigkeiten aus massiven Glasprismen, durch welche ein Loch gebohrt ist, das an beiden Enden durch planparallele Platten geschlossen wird, für Gase aus an beiden Enden schief abgeschliffenen und ebenfalls durch Glasplatten geschlossenen Röhren.

469. Fallen die von einem Gegenstande ausgehenden Strahlen, nachdem sie an der ersten Fläche eines Prismas gebrochen worden sind, so auf die zweite Fläche AB, daſs sie

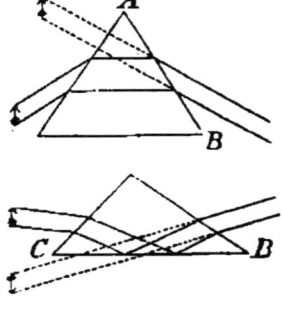

durch dieselbe wieder gebrochen werden können, so erscheint das Bild des Gegenstandes gegen den brechenden Winkel hin verschoben und aufrecht. Fallen aber die Strahlen nach der Brechung an der ersten Fläche so auf die zweite Fläche CB, daſs sie nicht gebrochen werden können, sondern durch totale Reflexion im Prisma bleiben und erst an der dritten Fläche durch Brechung austreten, so erscheint das Bild umgekehrt.

Im ersteren Falle erscheinen die Bilder mit den Farben des Regenbogens, im letzteren nicht.

470. Die Brechung, welche Lichtstrahlen in einem von zwei **sphärisch gekrümmten Flächen** begrenzten Körper erleiden, läfst sich versinnlichen, wenn man den Körper aus einer Reihe von Prismenstücken zusammengesetzt denkt, deren brechende Winkel von der Mitte her ab- oder zunehmen.

Eine endliche Anzahl solcher Prismenstücke kann so gewählt werden, dafs jedes Stück einen parallel mit der Achse (d. h. einer senkrecht auf der Mitte der Vorder- und Hinterfläche des mittelsten Stückes stehenden Linie) einfallenden Strahl nach ein und demselben Punkte der Achse hin bricht. 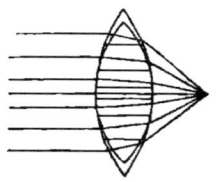 Wird die Zahl der Stücke unendlich, so verwandeln sich die, die Grenzen des ganzen Prismensystems darstellenden, gebrochenen Linien in stetig gekrümmte, und es werden dann alle parallel mit der Achse einfallenden Strahlen nach einem Punkte derselben gebrochen, welcher **Brennpunkt** genannt wird. Läfst man die Figur um die Achse rotieren, so nimmt sie die Gestalt einer **Linse** und der durch dieselbe gebrochenen Strahlen an. Sind die Prismenstücke mit ihren brechenden Winkeln nicht nach dem Rande, sondern nach der Mitte hin aufgestellt, so werden parallel auffallende Strahlen so gebrochen, als kämen sie von einem Punkte, dem Brennpunkte, her. 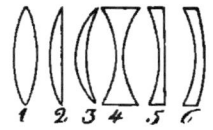 Im ersten Falle heifsen die Linsen **Sammellinsen** (1. bikonvex, 2. plankonvex, 3. konkavkonvex), im zweiten **Zerstreuungslinsen** (4. bikonkav, 5. plankonkav, 6. konvexkonkav). In der Praxis werden die Flächen kugelförmig geschliffen, so dafs den obigen Bedingungen nur annähernd und für kleine Öffnungen entsprochen wird. Bei gröfserer Öffnung der Linse entsteht **sphärische Aberration** der Randstrahlen, und aus dem Brennpunkte werden **Brennlinien** (457). 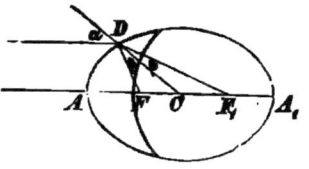 Um die Aberration möglichst zu vermeiden, deckt man die Ränder durch eine **Blendung** und benutzt nicht zu stark gewölbte, sondern lieber mehrere schwach gewölbte Linsen hintereinander (476). Linsen und Linsensysteme, welche keine sphärische Aberration zeigen, heifsen **aplanatisch**. Aplanatisch ist z. B. eine konkavkonvexe Linse, welche von einem

Ellipsoïde und einer von einem Brennpunkte desselben aus beschriebenen Kugelfläche begrenzt ist; wird nämlich ein parallel mit der Achse $AA_{\prime}$ nach D fallender Strahl nach $F_{\prime}$ gebrochen und ist DC die Normale in D, so verhält sich $DF : DF_{\prime} = FC : F_{\prime}C$; also $(DF + DF_{\prime}) : (FC + F_{\prime}C) = DF : FC$, oder $AA_{\prime} : FF_{\prime} = \sin\alpha : \sin\beta$, da $\angle DCF = \alpha$ ist. Unter der Bedingung, dafs $AA_{\prime} : FF_{\prime}$ gleich dem Brechungsindex ist, gehen somit alle parallel mit der Achse einfallenden Strahlen nach $F_{\prime}$. Ist die zweite Fläche der Linse eine um $F_{\prime}$ beschriebene Kugel, so fallen die Strahlen auf diese senkrecht auf und gehen ungebrochen weiter.

471. Ist die Grenzfläche zwischen zwei Mitteln sphärisch gekrümmt, so kann jeder beliebige Radius als Achse des Systemes angesehen werden. Ein in der Achse liegender Gegenstandspunkt giebt dann immer einen Bildpunkt in der Achse.

Fällt ein Strahl vom Punkte A in der Richtung nach dem Mittelpunkte der sphärisch gekrümmten Grenzfläche C auf diese Fläche, so geht er ungebrochen weiter. AC heifst die Achse des brechenden Systems. Ein zweiter Strahl AE, welcher die Grenze trifft, wird in der Richtung $EA_{\prime}$ gebrochen, so dafs der Durchschnittspunkt $A_{\prime}$ der Bildpunkt ist. Die Entfernung des Gegenstandes von der Grenze ist $AO = a$, die des Bildes

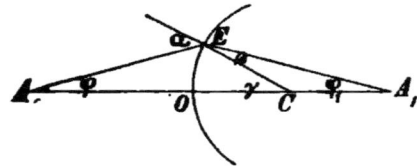

$A_{\prime}O = a_{\prime}$, der Radius der gekrümmten Fläche (das Einfallslot EC) ist $= CO = r$. Der Brechungsindex an der Grenze ist $n = \sin\alpha/\sin\beta$, oder, wenn α und β klein sind, $= \alpha/\beta$. Folglich ist $n\beta = \alpha$ oder $n(\gamma - \varphi_{\prime}) = \gamma + \varphi$. Ersetzt man die (ebenfalls klein genommenen) Winkel φ, $\varphi_{\prime}$ und γ durch ihre Tangenten, so erhält man $(n-1)/r = 1/a + n/a_1$.

472. Fällt der Strahl AE nach seiner ersten Brechung auf eine sphärisch gekrümmte Grenzfläche, deren Mittelpunkt C' mit A und C in einer Geraden liegt, so erhält der von beiden Kugelflächen begrenzte Raum die Gestalt einer Linse. Die Bildweite wird dann aus der Gegenstandsweite durch einen ähnlichen Ausdruck gefunden, wie bei sphärischen Spiegeln (452).

Das Bild von A entsteht in A'. Wenn dann $n_{\prime}$ den Brechungsindex aus dem dritten in das zweite Mittel, $\alpha_{\prime}$ und $\beta_{\prime}$ den Brechungs- und Einfallswinkel an der zweiten Grenzfläche, r den Radius CD und $r_{,}$ den Radius $C'G$ bezeichnet, so ist unter Beibehaltung der oben gemachten Voraussetzungen $\gamma + \gamma_{,} = \beta + \beta_{,} = (\varphi + \gamma_{,})/n + (\varphi_{,} + \gamma)/n_{,}$, also wenn man wieder die Winkel an der Achse durch ihre Tangenten ersetzt, wobei die beiden Kreisbogen einander gleich und $= x$ gesetzt werden, $(n_{,} - 1)/n_{,}r + (n - 1)/nr_{,} =$

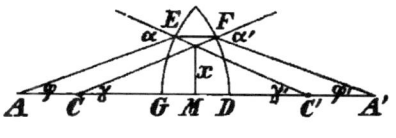

$1/na + 1/n_{,}a_{,}$. Ist der von beiden Flächen eingeschlossene Raum (die Linse) zu beiden Seiten von demselben Mittel umgeben, so wird $n = n_{,}$, also $1/a + 1/a_{,} = (n - 1)(1/r + 1/r_{,}) = 1/p$ (Halley 1793); für $a = \infty$ wird $a_{,} = p$, d. h. gleich der Brennweite der Linse.

Ist n nicht gleich $n_{,}$, so verhalten sich $p : p_{,} = n : n_{,}$. Für Crownglas und Luft ist $n = 3/2$ (461), also wenn $r = r_{,}$, ist $p = r$.

473. Strahlen, welche parallel zur Achse der Linse einfallen, werden nach dem Brennpunkt gesammelt (Brennglas). Kommen die Strahlen vom Brennpunkt her, so gehen sie nach der Brechung parallel mit der Achse weiter. Strahlen, die durch den (optischen) Mittelpunkt der Linse gehen, werden nicht abgelenkt. Hiernach läfst sich zu jedem Punkt A sein Bild $A_{,}$ konstruieren; zwei Punkte, deren einer das Bild des andern ist, heifsen konjugierte Vereinigungspunkte. Die doppelte Brennweite wird durch einen solchen Punkt und den zum andern diametralen Punkt (in Bezug auf die Linsenmitte als Centrum) harmonisch geteilt. Die Gröfse des Bildes und des Gegenstandes verhalten sich zu einander wie die Entfernungen des Bildes und des Gegenstandes von der Linse.

Die Formel $1/a + 1/a_{,} = 1/p$ stimmt überein mit der in 452 abgeleiteten, nur dafs hier a und $a_{,}$ positiv genommen werden, wenn sie auf verschiedenen Seiten

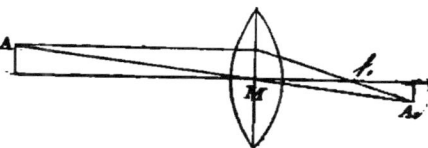

der Linse liegen. Die durch Sammellinsen erzeugten Bilder entsprechen demnach ganz den Bildern der Sammelspiegel, die durch Zerstreuungsgläser erzeugten denen der Zerstreuungsspiegel (455).

Das Verhältnis der Bildgröfse zur Gröfse des Gegenstandes ist $b_{,} : b = p : (a — p)$, $b_{,} = bp/(a — p)$.

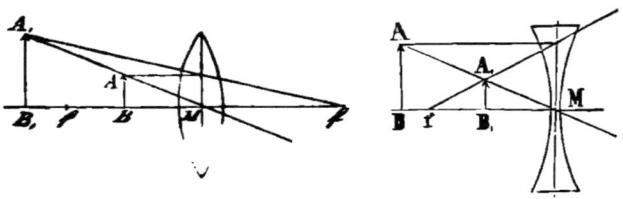

Im Kollimator (449) mufs der Spalt im Brennpunkt der Linse stehen, welche das Kollimatorrohr abschliefst, damit die Strahlen parallel austreten.

474. Die in 473 gegebene Konstruktion vernachlässigt die Dicke der Linse; darf man das nicht thun, so kann man durch die von Gaufs (1827) und Listing (1845) eingeführten **Kardinalpunkte** den Gang der Strahlen anschaulich machen.

Drei Medien sind gegeneinander durch sphärisch gekrümmte Flächen, deren Centra in der Achse $ff,$ liegen, begrenzt. Die Punkte h und $h,$ heifsen die **Hauptpunkte** dieses Systems, k und $k,$ die **Knotenpunkte**, f und $f,$ die **Brennpunkte**. Ebenen, welche senkrecht zur Achse durch h und $h,$ gelegt sind, heifsen **Hauptebenen**, durch k und $k,$ gelegte **Knotenebenen**, durch f und $f,$ gelegte **Brennebenen**. Der eine Hauptpunkt ist ein Bild des anderen; ein Gegenstand in einer Hauptebene giebt ein gleich grofses, aufrechtes Bild in der anderen; ein Strahl, der einen Punkt einer Hauptebene trifft, mufs deshalb parallel mit der

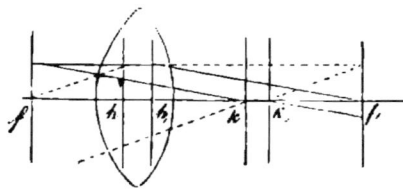

Achse bis zur zweiten weitergehen. Der eine Knotenpunkt ist das Bild des anderen; ein Strahl, der im ersten Mittel nach dem ersten Knotenpunkt gerichtet ist, geht nach der Brechung durch den zweiten, und zwar dem ersten Strahle

parallel. Strahlen, die von einem Punkte einer Brennebene ausgehen, sind nach der Brechung parallel (und umgekehrt). Brennweiten sind die Entfernungen $hf = p$ und $h,f, = p,$. Nach diesen Definitionen hat man: $fk = f,h,$ und $fh = f,k,,$ also $hh, = kk,$.

Zur praktischen Bestimmung der Kardinalpunkte eines Systems erzeugt man durch dasselbe ein Bild ab vom Gegenstande AB, verschiebt dann AB bis A_1B_1, so dafs das Bild $a_1 b_1$ erzeugt wird. Die Linie $a_1 a$ schneidet dieAchseimBrennpunkte F_1 und die Linie $A A_1$ in der Hauptebene h_1. Zur Bestimmung dieser Punkte hat man $F_1 b : ab$

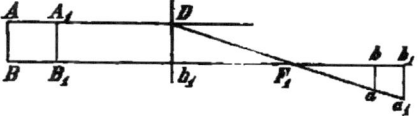

$= bb_1 : (a_1 b_1 - ab)$ und $F_1 h_1 : F_1 b = AB : ab$. Ebenso werden der zweite Haupt- und Brennpunkt gefunden. Zur Bestimmung der Knotenpunkte dienen die Gleichungen $Fk = F_1 h_1$ und $Fh = F_1 k_1$.

Die Lage der Knoten-(oder Haupt-)punkte einer von Luft umgebenen Linse ergiebt sich: Ein Radius ($=r_1$) wird von C_1, ein anderer (r_2), parallel mit demselben, von C_2 gezogen. Ein Strahl $A_1 k_1$ fällt unter dem Winkel α zum Einfallslote ein, wird gebrochen und geht parallel mit $A_1 k_1$ nach A_2 wieder unter dem Winkel α weiter. k_1 und k_2 sind die Knotenpunkte, m der optische Mittelpunkt. Die Lage des letzteren ist bestimmt durch die Gleichung $r_1 : r_2 = O_1 m : O_2 m$. Das Bild von k_1 ist nach der Brechung in der ersten Fläche in m, nach der in der zweiten in k_2. Man bestimmt also nach 471 die Lage von m, indem man — $O_1 k_1$ als Gegenstandsweite für die Vorderfläche, und dann die Lage von k_2, indem man — mO_2 als Gegenstandsweite für die Hinterfläche einsetzt. Bei bikonvexen und bikonkaven Linsen liegen beide Hauptpunkte in der Linse, bei plankonkaven und plankonvexen tangiert die eine Hauptebene die Kugelfläche, die andere liegt in derLinse, bei konvex-

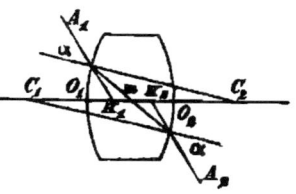

konkaven und konkavkonvexen Linsen liegen beide Punkte aufserhalb der Linse auf der Seite der stärkeren Krümmung.

Mit Einführung der Kardinalpunkte kann die Konstruktion der Bilder für jedes System centrierter Kugelflächen ausgeführt werden.

Allgemein wird das Bild A_1 eines Punktes A erhalten, indem man eine Parallele zur Achse AC zieht, die nach f_1 gebrochen

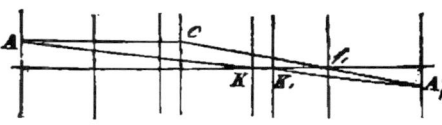

wird, so wie eine Linie AK, die von K_1 aus parallel bis zum Durchschnitt A_1 weiter geht. Für $n = n$, fallen h und k sowie h_1

und $k_{\prime}$ zusammen. In dem gewöhnlich vorkommenden Fall, daſs eine Linse, deren Dicke vernachlässigt wird, von beiden Seiten von Luft umgeben ist, fallen auch h und $h_{\prime}$ in einem Punkt zusammen, dem optischen Mittelpunkt M, woraus die in 473 gegebene abgekürzte Konstruktion folgt.

Besteht ein optisches System aus mehr als drei, durch sphärische Flächen begrenzten Mitteln, so lassen sich die Kardinalpunkte des ganzen Systems durch Zusammensetzung der einzelnen Systeme auf Grund der obigen Definitionen finden.

475. Die Spiegelablesung (448) kann durch Projektion eines Spaltbildes auf eine Skala ersetzt werden.

Man läſst die von einem beleuchteten Spalt ausgehenden Strahlen auf den Spiegel der an irgend einem Meſsinstrumente (Galvanometer, Elektrometer) drehbaren Nadel fallen, fängt die reflektierten Strahlen mittels einer Sammellinse auf und entwirft dadurch ein Spaltbild auf eine, am besten cylindrische Skala. Der reflektierte Strahl bewegt sich um den Winkel 2α, wenn sich der Spiegel um α dreht.

476. Um die sphärische Aberration zu vermindern, kann an die Stelle einer Linse eine Kombination aus zwei Linsen mit weniger stark gekrümmten Flächen gesetzt werden.

Ist π die Brennweite der ersten, $\pi_{\prime}$ die der zweiten Linse, d der Abstand beider Linsen voneinander, so liegt der Brennpunkt der ersten, der als Gegenstand für die zweite dient, in der Entfernung $\pi - d$ hinter derselben. In dem Ausdruck $1/a + 1/a_{\prime} = 1/p$ (472) ist also $a = -(\pi - d)$, $a_{\prime} = x$ und $p = \pi_{\prime}$, so daſs die Brennweite der Linsenkombination $x = \pi_{\prime}(\pi - d)/(\pi_{\prime} + \pi - d)$ ist.

d) Dispersion des Lichtes (Chromatik).

477. Fällt ein Lichtbündel von einer bestimmten Farbe durch einen Spalt auf ein Prisma, dessen brechende Kante dem Spalt parallel ist, so entsteht ein abgelenktes Bild des Spaltes von gleicher Farbe oder es entstehen mehrere parallele Spaltbilder von verschiedener Farbe in verschiedener Ablenkung; im ersteren Fall nennt man das einfallende Licht einfarbig, im letzteren Fall zusammengesetzt und man sagt von diesem, es erleide bei der Brechung eine Zerstreuung oder Dis-

Dispersion des Lichtes. 295

persion, d. h. es wird in einfarbige Strahlen zerstreut. Das Farbenbild heifst ein Spektrum. Durch das Sonnenlicht (weifses Licht oder weifsglühende feste Körper) entsteht ein zusammenhängendes Farbenbild (kontinuierliches Spektrum) (Newton 1666).

Das Spektrum eines Strahles w, welches eine begrenzte Anzahl, z. B. drei verschiedene Wellenlängen (481) enthält, besteht nur aus den drei Spaltbildern r, g und v. Ist das Licht von w weifs, so entsteht ein zusammenhängendes Spektrum von r bis v. Newton unterschied unter den Farben des Spektrums sieben, der Reihe nach: rot, orange, gelb, grün, blau, indigo (besser ultramarin), violett. Rot wird am schwächsten gebrochen, violett am stärksten. Keiner der Strahlen, welche das Farbenspektrum bilden, kann durch nochmalige Brechung weiter zerlegt werden. Läfst man deshalb ein Farbenspektrum auf ein zweites Prisma von gleichem brechenden Winkel, wie das erste, dessen brechende Kante aber parallel rv ist,

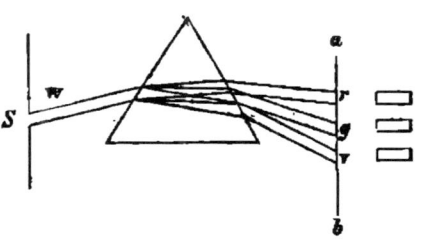

fallen, so erhält man wieder ein Farbenspektrum mit der gleichen Farbenordnung, das aber gegen das erste um 45^0 verschoben ist.

478. Um ein Spektrum beobachten zu können, fängt man entweder ein reelles Bild desselben auf einem Schirm auf, oder man betrachtet sein virtuelles Bild im Spektralapparate (Spektroskop).

Um ein scharfes objektives Spektrum zu erhalten, entwirft man mittels einer Linse das reelle Bild des Spaltes auf einem Schirm, und stellt dann das Prisma nahe hinter der Linse so auf, dafs die mittleren Strahlen (grün) die Minimalablenkung erfahren. (467.)

Das Spektroskop besteht aus einem Kollimator c, der das von einem Spalte kommende Licht einer leuchtenden Flamme auf ein stark zerstreuendes Prisma wirft. Das Spektrum wird durch das Fernrohr f beobachtet und mit dem Spiegelbilde einer in s befind-

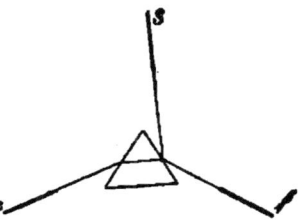

lichen photographierten Skala verglichen. Die Taschenspektroskope (von Hoffmann) benutzen ein geradsichtiges Prisma (485).

479. Die aus dem Prisma tretenden Strahlen, welche das vom weifsen Lichte erzeugte Farbenspektrum bilden, können durch eine Linse wieder vereinigt werden, so dafs sie in ihrem Durchschnitt ein **weifses Bild** des Spaltes entwerfen. Zerlegt man jenes Bündel farbiger Strahlen durch ein Prisma mit kleinem brechenden Winkel in zwei Gruppen, und sammelt jede derselben für sich, so erhält man zwei verschieden gefärbte Bilder; die beiden Farben geben miteinander vereinigt wieder Weifs und heifsen deshalb **komplementäre Farben**.

Ein breiter Spalt giebt nur farbige Ränder, in dem sich die mittleren Farben zu Weifs vereinigen.

Es sind nicht alle Farben zur Erzeugung von Weifs erforderlich, auch zwei Spektralfarben, z. B. Indigo und Gelb, Rot und grünlich Blau, Orange und Cyanblau, grünlich Gelb und Violett, geben schon Weifs. (Helmholtz.) Andere Spektralfarben geben miteinander vereinigt **Mischfarben**, z. B. Rot und Blau geben Purpur, Rot und Gelb Orange. Die Mischung von Farbstoffen giebt zu ganz anderen Farbenerscheinungen Veranlassung, welche sich aus der verschiedenen Fähigkeit derselben, einzelne Lichtsorten zu reflektieren, zu absorbieren, oder durchzulassen erklären lassen. Dagegen kann man die Mischung von Farben durch den **Farbenkreisel** hervorbringen, eine Kreisscheibe, deren einzelne Sektoren die Farben erhalten, welche gemischt werden sollen. Bei schneller Rotation des Kreisels sieht das Auge die Farben so schnell hintereinander, dafs sich die Eindrücke zu einem gemeinschaftlichen vermischen (513). Ferner kann man Farbenmischungen hervorbringen, indem man die betreffenden Stellen zweier Spektra zur Deckung bringt (Helmholtz), oder indem man durch eine Glasplatte eine farbige Fläche betrachtet, während eine andere ihr Licht durch Reflexion an derselben Platte in das Auge sendet (Lambert), oder indem man durch Doppelbrechung (536) von zwei gefärbten Flächen je zwei Bilder herstellt und ein Bild der einen Fläche mit einem der anderen zur Deckung bringt. (v. Bezold.)

480. Wenn man die Stärke der zu mischenden Farben (z. B. rot, blau, grün) durch Zahlen ausdrückt (den Farben gewisse Gewichte zuteilt), so liegt die Mischfarbe im gemeinsamen

Schwerpunkte der gemischten Farben und ihre Intensität ist gleich der Summe der einzelnen Intensitäten.

So ist die Mischfarbe von rot und blau purpur, von rot und grün grünlich-gelb, von blau und grün blau-grün, und liegen diese Mischfarben in den Mitten der Linien, an deren Enden die Grundfarben angebracht sind, wenn diese gleiche Stärke hatten. Die Mischung aller drei Grundfarben liegt im Schwerpunkte w des aus den drei Eckfarben konstruierten Dreiecks und ist weifs. Alle Mischfarben zwischen zwei der gegebenen Grundfarben liegen auf deren Verbindungslinie (z. B. orange, gelb, grün-gelb zwischen rot und grün), alle Mischfarben zwischen drei Grundfarben im Innern des Dreiecks; je näher sie an dessen Schwerpunkt fallen, desto weniger gesättigt sind sie (481). An den beiden Enden einer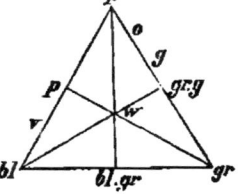
jeden Transversale liegen komplementäre Farben, z. B. rot und blau-grün.

481. Nach der Undulationstheorie ist einfarbiges (homogenes) Licht solches, welches Schwingungen von einer einzigen Schwingungszahl und Wellen von einer bestimmten Länge enthält. Einfarbige Lichtstrahlen werden nach dem Brechungsgesetz unverändert gebrochen. Je kleiner die Wellenlänge ist, desto gröfser ist die Verzögerung, welche die Wellen beim Eintritt in ein dichteres Mittel erfahren (405 und 461). Für eine jede Wellenlänge giebt es deshalb bei gleichbleibenden brechenden Mitteln einen anderen Brechungsindex und zwar einen um so gröfseren, je kürzer die Wellen sind. Enthält ein Lichtstrahl Wellen von verschiedenen Längen, so wird jede Wellensorte ihrem Brechungsindex entsprechend gebrochen, d. h. das Licht wird in so viele einfarbige Strahlen zerstreut, als es verschiedene Wellenlängen enthält.

Das äufserste Rot des Spektrums hat die kleinste, das äufserste Violett die gröfste Schwingungszahl (532).

Die Spektralfarben enthalten nur je eine bestimmte Wellenlänge: sie sind gesättigt. Jeder andere Farbenton kann angesehen werden als ein Gemisch einer gesättigten Farbe mit Weifs. Je mehr Weifs er enthält, destoweniger gesättigt ist er.

Dafs die Geschwindigkeit des Lichtes beim Übertritt in einen Körper für verschiedene Schwingungszahlen und Wellenlängen verschieden wird, kann durch die Annahme erklärt werden, dafs die Schwingungen transversale sind (533) und die Abstände der Äthermolekeln nicht verschwindend klein sind gegenüber der Wellenlänge (Cauchy, Christoffel), oder dafs die Körpermolekeln verschiedenen Einflufs auf die Geschwindigkeiten verschiedener Wellen ausüben, in durchsichtigen Körpern durch die Verdichtung des Äthers um die Molekeln, in undurchsichtigen durch Mitschwingen der Molekeln (Briot). Wenn die Farbe und somit die Schwingungszahl z beim Eintritt in ein Mittel nicht geändert wird, verwandelt sich die Wellenlänge l in $l_{\prime} = l/n$, da $l = c/z$, $l_{\prime} = c_{\prime}/z$ (396), während $c_{\prime} = c/n$ ist (405 und 461).

482. Das Spektrum eines glühenden festen Körpers ist völlig kontinuierlich; das Sonnenspektrum ist von feinen, dem Spalte parallelen dunklen Linien, den Fraunhofer'schen Linien, durchzogen, welche an Breite und Abstand voneinander verschieden sind. (Wollaston 1802, Fraunhofer 1814, Kirchhoff 1860.) Sie befinden sich an denjenigen Stellen, nach welchen Strahlen hätten gebrochen werden sollen, welche in dem zu uns gelangenden Sonnenlichte nicht vorhanden sind (491); ihre Entstehung ist also nicht von dem Stoff des Prismas abhängig. Die Fraunhofer'schen Linien, von denen die stärkeren mit grofsen, die schwächeren mit kleinen Buchstaben bezeichnet werden, dienen zur Orientierung im Spektrum.

Die Linie A liegt im äufseren Rot, B im Hochrot, C zwischen Rot und Orange, D im Goldgelb, E im Gelbgrün, F zwischen Grün

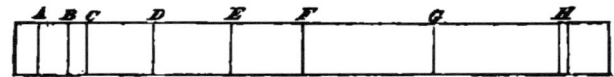

und Blau, G zwischen Blau und Violett, H (Doppellinie) im Violett. Nahe hinter E liegt die starke Liniengruppe b. Tageslicht und Planetenlicht liefern dasselbe Spektrum wie direktes Sonnenlicht. Fixsternlicht giebt Spektra mit anderen Linien.

483. Die Bestimmung der Lage der Fraunhofer'schen Linien und damit die Messung des Brechungsindex für eine bestimmte Stelle des Spektrums geschieht durch das Goniometer (449). Die

Dispersion des Lichtes.

Gröfse der Dispersion ist der Winkel, welchen die Richtung der roten und violetten Strahlen miteinander bilden, zerstreuende Kraft das Verhältnis der Dispersion zur mittleren Brechung.

Sind die Einfalls- und Brechungswinkel so klein, dafs man sie ihrem Sinus proportional setzen darf, so ist (nach 468) $\delta = (n-1)\gamma$. Werden die Brechungsindices für die Linien B, E und H mit n_B, n_E und n_H bezeichnet, so ist die Gröfse der Dispersion $\delta_H - \delta_B = (n_H - n_B)\gamma$ und die zerstreuende Kraft $= (\delta_H - \delta_B)/\delta_E = (n_H - n_B)/(n_E - 1)$, indem man die Brechung für die Linie E als die mittlere zu betrachten pflegt.

Die Brechungsindices einiger Körper sind bei den Linien

	B	E	H
Wasser	1,331	1,337	1,345
Crownglas	1,526	1,533	1,546
Bergkrystall	1,541	1,56	1,558
Flintglas	1,692	1,703	1,727
Schweres Flintglas	1,722	1,742	1,789
Schwefelkohlenstoff	1,618	1,644	1,702
Diamant	2,461	2,479	2,514

484. Die Zerstreuung des Lichtes ist bei verschiedenen brechenden Mitteln der mittleren Brechung nicht proportional. Es können also zwei Spektra, welche durch verschieden brechende Prismen hergestellt sind, vom Rot bis zum Violett (von B bis H) gleich lang sein, während der Abstand vom Rot bis zum Grün (von B bis E) bei beiden ein verschiedener ist. Deshalb ist es möglich, zwei Prismen so miteinander zu verbinden, dafs sie keine Farbenzerstreuung, aber eine Ablenkung des Strahles geben. Solche Prismen heifsen **achromatische Prismen**. (Euler 1747, Dollond 1757.)

Achromatische Prismen werden aus einem Crown- und einem Flintglasprisma mit entgegengesetzt gerichteten brechenden Winkeln zusammengesetzt. Ist der Strahl durch beide Prismen hindurchgegangen, so ist seine Ablenkung für Licht von der Linie B (wenn Brechungsindex und brechender Winkel des zweiten Prismas mit n^1 und γ^1 bezeichnet werden) $\delta_B = (n_B - 1)\gamma + (n^1{}_B - 1)\gamma^1$

und für Licht von der Linie $H = \delta_H = (n_H - 1)\gamma + (n^1{}_H - 1)\gamma^1$. Soll keine Farbenzerstreuung stattfinden, so muß $\delta_B = \delta_H$ sein, also $\gamma^1 : \gamma = (n_H - n_B) : (n^1{}_B - n^1{}_H)$, woraus hervorgeht, daß γ^1 negativ sein, d. h. daß das zweite Prisma verkehrt gestellt werden muß. Die Achromatisierung ist nur für diejenigen Farben vollkommen, welche bei Rechnung und Ausführung berücksichtigt werden. Wegen der ungleichen Verteilung der übrigen Farben in beiden Spektren bleibt ein sekundäres Spektrum. Ein achromatisches Prisma kann auch aus einem Flintglasprisma, das zwischen zwei verkehrt gestellten Crownglasprismen steht, gebildet werden.

In Linsen findet die Farbenzerstreuung wie in den Prismen, aus denen sie zusammengesetzt gedacht werden können (470), statt, so daß für eine jede Farbe eine andere Brennweite vorhanden ist:
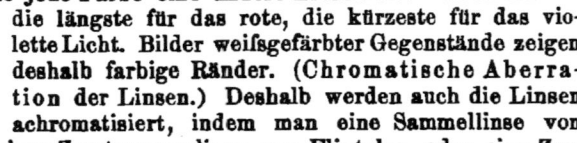
die längste für das rote, die kürzeste für das violette Licht. Bilder weißgefärbter Gegenstände zeigen deshalb farbige Ränder. (Chromatische Aberration der Linsen.) Deshalb werden auch die Linsen achromatisiert, indem man eine Sammellinse von Crownglas mit einer Zerstreuungslinse von Flintglas, oder eine Zerstreuungslinse von Flintglas mit zwei Sammellinsen von Crownglas verbindet.

485. Umgekehrt können mehrere Prismen aus verschiedenen Gläsern so miteinander verbunden werden, daß die Zerstreuung verstärkt, die Brechung aber (fast) aufgehoben wird; solche heißen geradsichtige Prismen. (Amici.)

Diese Prismen bestehen gewöhnlich aus zwei Flint- und drei Crownglasprismen, welche entweder alle rechtwinklig sind, oder von

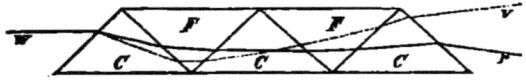

denen die drei inneren rechtwinklig, die beiden äußeren stumpfwinklig sind. Für die Linie E muß δ nahezu $= 0$ sein.

486. Durch Reflexion und Dispersion des Sonnenlichtes in Regentropfen entsteht der Regenbogen, durch Reflexion und Dispersion in den Eisnadeln, aus denen die höchsten Wolken bestehen (233), entstehen Ringe (Halos) um Sonne und Mond.

Dispersion des Lichtes.

Ein auf einen Regentropfen fallender Sonnenstrahl tritt gebrochen und zerstreut in denselben ein, wird auf der Innenfläche der Kugel (ein- oder mehreremal) reflektiert und tritt gebrochen wieder aus. Im allgemeinen werden die in einem Strahlenbündel, welches auf den Tropfen fällt, enthaltenen parallelen Strahlen nach dem Austritt divergieren; nur für denjenigen Einfallswinkel der Strahlen, für den die Abweichung der Austrittsrichtung von der Eintrittsrichtung ein Maximum ist, treten die Strahlen gleicher Farbe nahezu parallel wieder aus, weil durch geringe Veränderungen in der Einfallsrichtung diese Abweichung sehr wenig verändert wird. Diese Strahlen sind die zur Entstehung des Regenbogens wirksamen. Fällt ein solches wirksames Bündel weifser Sonnenstrahlen auf den Tropfen 1, so kann ein Auge in A von den mit Dispersion austretenden Strahlen nur den violetten v sehen, ebenso sieht es aus dem Tropfen 2 nur den roten Strahl r, aus allen zwischenliegenden die zwischenliegenden Farben des Spektrums. Alle über 2 oder unter 1 liegenden Tropfen senden dem Auge gar keinen farbigen Strahl zu. Da aber für alle Tropfen, welche das Auge unter demselben Winkel zur Richtung der parallelen Sonnenstrahlen AS sieht, dieselben Umstände obwalten, so sieht man jede Farbe als Kreisbogen; derselbe hat auf der konkaven Seite das Violett, das man unter dem Winkel $SAv = 40°,4$ sieht, auf der konvexen das Rot, unter $\sphericalangle SAr = 42°,5$ sichtbar, wobei die Richtung AS nach dem Centrum des Bogens entgegengesetzt der Richtung nach der Sonne ist. Durch zweimalige Reflexion in höher liegenden Tropfen entsteht noch ein zweiter Bogen von schwächerer Färbung, dessen Farbenordnung die entgegengesetzte ist. Sein Rot erscheint unter $50°$, sein

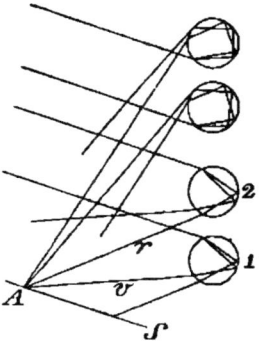

Violett unter $53°$. Die ganze Erscheinung ist rein subjektiv. Sie zeigt sich als Halbkreis, wenn die Sonne im Horizont steht; der Hauptbogen verschwindet ganz, wenn die Sonnenhöhe $42°,5$ beträgt, der Nebenbogen bei $53°$. (Erklärung des Regenbogens von Descartes und von Newton.) Der Regenbogen ist oft noch mit farbigen Rändern (supernumerären Regenbögen) versehen. Dieselben entstehen durch Interferenz (525) solcher Strahlen, welche unter gröfserem und unter kleinerem Einfallswinkel auf die Tropfen fallen als die, welche die Maximalablenkung erfahren (Airy).

Die grofsen Höfe um Sonne und Mond sind weifse oder farbige Ringe, welche dem leuchtenden Körper bald die konvexe, bald die konkave Seite zukehren. Am häufigsten sieht man einen weifslichen, innen roten Kreis um die Sonne; der Raum zwischen beiden erscheint dunkel gefärbt. Wo sich mehrere Ringe schneiden, entstehen Nebensonnen. Die Ringe entstehen durch die Reflexion und Brechung des Lichtes in den sechsseitigen Säulen und Pyramiden, aus denen die Eiskrystalle bestehen (Galle 1840).

Die kleinen Höfe um Sonne und Mond entstehen durch Beugung in den Zwischenräumen zwischen den kleinen Wassertröpfchen der Wolken (530).

487. Während das Spektrum, welches glühende feste Körper liefern, ganz kontinuierlich ist, zeigen die Spektra glühender Dämpfe auf schwarzem oder doch wenig beleuchtetem Grunde helle farbige Linien (Linienspektra), welche zur Erkennung der angewandten Dämpfe dienen können. (Spektralanalyse von Bunsen und Kirchhoff 1860.)

Die Gasflamme eines Bunsenbrenners leuchtet mit weifsem Licht, wenn das Gas unvollkommen verbrennt und deshalb feste Kohlenteilchen in der Flamme glühen. Bei hinreichendem Luftzutritt ist die Flamme nicht leuchtend. Bringt man in diese einen Platindraht, der mit den zu untersuchenden festen oder flüssigen Körpern, z. B. Metallsalzen, bedeckt ist, so verdampfen diese und färben die Flamme (Natrium gelb, Lithium und Strontium rot, Kupfer, Borsäure, Thallium grün, Zink und Indium blau). Wird die gefärbte Flamme vor den Spalt des Spektroskops gebracht, so zeigt Natrium eine gelbe (aus zwei dicht aneinander liegenden bestehende) Linie an der Stelle D, Lithium eine rote und eine schwach gelbe, Thallium eine grüne, Caesium zwei blaue, Indium eine indigo, Baryum eine Anzahl breiter roter und grüner Linien, Strontium mehrere rote, eine orange und eine blaue Linie u. s. w., jedesmal an den diesen Farben entsprechenden Stellen des Spektrums. Indes geben verschiedene Verbindungen eines Elementes nicht ganz die gleichen Spektra. (A. Mitscherlich.)

488. Leitet man den Funkenstrom eines Induktionsapparates oder einer Holtz'schen Maschine durch ein sehr verdünntes Gas, das in eine Röhre eingeschlossen ist (277), so leuchtet dasselbe, besonders da, wo die Röhren eng sind (Geifsler'sche Röhren, Spektralröhren, Gassiot 1854). Stellt man solche Röhren vor

Dispersion des Lichtes. 303

den Spalt des Spektralapparates, so erscheinen die Gasspektra in hellen Linien, bald auf dunklem Grunde, bald auf einem schwächer gefärbten kontinuierlichen, von mehr oder weniger stark gefärbten Streifen durchzogenen **Bandenspektrum**. (Plücker 1858, Hittorf, Wüllner, Ångström u. A.)

In die beiden Enden der Röhre sind Platin- oder Aluminiumelektroden eingeschmolzen, zwischen denen der Strom übergeht. Im luftverdünnten Raum zeigt sich an der negativen Elektrode ein bläuliches Glimmlicht, an der positiven ein kleiner Lichtstern; in der Röhre wechseln hellere und dunklere Schichten. Der Unterschied beider Pole sowie die Bildung von Ozon weisen darauf hin, daſs die Entladung in Gasen ein elektrolytischer Vorgang ist. (Schuster.) Bei Bestrahlung der (negativen) Elektrode eines Induktionsapparates wird die Luft leichter von Funken durchbrochen als im dunkeln Raume (Hertz 1887).

Die verschiedenen Gase leuchten mit charakteristischen Farben. Im Spektralapparat betrachtet zeigt der Sauerstoff bei sehr groſser Verdünnung ein Bandenspektrum, bei geringerer zahlreiche helle Linien auf dunklem Grunde, bei noch gröſserem Druck die hellen Linien auf kontinuierlichem Spektrum. Stickstoff verhält sich ähnlich; Wasserstoff zeigt bei Funkenentladung drei helle Linien: H_α an der Stelle C, H_β bei F und H_γ kurz vor G. Geht nur eine Büschelentladung vor sich, so ist das Spektrum kontinuierlich und nur von schattierten Banden durchzogen. Das Bandenspektrum entspricht also einer dicken, das Linienspektrum einer äuſserst dünnen Gasschicht. (Wüllner.)

489. Ist die Verdünnung des Gases in einer Spektralröhre sehr weit getrieben, so geht der Lichtstrom nicht mehr auf beliebigen, der Gestalt der Röhre folgenden Wegen von einer Elektrode zur anderen, sondern er geht geradlinig von der negativen Elektrode aus, bis er gegen die Glaswand trifft. (Hittorf 1869, Crookes 1879.)

Von einer konkaven negativen Elektrode a geht das Licht nicht nach b, sondern wird auf die gegenüberliegende Glaswand geworfen, auf welcher es Fluorescenzlicht erzeugt (500). Befindet sich auf dem Wege des Lichtes ein undurchsichtiger Körper, so entsteht hinter demselben ein Schatten. Crookes hat diese Erscheinungen durch Annahme eines vierten Aggregatzustandes, strahlender Materie, erklären wollen. Wahrscheinlicher erklären sie sich dadurch, dafs das Licht von Teilchen herrührt, welche von der negativen Elektrode losgerissen und mit grofser Gewalt fortgeschleudert werden. (Gintl.)

e) **Absorption und Emission von Licht- und Wärmestrahlen.**

490. Die Strahlen, welche auf die Oberfläche eines Körpers fallen, können von demselben reflektiert, oder durchgelassen, oder absorbiert werden. Körper, welche das Licht gar nicht (oder nur in sehr dünnen Schichten) hindurchlassen, heifsen undurchsichtig. Die Farben der Strahlen, welche ein Körper reflektiert oder hindurchläfst, bedingen seine Körper-Farbe. Eine Oberfläche, welche alles auf sie fallende Licht diffus (d. h. nach allen Richtungen zerstreut) reflektiert, heifst weifs; eine solche, welche nur gewisse Strahlen diffus reflektiert, farbig; eine solche, welche gar keine Strahlen diffus reflektiert, schwarz. Durchsichtige Körper heifsen farblos, wenn sie alle Strahlen, farbig, wenn sie nur bestimmte Strahlen hindurchlassen.

Welche Farben ein Körper reflektiert oder durchläfst, wird erkannt, indem man ein Sonnenspektrum auf ihn fallen läfst. Eine Oberfläche kann die Farbe, nach welcher sie genannt wird, nur dann zeigen, wenn sie von Strahlen dieser Farbe getroffen wird. Ist das nicht der Fall, so erscheint sie schwarz. Anders gefärbte Strahlen absorbiert sie, wenn sie nicht spiegelt. Ein durchsichtiger Körper absorbiert diejenigen Farben, welche er nicht durchläfst. Hat ein Körper diejenigen Strahlen absorbiert, welche ein zweiter durchlassen könnte, so geht durch beide hintereinander gar kein Licht; geht umgekehrt durch zwei hintereinander liegende Körper irgend ein farbiges Licht, so mufs dasselbe von einem jeden derselben einzeln durchgelassen werden, z. B. das rote Licht, das von grünen Pflanzen ausgeht, durch ein gelb- und ein blaugefärbtes Glas. (Erythroskop: Simler, Lommel.) Durch eine blaue Cyaninlösung erscheint das Gaslicht, das wenig blaues, aber viel rotes und gelbes Licht aussendet, grellrot.

Absorption und Emission von Licht- und Wärmestrahlen.

491. Betrachtet man das durch einen farbig durchsichtigen Körper gegangene Licht durch ein Prisma, so zeigt das entstandene Spektrum an den Stellen, welche dem absorbierten Lichte entsprechen, dunkle Absorptionsstreifen. Auch das Licht, welches durch ein farbiges Gas (Untersalpetersäure, Jod) gegangen ist, erzeugt ein solches, von vielen dunklen Linien durchzogenes, Absorptionsspektrum. (Brewster 1813.) Selbst farblose Gase (Wasserdampf) zeigen Absorptionslinien, so dafs einige der dunklen Linien im Sonnenspektrum durch Lichtabsorption beim Durchgang durch die Atmosphäre entstanden sind (Wasserlinien).

Man untersucht die Absorptionsspektra, indem man die absorbierenden Körper (wenn sie flüssig sind, in Gefäfsen mit planparallelen Glaswänden) vor den Spalt des Spektroskops stellt. Die Lösungen stark färbender Stoffe (Anilinfarben) zeigen starke dunkle Absorptionsstreifen; Chlorophyllösung löscht alles Blau aus, zeigt aber abwechselnd helle und dunkle Streifen in den anderen Farben, namentlich ein äufserstes Rot; sehr verdünntes Blut zeigt zwei dunkle Streifen zwischen D und E. Kobaltglas löscht alles Gelb aus, läfst aber Blau und Rot durchgehen.

Man kann die Gröfse der Absorption mit dem Spektralapparat messen (Quantitative Spektralanalyse, Preyer, Vierordt 1873). Der Spalt wird durch einen Doppelspalt ersetzt, d. h. zwei übereinander stehende Spalte, deren Weite man verändern kann. Man setzt den absorbierenden Körper vor den einen Spalt und verengt den anderen so lange, bis beide Bilder gleich hell erscheinen.

492. Das Emissionsvermögen eines Körpers für bestimmte Strahlen ist seinem Absorptionsvermögen für dieselben proportional. (Kirchhoff 1860.)

Eine Natriumflamme sendet Licht aus, welches im Spektralapparat eine gelbe Linie D erzeugt. Läfst man durch die gelbe Flamme die Strahlen eines weifsglühenden Körpers (Drummond'sches Licht) gehen, so erscheint an Stelle der gelben Linie die schwarze Fraunhofer'sche Linie D (Umkehrung des Spektrums). Kirchhoff schlofs daraus, dafs die vom glühenden Sonnenkörper ausgehenden Strahlen durch eine Atmosphäre glühender Dämpfe hindurchgehen, welche gewisse Strahlen absorbieren, weil sie selbst fähig sind, dieselben auszusenden, z. B. die Strahlen des Natriumlichtes. Deshalb ist das Sonnenspektrum von dunklen Linien durchzogen (482);

welche auf die Anwesenheit der Dämpfe von Natrium, Kalium, Magnesium, Calcium, Nickel und Eisen in der Sonnenatmosphäre, aber auf die Abwesenheit des Siliciums in derselben schliefsen lassen.

493. Aufser den dem Auge sichtbaren Strahlen enthält das Spektrum noch unsichtbare, und zwar werden nach dem jenseits des Roten liegenden Ende Wärmestrahlen (224) gebrochen, deren Wellen also länger sind, als die des roten Lichtes (W. Herschel 1800), nach dem jenseits des Violetten liegenden Ende ultraviolette Strahlen. (Ritter 1801.)

Melloni (1831) bestimmte die Ausdehnung des Wärmespektrums, indem er sich eines Prismas von Steinsalz (496) bediente und die gebrochenen Strahlen auf eine Thermosäule (349) fallen liefs. Die Wärme beginnt im Grünen merklich zu werden, wächst nach dem Roten hin, und erreicht erst jenseits desselben ein Maximum. Lichtwellen von der Länge, bei der sie grün, gelb, orange, rot und ultrarot genannt werden, wirken also wärmend. Da die verschiedenen Wärmestrahlen verschiedene Brechbarkeit zeigen, so haben sie verschiedene Wärmefarbe. Auch im dunklen Wärmespektrum zeigen sich Fraunhofer'sche Linien.

Die ultravioletten Strahlen können durch gehörige Abblendung des übrigen Lichtes als lavendelblau weit über das Violette hinaus sichtbar gemacht werden. (Helmholtz.) In dem auf photographischem Wege fixierten Bilde des Spektrums (Draper 1873) treten zahlreiche Fraunhofer'sche Linien auf, deren bedeutendste die weiteren Bezeichnungen bis U erhalten haben. (E. Becquerel.) Die ultravioletten Strahlen können durch Fluorescenz (500) sichtbar gemacht werden. Zur Herstellung des brechbarsten Teiles des Spektrums mufs man Linsen und Prismen von Quarz anwenden, da Glas diese Strahlen absorbiert.

494. Das Reflexionsgesetz gilt für dunkle Strahlen, wie für leuchtende.

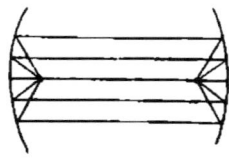

jugierte Brennspiegel.

Die von einem Hohlspiegel reflektierten Sonnenstrahlen, oder die aus dem Brennpunkt eines Hohlspiegels kommenden, durch Reflexion parallel gemachten und nach einem zweiten Hohlspiegel gesandten Strahlen einer beliebigen Quelle konzentrieren sich im Brennpunkt. (Konjugierte Brennspiegel. Pictet 1790.) In Bezug auf die diffuse

Reflexion der dunklen Wärme unterscheiden sich die Flächen wie in Bezug auf die des Lichtes (490). (Knoblauch.)

495. Die Proportionalität zwischen Emission und Absorption besteht auch für die dunklen Wärmestrahlen.

Wärme wird am stärksten von dunklen und rauhen Oberflächen (Kienrufs), am schlechtesten von blanken und hellen (poliertem Silber) sowohl ausgestrahlt, als absorbiert. (Leslie 1804.) Zu Versuchen über Ausstrahlung wendet man den Leslie'schen Würfel an, einen Blechwürfel, welcher mit heifsem Wasser oder Dampf gefüllt wird und dessen Oberflächen mit verschiedenen Stoffen bedeckt werden. Zu Absorptionsversuchen kann man ein Differentialthermometer (158), dessen Kugeln ebenfalls verschiedene Überzüge erhalten, oder eine Thermosäule (349) anwenden.

496. Die Wärmestrahlen werden von verschiedenen Körpern in sehr verschiedenem Grade durchgelassen. Körper, welche die Wärme keiner Quelle hindurchlassen, heifsen **atherman** oder **undurchwärmig**, solche, welche Wärmestrahlen hindurchlassen, **diatherman** oder **durchwärmig**, und zwar **wärmefarblos**, wenn die Wärme aller Quellen gleich gut durch sie hindurchgeht, **wärmefarbig**, wenn die Wärme einer Quelle besser hindurchgeht, als die einer anderen.

Eine Glasplatte läfst das Licht eines Ofenfeuers hindurch, hält aber die Wärme gröfstenteils zurück. (Mariotte.) Die Versuche über Durchwärmigkeit werden mit Mellonis Apparat (1834) angestellt. Derselbe besteht aus einer Wärmequelle (einer Lampenflamme, einem glühenden Metall oder Leslie'schen Würfel), mehreren Blechschirmen, welche nach Bedürfnis entfernt werden können, und der Thermosäule mit Galvanometer. Zeigt das letztere bei direkter Bestrahlung der Thermosäule eine Erwärmung $=100$ an, so geht durch eine Steinsalzplatte, die in den Lauf der Strahlen eingeschaltet wird, ohne Rücksicht auf die Beschaffenheit der Wärmequelle die Wärmemenge 92, durch Alaun je nach der Beschaffenheit der Quelle 2 bis 9. Steinsalz ist also stark durchwärmig und wärmefarblos, Alaun wenig durchwärmig und wärmefarbig. Farblos sind auch Sylvin und Schwefelkohlenstoff. Wärmestrahlen, welche durch einen Körper hindurchgegangen sind, werden von einem zweiten, der nur für Wärmestrahlen anderer Wellenlänge durchwärmig ist, zurückgehalten (490). So zeigen sich Alaun und Turmalin verschiedenfarbig; während durch Alaun 9, durch Turmalin

18 Teile der Wärmemenge 100 gehen würden, geht durch beide hintereinander nur 1 Teil.

Wärmestrahlen, welche von einer Quelle höherer Temperatur ausgehen, enthalten brechbarere Wellen.

Durch Brechung in einer Linse werden dunkle Wärmestrahlen wie Lichtstrahlen konzentriert (Brennglas). Am besten werden Sammellinsen für diesen Zweck aus Steinsalz gemacht, doch kann man auch ganz undurchsichtige Körper (eine mit einer Auflösung von Jod in Schwefelkohlenstoff gefüllte Kugel) dazu wählen.

f) **Verwandlungen der Energie der Licht- und Wärmestrahlen.**

497. Durch die Unterschiede in der Absorption der Wärmestrahlen können mechanische Bewegungen hervorgebracht werden.

Das Radiometer oder die Lichtmühle (Crookes 1874) ist ein leicht drehbares Rad, welches leichte Platten (von Aluminium, Holundermark, Glimmer) trägt, die auf einer Seite geschwärzt sind, und zwar alle nach derselben Drehrichtung hin. Das Rad befindet sich in einem Glase, das ein sehr verdünntes Gas enthält. Wird es bestrahlt, so dreht es sich, die nicht geschwärzten Flächen vorangehend. Man kann die Erscheinung durch eine zwischen den Plättchen und der Glashülle stattfindenden Abstofsung erklären, welche auf der geschwärzten Seite kräftiger ausfällt, weil von dieser die in Bewegung befindlichen Gasmolekeln schneller und also häufiger zurückgeworfen werden, wodurch der Druck auf diese Flächen vergröfsert wird (195).

498. Die Lichtstrahlen, welche von einem Körper absorbiert werden, können in demselben eine veränderte Form der Energie annehmen.

Dunkle Wärmestrahlen können den Körper zum hellen Glühen bringen, z. B. im Brennpunkt der Jod-Schwefelkohlenstofflinse (nach Tyndall Kalorescenz). Lichtstrahlen erwärmen umgekehrt einen Körper. Lichtstrahlen, sowohl sichtbare als unsichtbare, können in chemische Energie umgewandelt werden (Photographie); die Körper können durch Absorption von Licht selbstleuchtend werden und zwar auf längere Zeit nach Aufhören der Beleuchtung (Phosphorescenz) oder während der Dauer der Beleuchtung (Fluorescenz).

499. Die **Phosphorescenz** besteht darin, daſs ein (fester oder gasförmiger) Körper Lichtstrahlen absorbiert und, nachdem die Bestrahlung aufgehört hat, zu leuchten fortfährt. Die Farbe des Phosphorescenzlichtes ist abhängig von der Natur des phosphorescierenden Körpers; sie ist von geringerer Brechbarkeit als das erregende Licht.

Starke Phosphorescenz zeigen: Schwefelverbindungen der alkalischen Erdmetalle, Bologneser Leuchtstein (Schwefelbaryum, Cascariolo 1604), Diamant. Das violette und ultraviolette, daher auch das elektrische Licht rufen die Phosphorescenz am stärksten hervor (Geiſsler'sche Phosphorescenzröhren); das Nachleuchten geschieht aber oft mit anderen, von der Natur des phosphorescierenden Körpers abhängigen Farben. Zur Untersuchung von Körpern, welche nur sehr kurze Zeit nachleuchten, sowie zur Untersuchung des Einflusses der Beleuchtungsdauer auf die Phosphorescenz hat E. Becquerel das **Phosphoroskop** konstruiert, bestehend aus zwei rotierenden, mit Spalten versehenen Scheiben, durch deren eine der Körpers schnell hintereinander seine Beleuchtung erhält, während er durch die andere das Nachleuchten zeigt. Einige Stoffe phosphorescieren durch Erwärmung, z. B. einige Fluſsspate (Chlorophan) und der Diamant.

500. Viele (feste und flüssige) Körper absorbieren Lichtstrahlen bis zu einer gewissen Tiefe unter der Oberfläche, welche dadurch selbst leuchtend erscheint, aber mit anderer Farbe, als der natürlichen Farbe des Stoffes und der der Lichtquelle. Diese Erscheinung heiſst **Fluorescenz.** (Brewster 1845.)

Die Fluorescenzfarbe ist violett bei Fluſsspat, blau bei Chininsulfat, Äsculinlösung und Petroleum, grün bei Morinlösung mit Alaun und bei alkoholischer Lackmuslösung, gelbgrün bei Uranglas, Fluorescein und Platincyanbaryum, grüngelb bei Eosin, gelb bei Magdalarot, rot bei Chlorophyll (Blattgrün). Die Wellenlänge des Fluorescenzlichtes ist nach Stokes (1853) stets gröſser, als die des erregenden Lichtes; deshalb erregen die brechbarsten Strahlen (elektrisches Licht) besonders starke Fluorescenz. Läſst man daher ein Farbenspektrum auf einen fluorescierenden Stoff fallen und betrachtet es durch ein Prisma, dessen brechende Kante der Länge des Spektrums parallel ist (477), so zeigt sich aus dem (schief erscheinenden) Hauptspektrum ein deriviertes ab, in dem die Farben in der gewöhnlichen Ordnung der Längsrichtung des ursprünglichen Spektrums parallel laufen und das im Ganzen dem ursprünglichen Spektrum näher liegt, wodurch die Verringerung der Brechbarkeit in den fluorescierenden Strahlen bewiesen ist. Nach Lommel giebt es indes auch Körper, in denen durch längere Wellen die Fluorescenz erregt wird (Fluorescenz erster Art, z. B. Chlorophyll, Eosin); die meisten Körper folgen dem Stokes'schen Gesetz (Fluorescenz zweiter Art, z. B. Chinin, Äsculin); noch andere haben ein zusammengesetztes Fluorescenzspektrum: ein weniger brechbares erster Art, und ein brechbareres zweiter Art. (Zusammengesetzte Fluorescenz, z. B. Lackmus.) Die Körper der ersten und dritten Klasse sind stark gefärbt und geben starke Absorptionsstreifen (491). Die einzelnen Farbensorten erregen in einem Körper um so stärkere Fluorescenz, je stärker sie absorbiert werden, so dafs der durch ein Spektrum beleuchtete Körper an denselben Stellen Maxima der Fluorescenz zeigt, an welchen das durch ihn hindurchgegangene Licht im Spektralapparate Maxima der Absorption zeigen würde. (Hagenbach.) Das Licht, mit dem ein Körper fluoresciert, ist ihm eigentümlich und nicht von der Farbe des erregenden abhängig, so dafs man sagen kann: der Körper fluoresciert mit denjenigen Schwingungen, welche seinen Molekeln eigentümlich sind, sobald er durch eine Schwingungsart angeregt wird. (Vgl. 413.)

501. In Körpern, welche sehr stark Licht absorbieren, kann (durch den Einflufs der körperlichen Molekeln auf die Schwingungen der Äthermolekeln) eine **anomale Dispersion** in der Weise eintreten, dafs die Folge der Farben des Spektrums verändert wird.

Bei Fuchsinlösung wird der Brechungsindex für grünes Licht so grofs, dafs schon bei senkrechtem Einfall totale Reflexion eintritt. Das anomale Spektrum enthält daher gar kein Grün, der Brechungsindex ist für rot 1,45, für gelb 1,52, für blau 1,34, für violett 1,37. (Christiansen 1870.) Die Eigenschaft der anomalen Dispersion kommt den Auflösungen aller Körper zu, welche **Oberflächenfarben** zeigen, d. h. welche im diffusen Lichte eine andere Farbe haben, als im durchgelassenen, weil für diese Oberflächenfarbe unter allen Einfallswinkeln totale Reflexion stattfindet (462). (Anilinfarben, Cyanin, Carthamin, Indigo.) Im Absorptionsspektrum solcher Lösungen fehlt daher immer die Oberflächenfarbe des Stoffes. Wie bei den Fluorescenzversuchen kann man aus einem normalen

Spektrum durch ein anomal brechendes Prisma die Farben ihrem veränderten Brechungsindex gemäfs ablenken. (Kundt.)

502. Das Licht veranlafst oder befördert manche chemische Prozesse. Auf einen jeden Stoff kann nur solches Licht chemisch einwirken, welches von demselben absorbiert wird.

Da in vielen Fällen die chemische Wirkung der violetten und ultravioletten Strahlen besonders stark ist, so hat man diese letzteren vorzugsweise die chemisch wirkenden (aktinischen) genannt. Manche Prozesse gehen aber unter der Einwirkung anderer Strahlen vor sich, z. B. entwickelt sich das Chlorophyll in den Pflanzen überhaupt nur unter dem Einflusse des Lichtes, im besonderen aber des roten Lichtes, welches vom Chlorophyll stark absorbiert wird (491). Chlor und Wasserstoff, zu gleichen Raumteilen miteinander gemischt, verbinden sich im Dunklen nicht miteinander, unter dem Einflufs des Tageslichtes allmählich, unter dem des direkten Sonnenlichtes plötzlich. Blaues und violettes Licht wirken wie weifses, gelbes ist unwirksam. (Seebeck d. Ä.) Silbersalze werden durch das Licht, besonders wenn organische Stoffe ihnen beigemengt sind, geschwärzt. Unter gewöhnlichen Umständen ist hier das blaue bis ultraviolette Licht das wirksamste. Mischt man aber dem Silbersalze (Bromsilber) einen Körper bei, der anderes Licht absorbiert (Anilingrün), so wirken auch weniger brechbare Strahlen chemisch auf dasselbe. (Vogel.)

503. Auf der chemischen Wirkung des Lichtes beruht die Photographie.

Die Daguerreotypie (Photographie auf Metall, Nièpce 1827, Daguerre 1838) erzeugt in einer Camera obscura (504) das reelle Bild eines Gegenstandes auf einer mit Jod- und Bromdämpfen empfindlich gemachten Silberplatte. Ehe das Bild eine sichtbare Veränderung der Platte hervorgebracht hat, werden Quecksilberdämpfe auf dieselbe niedergeschlagen, welche nur auf den vom Lichte angegriffenen Stellen haften. Die weitere Einwirkung des Lichtes wird durch Waschen mit Natriumhyposulfit unterbrochen und zuletzt eine dünne Goldschicht auf die Platte niedergeschlagen.

Die Photographie auf Papier (Talbot 1839) erzeugt zuerst ein negatives Bild des Gegenstandes (auf dem das Helle dunkel, das Dunkle hell erscheint), gewöhnlich auf Glas, das mit einer Brom- und Jodkalium enthaltenden Kollodiumschicht bedeckt ist. Diese Platte kommt in ein Bad von Silbernitrat und wird dann in der Camera obscura dem Lichte exponiert. Noch ehe ein Bild sichtbar ist, wird die Platte herausgenommen; um das Bild zu entwickeln, wird sie mit der Lösung eines Eisensalzes übergossen, das hervortretende Bild durch Übergiefsen mit Pyrogallussäure und Silbernitrat verstärkt und, um es vor weiterer Lichteinwirkung zu bewahren, mit Cyankalium oder Natriumhyposulfit fixiert. Die beschriebenen Operationen geschehen in gelber oder roter Beleuchtung. Um das positive Bild zu erhalten, wird ein mit Kochsalz und Silbernitratlösung benetztes und dann getrocknetes Papier (oder wieder ein präpariertes Glas) hinter das negative Bild gelegt und dem Lichte ausgesetzt, wodurch hinter jeder hellen Stelle eine dunkle entsteht. Das positive Bild wird in einer Goldlösung getönt, mit Natriumhyposulfit-Lösung fixiert, ausgewaschen, getrocknet und geglättet. Die Negativplatten können längere Zeit vor dem Gebrauch hergestellt und im Dunkeln aufbewahrt werden. Die mit einer Eiweifs- und einer Bromsilberkollodiumschicht bedeckten Glasplatten werden mit einem Präservativ übergossen und getrocknet. Vor der Entwickelung, die wie sonst erfolgt, mufs der schützende Überzug abgelöst werden. (Emulsionsverfahren mit Trockenplatten.)

In einer photographischen Abbildung des Sonnenspektrums treten die weniger brechbaren Farben gar nicht auf, wenn zum Kollodium nicht die 502 erwähnten Zusätze gemacht sind. Das Bild beginnt mit dem Grünen, setzt sich aber weit über das Violett hinaus fort, und ist von zahlreichen Fraunhofer'schen Linien durchzogen. (Vgl. 493.)

Die Photographie wird zur Selbstregistrierung meteorologischer, magnetischer und anderer Beobachtungen, die Momentphotographie insbesondere zur Erkennung von Bewegungsvorgängen benutzt.

g) Das Auge und die optischen Instrumente.

504. Die Camera obscura ist ein dunkler Raum, der zur Auffangung reeller, durch eine Linse erzeugter Bilder dient (473, 474).

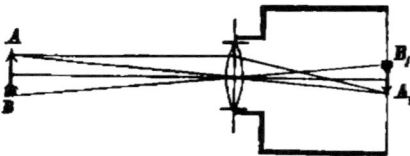

Der Gegenstand AB mufs immer aufserhalb der Brennweite der Linse stehen, das Bild $A_1 B_1$, ist umgekehrt, seine Gröfse hängt von der Entfernung des Gegenstandes ab. Die auffangende Platte (mattes Glas) kann gegen die Linse verschoben werden, bis das deutliche Bild entsteht. Zur Verminderung der sphärischen Aberration wird die Linse (das Objektiv) aus zwei hintereinander stehenden Linsen zusammengesetzt, deren Entfernung voneinander verändert werden kann (476). Sollen die Bilder aufrecht erscheinen (was für die Photographie unnötig ist), so werden die Strahlen nach der Brechung durch die Linse durch ein total reflektierendes Prisma geleitet. Auch kann ein solches Prisma sphärisch gekrümmte Flächen erhalten, so dafs es den Zweck der Linse und des Prismas in sich vereinigt. (Prismenlinse.)

505. Das Auge entwirft nach dem Principe der Camera obscura reelle Bilder von den gesehenen Gegenständen. (Keppler 1604.)

Es besteht aus zwei, durch eine häutige Linse, die Kryställlinse l, voneinander getrennten Räumen, welche nahezu die Gestalt von Kugelabschnitten haben. Vor der Linse liegt die Regenbogenhaut (Iris) i, welche als Blendung dient, und nur durch ein Loch in der Mitte, die Pupille p, Licht in das Auge fallen läfst und sich bei stärkerem Licht zusammenzieht. Der vordere Abschnitt ist durch die durchsichtige Hornhaut (Cornea) c geschlossen und mit wässriger Flüssigkeit (Humor aqueus) gefüllt. Der gröfsere Abschnitt enthält den Glaskörper (corpus vitreum) g und ist von innen nach aufsen umschlossen durch die Netzhaut (retina) r, die Gefäfshaut (chorioidea) ch und die Sehnenhaut (sclerotica) s. Die Bilder entstehen durch Lichtbrechung in sämtlichen durchsichtigen Augenmedien, man kann sich aber dieses komplizierte optische System durch eine einzige brechende Linse (Listings schematisches Auge 1845), oder eine brechende Fläche (Listings reduziertes Auge) ersetzt denken. Die Bilder werden auf der Netzhaut aufgefangen und erzeugen auf der lichtempfindlichen, im Leben und kurz nach dem Tode rotgefärbten Schicht derselben, dem Sehpurpur (Boll 1876, Kühne), photographische Abbildungen (Optogramme), welche am frisch getöteten Tiere nachweisbar sind, am lebenden aber schnell wieder verschwinden. Durch den Sehnerv n werden die empfangenen Eindrücke dem Gehirn zum Bewufstsein gebracht. Bilder, welche auf die Ansatzstelle des Sehnerven fallen, werden nicht wahrgenommen. (Mariottes blinder Fleck.) Fast in der Mitte der Netzhaut liegt der gelbe Fleck m und in dessen Mitte die Netzhautgrube.

506. In der Ruhelage entwirft das Auge nur die Bilder entfernter Gegenstände auf der Netzhaut. Um die Bilder naheliegender Gegenstände auf derselben zu erhalten, muſs der Vorgang der Accomodation stattfinden.

Die beiden Knotenpunkte (474) des Auges liegen in der Linse nahe vor der Hinterwand, die Hauptpunkte ungefähr in der Mitte der vorderen Augenkammer. Man darf statt dieser vier Punkte einen mittleren Knotenpunkt und einen mittleren Hauptpunkt annehmen (reduziertes Auge). Aus unendlicher Ferne kommende Strahlen konzentrieren sich im Brennpunkt auf der Netzhaut. Ein näher liegender Punkt giebt dann sein Bild hinter der Netzhaut. Die Accomodation besteht nach Helmholtz darin, daſs die Spannung, in welcher sich die Linse durch ihre Umgebung befindet, durch die Kontraktion eines Muskels (Brücke'sche oder Ciliar-Muskel) aufgehoben, dadurch die Vorderfläche der Linse stärker gekrümmt und vorgeschoben, die Hinterfläche nur stärker gekrümmt wird. Dadurch rückt der Brennpunkt des Systems vor, der Hauptpunkt zurück, der Knotenpunkt vor und die Bilder fallen wieder auf die Netzhaut. Das Bild eines Punktes auf der Netzhaut liegt auf einer Geraden mit dem Punkte und dem Knotenpunkt. Dies ist eine Richtungslinie des Sehens. Fällt das Bild des Punktes auf die Netzhautgrube, so heiſst das Sehen: direktes Sehen, und die Richtungslinie heiſst: Gesichtslinie.

507. Wenn auf der Netzhaut kein scharfes Bild eines Punktes entworfen wird, so bildet der Durchschnitt des vom Punkte ausgehenden Strahlenkegels mit der Netzhaut einen Zerstreuungskreis.

Da das Auge nie nahe und ferne Punkte zugleich deutlich sieht, so besteht das Visieren nur darin, daſs man die Mittelpunkte der Zerstreuungskreise, welche die anvisierten Punkte entwerfen, zur Deckung bringt (vgl. 524). Stellt man vor dem Auge einen Schirm mit sehr kleiner Öffnung auf, so kann man auch Punkte deutlich sehen, auf welche das Auge nicht accomodiert ist, weil nur so nahe aneinander liegende Strahlen die Netzhaut treffen, daſs keine Zerstreuungskreise entstehen können. Sieht man mit einem Auge durch zwei nahe aneinander liegende Öffnungen nach einem Punkte, so erscheint derselbe einfach, wenn das Auge gerade auf ihn accomodiert ist, andernfalls wird er doppelt gesehen, weil sich die von ihm durch beide Öffnungen gehenden Strahlenbündel nicht auf der Netzhaut schneiden. (Scheiners Versuch 1619.)

508. Das normale Auge sieht am bequemsten deutlich in 25 cm Entfernung (Weite des deutlichen Sehens). Bei nicht normalen Augen werden die Bilder durch Brillen auf die Netzhaut gebracht. (Armati Ende des 13. Jahrhunderts.)

Augen, deren Fernepunkt in der Unendlichkeit liegt, und die doch auf nahe Gegenstände accomodieren können, heifsen emmetropisch; solche Augen, welche konvergierend einfallende Strahlen vereinigen können, übersichtig oder hypermetropisch. (Donders.) Kurzsichtige (myopische) Augen brauchen Konkavbrillen, um die einfallenden Strahlen divergenter, übersichtige Konvexbrillen, um dieselben konvergenter zu machen. Mit dem Alter nimmt die Accomodationsbreite, d. h. der Abstand zwischen Fernepunkt und Nähepunkt, ab, das Auge wird presbyopisch und braucht dann zum Sehen in der Nähe ebenfalls Konvexgläser.

509. Alle Bilder, welche auf der Netzhaut entstehen, sind verkehrt. Der Gesichtssinn überzeugt uns nicht von der absoluten Lage der Gegenstände, sondern nur von der relativen Lage der Richtungslinien zu einander. Diese Lage wird genauer ermittelt, indem die Gesichtslinie (506) über die Gegenstände hingeführt wird.

Scheinbare Gröfse eines Gegenstandes (z. B. einer Geraden) ist der Winkel, den die auf gegenüberliegende Grenzpunkte desselben gerichteten Gesichtslinien miteinander bilden.

Gesichtsfeld ist eine Fläche, deren Umfang der geometrische Ort aller Punkte ist, auf welche die äufsersten Richtungslinien eines Auges gleichzeitig gerichtet sind.

Durch den Augenspiegel (Helmholtz 1850) kann man die Bilder auf der Netzhaut beobachten. Derselbe besteht in seiner einfachsten Gestalt aus einer Glasplatte, welche unter 45° gegen die Achse des Auges geneigt vor dasselbe gehalten wird, so dafs von einer seitlichen Lichtquelle auf die Glasplatte fallende Strahlen in das Auge reflektiert werden, dann auf demselben Wege, den sie durch die Augenmedien gemacht haben, aus demselben zurückkehren, und durch die Platte hindurch in das Auge eines Beobachters fallen, der dann mittels einer passenden Brille den Hintergrund des beobachteten Auges erkennen kann.

510. Man sieht mit beiden Augen nur ein Bild eines Punktes, wenn die von demselben durch die Knotenpunkte beider Augen gehenden Strahlen die beiden Netzhautgruben, oder doch korrespondierende Punkte beider Augen, d. h. solche Punkte treffen, welche gleich weit von den beiden Netzhautgruben nach derselben Seite hin liegen. Der geometrische Ort aller Punkte, welche gleichzeitig einfach gesehen werden, heifst der Horopter. Punkte, die aufserhalb desselben liegen, werden doppelt gesehen. Beim Sehen mit zwei Augen tritt das Körperliche dadurch hervor, dafs die Bilder in beiden Augen wegen des Unterschieds der relativen Lage voneinander abweichen (stereoskopisches Sehen). Aus der Stellung beider Gesichtslinien, die nach einem Punkt gerichtet sind, wird dessen Entfernung beurteilt.

Das Stereoskop zeigt jedem Auge einzeln diejenige Ansicht eines Gegenstandes, welche dasselbe von seiner Seite her bekommen würde.

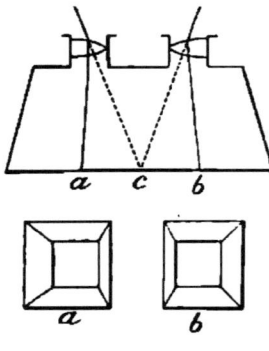

Durch Spiegelung (Wheatstone 1838) oder Brechung in Linsen (Brewster 1844) werden diese beiden Ansichten a und b auf einer Stelle c zur Deckung gebracht und erzeugen so den Eindruck des körperlichen Heraustretens aus der Ebene; z. B. die beiden Bilder a und b den einer abgestumpften Pyramide. Durch Hin- und Herführen der Gesichtslinien über die entsprechenden Punkte beider Ansichten und Beurteilung der Winkel, unter denen diese Linien sich schneiden, wird die stereoskopische Wirkung verstärkt (Brücke). Beim Vertauschen der beiden Bilder a und b verwandelt sich der heraustretende Körper in einen vertieften.

Verschiedenfarbige Linien erscheinen beim stereoskopischen Sehen wegen der mangelnden Achromasie des Auges (512) nebeneinander liegend, verschiedenfarbige Flächen übereinander liegend und deshalb glänzend (vgl. 542). (Dove.)

511. Der erhaltene Lichteindruck verschwindet nicht sofort, sondern hat eine Dauer, welche mit der Stärke des Lichteindruckes wächst.

Die stroboskopischen Scheiben (Stampfer 1833) und das Phenakistoskop (Plateau) bestehen aus Kreisscheiben oder Cylindern, auf welche Bilder eines bewegten Gegenstandes in verschiedenen Stellungen gezeichnet sind. Man betrachtet durch eine gleiche Anzahl von Löchern, welche am Umfange der Scheibe angebracht sind, diese Bilder direkt oder in einem Spiegel, während die Scheibe gedreht wird. Die einzelnen Eindrücke setzen sich dann zusammen und zeigen den Gegenstand bewegt. Dieses Princip wird zur Fixierung rhythmischer Bewegungen benutzt.

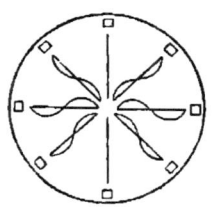

Das Anorthoskop (Plateau 1836) besteht aus zwei Kreisscheiben, deren vordere undurchsichtige, mit einem radialen Spalte versehene, sich auf einer Achse nach einer Richtung, die hintere durchscheinende nach der entgegengesetzten Richtung auf derselben Achse mit n facher Geschwindigkeit dreht. Während jeder Umdrehung der undurchsichtigen Scheibe geht demnach jeder Punkt der durchsichtigen $n+1$ mal an dem Spalte vorüber. Zeichnet man auf die letztere ein Bild, welches in radialer Richtung richtig, in tangentialer $n+1$ mal vergröfsert ist, so sieht man dasselbe in die richtige Gestalt zurückgeführt und zwar $n+1$ mal.

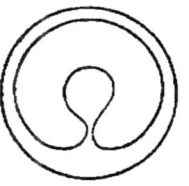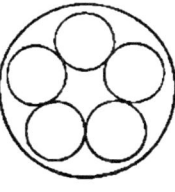

512. Die Wahrnehmung der verschiedenen Farben durch das Auge wird durch die Annahme erklärt, dafs verschiedene Nervenfasern durch Schwingungen von verschiedener Dauer angeregt werden. (Young 1807, Helmholtz 1867.)

Young nimmt an, dafs die Netzhaut drei Arten von Nervenfasern enthält; die Reizung der ersten Art erzeugt die Empfindung des Rot, die der zweiten die des Grün, die der dritten die des Violett. Eine der genannten Farben erregt die eine Nervenklasse stark, die anderen nur schwach; Zwischenfarben erregen die beiden Nachbarnervenklassen mäfsig (z. B. gelb die rot- und grünempfindenden), die anderen schwach. Eine ungefähr gleiche Reizung aller Nerven erzeugt den Eindruck des Weifsen. Der Mangel einer der Nervenklassen bedingt die **Farbenblindheit**.

Das Auge ist nicht vollkommen achromatisch; während z. B. ein Spektrum im Rot scharf begrenzt gesehen wird, erscheint es im Violett verwaschen (vgl. 510).

513. Der Eindruck, den farbiges Licht auf die Netzhaut gemacht hat, verschwindet nicht sogleich, sondern erzeugt **Nachbilder**. (Subjektive Farbenerscheinungen.)

Werden die verschiedenen Nervenfasern nicht gleichzeitig, sondern schnell hintereinander, z. B. mittels eines **Farbenkreisels** (Musschenbroek, Busolt 1833) angeregt, so erzeugt sich ebenfalls der Eindruck der Mischfarbe. Sogar den beiden Augen getrennt dargebotene verschiedene Farben können bei richtiger Lichtstärke zu einer Mischfarbe vereinigt werden (510); im allgemeinen mischen sich aber die Farben beim binokularen Sehen nicht (Wettstreit der Gesichtsfelder).

Hat das Auge lange eine bestimmte Farbe gesehen und sieht dann auf eine weifse (oder graue) Fläche, so ist es für jene Farbe abgestumpft, während der Eindruck der Komplementärfarbe (479) noch vollständig ist. Die Fläche erscheint deshalb in dieser (subjektiven) Farbe. Aus ähnlichen Gründen erscheint eine weifse oder graue Fläche (z. B. ein Halbschatten) in farbiger Beleuchtung komplementär gefärbt. Zwei verschiedene Farben, welche gleichzeitig nebeneinander gesehen werden, erscheinen durch den **Kontrast** so verändert, dafs sich eine jede mehr der Komplementärfarbe der anderen nähert, weil das Auge, welches sich von einer Farbe zur anderen wendet, die komplementäre als Nachbild sieht. Die Dauer des Eindrucks, welchen das Licht auf der Netzhaut hinterläfst, ist für die verschiedenen Farben verschieden, am längsten für das blaue, am kürzesten für das gelbe Licht. Der Eindruck eines weifsen Lichtes wird also bei geschlossenem Auge zuerst ein gelbes, zuletzt ein blaues Nachbild hinterlassen; beim Ansehen einer weifsen Fläche folgen die Farben in umgekehrter Ordnung (Abklingen).

514. Bei gleicher Gröfse erscheinen helle Flächen auf dunklem Grunde dem Auge gröfser, als dunkle Flächen auf hellem Grunde. Diese Erscheinung wird **Irradiation** genannt. (Keppler 1603, Unterschied der dunklen und der hellen Mondhälfte.)

Die Irradiation entsteht nach Plateau (1838) durch das Übergreifen des Netzhautreizes über die wirklich getroffenen Nervenenden, nach Helmholtz (1867) durch die Zerstreuungskreise, welche durch mangelhafte Accomodation und auch bei vollkommener Accomodation durch die sphärische Aberration im Auge gebildet werden.

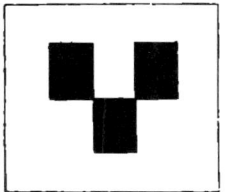

515. Die Camera lucida oder clara dient zur gleichzeitigen Fixierung zweier Punkte mit demselben Punkte der Netzhaut. (Wollaston 1809.)

Ein total reflektierendes Prisma wirft den von einem Punkte a, von dem ein Bild gezeichnet werden soll, kommenden Strahl nach b in die Pupille, in welche zugleich ein Strahl dc von der zeichnenden Spitze am Prisma vorüber geht. Beide Strahlen werden nach demselben Netzhautpunkte konzentriert; man sieht deshalb in d gleichzeitig die zeichnende Spitze und das Bild von a.

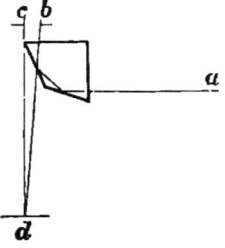

Derselbe Effekt wird durch einen kleinen durchbohrten ebenen oder Hohlspiegel erreicht. (Amici 1823.) Die vom Spiegel aufgefangenen Strahlen des einen Punktes und die durch die Öffnung direkt gehenden des anderen werden nach der gleichen Netzhautstelle gesammelt.

516. Die Lupe (einfaches Mikroskop) ist ein Sammelglas unter der Bedingung, daſs der Gegenstand innerhalb der Brennweite steht. Das Bild ist daher aufrecht virtuell, vergröſsert (473).

Die Vergröſserungszahl v einer Lupe ist das Verhältnis der scheinbaren Bildgröſse zur scheinbaren Gegenstandsgröſse, oder, wenn das Auge dicht an die Lupe gelegt wird, das Verhältnis (Fig. zu 473) $A_1B_1/AB = MB_1/MB$. Hierin ist MB im günstigsten Falle nahezu $= p$ und MB_1 die Weite des deutlichen Sehens $= d$ (508), folglich $v = d/p$.

Die einfache Linse kann durch zwei oder drei hintereinander stehende, durch Blendungen getrennte Linsen ersetzt werden (476).

517. In den Mikroskopen mit reellen Bildern werden die Strahlen der Lichtquelle durch Linsen l auf das durchscheinende Objekt *o* konzentriert, welches aufserhalb der Brennweite der Objektivlinse *l'*, aber nahe am Brennpunkte steht, und deshalb ein verkehrtes, reelles, vergröfsertes Bild *b* liefert, welches auf einer Wand aufgefangen wird.

Die Strahlen kommen von einem Heliostat (Sonnenmikroskop, Lieberkühn 1738), von einem im Knallgasgebläse glühenden Kalkcylinder (Drummond'sches Licht, Hydrooxygengasmikroskop), von einer elektrischen Lampe (Photoelektrisches Mikroskop) oder von einer gewöhnlichen Lampe (Laterna magica, bei besserer Einrichtung Skioptikon). Die Vergröfserung, welche ein solches Mikroskop giebt, folgt aus 473 unmittelbar, sobald die Entfernungen des Gegenstandes und des Bildes bekannt sind; sie ist, da man eine dieser Gröfsen beliebig ändern kann, veränderlich.

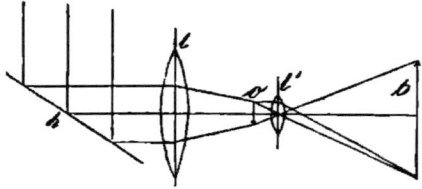

Der erste Apparat, welcher Bilder von durchscheinenden Objekten mittels einer Linse erzeugt, ist von Porta (1553) beschrieben.

518. Die zusammengesetzten optischen Instrumente bestehen aus einem Objektiv, welches ein reelles Bild des aufserhalb seiner Brennweite liegenden Gegenstandes entwirft, und einem Okular, welches ein vergröfsertes virtuelles Bild dieses Bildes in der Weite des deutlichen Sehens giebt. Das Objektiv kann ein Hohlspiegel (452) oder eine Sammellinse (473) sein; das Okular ist in der Regel eine Lupe (516). Gesichtsfeld eines optischen Instrumentes ist der Raum, welcher von der Kegelfläche begrenzt ist, deren Spitze im optischen Mittelpunkt des Objektives liegt und dessen Basis die ihr nächste Linse des Okulars ist.

Die Linsen, welche als Objektive dienen, müssen achromatisch sein (484).

Das Okular besteht aus getrennten Linsen; im Huygens'schen Okular, zwei plankonvexen Linsen, die mit der konvexen Seite gegen das Objektiv gerichtet sind, macht die erste Linse (Kollektivlinse) die Strahlen konvergenter, wodurch ein gröfseres Gesichtsfeld erzielt wird; die zweite wirkt als Lupe gegenüber dem zwischen beiden Linsen entstehenden reellen Bild und macht sowohl die sphärische, als die chromatische Aberration sehr gering, letztere deshalb, weil die in der ersten Linse zerstreuten Strahlen so auf die zweite fallen, daſs die zuerst am schwächsten gebrochenen (roten) Strahlen zuletzt am stärksten gebrochen werden (Fig. zu 519). Bei den Mikrometer-Okularen liegt das reelle Bild noch vor dem Okular, was das Einschalten eines Mikrometers gestattet; das Ramsden-Okular, 2 plankonvexe Linsen mit nach innen gekehrten konvexen Seiten, korrigiert sehr gut die sphärische Aberration (476); im Kellner'schen und orthoskopischen ist die dem Auge nächste Linse eine achromatische; Steinheils monocentr. Okular besteht aus 2 Flint- und einer Crownglaslinse, die zu einem Stück verkittet und deshalb reflexfrei sind.

519. Beim zusammengesetzten Mikroskop liegt der Gegenstand nahe am Brennpunkt des Objektives, das erste, reelle Bild ist also vergröſsert; das Okular, eine Lupe, steht so, daſs das reelle Bild nahe innerhalb seines Brennpunktes liegt. (Jansen 1590.)

Das Objektiv entwirft ein reelles Bild des Gegenstandes b in b_1. Dasselbe kommt aber nicht zu stande, weil die Strahlen durch das erste Glas des Huygens'schen oder Campanischen Okulares cc gebrochen werden und erst in b_2 ein reelles Bild erzeugen, das dann durch das zweite Glas oo (das eigentliche Okular, eine Lupe) betrachtet und nach b_3 versetzt wird. Die Bilder, welche im Mikroskop gesehen werden, sind verkehrt. Wird eine Sammellinse hinter dem ersten reellen Bilde eingeschaltet, so daſs sie wieder ein reelles Bild von diesem Bilde entwirft, so giebt das Mikroskop aufrechte Bilder (Dissektionsmikroskop, Plöſsl). Als Objektiv kann auch ein Hohlspiegel angewandt werden. (Amicis Mikroskop.)

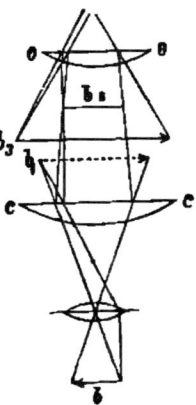

520. Die Vergröſserung, welche ein Mikroskop liefert, ist das Produkt aus der Vergröſserung durch das Objektiv und durch das Okular.

Man miſst die Vergröſserung, indem man durch eine Camera lucida (515) das Bild eines als Objekt dienenden, auf Glas geteilten Maſsstabes (Objektivmikrometer) mit dem Spiegelbilde eines seitlich in deutlicher Sehweite aufgestellten Maſsstabes vergleicht.

Die Vergröfserung kann durch Veränderung der Entfernung des Okulares vom Objektiv (und folglich auch des Objektes vom Objektiv) veränderlich gemacht werden. (Pankratisches Mikroskop.)

521. Bei den Fernrohren steht der Gegenstand weit vom Brennpunkte des Objektives entfernt, so dafs das erste, reelle Bild verkleinert ist. Die Vergröfserung wird also nur durch das Okular hervorgebracht. Ist das Objektiv ein Sammelglas, so heifst das Fernrohr Refraktor.

Das Holländische oder Galilei'sche Fernrohr (Lippershey 1608). Das vom Objekte in O durch das Objektiv entworfene reelle Bild 1 kommt gar nicht zu stande. Die Strahlen werden schon vorher durch das Okular, ein Zerstreuungsglas, aufgefangen und so divergierend gebrochen, dafs sie vom virtuellen Bilde 2 her

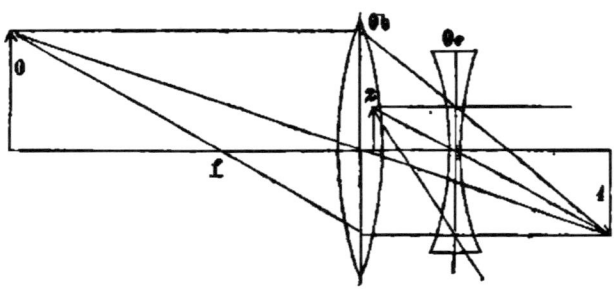

zu kommen scheinen. Das Bild ist aufrecht. Dieses Fernrohr wird vorzugsweise als Theaterperspektiv, Feldstecher (mit mehreren Okularen, die gewechselt werden können) angewandt. Auch Brückes Lupe hat die gleiche Konstruktion, nur ist sie für Objekte eingerichtet, welche nahe am Brennpunkte des Objektives stehen.

Das Keppler'sche oder Himmelsfernrohr (Keppler 1611):

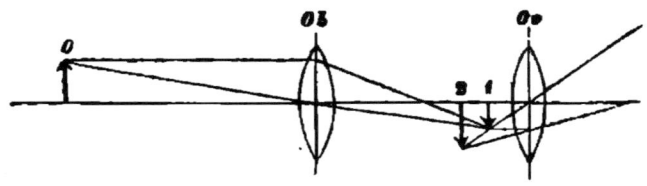

Das reelle Bild 1 kommt zu stande und wird durch das Okular, eine Lupe, betrachtet. Das Bild bleibt verkehrt.

Das Auge und die optischen Instrumente. 323

Dieses Fernrohr dient zu wissenschaftlichen (astronomischen, geodätischen, physikalischen) Beobachtungen, bei denen die verkehrte Stellung des Bildes gleichgültig ist. (Ablesefernrohr, 448.)
Das Erdfernrohr (de Rheita 1665):

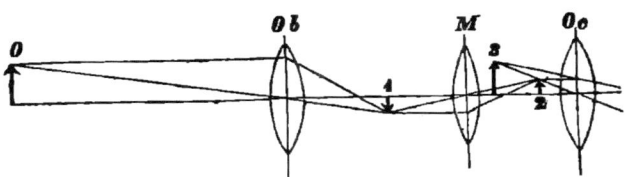

Ein Sammelglas M entwirft vom ersten reellen Bilde 1 ein zweites, ebenfalls reelles 2, das nun aufrecht steht. Durch das Okular, eine Lupe, wird das virtuelle Bild 3 erzeugt, das also auch aufrecht steht.

522. Fernrohre, deren Objektiv ein Sammelspiegel ist, heißen Reflektoren oder Spiegelteleskope.

Gregorys Reflektor (1663). Die Strahlen werden vom parabolischen Hohlspiegel auf einen kleinen elliptischen Hohlspiegel reflektiert, der sie in das, in die durchbohrte Mitte des Objektivspiegels eingesetzte, Okular wirft.

Newtons Reflektor (1663). Die Strahlen fallen vom sphärischen Hohlspiegel a auf einen kleinen, schief gestellten ebenen Spiegel b, der sie in das seitlich angebrachte Okular c wirft.

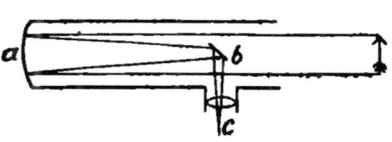

Cassegrains Reflektor (1672). Der sphärische Hohlspiegel ist wieder durchbohrt, der kleine Spiegel aber ist konvex; hierdurch werden die sphärischen Aberrationen beider Spiegel möglichst aufgehoben.

Herschels Reflektor (1795). Der Objektivspiegel ist ein wenig schief gestellt. Man sieht in die vordere Öffnung des Fernrohres direkt hinein durch ein sammelndes Okular.

Die Reflektoren haben den Vorzug vor den Refraktoren, daß sie die chromatische Aberration vollkommen vermeiden. Als Spiegelmaterial dient eine Legierung von Kupfer und Zinn oder auf der Vorderfläche versilbertes (platiniertes) Glas.

523. Die **Vergröfserung** eines Fernrohres ist das Verhältnis zwischen der scheinbaren Gröfse (509) des virtuellen Bildes und der des Gegenstandes.

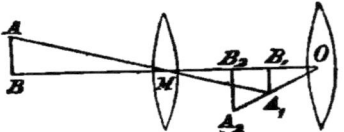

Da der Gegenstand sehr entfernt ist, so kann man die scheinbare Gröfse desselben $= AB/MB = A_1B_1/MB_1$ setzen, die des Bildes ist $A_2B_2/OB_2 = A_1B_1/OB_1$, also die Vergröfserung $= MB_1/OB_1$, oder, da B_1 sehr nahe am Brennpunkte beider Linsen ist, gleich dem Verhältnis der Brennweiten derselben.

524. An Fernrohren und Mikroskopen, welche zu Messungen angewandt werden sollen, mufs eine **Visiervorrichtung** angebracht sein. Sie besteht in einem **Fadenkreuz** (Auzout 1667), welches an derjenigen Stelle des Rohres angebracht ist, an welcher ein reelles Bild des Gegenstandes entsteht (vgl. 518).

Das holländische Fernrohr kann kein Fadenkreuz bekommen, weil in ihm gar kein reelles Bild zu stande kommt. Das Visieren mit Fernrohr oder Mikroskop und Fadenkreuz bringt bestimmte Punkte, nicht nur deren Zerstreuungskreise (507), zur Deckung, nämlich den Kreuzpunkt der Fäden und das Bild des anvisierten Punktes. Statt des Fadenkreuzes wendet man auch zwei einander nahe gegenüberstehende Spitzen an. (Gascoigne 1640.) An derselben Stelle kann auch ein auf Glas geteilter Mafsstab (Okularmikrometer) aufgestellt werden. Indem man die Teilung desselben mit dem Objekte eines Mikroskopes und mit einem zweiten, an der Stelle des Objektes liegenden Mafsstabe (Objektivmikrometer) vergleicht, kann man die wahre Gröfse des Objektes bestimmen.

h) Interferenz.

525. Zwei einfarbige Lichtstrahlen von gleicher Farbe, welche in ein und derselben Richtung (oder auch nahezu in derselben Richtung) laufen, können miteinander interferieren, und zwar verstärken oder schwächen sie sich je nach dem Phasenunterschiede, mit welchem sie zusammentreffen (398). Solche Phasenverschiebungen werden erzeugt durch Reflexion an verschieden geneigten spiegelnden Flächen, durch Brechung an verschieden geneigten brechenden Flächen, durch den Durchgang der Strahlen durch enge Spalten (Diffraktion) oder den Vorübergang derselben an Kanten (Inflexion), und durch die Reflexion an dünnen Blättchen oder den Durchgang durch dieselben.

Die Interferenzerscheinungen wurden entdeckt von Grimaldi (1650) an der Thatsache, dafs, wenn man durch zwei nahe aneinander liegende feine Öffnungen Lichtstrahlen fallen läfst, die beiden Bilder da, wo sie sich decken, ein helles, von dunklen Rändern eingefafstes Feld geben. Als Interferenzerscheinungen wurden dieselben zuerst von Young erkannt (1801) und von Fresnel (1815) weiter untersucht. Die Interferenzerscheinungen lassen sich nicht aus der Emanationstheorie erklären.

526. Fällt das von einem Spalte kommende einfarbige Licht auf zwei unter sehr stumpfem Winkel gegeneinander geneigte Spiegel (Fresnel'sche Spiegel 1822), oder auf zwei unter sehr stumpfem Winkel gegeneinander geneigte Flächen eines dreiseitigen Prismas (Fresnel'sches Prisma), so ist das Spaltbild, welches die reflektierten oder gebrochenen Strahlen auf einem Schirm oder in einem Fernrohr entwerfen, von abwechselnd dunklen und hellen Linien durchzogen. Waren die vom Spalt kommenden Strahlen nicht einfarbig, so sind auch diese Linien (Fransen) verschieden gefärbt.

Ein leuchtender Punkt in A (oder ein Spalt) giebt hinter den beiden Spiegeln zwei leuchtende Bilder a_1 und a_2. Von beiden gehen Wellensysteme aus, die sich kreuzen. Je zwei ausgezogene Kreise stellen Wellen dar, die um eine ganze Wellenlänge voneinander entfernt sind, die punktierten sind von den ausgezogenen um $\frac{1}{2}\lambda$ entfernt. Die beiden Strahlen $a_1 h$ und $a_2 h$ treffen sich in h in gleichen Phasen, verstärken sich also, $a_1 d$ und $a_2 d$ treffen sich in entgegengesetzten, schwächen sich also. 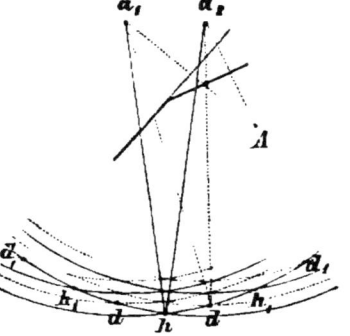 Auf einem auffangenden Schirm erscheinen deshalb abwechselnd helle Bilder (h, h_1) und dunkle (d, d_1). Die Stellen der gröfsten Verstärkung und Schwächung wechseln mit der

Wellenlänge, so daß, wenn das ursprüngliche Licht weiß war, das helle Spaltbild beiderseits von farbigen Fransen umgeben ist.

Ganz ähnlich ist der Vorgang bei einem Prisma mit sehr stumpfem Winkel.

Das Irisieren fein geritzter Flächen entsteht durch Interferenz der an den verschiedenen Kanten reflektierten Strahlen.

527. Fällt ein einfarbiges Lichtbündel auf ein dünnes Blättchen, so wird es je nach der Dicke desselben vollständiger reflektiert, oder vollständiger durchgelassen. Die Reflexion ist am vollständigsten, wenn der Weg des Strahles durch das Blättchen ein ungerades Vielfaches einer Viertelwellenlänge ist, im entgegengesetzten Falle ist der Durchgang am vollständigsten. (Hook 1672.)

Fällt der einfarbige Strahl AB auf die Oberfläche des dünnen Blättchens, so wird er in der Richtung BC gebrochen, geht dann zum Teil in CD weiter, zum Teil aber in CE und EF. Ein mit AB paralleler Strahl GE geht zum Teil auf dem Wege EH, HK durch das Blättchen, zum Teil wird er in EF reflektiert, so daß ein Auge in F einen Wellenzug von A her und zugleich einen von G her erhält. Waren beide in B und E in gleicher Phase, so sind sie, in F anlangend, um $BC + CE$ gegeneinander verschoben, müßten sich also verstärken, wenn BC ein gerades Vielfaches der Viertelwellenlänge, aufheben, wenn es ein ungerades Vielfaches derselben ist. Da aber die Welle bei der Reflexion am dünneren Mittel um eine halbe Länge verzögert wird (402), so tritt das Lichtmaximum ein, wenn BC ein ungerades, das Minimum, wenn BC ein gerades Vielfaches der Viertelwellenlänge beträgt (Young). War das einfallende Licht weiß, so hat der Weg BC für jede einzelne Farbe eine andere Größe, für welche die Lichtmaxima und Minima eintreten. Deshalb erscheint ein dünnes Blättchen in weißem Licht bald mit der einen, bald mit der anderen Farbe, je nach dem Einfallswinkel des Lichtes. Ein Keil mit sehr spitzem Winkel erscheint in einfarbigem Lichte hell und dunkel gestreift, in weißem von farbigen, der Kante parallelen Linien durchzogen.

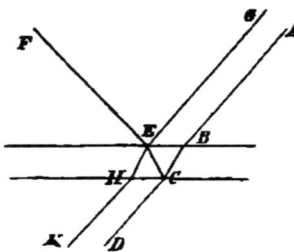

Die Bedingungen für die Interferenzerscheinungen, welche das Licht beim Durchgange durch dünne Blättchen zeigt, werden ähnlich gefunden. Bei beträchtlicher Dicke der Blättchen kann keine Interferenz beobachtet werden, da eine geringe Änderung in der Richtung benachbarter Strahlen schon eine so bedeutende Änderung in dem Gangunterschied hervorbringt, daſs interferierende Strahlen stets mit andern zugleich in das Auge gelangen.

528. Am gewöhnlichsten beobachtet man die Farben dünner Blättchen an Seifenblasen (Boyle 1663) oder an einer planparallelen Glasplatte, auf welche eine plankonvexe mit der konvexen Seite gelegt ist, so daſs sich eine dünne Luftschicht zwischen beiden Platten bildet. Da diese in der Mitte die Dicke 0 hat und nach allen Seiten hin dicker wird, so nimmt die Interferenzerscheinung die Gestalt abwechselnd heller und dunkler Ringe an. (**Newton**'sche Farbenringe 1675.)

Im reflektierten Lichte erscheint die Mitte der Newton'schen Farbenringe schwarz, im durchgelassenen hell. Ist das Licht weiſs, so entsteht im reflektierten Licht folgende Farbenordnung: Mitte schwarz; 1. Ring blau, weiſsgelb, rot; 2. violett, blau, grüngelb, rot; 3. purpur, blau, grün, gelb, rot; alle sehr glänzend; 4. blaſsgrün, blaſsrot. Im durchgelassenen Lichte: Mitte weiſs, alle Ringe den vorgenannten komplementär gefärbt, aber viel lichtschwächer.

Der Abstand der bei einfarbiger Beleuchtung erzeugten dunklen Ringe voneinander folgt daraus, daſs immer $AD^2 = AE \cdot AF$ u. s. w. ist, wobei $AE, AE' \ldots = BD, B'D' \ldots$ der Reihe nach $= \frac{1}{2}\lambda, \lambda, \frac{3}{2}\lambda \ldots$ zu setzen ist.

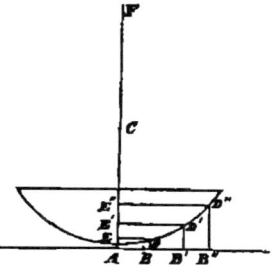

Besteht die planparallele Platte aus zwei Hälften a und b, von denen a denselben Brechungsindex hat, wie die Konvexlinse, b aber einen gröſseren, während der Brechungsindex der Zwischenschicht (Nelkenöl) gröſser ist, als der von a, aber kleiner als der von b, so entstehen in a Halbringe, wie eben beschrieben, in b aber solche mit komplementärer Färbung, weil hier die Reflexion an beiden Grenzen am dichteren Medium stattfindet.

Auf elektrolytischem Wege kann man einen Stoff (z. B. Bleihyperoxyd) auf einer Metallplatte, der eine Spitze als negative Elektrode gegenübersteht, so niederschlagen, daſs in der Mitte der Niederschlag am dicksten, nach den Rändern hin am dünnsten wird. Die dünne Schicht des Niederschlages zeigt dann ebenfalls

Farbenringe. (Nobili'sche Farbenringe 1826.) In diesen Ringen verhalten sich die Dicken der abgelagerten Schichten umgekehrt wie die dritten Potenzen der Radien (Du Bois-Reymond und Beetz).

529. Wenn man die halbe Pupille eines Auges mit einer dünnen Glasplatte bedeckt und dann ein Farbenspektrum betrachtet, so erscheint dasselbe von dunklen Streifen (Talbot'schen Linien) durchzogen.

Ist der Brechungsindex der Glasplatte $= n$, ihre Dicke $= d$, die Wellenlänge in der Luft $= \lambda$, so ist die im Glase $= \lambda/n$ (481). Der Phasenunterschied zweier Strahlen, welche in die Pupille eintreten, ist also $d/(\lambda/n) - d/\lambda = d(n-1)/\lambda$.

530. Geht Licht durch einen engen Spalt, so erleidet es eine **Diffraktion** oder **Beugung**. (Fresnel 1815.) Auf einem auffangenden Schirme sieht man dann ein direktes Bild des Spaltes und zu beiden Seiten desselben **Diffraktionsspektra**.

Ein einfarbiges Lichtbündel, welches auf den Spalt AB fällt, geht direkt nach CD weiter, so dafs hier ein helles Bild des Spaltes entsteht, aufserdem aber sendet der selbst leuchtend gewordene Spalt nach allen Seiten Wellen aus. In einem Bündel $AEBF$ schreiten Wellen in verschiedenen Phasen fort, die Randstrahlen AE und BF sind gegeneinander um BG verschoben, alle zwischenliegenden Strahlen um weniger.

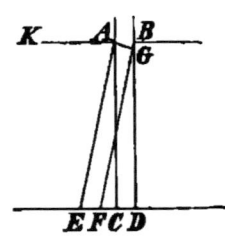

Die Summe des in diesem Bündel noch sichtbar bleibenden Lichtes (welches durch das Auge oder durch ein optisches Instrument wieder zu einem Bild des Spaltes konzentriert wird) hängt von der Weite des Spaltes und von dem Neigungswinkel CAE ab. Ist BG gleich einer Wellenlänge $=\lambda$, so hebt die eine Hälfte der Elementarstrahlen im Bündel die andere Hälfte auf; auf der auffangenden Fläche entsteht daher als Bild des Spaltes ein schwarzer Strich. Ist $BG = 2\lambda$, so entsteht auf der Wand ein zweiter schwarzer Strich u. s. w. Zwischen je zwei schwarzen Strichen erhält das Licht jedesmal ein Helligkeitsmaximum; nach der anderen Seite des Hauptbildes hin wechseln dunkel und hell in symmetrischer Anordnung. War das einfallende Licht von kürzerer Wellenlänge, so liegt EF näher an CD, alle Striche rücken näher an die Mitte. Ist also das einfallende Licht weifs, so entstehen Spektra (Beugungsspektra), in denen das Violett dem weifsen Mittelbilde zugewandt ist, deren Farbenfolge aber die des Dispersionsspektrums ist. Die Gestalt des Spaltes ändert die des Spektrums; an kreisrunden Öffnungen entstehen ringförmige Spektra.

531. Fallen die durch einen Spalt eintretenden Strahlen auf ein enges Gitter, so interferieren die durch die einzelnen Öffnungen desselben gegangenen Strahlenbündel miteinander und erzeugen dadurch wieder Beugungsspektra oder Gitterspektra. (Fraunhofer 1821.)

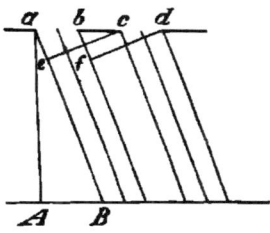

Fällt ein einfarbiges Lichtbündel senkrecht auf das Gitter (Rufsgitter, Drahtgitter, in Glas geritztes Gitter), das aus parallelen Spalten $ab = cd$ u. s. w. besteht, so geht Licht in unveränderter Richtung aA weiter, die einzelnen Gitterspalten werden aber selbstleuchtend und schicken Strahlen nach allen Seiten aus. Ist $ae = bf = \lambda$, so verstärkt der Elementarstrahl ae den ihm parallel von c ausgehenden Elementarstrahl und so jeder folgende den gleichweit entfernten, so dafs die ganzen Strahlenbündel (nach ihrer Vereinigung durch das Auge oder ein optisches Instrument) ein helles Bild des Spaltes liefern. Ist $ae = \lambda/2$, so vernichten sich die ganzen Bündel. Es entstehen also wieder helle Spaltbilder (g, g_1, g_2, g_3) auf dunklem Grunde. War das einfallende Licht weifs, so entsteht eine Reihe von Farbenspektren $\begin{pmatrix} v & r, & v & r, & v & r, \\ 1 & 1 & 2 & 2 & 3 & 3 \end{pmatrix}$, deren erstes auf jeder Seite des weifsen Mittelbildes W ganz frei ist, während die folgenden sich teilweise decken und Mischfarben geben. Die Diffraktionsspektra zeigen alle Eigenschaften der Dispersionsspektra, auch die Fraunhoferschen Linien; die quantitative Anordnung der Farben ist aber in ihnen konstant (Normalspektrum), während sie in den anderen Spektren vom Brechungsindex des Prismas abhängig ist. Durch verschiedene Gestalt des Spaltes und der Gitter-

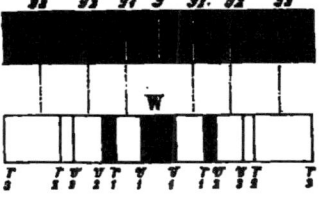

öffnungen werden mannigfach gestaltete Gitterspektren erhalten. (Schwerd 1835.)

532. Aus den beschriebenen Interferenzerscheinungen kann die Wellenlänge λ für eine bestimmte Farbe gefunden werden, und aus dieser und der bekannten Fortpflanzungsgeschwindigkeit des Lichtes (443) die Zahl der Schwingungen z, welche jede Farbe in einer Sekunde macht (396).

Aus der Breite des ganzen Gitters und der Anzahl seiner Striche ist der Abstand zweier Striche voneinander $ac = \delta$ bekannt. Nach 531 ist dann $\lambda = \delta \sin AaB$. Dieser Winkel wird mittels des Goniometers (449) gemessen, auf dessen Mitte das Gitter aufgestellt wird, während der Strahl durch den Kollimator ein- und durch die Fernrohrachse austritt.

Die Interferenzerscheinungen treten auch bei den dunklen Strahlen, den Wärmestrahlen (Seebeck, Knoblauch) und den ultravioletten Strahlen (Esselbach) ein.

Die Messungen der Wellenlängen sind über das ganze Spektrum ausgedehnt worden (Fraunhofer, Ångström, Stefan, Esselbach u. a.) und haben ergeben für λ in Millim., z in Billionen:

		λ	z	(487)		λ	z
äufserste							
dunkle Wärme		0,001940	155	Li	rot	0,000671	448
Linie	B	687	437	Sr	orange	641	468
	D	589	510	Rb	—	630	477
	E	527	570	Na	gelb	589	510
	G	431	697	Tl	grün	553	561
	H	397	754	Sr	blau	461	651
(493)	R	318	944	In	—	451	666
	U	295	1018	In	violett	410	732
(500) el. Bogenlicht		150	2000				

i) Polarisation.

533. Fällt ein Lichtstrahl, welcher von einem nicht metallischen Spiegel (schwarzem Glase, Obsidian) reflektiert worden ist, auf einen zweiten Spiegel derselben Art, so wird der Strahl auch von diesem reflektiert, wenn die Reflexionsebene des zweiten Spiegels dieselbe ist, wie die des ersten (parallele Stellung). Er verschwindet dagegen (vgl. 534), wenn beide Reflexionsebenen senkrecht aufeinander stehen (gekreuzte Stellung), und erscheint geschwächt, wenn beide Ebenen einen anderen Winkel miteinander bilden (Malus 1808). Das Licht

Polarisation. 331

heifst polarisiert und die erste Reflexionsebene die Polarisationsebene.

Zur Erklärung dieser Erscheinung denkt man einen natürlichen Lichtstrahl aus Lichtwellen zusammengesetzt, in denen die Äthermolekeln sich in allen möglichen Ebenen (AA', BB', CC' ...) transversal gegen ihre Gleichgewichtslage O bewegen. Da aber ein jeder Anstofs, z. B. OC, in zwei aufeinander senkrechte Komponenten OD und OE zerlegt werden kann, so kann man statt dessen auch sagen: in einem natürlichen Lichtstrahl schwingen die Äthermolekeln in zwei aufeinander senkrechten Ebenen, und zwar haben beide Wellensysteme gleiche Schwingungsweite, d. h. beide Wirkungen gleiche Stärke. 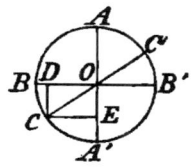 Eine andere, in der Ebene CO ausgeführte Schwingung kann zerlegt werden in die Komponenten $CO \cdot \cos BOC$ und $CO \sin BOC$, deren Stärken sich verhalten wie $\cos^2 BOC : \sin^2 BOC$. (444.)

Erzeugt man auf irgend eine Weise einen Lichtstrahl, dessen Wellen nur noch in einer Ebene schwingen, so heifst derselbe polarisiert oder linear polarisiert, schwingen sie noch in beiden Ebenen, aber mit ungleicher Stärke, so heifst das Licht teilweise polarisiert. Fällt nun ein natürlicher Lichtstrahl, der aus den Wellensystemen a (in der Papierebene schwingend und gestrichelt gezeichnet) und b (senkrecht zur Papierebene schwingend und punktiert gezeichnet) besteht, schief auf den Spiegel S_1, so wird nur das Wellensystem b reflektiert. Das Licht schwingt also nur noch in einer Ebene und ist deshalb polarisiert. Die Ebene, welche zu seiner Schwingungsebene senkrecht steht, also die Reflexionsebene des Spiegels S_1, heifst dann die Polarisationsebene. Das System a ist in den Spiegel eingedrungen, bezw. durch denselben hindurchgegangen (wenn er durchsichtig ist). 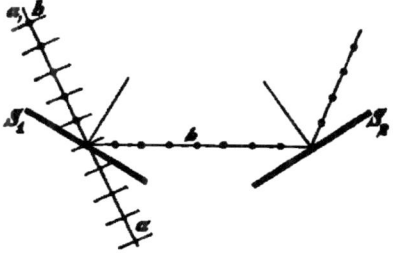 Trifft der polarisierte Strahl einen zweiten Spiegel S_2 so, dafs die Reflexionsebenen beider Spiegel in eine Ebene zusammenfallen, so liegt das Wellensystem b zum Spiegel S_2 ebenso wie zu S_1, d. h. es steht auch auf seiner Reflexionsebene senkrecht und kann deshalb wieder reflektiert werden. Wird dagegen der zweite Spiegel um die Richtung des einfallenden Strahles als Achse um 90° gedreht, so dafs seine Reflexionsebene mit der Schwingungsebene von b zusammenfällt, so kann jetzt auch dieses Wellensystem nicht reflektiert werden; der Strahl wird also gar nicht mehr gesehen.

Die Vorstellung von der Zusammensetzung des natürlichen Lichtes wird leichter fafslich, wenn man annimmt, dafs in jedem Momente von einem leuchtenden Punkte Licht ausgeht, das nur in einer Ebene schwingt, im nächsten Moment aber Licht, das in einer anderen schwingt. Für die Beobachtung schwingt dann das natürliche Licht doch in allen möglichen Ebenen.

Eine Polarisation ist nur bei transversalen Wellen denkbar; die Polarisationserscheinungen sind also der beste Beweis dafür, dafs sich das Licht in transversalen Wellen bewegt.

534. Die Polarisation ist nur dann vollständig, wenn der

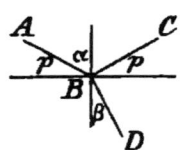

Strahl AB unter einem Winkel p so auf den Spiegel auffällt, dafs der reflektierte Strahl BC auf dem gebrochenen BD senkrecht steht. Der Winkel p heifst dann der Polarisationswinkel. Seine Gröfse ist von der materiellen Beschaffenheit des Spiegels abhängig. Für Glas (schwarzes wie farbloses) ist er $= 35°,5$.

Ist die spiegelnde Fläche durchsichtig, z. B. eine farblose Glasplatte, so geht ein Teil des Lichtes b durch sie hindurch. Legt man eine Anzahl von Glasplatten hintereinander (Glasplattensäule), so wird b vollständig reflektiert; das System a wird aber jetzt nicht wie von einem schwarzen Spiegel absorbiert, sondern geht als polarisiertes Licht hindurch, so dafs man zwei polarisierte Strahlen erhält, deren Schwingungsebenen senkrecht aufeinander stehen. Aus der Gröfse des Polarisationswinkels p kann man auf die Richtung schliefsen, in welcher das System a in undurchsichtige Körper eindringt und den Brechungsindex n für dieselben finden; $n = \sin \alpha / \sin \beta = \cotang\, p$. (Brewster 1815.)

535. In einem isotropen Mittel, d. h. in einem amorphen oder regulär (tesseral) krystallisierten Körper ist die Elasticität des Äthers nach allen Richtungen hin dieselbe. In Krystallen, welche eine Hauptachse haben (quadratisch und hexagonal), ist die Elasticität in der Richtung dieser Hauptachse eine andere, als in jeder anderen Richtung, um die Hauptachse herum aber ist sie wieder symmetrisch angeordnet. Solche Krystalle heifsen **optisch einachsig**, und zwar, wenn die Elasticität in der Richtung der Hauptachse am kleinsten ist: **positiv**, wenn sie in dieser Richtung am gröfsten ist: **negativ**. Eine Ebene, welche parallel der Hauptachse durch einen Strahl gelegt wird, heifst **Hauptschnitt**. Die Krystalle der übrigen Systeme haben keine Hauptachse, die Elasticität ist deshalb auch nicht um eine Linie herum symmetrisch verteilt; sie heifsen **optisch zweiachsig**.

Optisch einachsig und positiv sind z. B. Zirkon, Quarz, Apophyllit; negativ: Kalkspat, Beryll, einachsiger Glimmer, Blutlaugensalz, Natronsalpeter, Turmalin; zweiachsig: Bleikarbonat, Kalisalpeter, zweiachsiger Glimmer, Arragonit, Zucker, Gips, Weinsteinsäure, Seignettesalz, Kaliumbichromat, Kupfervitriol etc.

Wenn von einem Punkt des Krystalles nach allen Richtungen Strecken gezogen werden, die dem Quadrat der Elasticität in der betr. Richtung proportional sind, so liegen deren Endpunkte in der **Elasticitätsfläche**; diese ist für isotrope Mittel die Oberfläche einer Kugel, für anisotrope Mittel die eines Ellipsoides, und zwar für einachsige die eines Rotationsellipsoides, für zweiachsige die eines Ellipsoides mit drei ungleichen Achsen. (Fresnel 1827.)

536. Tritt ein natürlicher Lichtstrahl in ein isotropes Mittel ein, so wird er nach dem Brechungsgesetz einfach gebrochen; dasselbe geschieht, wenn der Strahl in der Richtung der Hauptachse in einen einachsigen Krystall tritt. Tritt der Strahl in irgend einer anderen Richtung in einen solchen Krystall, so wird er **doppelt gebrochen**; der eine Strahl folgt dem allgemeinen Brechungsgesetz (**ordentlicher Strahl**), der andere ändert mit der Lage des einfallenden Strahles den Brechungsexponenten und fällt nur dann in die Einfallsebene, wenn die Achse zu ihr parallel oder senkrecht ist (**aufserordentlicher Strahl**). Beide Strahlen sind polarisiert; die Polarisationsebene des ordentlichen Strahles ist der Hauptschnitt, der des aufserordentlichen senkrecht hierzu.

Vom Lichte.

AB sei die Richtung der gröfsten Elasticität eines negativen einachsigen Krystalles, $AEBD$ ein Hauptschnitt der Elasticitätsfläche. Jeder Strahl, der in der Richtung auf C hingeht, kann in zwei senkrecht aufeinander polarisierte Wellensysteme zerlegt werden, deren eines in der Ebene des durch den Strahl gelegten Hauptschnittes, das andere senkrecht zu dieser Ebene schwingt. Ist AC die Richtung des Strahles, so finden beide Systeme gleiche Elasticität (DE und FG) vor: der Strahl verläuft also, wie in einem homogenen Mittel. Hat der Strahl eine beliebige andere Richtung (HC), so findet das eine System immer noch die gleiche Elasticität (FG) vor, ohne Rücksicht auf die Neigung des Strahles zur Hauptachse, das andere System dagegen findet immer eine gröfsere Elasticität (KL), welche von DE bis AB wächst. Das erste System co wird also immer am stärksten verzögert und deshalb auch am stärksten gebrochen und zwar immer mit demselben Brechungsindex (bei gleichbleibender Farbe); das andere System wird je nach der Gröfse des Winkels ACH verschieden verzögert; die Wellenfläche ist deshalb keine Kugel, sondern ein die Kugel um c berührendes Rotationsellipsoid; die Brechung des Strahles a, des aufserordentlichen, erfolgt daher mit einem Brechungsindex, der dem des ordentlichen Strahles gleich ist, wenn Winkel $ACH = 0$ ist; für jede andere Gröfse von ACH ist der Index kleiner, am kleinsten für $ACH = R$.

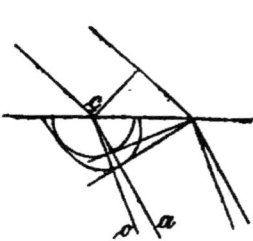

Für Kalkspat ist der mittlere Brechungsindex für den ordentlichen Strahl $n_o = 1{,}65$, der für den aufserordentlichen n_a liegt zwischen 1,65 und 1,48.

Bei positiven Krystallen wird der ordentliche Strahl schwächer gebrochen, als der aufserordentliche.

Die Doppelbrechung wurde zuerst von Erasmus Bartholinus am isländischen Doppelspat beobachtet, die Gesetze der Doppelbrechung hat Huygens 1691 gefunden, die Theorie derselben Fresnel 1827 gegeben.

537. Da der Kalkspat (Doppelspat) einen natürlichen Lichtstrahl in zwei senkrecht aufeinander polarisierte Strahlen zerlegt, so kann er zur Herstellung von Polarisationsapparaten be-

Polarisation. 335

nutzt werden. Soll dabei nur einer der beiden Strahlen austreten, so muſs der andere durch totale Reflexion abgeblendet werden.

Das Nicol'sche Prisma (1841) besteht aus zwei durch Kanadabalsam aneinander gekitteten Doppelspatprismen. Der bei A eintretende Lichtstrahl wird doppelt gebrochen. Der auſserordentliche Strahl tritt bei B wieder aus, parallel seiner ursprünglichen Richtung; der ordentliche Strahl fällt bei C unter einem stumpferen Winkel auf die Grenze der Balsamschicht und wird deshalb total reflektiert, so daſs er in der Fassung des Prismas verschwindet.

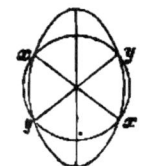

Das Foucault'sche Prisma ersetzt die Balsamschicht durch eine Luftschicht; die Totalreflexion findet dann schon bei geringerer Neigung der Schnittfläche, also bei kleineren Krystallen statt.

538. In zweiachsigen Krystallen wird kein Strahl ordentlich gebrochen; es giebt aber in ihnen zwei Linien, in denen beide Wellensysteme in gleicher Geschwindigkeit fortschreiten, und in denen daher keine doppelte Brechung stattfindet; diese heiſsen die optischen Achsen.

Da die Elasticitätsfläche (535) der zweiachsigen Krystalle kein Umdrehungsellipsoid ist, so wird die Wellenfläche derselben auch

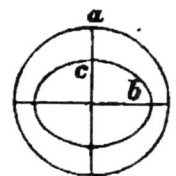 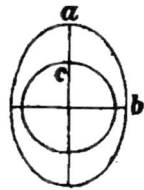 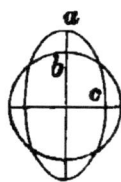

nicht die Oberfläche eines Umdrehungskörpers; sie besteht ebenfalls aus zwei Schalen, welche sich aber nicht berühren, sondern durchschneiden. Drei aufeinander senkrecht stehende Durchschnitte durch diese Fläche werden vielmehr jedesmal aus einem Kreise, der mit einer der Halbachsen a, b und c der Elasticitätsfläche beschrieben ist, und aus einer Ellipse bestehen, deren Achsen die anderen beiden Achsen der Elasticitätsfläche sind. Die optischen Achsen sind dann xx und yy.

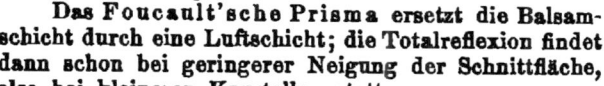

Der (spitze) Winkel, den beide miteinander bilden, heifst der **Achsenwinkel**, seine Halbierungslinie die **Mittellinie**. Fällt dieselbe mit der Achse kleinster Elasticität zusammen, so heifst der Krystall **positiv**, im anderen Falle **negativ**.

Für mittleres Licht sind die Brechungsindices in den drei aufeinander senkrechten Richtungen beim Arragonit (negativ) 1,53; 1,68; 1,69. Die Achsenwinkel bei Kalisalpeter 6°, Bleikarbonat 8°, Arragonit 18° (sämtlich negativ); bei Zucker 47°, Gips 57°, Topas 60° (sämtlich positiv).

539. Strahlen, welche einen zweiachsigen Krystall in der Richtung einer optischen Achse durchlaufen haben, werden beim Austritt in ein Strahlenbündel von der Gestalt eines Kegelmantels ausgebreitet. Durch diese **konische Refraktion** erscheint ein leuchtender Punkt nicht mehr als solcher, sondern als leuchtender Ring.

Die Wellenfläche hat an 4 Punkten x, x, y, y vier napfartige Vertiefungen; von jedem solchen Punkte aus kann man deshalb an die Fläche rund herum unendlich viele Tangenten t, t_1 legen, deren jeder ein austretender Strahl entspricht. Der von A kommende Strahl mufs den Krystall in der Richtung einer optischen Achse durchlaufen. Die konische Refraktion wurde von Hamilton aus den Eigenschaften der Wellenfläche theoretisch abgeleitet, dann erst von Lloyd experimentell am Arragonit aufgefunden (1833). Deshalb bildet sie einen der wichtigsten Beweise für die Undulationstheorie.

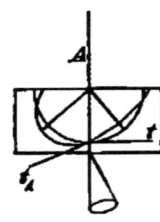

540. Manche Krystalle (Cordierit, Pennin) absorbieren die beiden in ihnen fortschreitenden Wellensysteme in verschiedenem Grade und können demnach in der einen Richtung heller erscheinen, als in der anderen. Sind sie dabei gefärbt, so zeigen sie in verschiedenen Richtungen verschiedene Farben (**Dichroismus, Pleochroismus**).

Die **dichroskopische Lupe** (Haidinger), durch welche man diese Erscheinung am besten beobachtet, besteht aus einem achromatisierten Doppelspat, durch den man mittels einer Lupe auf eine quadratische Öffnung sieht. Blickt man mit dieser Lupe durch einen dichroitischen Krystall, so sieht man die beiden nebeneinander liegenden Bilder der Öffnung verschieden gefärbt.

541. Der Turmalin absorbiert den ordentlichen Strahl und läfst nur den aufserordentlichen hindurchgehen. Turmalinplatten eignen sich deshalb ebenfalls zur Herstellung von Polarisationsapparaten (542).

Ist ein Turmalin plan und parallel mit der Hauptachse angeschliffen, so steht die Polarisationsebene der durchgehenden Strahlen senkrecht auf jener Achse. Zwei solche Platten werden zur **Turmalinzange** so miteinander verbunden, dafs man die eine vor der anderen drehen kann. (Marx 1827.) Die Turmaline können auch durch Herapathite ersetzt werden.

542. Um einen polarisierten Lichtstrahl von einem natürlichen zu unterscheiden, läfst man den Strahl unter dem Polarisationswinkel (534) auf einen Spiegel (oder eine Glasplattensäule) fallen. Wird er von diesem bei einer Drehung um den einfallenden Strahl als Achse in jeder Stellung reflektiert, so war das Licht natürliches, wird er in zwei um 180° gegeneinander gedrehten Stellungen vernichtet, so war das Licht polarisiertes, und die Polarisationsebene desselben war bei dieser Stellung senkrecht zur Reflexionsebene des Spiegels. War das Licht unvollständig polarisiert, so sieht man es zwar in allen Stellungen des Spiegels, aber mit abwechselnder Stärke. Der Spiegel, welcher zu dieser Untersuchung dient, heifst der **Analysator**, im Gegensatz zu dem ersten Spiegel, an dem das Licht polarisiert worden ist, dem **Polarisator**. Statt des Spiegels kann sowohl als Polarisator wie als Analysator jede andere polarisierende Vorrichtung gebraucht werden: Glasplattensäule, Doppelspate, Nicol'sche Prismen, Turmaline. Die Verbindung eines Polarisators mit einem Analysator bildet einen **Polarisationsapparat** (Polariskop). Wenn zur Betrachtung eines Gegenstandes im Polarisationsapparat ein grofses Gesichtsfeld vorhanden sein mufs, so werden zwischen denselben und die polarisierenden Vorrichtungen Konvexlinsen eingeschaltet (Polarisationsmikroskop) (Polariskope von Seebeck d. Ä., Biot, Nörremberg, Dove, Soleil u. A.). Der einfachste Polarisationsapparat ist die Turmalinzange (541), jedoch sind Turmaline immer gefärbt.

Wenn man eine glänzende Fläche durch einen analysierenden

Apparat (Turmalin, Nicol'sches Prisma) betrachtet, so verschwindet der Glanz, man kann daher einen unter einer Wasseroberfläche liegenden Gegenstand, den zu sehen der Glanz hindert, auf diese Weise sichtbar machen. Nach Dove tritt Glanz da ein, wo mehrere reflektierende Flächen übereinander liegen, z. B. bei einer Firnisschicht.

543. Das Licht der Fixsterne ist natürliches Licht, das der Planeten, weil es reflektiertes Sonnenlicht ist, polarisiertes. Ebenso ist das blaue Himmelslicht polarisiert. (Arago.)

Das Himmelsblau entsteht durch Reflexion des Sonnenlichtes an den dünnwandigsten Wasserbläschen, welche in der Atmosphäre schweben, durch Interferenz. (Clausius.) Sind außer diesen auch dickwandigere Bläschen vorhanden, so mischen sich die verschiedenen Interferenzfarben zu Grau. Die durch den betrachteten Punkt des Himmelsgewölbes, den Ort der Sonne und das Auge gelegene Ebene ist die Polarisationsebene des Himmelslichtes. Durch Bestimmung derselben ist daher auch die Tageszeit bestimmt (Polaruhr von Wheatstone). Morgen- und Abendröte entstehen nicht durch Reflexion, sondern infolge Durchgangs des Sonnenlichtes durch kondensierte Wasserdämpfe. (Forbes.)

Sieht man durch eine dichroskopische Lupe (540) oder ein Nicol'sches Prisma nach dem hellen Himmel, so erscheinen die hellen Flächen von Polarisationsbüscheln durchzogen; bei einiger Übung sieht man dieselben auch mit bloßem Auge. Die Büschel liegen parallel der Polarisationsebene; das Auge kann also, wenn auch nur in geringem Grade, polarisiertes Licht direkt erkennen.

544. Dünne Blätter von doppeltbrechendem Stoff (Gips) erscheinen im polarisierten Lichte bald hell, bald dunkel, bald farbig. Diese Farben entstehen durch Interferenz des polarisierten Lichtes. (Fresnel und Arago 1816.)

Ein Strahl, welcher senkrecht auf die Oberfläche des Gipsblättchens fällt, wird in zwei senkrecht aufeinander polarisierte Systeme aa, und bb, zerlegt, deren Lage durch die Lage der optischen Achsen bestimmt ist. Wird das Blättchen so in einen Polarisationsapparat gebracht, daß aa, mit der Schwingungsebene SS, des polarisierenden Apparates zusammenfällt, so geht nur ein Wellensystem durch das Blättchen; beim Drehen des Analysators sieht man also nur hell oder dunkel. Bildet aa, mit der Schwingungsebene SS, einen Winkel, so kann man die Schwingungsintensität

Polarisation.

oS, in die beiden Komponenten ob und oa, zerlegen. Diese Schwingungen können nicht miteinander interferieren, weil sie senkrecht aufeinander stehen, wohl aber interferiert die Komponente oc von ob mit der Komponente od von oa, welche Schwingungen zur Geltung kommen, wenn der Analysator in der gekreuzten Stellung ss, steht. Die Interferenz für eine bestimmte Wellenlänge und deshalb die Farbenstärke wird ein Maximum, wenn $sob = 45^0$ ist. Die Farbe hängt von der Dicke des Blättchens ab. Wird der analysierende Apparat um 90^0 gedreht, so erscheint die Komplementärfarbe, weil die in SS, liegenden Komponenten sichtbar werden.

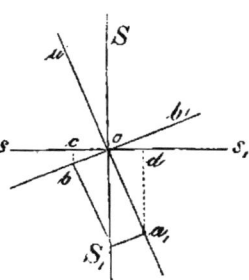

545. Senkrecht zur optischen Achse geschliffene einachsige Krystalle zeigen im Polarisationsapparat farbige Ringsysteme, die von einem weifsen oder schwarzen Kreuz durchzogen sind.

Durchläuft ein polarisierter Strahl einen einachsigen Krystall, welcher senkrecht zu seiner Hauptachse planparallel angeschliffen ist, so geht ein senkrecht auffallender Strahl ungebrochen und unzerlegt durch ihn hindurch (536). Alle anderen Strahlen werden beim Durchgange doppelt gebrochen, und so wie ein von A ausgehender Strahl in die beiden Strahlen a und o zerlegt werden würde, so treffen zwei in den Richtungen a und o eintretende

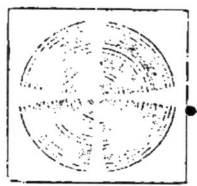
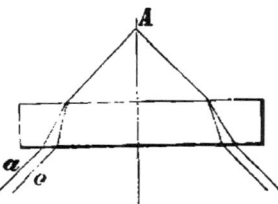

Strahlen ein Auge in A in gleicher Richtung, aber je nach ihrem Einfallswinkel und der Dicke der Platte in verschiedenen Phasen, so dafs sie (wie in 544) miteinander interferieren, wobei alle, in gleichem Abstand von der Achse hindurchgehenden Strahlen gleichartige Interferenzerscheinungen zeigen müssen. Man sieht also ein System konzentrischer Farbenringe die Mitte umgeben, die aber bei gekreuzter Stellung der polarisierenden Apparate durch ein schwarzes Kreuz unterbrochen sind, entsprechend denjenigen Stellen, an denen die Schwingungen mit den Schwingungsebenen der gekreuzten polarisierenden Apparate zusammenfallen. Bei paralleler Stellung der polarisierenden Apparate ist die Figur komplementär gefärbt und das Kreuz weifs. Der Abstand der Ringe voneinander ist um so gröfser, je dünner die Platte ist.

546. Senkrecht zur Mittellinie (538) geschliffene zweiachsige Krystalle zeigen im Polarisationsapparat farbige Lemniskaten, welche von weifsen oder schwarzen Büscheln durchzogen sind.

In der Richtung der optischen Achsen findet einfache Fortpflanzung der Strahlen statt. Um die beiden hierdurch erscheinenden hellen oder dunklen Pole bilden sich ovale Interferenzringe, weil mit zunehmender Entfernung von der Achse der Gangunterschied der beiden Strahlen zunimmt. Die aus zwei Ringsystemen zusammengesetzte Figur bietet ein Mittel zur Messung des Achsenwinkels. Man stellt den Pol des einen Systems mit einem Faden-

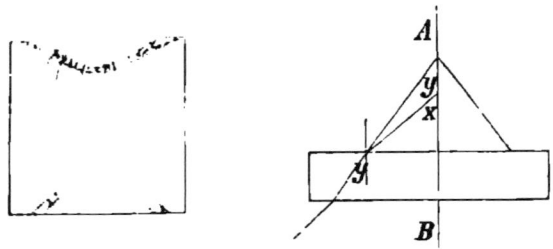

kreuz im Analysator zusammen und dreht den Krystall, bis der Pol des anderen Systems auf das Kreuz fällt. Die aus der Platte austretenden Strahlen bilden dann mit der Mittellinie AB jederseits einen Winkel x, so dafs $2x$ der scheinbare Achsenwinkel ist. Der wahre Achsenwinkel, unter dem die Strahlen im Krystall selbst gegeneinander geneigt sind, ist aber $2y$. Derselbe wird aus dem beobachteten Winkel $2x$ gefunden, wenn der Brechungsindex des Krystalles $\sin x/\sin y$ bekannt ist (538). Bei grofsem Achsenwinkel erscheinen die beiden Ringsysteme voneinander getrennt.

547. Schnellgekühlte oder geprefste Gläser zeigen im Polarisationsapparate ebenfalls Farbenerscheinungen, weil die Elasticität in ihnen nach verschiedenen Richtungen hin eine verschiedene Größe erhalten hat (Brewster 1814). Die Farbenerscheinungen in Krystallen verändern sich, wenn diese erwärmt oder gepreßt werden.

548. Eine senkrecht zur optischen Achse geschliffene Quarzplatte erscheint im Polarisationsapparat bei weißer Beleuchtung immer farbig. Wird der Analysator gedreht, so ändert sich die Farbe nach der Ordnung der Spektralfarben. Bei einigen Quarzen muß man den Analysator wie den Zeiger einer Uhr drehen, um die Farbenordnung: Rot, Gelb, Grün u. s. w. zu erhalten. Diese heißen rechtsdrehend. Bei anderen muß man den Analysator entgegengesetzt drehen, um dieselbe Ordnung zu erhalten. Diese heißen linksdrehend. (Arago 1811.) Rechtsdrehend sind außerdem: Rohr- und Traubenzuckerlösung (Dextrose), Dextrin, Citronenöl; linksdrehend: Fruchtzuckerlösung (Levulose), Invertzucker (d. h. mit Salzsäure erwärmter Rohrzucker), Eiweißstoffe, Wermutöl. Terpentinöl und Zinnober drehen bald rechts, bald links. Traubensäure dreht nicht, läßt sich aber in eine rechts- und eine linksdrehende Modifikation zerlegen. (Pasteur.) Auch Terpentinöldampf dreht die Polarisationsebene. (Biot.) Geht einfarbiges Licht durch den Polarisationsapparat, so erscheint dessen Polarisationsebene nach Einschaltung eines der genannten Körper um einen Winkel gedreht, der der Dicke des Stoffes gerade und dem Quadrate der Wellenlänge des betreffenden Lichtes umgekehrt proportional ist. (Biot.) Das Licht, das diese Veränderung erfahren hat, heißt **cirkular polarisiert.**

Wird eine 1 mm dicke Quarzplatte in homogenem Licht im Polarisationsapparat betrachtet, so dreht sie die Polarisationsebene des Lichtes.

$$\begin{array}{llll} \text{on der Linie} & B & \text{um} & 15°,5 \\ ,, \quad ,, \quad ,, & D & ,, & 21°,7 \\ ,, \quad ,, \quad ,, & F & ,, & 32°,7 \\ ,, \quad ,, \quad ,, & G & ,, & 42°,5 \\ ,, \quad ,, \quad ,, & H & ,, & 51°,0 \\ ,, \quad ,, \quad ,, & gg & ,, & 24°,5. \end{array}$$

In weißer Beleuchtung sieht man deshalb immer irgend eine Farbe, welche die Mischfarbe aus den an der betreffenden Stelle erscheinenden prismatischen Farben ist. Übergangsfarbe ist diejenige (rötlich-violette) Mischfarbe, welche kein Gelb enthält und bei Drehung des Analysators nach der einen oder der anderen Seite schnell in rot oder blau übergeht. Ihre Komplementärfarbe ist nicht das Gelb von der Linie D, sondern das oben mit gg bezeichnete grünliche Gelb.

549. Zwei senkrecht zu einander polarisierte Wellen setzen sich zu einer neuen linearen Schwingung zusammen, wenn ihr Phasenunterschied $= 0$ oder $1/2$ Wellenlänge ist. Beträgt der Phasenunterschied $1/4$ Welle, so entsteht, wenn die Intensität beider Komponenten die gleiche ist, eine **kreisförmige Schwingung**; sind die beiden Intensitäten verschieden, oder beträgt der Gangunterschied einen anderen Bruchteil einer Wellenlänge, so entsteht eine **elliptische Schwingung**.

Für jede lineare Schwingung AC können durch Hinzufügung der gleichen und entgegengesetzten Komponenten AB und AD zwei kreisförmige Schwingungen Ab und Ad von gleicher Schwingungsdauer und entgegengesetzter Rotationsrichtung gesetzt werden, umgekehrt setzen sich zwei solche rotierende Schwingungen zu der linearen AC zusammen. Durchlaufen aber die beiden rotierenden Schwingungen den Körper mit verschiedenen Geschwindigkeiten Ab und Ae, so setzen sie sich zu einer linearen Schwingung zusammen, deren Schwingungsebene CE gegen die ursprüngliche CA gedreht ist. In rechtsdrehenden Körpern läuft die rechtsrotierende Schwingung schneller. (Fresnel.)

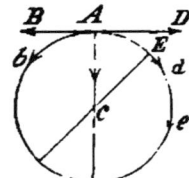

550. Man kann die Erscheinungen der cirkularen und elliptischen Polarisation nachahmen, wenn man einen linear polarisierten Lichtstrahl senkrecht auf eine dünne doppeltbrechende Krystallplatte (Glimmer) von solcher Dicke fallen läfst, dafs die Wellen in ihr einen Gangunterschied von $1/4$ (mittlerer) Wellenlänge annehmen.

Liegt das Blättchen so, dafs sein Hauptschnitt (535) mit der Polarisationsebene des Strahles zusammenfällt oder senkrecht darauf steht, so bleibt das Licht linear polarisiert. Bilden beide Ebenen einen Winkel von 45°, so wird es cirkular polarisiert, bilden sie einen anderer Winkel, elliptisch. Bringt man ein solches Blättchen in einem Polarisationsapparat in den Gang der Strahlen, welcher durch eine einachsige Krystallplatte (545) geht, so verwandeln sich die Ringe in gegeneinander abwechselnd verschobene Quadranten; statt des schwarzen Kreuzes treten zwei einander gegenüberstehende schwarze Flecken auf. Liegen diese in der optischen Achsenebene der Glimmerplatte, so war der einachsige Krystall negativ, liegen sie senkrecht dazu gekreuzt, positiv. Zu dieser Prüfung dient das Stauroskop (v. Kobell 1855). Auch die Ringfigur, welche eine senkrecht zur Hauptachse geschnittene Quarzplatte im Polarisationsapparate giebt, hat kein schwarzes oder weifses Kreuz. Dessen Stelle ist immer von einer der durch die Cirkularpolarisation bedingten Farben eingenommen.

551. Ein natürlicher Lichtstrahl wird durch totale Reflexion nicht linear polarisiert; vielmehr werden beide Wellensysteme mit einem gewissen Gangunterschiede reflektiert, so dafs das Licht im allgemeinen elliptisch polarisiert ist. Auch durch Reflexion an Metallspiegeln wird das Licht nicht linear polarisiert, seine Polarisation ist aber stärker in der Einfallsebene, als in jeder anderen. Ein linear polarisierter Strahl, welcher auf einen um 45° gedrehten Metallspiegel fällt, wird, wenn der Einfallswinkel eine für jedes Metall bestimmte Gröfse (Silber 40°, Stahl 17°, Blei 11°) hat, cirkular polarisiert, bei jedem anderen Einfallswinkel elliptisch. (Biot.)

In Fresnels Parallelepiped sind die Winkel so gewählt, dafs der senkrecht auf die untere Fläche auffallende, polarisierte Strahl a cirkular polarisiert austritt. Geht der Strahl dann durch ein zweites Parallelepiped gleicher Art, so wird er linear polarisiert.

Durch eine gerade Anzahl von Reflexionen unter gleichem Winkel von gleichen Metallflächen wird das Licht linear polarisiert. Aus den Gesetzen der elliptischen Polarisation können die Metallfarben, welche nur durch regelmäfsige Reflexion an den Flächen erzeugt werden, erklärt werden. (Jamin.) Auch die mit Oberflächenfarben versehenen Körper (501) zeigen Metallglanz; diese Farben entstehen nicht durch diffuse Reflexion, sondern sind von der Lage der spiegelnden Flächen und der der Krystallachsen abhängig. Die Oberflächenfarben sind die Komplementärfarben der Körperfarben. (Haidinger.)

552. Die durch eine Auflösung bewirkte Drehung der Polarisationsebene ist der Länge der durchlaufenen Schicht l und der Dichtigkeit des drehenden Stoffes proportional. Enthält das Gewicht 1 der Lösung m Gewichtsteile des drehenden Stoffes, und ist d die Dichtigkeit der Lösung, so ist $1/d$ das Volumen der Masse und $m/(1/d) = md$ die Dichtigkeit des wirksamen Stoffes, also die Drehung $\alpha = C \cdot l \cdot m \cdot d$. Der Koëfficient C heißt das **molekulare Drehungsvermögen**. (Biot.)

553. Von Lösungen werden am häufigsten Zuckerlösungen auf ihren Zuckergehalt mittels der Cirkularpolarisation geprüft. Hierzu eingerichtete Apparate heißen **Saccharimeter**.

Das Saccharimeter von Mitscherlich ist ein durch ebene Glasplatten geschlossenes Rohr, welches zwischen zwei Nicol'schen Prismen liegt. Stehen dieselben gekreuzt und ist das Rohr 20 cm lang, so muß man bei gelber Beleuchtung den Analysator um 20^0 drehen, um wieder schwarz zu sehen, wenn 100 Kubikcentimeter der Lösung 15 Gramm Rohrzucker enthalten. In weißer Beleuchtung sieht man dann die Übergangsfarbe (548), wenn unter den gleichen Umständen der Analysator um $21^0,3$ gedreht ist.

Das Polaristrobometer von Wild enthält zwischen zwei Nicol'schen Prismen zwei gekreuzte, unter 45^0 zur Achse geschliffene Quarzplatten, welche parallele Interferenzstreifen zeigen, wenn beide Prismen parallel oder gekreuzt stehen, keine dagegen, wenn der Analysator um 45^0 gedreht ist. Legt man noch eine Röhre, welche die drehende Lösung enthält, in den Apparat, so erscheinen die Streifen wieder; man dreht den Analysator, bis sie wieder verschwinden, und bringt den Drehungswinkel in Rechnung wie vorher.

In Soleils (und Ventzkes) Saccharimeter steht zwischen den beiden Nicol'schen Prismen eine **Doppelplatte** d, bestehend aus einer rechts- und einer linksdrehenden, senkrecht gegen die Achse geschliffenen Quarzplatte r und l, welche nebeneinander liegen und bei einer bestimmten Stellung der Nicolschen Prismen gleichgefärbt erscheinen. Wird die drehende Lösung z in den Apparat gebracht, so werden beide Hälften der Doppelplatte verschiedenfarbig. Man stellt die gleiche Farbe durch den **Kompensator** wieder her. Dieser besteht aus einer Quarzplatte q und zwei Quarzkeilen $l'\,l'$; ist q rechtsdrehend, so müssen l' und l' linksdrehend sein. Man

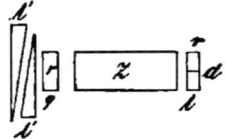

verschiebt die beiden Keile so gegeneinander, dafs sie eine Platte von veränderlicher Dicke bilden, und stellt durch ihre Verschiebung die Gleichfarbigkeit beider Hälften der Doppelplatte wieder her. Das Drehungsvermögen von z wird also durch das gleiche und entgegengesetzte Vermögen einer Quarzplatte gemessen, deren Dicke an einem Mafsstabe abgelesen wird. Ist die Röhre $z = 20$ cm lang, so dreht die Lösung von Rohrzucker so stark, wie eine 1 mm dicke Quarzplatte, wenn 100 cm der Lösung bei Ventzkes Apparat 16,35, bei Soleils 26,05 gr Zucker enthalten. Bei diesem Gehalt zeigen die Apparate den Teilstrich 100. Für Natriumlicht entspricht ein Teilstrich Ventzke $0^0,345$, ein Teilstrich Soleil $0^0,217$ Drehung der Polarisationsebene.

Enthält eine Substanz rechts und linksdrehenden Zucker, so verwandelt man den rechtsdrehenden in Invertzucker (548) und beobachtet nun die Summe der Drehungen, während man vorher den Unterschied beobachtet hatte. Die Drehung durch Invertzucker ist mit der Temperatur sehr veränderlich.

554. Homogene feste und flüssige (Faraday 1845) und selbst gasförmige Körper (Kundt und Röntgen 1878) erlangen unter der Einwirkung einer starken magnetisierenden Kraft die Eigenschaft, die Polarisationsebene eines durch sie hindurchgehenden Lichtstrahles zu drehen.

Die Versuche gelingen am besten, wenn man die Pole eines Ruhmkorff'schen Magnetes (359) achsial durchbohrt, den zu untersuchenden Körper in die Bohrung bringt und in jedes Ende der Bohrung ein Nicol'sches Prisma einfügt. (E. Becquerel.)

Am stärksten ist die Drehung im schweren Boraxglase. Die Richtung der Drehung ist dieselbe, in welcher der Strom den Körper umkreist, wenn die Magnetisierung durch eine Spule geschieht. Die Gröfse der Drehung ist der magnetisierenden Kraft proportional und wächst mit der Brechbarkeit des Lichtes. (Wiedemann 1851.)

Lösungen von Salzen diamagnetischer Metalle (239) drehen stärker als Wasser, solche von Salzen magnetischer Metalle schwächer. (Verdet.)

Auch durch Reflexion an einer polierten Magnetpolfläche wird die Polarisationsebene eines Lichtstrahles gedreht; die Richtung der Drehung ist der der Ampère'schen Molekularströme entgegengesetzt. (Kerr.) Sehr dünne, durchsichtige Schichten von Eisen, Nickel oder Kobalt drehen im magnetischen Felde die Polarisationsebene eines hindurchgehenden Lichtstrahles sehr stark im Sinne des magnetisierenden Stromes. (Kundt.)

Führt man in einen Glasklotz oder in einen eine isolierende Flüssigkeit enthaltenden Trog zwei einander gegenüberstehende Leitungsdrähte ein, stellt vor und hinter das Dielektricum ein Nicol'sches Prisma (beide gekreuzt gegeneinander) und verbindet die Drähte mit einem starken Induktionsapparat, so sieht man durch die Nicols nicht mehr schwarz. Die Helligkeit verschwindet allmählich nach Aufhören der elektrischen Wirkung. Es hat also eine Änderung in der Molekularanordnung des Körpers stattgehabt, wie das auch unter Einfluſs der magnetisierenden Kraft der Fall war. (Kerr 1875.)

555. Die Polarisationserscheinungen der strahlenden Wärme folgen denselben Gesetzen, wie die des Lichtes. (Forbes 1835, Knoblauch, de la Provostaye und Desains.)

Sachregister.

	Seite
Aberration, chromatische	300
—, sphärische	282. 289. 294
— der Fixsterne	275
Abklingen	318
Absolute Maße	26. 46. 97. 147. 196. 225. 226
Absorption	74
— des Lichtes	304
Absorptionsspektrum	305
Achromasie	299
Achsen, optische	333
Achsenwinkel	336
Akkommodation	314
Akkumulator	204
Adhäsion	8. 70
Äquator, magnetischer	142
Äquivalent, elektrochemisches	201
Äther	276
Aggregatzustand	8
Aktinische Strahlen	311
Alkoholometer	60
Amper	196. 227
Ampères Gesetz	214
Ampères Regel	180
Analysator	337
Aneroïd	63
Anion, Anode	198
Anorthoskop	317
Ansammlungsapparat	166
Anziehung, allgemeine	36
—, elektrische	149. 155. 214. 220
—, magnetische	138. 144
Aperiodischer Zustand	225
Aplanatisch	289
Aräometer	59. 60
Arbeit	18
Arbeitsvorrat	31
Archimedisches Princip	56. 69
Astatisch	143
Atherman	307
Atmosphärische Elektricität	172
— Strahlenbrechung	585

	Seite
Atom	114
Atomwärme	104. 105
Auftrieb	53
Auge	313
Ausdehnung	5. 87
Ausdehnungskoëfficient	91. 93. 96
Ausfluß der Flüssigkeiten	75
— — Gase	84
Bahn	8
Barometer	61
Batterie, elektrische	168
—, galvanische	177
—, sekundäre	203
Bauch	250
Beharrungsvermögen	10
Beschleunigung	9
Beugung	328
Beugungsspektrum	329
Bewegung	8
Bewegungsgröße	28
Bewegungshindernis	30
Bifilarelektroskop	150
Bifilargalvanometer	217
Bifilarhygroskop	135
Bifilarwage	42
Bild	277
Bindungskoëfficient	159
Blasebalg	85
Blendung	289
Blinder Fleck	313
Blitz	172
Blitzableiter	173
Bogenlicht	209
Brechung des Lichtes	283
— — Schalles	270
— der Wärme	306
— der Welle	251
Brechungsindex	251
Brennebene	292
Brennglas	291. 308
Brennlinie	282. 292
Brennpunkt	280. 291. 292

Sachregister.

	Seite
Brennspiegel	281
Brennweite	280. 291
Brille	315
Brückenmethode	188
Brückenwage	22
Brunnen, artesischer	77
—, intermittierender	80
Bürette	4
Bussole	142
Camera clara oder lucida	319
— obscura	273. 312
Campani'sches Okular	321
Centralbewegung	32
Centrifugalkraft	33
Centrifugalpendel	33
Centrifugalpumpe	83
Centripetalkraft	32
Circularpolarisation	341
Cirrus	136
Compoundmaschine	233
Contractio venae	76
Culom	227
Cumulus	136
Cyclone	133
Dämpfung	225
Dalton'sches Gesetz	121
Dampf	117
Dampfdichte	98
Dampfmaschine	125
Dampfstrahlpumpe	86
Dauer des Lichteindruckes	316
Decimalwage	22
Dekrement, logarithmisches	225
Deklination	240
Destillation	118
Dialyse	74
Diamagnetismus	140
Diaphragmenströme	206
Diatherman	307
Dichroismus	336
Dichte	6
— der Erde	37
— — Gase und Dämpfe	98
—, elektrische	156
Dielectricum	163
Differentialgalvanometer	195
Differentiallampe	210
Differentialthermometer	90
Differenztöne	264
Diffraktion	328
Diffuses Licht	304
Diffusion	73
Dilatometer	94
Dimension	46
Direktes Sehen	314
Direktionskraft	40
Disgregation	111
Dispersion	294
—, anomale	310
Dissektionsmikroskop	321
Dissonanz	265
Donner	172
Doppelbrechung	333
Doppelplatte	344
Drehungsmoment	15
Drehungsvermögen	344
—, magnetisches	345
Drehwage	49. 153
Drummond'sches Licht	320
Druck der Flüssigkeiten	96
— — Gase	61
— — Dämpfe	118
Durchsichtig	304
Durchwärmig	307
Dyn	26
Dynamoelektrische Maschine	230
Dynamometer	49
Ebene, schiefe	18
Echo	270
Ei, elektrisches	164
Einachsige Krystalle	333
Einheiten, elektrische	226
—, mechanische	46
Eisapparat	124
Elasticität	48
Elasticitätsmodul	48
Elasticitätsoberfläche	333
Elektricität, atmosphärische	172
—, dynamische	174
—, statische	149
—, tierische	172. 213
Elektrisiermaschine	259
Elektrode	198
Elektrodynamik	214. 235
Elektrodynamometer	217
Elektrolyse, Elektrolyt	198
Elektroinduktion	219
Elektromagnet	218
Elektromagnetische Maschine	235
Elektromaschine	165
Elektrometer	153
Elektromotorisches Gesetz	175
Elektromotorische Kraft	174. 191
Elektrophor	165
Elektroskop	150
Elektrothermometer	171

Sachregister.

	Seite
Element, galvanisches	177
Emissionstheorie	276
Endosmose	73
—, elektrische	206
Energie	31
—, chemische	190. 204
—, elektrische	162
— der Wärme	111
Entladung	168
Erdfernrohr	323
Erdinduktor	226
Erdmagnetismus	141. 217
Erg	83
Erhaltung der Energie	32
Evakuationspumpe	66
Expansion	128
Expansivkraft	8. 118
Extracurrent	221
Fadenkreuz	324
Fall, freier	25
—, schiefer	25
Fallmaschine	27
Farad	227
Farbe	294
— dünner Blättchen	326
Farbenkreisel	296
Farbenringe, Newton'sche	327
—, Nobili'sche	328
Farbenringe in polarisier. Lichte	339
Farbenspektrum	295
Farbig, farblos	304
Federwage	49
Feld, elektrisches	157
—, magnetisches	145
Feldstecher	322
Fernrohr	322
Festigkeit	47
Feuchtigkeit	134
Flaschenzug	23
Flüssigkeit	8. 52
Flüssigkeitshäutchen	71
Flugrad	157
Fluorescenz	309
Flut	36
Fokus	280
Folgepunkte	139
Foucault'sche Ströme	225
Franklin'sche Platte	167
Fraunhofer'sche Linien	298
Fresnels Prisma und Spiegel	325
Friktionsrollen	31
Fühlhebel	20
Funke, elektrischer	164

	Seite
Funkenmikrometer	168
Galvanometer	180. 193
Galvanoplastik	202
Galvanoskop	180
Gasbatterie	203
Gasharmonika	260
Gaskraftmaschine	130
Gasometer	84
Gastheorie	113
Gasuhr	84
Gay-Lussacs Gesetz	168
Gebläse	85
Gefälle	160. 182
Gegenstrom	221
Gegenwirkung	7
Gehör	271
Geissler'sche Röhren	302
Generator, sekundärer	233
Geräusch	252
Geschwindigkeit	9
— der Elektricität	170
— des Lichtes	275
— des Schalles	266
— kritische	220. 227
Gesichtsfeld	315
Gesichtslinie	314
Gewicht	6. 26
— der Luft	98
—, specifisches	13. 27. 57. 98
Gewichtsaräometer	59
Gewichtsmanometer	69
Gewichtsthermometer	94
Gewitter	172
Gitterspektra	329
Glanz	338. 343
Glasplattensäule	332
Gleichgewicht	13
Gletscher	117
Glimmentladung	164
Glocke	259
Glühlampe	209
Goniometer	278
Gradient	133
Gravitation	36
Grenzwinkel	285
Gröfse, scheinbare	315
Grundton	255
Güteverhältnis, dynamoel.	234
Gyrotrop	181
Härte	47
Hagel	137
Halo	300
Hammer, Wagners	222

Sachregister.

	Seite
Hauptebene, Hauptpunkt	292
Hebel	20
Heber	82
—, anatomischer	56
Heliostat	278
Heronsball, Heronsbrunnen	81
Himmelsfernrohr	322
Hochdruckmaschine	128
Höhenmessung, barom.	65
Hohlspiegel	281
Horizontalpendel	43
Hörrohr	270
Hydroelektrisiermaschine	152
Hydrooxygengasmikroskop	320
Hydrostatische Wage	58
Hygrometer, Hygroskop	135
Hypsothermometer	121
Induktion, magnet.	198
—, elektr.	219
Induktionsapparat	223
Induktor	224
Influenz	157
Influenzmaschine	165
Injektor	86
Inkandescenzlampe	209
Inklination	142
Intensität der Beschleunigung	37
— des Magnetismus	145
Interferenz	247
— des Lichtes	324
— — Schalles	263
Intervall	253
Ionen	198
Irisieren	326
Irradiation	318
Isobaren	133
Isodynamen	148
Isogonen	141
Isoklinen	142
Isolator	149
Isothermen	134
Kabel	240
Kälte	124
Kälteerregung durch den Strom	213
Kältemischung	117
Kaleidophon	265
Kaleidoskop	279
Kalibrieren	5. 89
Kalmen	133
Kalorescenz	308
Kalorie	101
Kalorimeter	101
Kalorimotor	178

	Seite
Kalorische Maschine	129
Kanalwage	54
Kapillarelektrometer	205
Kapillarität	72
Kardinalpunkte	292
Katakaustik	282
Kathetometer	3
Kathode, Kation	198
Kepplers Gesetze	34
Kette, einfache	177
—, konstante	204
Klang	252
Klangfarbe	255
— der Vokale	271
Klangfigur	258
Klemmenspannung	234
Klemmschraube	181
Knall	252
Knoten	250. 257
Knotenebene, Knotenpunkt	292
Koërcitivkraft	139
Körper	1
Körperfarbe	304
Kohäsion	8
Kollimator	292
Kombinationston	263
Kommunizierende Röhren	53
Kommutator	181
Kompafs	142
Kompensationsmagnet	143
Kompensationsmethode	192
Kompensationspendel	92
Kompensator	192. 344
Komplementärfarbe	296
Komponente	13
Kompressionskoëfficient	52
Kompressionsfeuerzeug	108
Kompressionspumpe	69
Kondensation	122
Kondensator des Dampfes	126
—, elektrischer	167
Konduktor	149. 152
Konische Refraktion	336
Konsonanz	253. 265
Kontaktelektricität	174
Kontrastfarbe	318
Konvektion, elektrolytische	203
Kräftepaar	16
Kraft	7
—, elektromotorische	174. 191
—, lebendige	31
Kraftlinie	145
Kraftmaschine	125

Sachregister.

	Seite
Kraftübertragung	236
Kreisel	45
Kritischer Punkt	123
Kryophor	124
Labialpfeife	260
Ladungssäule	203
Länge, reducierte	182
Läutewerk	241
Laterna magica	320
Lebenswärme	110
Leidenfrosts Versuch	125
Leiter der Elektricität	149
— der Wärme	130
Leitungsfähigkeit, elektr.	182. 189
Leslies Würfel	307
Leydener Flasche	167
Libelle	54
Licht, elektrisches	208
Lichtbogen	210
Lichtenbergs Figuren	164
Lichtmühle	308
Linsen	289
Lokomotive	128
Luftballon	70
Luftelektricität	172
Luftkreisel	85
Luftpumpe	66
Luftspiegelung	286
Luftthermometer	96
Lupe	319
Magnet	138
Magnetinduktion	224
Magnetismus	138
—, tellurischer	141
Magnetoelektrische Maschine	228
Magnetometer	141
Manometer	64
Manometrische Flammen	261
Mariotte'sche Flasche	80
Mariotte'sches Gesetz	63
Maschine, einfache	17
—, dynamoelektrische	230
—, elektrodynamische	235
—, magnetoelektrische	228
Mafse für Gewicht	6
— — Kraft	8. 26
— — Licht	273
— — Raum	1
— — Wärme	88. 101
— — Zeit	5
—, dynamische	46
—, elektrodynamische	226
—, elektrostatische	155

	Seite
Mafse, magnetische	144
Masse	26
Mafsflasche	168
Materie	1
—, strahlende	304
Maximum- und Minimum-Thermometer	90
Mellonis Apparat	307
Membran	259
Meridian, magnetischer	141
Metacentrum	59
Metallbarometer	63
Metallthermometer	89
Meter	1
Mikrometer	324
Mikrometerschraube	4
Mikrophon	242
Mikroskop, einfaches	319
—, zusammengesetztes	321
Mischfarbe	296
Mittelpunkt, geometrischer	280
—, optischer	280. 294
Mittönen	262
Molekel	5
Molekularkraft	8
Molekularmagnet	138
Moment, magnetisches	146
—, mechanisches	28
—, statisches	15
Monochord	257
Monsun	133
Multiplikationsmethode	197
Multiplikator	194
Nachbilder	318
Nebel	136
Nebenstrom	221
Nebenton	255
Negative Elektricität	150
— Krystalle	333. 336
Newton'sche Ringe	327
Nikol'sches Prisma	335
Niederdruckmaschine	128
Niveaufläche	161
Niveauunterschied	54
Nobili'sche Ringe	328
Nonius	2
Nordlicht	173
Normaldruck	71
Normalspektrum	329
Oberflächenfarbe	310
Oberflächenspannung	72
Oberreihe, harmonische	255
Objektiv	320

Sachregister.

	Seite
Objektives Bild	277
Ohm	188. 227
Ohm'sches Gesetz	183
Ohr	271
Okular	320
Ophthalmometer	287
Optogramm	505
Osmose	73. 74
Pachymeter	4
Pachytrop	184
Pankratisches Mikroskop	322
Papins Topf	121
Paradoxon, hydrostatisches	55
Parallelogramm der Bewegungen	11
— der Kräfte	13
Partialentladung	170
Passat	133
Passivität	205
Peltiers Versuch	213
Pendel, Foucaults	44
—, mathematisches	38
—, physisches	40
Perkussionsmaschine	51
Pfeife	260
Pferdekraft	39. 46
Phase	246
Phenakistoskop	317
Phonautograph	262
Phonograph	262
Phosphorescenz	209
Photographie	311
Photometer	273
Photophon	242
Piezometer	52. 122
Pipette	80
Platten, schwingende	258
Pleochroismus	336
Polarisation, galvanische	202
— des Lichtes	330
—, elliptische, circulare	342
Polarisationsapparat	337
Polarisationsbüschel	338
Polarisationsebene	331
Polarisationswinkel	332
Polaristrobometer	344
Polaruhr	338
Pole der Erde	142
— des Magnetes	138
— der Säule	177. 198
Polytrop	45
Poren	5
Positive Elektricität	150
— Krystalle	333. 336

	Seite
Potential	160
Präcession	46
Presse, hydraulische	56
Prisma	287
—, achromatisches	299
—, geradsichtiges	300
—, Nikol'sches	335
Prismenlinse	313
Psychrometer	136
Pumpe	83
Pyknometer	6
Pyroelektricität	152
Pyrometer	90
Quadrantelektroskop	150
Quadrantelektrometer	154
Quecksilberluftpumpe	66
Rad an der Welle	24
Radiometer	308
Räderwerk	24
Reaktion	78
Reduktion d. Wägungen	69. 95
Reduktionsfaktor	194
Reelles Bild	277
Reflexion des Lichtes	277
— des Schalles	270
— des Stofses	51
— der Wärme	306
— — Welle	250
—, totale	285
Reflexionsgoniometer	278
Reflektor	281. 323
Refraktion	283
—, konische	336
Refraktor	322
Regelation	116
Regen	137
Regenbogen	300
Reibung	80
Reibungsreihe	150
Reibungswärme	107
Reihe, elektromotorische	175
Relais	239
Resonator	262
Resultante	13
Reversionspendel	42
Rheochord	187
Rheostat	187
Richtungslinie	314
Rolle	22
Rollenzug	23
Rostpendel	93
Rotation	43
—, magnetische	217